THEORIA

MOTUS CORPORUM CŒLESTIUM

IN

SECTIONIBUS CONICIS SOLEM AMBIENTIUM

AUCTORE

CAROLO FRIDERICO GAUSS

Paris. — Imprimé par E. Thunot et Ce, rue Racine, 26.

THÉORIE

DU

MOUVEMENT DES CORPS CÉLESTES

PARCOURANT DES SECTIONS CONIQUES AUTOUR DU SOLEIL;

TRADUCTION DU

«THEORIA MOTUS» DE GAUSS,

SUIVIE DE NOTES,

PAR

EDMOND DUBOIS

Professeur d'Hydrographie de 1re classe, chargé d'un cours d'astronomie
et de navigation à l'École navale impériale.

PARIS

ARTHUS BERTRAND, ÉDITEUR

LIBRAIRIE MARITIME ET SCIENTIFIQUE

21, rue Hautefeuille.

1864

TABLE DES MATIÈRES.

NOTES DU TRADUCTEUR.

FIN DE LA TABLE DES MATIÈRES.

PRÉFACE DU TRADUCTEUR.

En faisant paraître une traduction française du «*THEORIA MOTUS*» de l'illustre GAUSS, mon but a été de mettre à la portée d'un plus grand nombre un ouvrage célèbre à juste titre, et qui renferme des méthodes à l'aide desquelles la plupart des astronomes déterminent, encore aujourd'hui, les orbites des planètes et des comètes récemment découvertes.

Bien que la solution de ce problème, depuis l'apparition du *Theoria motus*, ait été présentée par plusieurs géomètres, parmi lesquels il faut citer BURCKHARDT, LAPLACE, LEGENDRE, LAGRANGE, BINET, etc., les méthodes de GAUSS sont encore celles le plus en usage. Je dois pourtant rappeler que M. YVON VILLARCEAU, en s'appuyant sur la méthode de LAPLACE, c'est-à-dire sur une méthode d'approximation fondée sur l'emploi des développements en séries, a traité ce sujet, au point de vue didactique, d'une manière très-complète, dans les « *Annales de l'observatoire impérial*, » tome III.

Quelques personnes penseront peut-être que ceux qui ont assez d'instruction mathématique pour comprendre les formules de GAUSS doivent aussi savoir suffisamment la langue latine pour pouvoir étudier le « *Theoria motus* » dans le texte latin même. Qu'on me permette d'être d'un avis opposé. Les études latines sont, en général, faites en France d'une manière trop superficielle pour qu'on ne préfère pas lire en français un ouvrage scientifique ; du moins les exceptions, je crois, sont excessivement rares.

Le problème traité pour la première fois par GAUSS, au commencement de ce siècle, a pris depuis 1845 une importance à laquelle les astronomes étaient certainement loin de s'attendre. Depuis cette époque, en effet, soixante-quinze nouvelles planètes télescopiques, sœurs des quatre premières découvertes de 1801 à 1807, et une grosse planète extra-Uranienne, ont été révélées à l'astronomie.

Soixante-seize orbites nouvelles ont donc été calculées et doivent être corrigées au fur et à mesure que les observations le permettent, afin de pouvoir déterminer l'orbite définitive sur laquelle doit reposer le calcul des perturbations dues aux grosses planètes de notre système solaire. C'est ainsi que l'astronomie pourra conserver à tout jamais les découvertes planétaires dont notre siècle a pu l'enrichir.

Or il est bien probable que la zone située entre Mars et Jupiter n'est pas encore suffisamment explorée et que le chiffre 79 auquel on est arrivé, sera encore augmenté. Qui sait ce que réserve l'avenir !!... Bientôt alors les astronomes officiels n'y pourront plus suffire, si des calculateurs dévoués à l'astronomie et à ses progrès ne leur viennent aussi en aide de ce côté.

En raison du développement extraordinaire pris par l'astronomie depuis quelques années, on comprend tellement, à l'heure qu'il est, la nécessité d'une sorte de collaboration astronomique générale, qu'il vient de se former en Allemagne une Société astronomique universelle, et en France une Association pour l'avancement de l'astronomie et de la météorologie, qui n'ont pas évidemment d'autre but.

Une traduction anglaise du *Theoria motus* a été faite en Amérique (1857) par le commander Charles Henry Davis, surintendant du Nautical Almanach. Cette traduction, publiée d'après l'ordre du ministre de la marine américaine, a été magnifiquement éditée aux frais du Nautical Almanach et de l'Institution Smithsonienne.

Si la traduction française n'offre pas autant de luxe typographique, j'ai du moins fait tout mon possible pour que, sous les autres rapports, elle ne laissât pas plus à désirer, et aussi pour que l'œuvre de l'illustre Gauss fût, autant que possible, conservée intacte, même dans sa forme. Tous les errata signalés par les *Astronomische Nachrichten*, la *Correspondance Astronomique du baron de Zach*, le *Journal de Gould*,... etc., ont été corrigés; s'il s'est glissé d'autres erreurs, j'ai l'espoir qu'elles seront en petit nombre.

J'ai cru utile de faire suivre ma traduction de plusieurs notes, dont quelques-unes s'adressent principalement aux lecteurs qui n'aiment pas à rencontrer dans un texte scientifique les phrases : *Il est facile de voir, on trouve sans difficulté* ; enfin j'ai terminé ces notes par l'exposition de la méthode d'Olbers, suivie d'un exemple numérique. Cette méthode, qui permet d'obtenir rapidement et d'une manière suffisamment exacte l'orbite parabolique d'une comète, peut servir de premier essai à ceux qui veulent s'exercer au calcul des orbites.

Je ne crois pas inutile de rappeler aux jeunes astronomes

calculateurs que le journal astronomique, *Astronomische Nachrichten*, édité par M. PÉTERS, le savant directeur de l'observatoire d'Altona, est le recueil presque universel de toutes les découvertes et observations astronomiques qui s'effectuent sur le globe; ils trouveront donc dans ce journal les éléments nécessaires à la détermination des orbites.

FIN DE LA PRÉFACE DU TRADUCTEUR.

PRÉFACE.

Après la découverte des lois des mouvements planétaires, le génie de Képler ne manqua pas de moyens pour déterminer, à l'aide des observations, les éléments de chaque planète. Tycho-Brahé, par lequel l'astronomie d'observation était arrivée à une hauteur inconnue avant lui, avait observé toutes les planètes pendant de longues années avec le plus grand soin, et avec tant de persévérance qu'il resta seulement alors à Képler, le plus digne héritier d'un pareil trésor, le soin de choisir parmi toutes ces observations celles qui paraissaient convenir au but proposé quel qu'il fût. Les mouvements moyens des planètes déterminés depuis longtemps avec une grande précision, d'après les plus anciennes observations, ne facilitèrent pas médiocrement cette recherche.

Les astronomes qui, après Képler, entreprirent de calculer avec encore plus de soin les orbites des planètes, au moyen d'observations plus récentes ou plus précises, jouirent des mêmes avantages ou d'autres encore plus grands. Il ne s'agissait plus, en effet, d'obtenir des éléments entièrement inconnus, mais seulement de corriger ceux déjà obtenus en les renfermant dans des limites plus étroites.

Le principe de la gravitation universelle, découvert par le grand Newton, ouvrit un champ entièrement nouveau et apprit que tous les astres, du moins ceux maîtrisés dans leurs mouvements par la force attractive du Soleil, doivent absolument se conformer, en les modifiant seulement un peu, à ces mêmes lois que Képler avait reconnues gouverner cinq planètes. Képler, appuyé sur le témoignage des observations, avait en effet déclaré que l'orbite d'une planète quelconque est une ellipse dans laquelle les aires sont décrites uniformément autour du Soleil occupant un des foyers de la courbe, et de telle sorte que les carrés des temps de révolution dans les différentes ellipses sont dans le rapport des cubes des demi-grands axes. NEWTON réciproquement, en se basant sur le principe de la gravitation universelle, démontra *à priori* : que tous les astres gouvernés par la force attractive du Soleil doivent se mouvoir dans des sections coniques dont les planètes nous montrent un genre, c'est-à-dire les ellipses, mais que les autres genres, les paraboles et les hyperboles, doivent être considérés comme également possibles, pourvu qu'il existe des astres dont la vitesse soit dans un certain rapport avec la force du Soleil; qu'un des foyers de ces sections coniques est toujours occupé par le Soleil; que les aires décrites par un même astre autour du Soleil, dans différents intervalles, sont proportionnelles à ces intervalles, et enfin que les aires décrites par différents astres, dans des temps égaux, sont proportionnelles à la racine carrée des demi-paramètres des orbites. La dernière de ces lois, identique avec la dernière loi de KÉPLER dans le mouvement elliptique, s'applique aux mouvements parabolique et hyperbolique auxquels ne peut s'appliquer celle de KÉPLER, puisque les révolutions n'existent pas.

Ce fil une fois trouvé, on put, grâce à lui, parcourir le labyrinthe du mouvement des comètes autrefois inaccessible. Ce qui réussit si heureusement, que la seule hypothèse que les orbites sont des paraboles suffirait pour expliquer les mouvements de toutes les comètes observées avec soin. Le système de la gravitation universelle avait ainsi préparé à l'analyse des triomphes nouveaux et les plus brillants; et les comètes jusqu'alors toujours indomptées, ou si elles paraissaient vaincues, bientôt séditieuses et rebelles, souffrirent le frein qui les enchaînait, et d'ennemies devenues soumises, poursuivent religieusement leur route dans les sentiers tracés par le calcul et d'après les lois éternelles auxquelles obéissent les planètes.

En déterminant les orbites paraboliques des comètes d'après les observations, il se présentait néanmoins des difficultés beaucoup plus grandes que dans la détermination des orbites elliptiques des planètes, principalement de ce que les comètes, n'étant visibles que pendant un court intervalle de temps, ne fournissaient pas un choix d'observations particulièrement commodes pour telle ou telle méthode, mais obligeaient l'astronome à employer les observations qu'il avait accidentellement obtenues; de telle sorte que l'on était presque toujours forcé d'avoir recours à des méthodes spéciales rarement employées dans les calculs planétaires. Le grand NEWTON lui-même, le premier géomètre de son siècle, ne dissimula pas la difficulté du problème; cependant, comme on pouvait s'y attendre, il sortit aussi vainqueur de cette lutte. Plusieurs géomètres après NEWTON se sont occupés du même problème avec plus ou moins de succès, de manière cependant que de nos jours il laisse peu de chose à désirer.

Mais il ne faut pas oublier que dans cette question la connaissance d'un élément de la section conique diminue fort à propos la difficulté, puisque d'après l'hypothèse même de l'orbite parabolique, le grand axe est supposé infini. Toutes les paraboles, en laissant de côté la position, diffèrent seulement par la distance plus ou moins grande du sommet au foyer, tandis que les sections coniques, considérées d'une manière générale, admettent une variété infinie. Il n'y avait certainement pas de raison suffisante pour supposer les orbites des comètes rigoureusement paraboliques; on doit plutôt considérer comme infiniment peu probable que la nature des choses puisse jamais s'accorder avec une telle hypothèse. Toutefois, puisqu'il est certain que le mouvement d'un astre décrivant une ellipse ou une hyperbole dont le grand axe est dans un rapport très-grand avec le paramètre diffère très-peu, aux environs du périhélie, du mouvement dans une parabole ayant la même distance focale, et que cette différence est d'autant moindre que le rapport du grand axe au paramètre est plus grand; puisque ensuite, l'expérience a montré qu'entre le mouvement observé et le mouvement calculé dans l'orbite parabolique il ne reste presque jamais de différences plus grandes que celles qui peuvent en toute sûreté être attribuées aux erreurs d'observations (ici le plus souvent assez considérables), les astronomes pensent qu'il faut s'en tenir à la parabole; fort à propos sans doute, puisque les moyens manqueraient entièrement pour savoir d'une manière suffisamment certaine s'il y a une différence plus ou moins grande avec la parabole. Il faut excepter pourtant la célèbre comète de Halley qui, décrivant une ellipse très-allongée, nous a plusieurs fois donné le temps de sa révolution; mais alors, la grandeur du grand axe pouvant s'en déduire, le calcul des autres éléments peut à peine être considéré comme plus difficile que la détermination de ceux d'une orbite parabolique.

Nous ne pouvons en vérité passer sous silence que des astronomes ont tenté de déterminer l'écart de la parabole pour quelques comètes observées pendant un temps un peu plus long; toutefois, toutes les méthodes proposées ou employées dans ce but se sont appuyées sur l'hypothèse que la différence avec la parabole n'était pas considérable; par suite, la parabole elle-même calculée primitivement a fourni pour ces essais une valeur approchée de chaque élément (excepté le grand axe ou le temps de révolution qui en dépend), devant seulement subir de légers changements. On doit aussi avouer que tous ces essais n'ont presque jamais fourni de données certaines, si l'on en excepte par hasard la comète de 1770.

Dès qu'on fut certain que le mouvement de la nouvelle planète découverte en 1781 ne pouvait s'accorder avec l'hypothèse parabolique, les astronomes commencèrent à lui adapter une orbite circulaire qu'on détermina par un calcul simple et très-facile. Par un hasard heureux l'orbite de cette planète était si peu excentrique que, par le fait, les éléments obtenus, d'après cette hypothèse, fournirent au moins une sorte d'approximation sur laquelle on put ensuite baser la détermination des éléments elliptiques. Plusieurs autres avantages se présentaient. Le mouvement lent de la planète et la petite inclinaison de l'orbite sur le plan de l'écliptique rendaient en effet, non-seulement les calculs beaucoup plus simples et permettaient de faire usage de méthodes spéciales ne pouvant s'appliquer à d'autres cas, mais elles dissipaient aussi la crainte que la planète plongée dans les rayons du Soleil ne vînt ensuite défier toutes les recherches (crainte qui autrement, eût pu nuire aux observations, surtout si la lumière de l'astre fût en outre devenue moins vive); on pouvait donc, d'après cela, remettre entièrement la détermination plus exacte de l'orbite jusqu'à ce qu'il fût permis de choisir, parmi des observations plus nombreuses et plus écartées, celles qui paraîtraient plus convenables au but proposé.

C'est pourquoi, dans tous les cas où il s'agit de déduire des observations l'orbite d'un astre, il ne faut pas mépriser certains avantages qui réclament ou au moins qui tolèrent l'application de méthodes spéciales, particulièrement utiles en ce qu'elles permettent d'obtenir promptement, par des suppositions hypothétiques et avant d'entreprendre le calcul des éléments elliptiques, la valeur approchée de certains éléments. On trouvera néanmoins assez étonnant que le problème général :

Déterminer l'orbite d'un astre sans aucune hypothèse, d'après des observations n'embrassant pas un intervalle trop grand ni même choisi pour qu'elles puissent souffrir l'application de méthodes spéciales, ait été jusqu'au commencement de ce siècle presque entièrement négligé, ou du moins n'ait été traité par personne sérieusement et d'une manière convenable, quoique certainement ce problème se recommandât aux théoriciens par sa difficulté et son élégance, bien que sa grande utilité pratique n'eût pas été constatée par les observateurs. Chez tous les astronomes, en effet, l'opinion qu'il était impossible de faire complétement une pareille détermination au moyen d'observations renfermées dans un court espace de temps était certes mal fondée, puisqu'on est actuellement convaincu de la manière la plus certaine que, sans aucune hypothèse, on peut maintenant déterminer l'orbite d'un astre d'une manière approchée, à l'aide de bonnes observations embrassant seulement un petit nombre de jours.

Au mois de septembre 1801, alors occupé d'un travail tout différent, il m'était venu quelques idées qui paraissaient devoir me conduire à la solution du grand problème dont je viens de parler. Il n'est pas rare, en pareil cas, qu'afin de ne pas trop nous distraire d'une recherche intéressante, nous laissions se dissiper un ensemble d'idées qui, examinées plus attentivement, pourraient fournir des résultats féconds. Le même sort était peut-être aussi réservé à mes idées si elles n'étaient fort heureusement arrivées dans un temps certainement plus favorable qu'aucun autre pour qu'elles fussent conservées et cultivées. Vers la même époque, en effet, le bruit de la nouvelle planète découverte le 1er janvier de cette année dans le télescope de Palerme, courait de bouche en bouche, et les observations de cet astre faites depuis cette époque jusqu'au 11 février, par l'éminent Piazzi, parvinrent à la publicité. Nous ne trouvons certes nulle part dans les annales de l'astronomie une occasion aussi sérieuse, et l'on eût pu à peine en imaginer une aussi grave pour faire le plus vivement sentir l'importance de ce problème, que cette circonstance impérieuse où tout espoir de retrouver dans le ciel la planète atome au milieu des innombrables étoiles et après une année presque écoulée, dépendait uniquement de la connaissance suffisamment approchée de l'orbite établie sur ce petit nombre d'observations. Aurais-je jamais pu expérimenter plus à propos la valeur pratique de mes théories qu'en les employant alors à la détermination de l'orbite de Cérès, de cette planète qui décrivit seulement un arc géocentrique de trois degrés dans l'espace de ces 41 jours et qui, après une année écoulée, dut être cherchée en un point de la voûte céleste très-éloigné de cet arc? La première application de cette théorie est faite dans le mois d'octobre 1801, et la première nuit sereine dans laquelle la planète est cherchée (*), d'après les positions fournies par cette méthode, a rendu la transfuge aux observations. Trois autres planètes nouvelles, découvertes depuis cette époque, ont fourni de nouvelles occasions d'examiner et de s'assurer de l'efficacité et de la généralité de la méthode.

(*) 7 décembre 1801, par le célèbre Zach.

Aussitôt après que Cérès eut été retrouvée, plusieurs astronomes témoignèrent le désir que je fisse connaître les méthodes employées pour ces calculs; mais plusieurs choses empêchèrent que je ne me rendisse alors à ces sollicitations amicales : d'autres travaux, le désir de traiter un jour la question d'une manière plus complète, et principalement l'espoir qu'en continuant à m'occuper de ce problème, j'amènerais différentes parties de la solution à plus de généralité et à toute l'élégance et la simplicité possibles. Puisque cet espoir n'a pas été déçu, je ne crois pas devoir me repentir de ma manière d'agir. Les méthodes employées dans le principe ont effectivement subi des changements si grands et en si grand nombre, qu'entre la méthode à l'aide de laquelle l'orbite de Cérès a autrefois été calculée et celle développée dans cet ouvrage il reste à peine quelques traces de ressemblance. Quoiqu'à dire vrai il soit étranger au plan de cet ouvrage de raconter complétement tous les perfectionnements que ces recherches ont successivement éprouvés, j'ai pensé cependant que dans plusieurs occasions, toutes les fois surtout qu'il s'est agi d'un certain problème plus important, il ne fallait pas supprimer entièrement les méthodes antérieures. J'ai même considéré, en outre du problème principal, plusieurs solutions qui, dans un travail d'une certaine longueur sur le mouvement des astres dans les sections coniques, m'ont paru plus dignes d'attention, soit à cause de leur élégance analytique, soit surtout en raison de leur usage pratique. J'ai cependant toujours donné avec plus de soins les questions ou les méthodes qui me sont propres, traitant seulement succinctement un sujet connu et en tant qu'il paraisse se rattacher aux autres questions.

L'ouvrage entier est, d'après cela, divisé en deux parties. Dans le premier livre sont développées les relations existant entre les quantités dont dépend, d'après les lois de Képler, le mouvement des astres autour du Soleil; les deux premières sections contenant les relations dans lesquelles une position unique de l'astre est considérée, et la troisième et la quatrième celles où l'on considère plusieurs positions. Ces deux dernières sections contiennent non-seulement l'exposition des méthodes habituellement en usage, mais encore particulièrement d'autres qui doivent, si je ne me trompe, leur être de beaucoup préférées dans la pratique, et à l'aide desquelles on obtient, d'après les éléments connus, les positions des astres; les deux autres sections traitent de questions beaucoup plus importantes et qui préparent la voie aux opérations inverses. Puisqu'en effet les positions de la planète se déduisent des éléments par une suite de considérations longues et ingénieuses, il est nécessaire d'apercevoir plus profondément la nature de ce tissu avant qu'il soit permis d'entreprendre, avec espoir de succès, l'explication des fils et la solution de la question dans ses différentes parties. Nous donnons donc, dans le premier livre, les formules et les moyens à l'aide desquels, dans l'autre livre, ce travail difficile est ensuite achevé; la partie la plus importante du travail consiste donc alors en ce que ces moyens, choisis comme il faut, soient disposés dans une suite convenable et dirigés vers le but proposé.

Les problèmes les plus importants sont pour la plupart éclaircis par des exemples extraits toujours, toutes les fois que la chose a été possible, d'observations véritables. De la sorte on accordera, non-seulement une plus grande confiance à l'efficacité des méthodes et leur usage se montrera plus clairement aux yeux, mais j'espère aussi avoir évité que les calculateurs moins exercés ne soient détournés de l'étude de ces questions qui constituent, sans aucun doute, la partie la plus féconde et la plus brillante de l'astronomie théorique.

GŒTTINGUE, 28 mars 1809.

LIVRE PREMIER.

RELATIONS GÉNÉRALES ENTRE LES QUANTITÉS AU MOYEN DESQUELLES LES MOUVEMENTS DES CORPS CÉLESTES AUTOUR DU SOLEIL SONT DÉTERMINÉS.

PREMIÈRE SECTION.

RELATIONS CONCERNANT UNE SEULE POSITION DANS L'ORBITE.

1.

Nous considérons seulement, dans cet ouvrage, le mouvement des corps célestes en tant qu'ils sont gouvernés par la force attractive du Soleil.

Toutes les planètes secondaires sont donc exclues de notre recherche, ainsi que les perturbations que les plus grosses exercent les unes sur les autres; tout mouvement de rotation est aussi mis de côté. Nous envisageons les corps en mouvement comme étant même réduits à un point mathématique, et nous supposons tous les mouvements soumis aux lois suivantes, qui doivent donc, dans cet ouvrage, être prises pour base de toutes les recherches :

I. Le mouvement de toute planète se fait perpétuellement dans un même plan passant par le centre du Soleil.

II. La trajectoire décrite par l'astre est une section conique dont le centre du Soleil occupe le foyer.

III. Le mouvement sur cette trajectoire se fait de telle sorte que les aires des espaces décrits autour du Soleil sont proportionnelles à ces intervalles eux-mêmes. Les temps et les espaces décrits étant donc représentés par des nombres, un espace quelconque divisé par le temps pendant lequel il est décrit, fournit un quotient invariable.

IV. Pour différents astres se mouvant autour du Soleil, les carrés de ces quotients sont en raison directe des paramètres des orbites correspondantes, multipliés par la masse du Soleil augmentée de la masse des corps en mouvement.

En désignant donc par $2p$ le paramètre de l'orbite que décrit l'astre, par μ la quantité de matière de ce corps (la masse du Soleil étant 1), par $\frac{1}{2}g$ l'aire qu'il décrit autour du Soleil dans le temps t, le nombre constant pour tous les corps célestes sera

$$\frac{g}{t\sqrt{p}\sqrt{1+\mu}}.$$

Puisque peu importe le corps céleste dont nous nous servirions pour obtenir la valeur de ce nombre, déterminons-le d'après le mouvement de la Terre, dont nous adopterons la distance moyenne au Soleil pour unité de distance : l'unité de temps sera toujours pour nous le jour solaire moyen.

Désignant ensuite par π le rapport de la circonférence au diamètre, l'aire entière de l'ellipse décrite par la Terre sera évidemment $\pi\sqrt{p}$, que l'on doit donc poser égale à $\frac{1}{2}g$ si pour t nous prenons l'année sidérale; d'après cela notre nombre constant devient

$$\frac{2\pi}{t\sqrt{1+\mu}}.$$

Pour déterminer la valeur numérique de cette constante désignée par k dans ce qui suit, prenons, d'après la détermination la plus nouvelle, l'année sidérale $t = 365,2563835$, la masse de la Terre $\mu = \frac{1}{354710} = 0,0000028192$; on déduit de là

$\log 2\pi$.	0,7981798684
comp' $\log t$.	7,4374021852
comp' $\log \sqrt{1+\mu}$.	9,9999993878
$\log k$.	8,2355814414
k.	= 0,01720209895

2

Les lois des mouvements exposées ci-dessus ne diffèrent de celles découvertes par Képler qu'en ce qu'elles sont données sous une forme s'étendant à tous les genres de sections coniques, et que l'on a égard à l'action du corps en mouvement sur le Soleil, action dont dépend le facteur $\sqrt{1+\mu}$. Si nous considérons ces lois comme des phénomènes déduits d'observations aussi nombreuses que certaines, la géométrie apprendra, d'après cela, quelle action doit être exercée sur les corps en mouvement autour du Soleil pour que ces phénomènes se produisent perpétuellement. De cette manière on trouve que l'action du Soleil sur les astres en mouvement s'exerce comme si la force d'attraction, dont l'intensité serait inversement proportionnelle au carré de la distance, poussait les corps vers le centre du Soleil. Réciproquement, si nous établissons comme principe l'hypothèse d'une telle force attractive, les mêmes phénomènes en dérivent comme une conséquence nécessaire. Il suffit ici d'avoir seulement énoncé ces lois, sans qu'il y ait lieu de nous arrêter à leur liaison avec le principe de la gravitation, puisque, après le grand NEWTON, ce sujet a été traité par plusieurs auteurs, et entre autres par l'illustre Laplace, dans un ouvrage, *la Mécanique céleste*, tellement parfait qu'on ne peut rien désirer de plus.

3

Les recherches relatives aux mouvements des corps célestes, en tant qu'ils se produisent dans les sections coniques, n'exigent nullement une théorie complète de ces sortes de courbes; bien plus, il nous suffira même d'une équation unique générale de laquelle tout se déduira. Mais on comprend qu'il est du plus grand intérêt de choisir celle même à laquelle nous sommes conduits comme à l'équation caractéristique, tant que nous cherchons la courbe décrite d'après la loi d'attraction. En déterminant, en effet, la position d'un corps quelconque dans son orbite par les distances x et y à deux droites menées dans le plan de la courbe et se coupant à angle droit au centre du Soleil, c'est-à-dire à l'un des foyers de la courbe, et en désignant, en outre, par r la distance de l'astre au Soleil (considérée toujours comme positive), nous aurons entre r, x et y l'équation linéaire

$$r+\alpha x+\beta q=\gamma,$$

dans laquelle α, β et γ expriment des quantités constantes, et γ même, par sa nature, une quantité toujours positive. En changeant la situation, arbitraire par elle-même, des droites auxquelles les distances x et y sont rapportées, pourvu qu'elles continuent à se couper à angle droit, il est évident que la forme de l'équation et la valeur de γ ne seront pas changées, mais que α et β acquerront des valeurs différentes; et il est clair que la situation des axes peut être déterminée de telle sorte que β devienne zéro, mais α n'étant pas du moins négatif. En représentant, dans ce cas, α et γ respectivement par e, p, notre équation prend la forme $r + ex = p$. La droite à laquelle les distances y sont alors rapportées est appelée la *ligne des apsides*, p le *demi-paramètre* et e l'*excentricité*; et enfin, la section conique se distingue par le nom d'*Ellipse*, de *Parabole* et d'*Hyperbole*, selon que e est plus petit, égal ou plus grand que l'unité.

On comprendra du reste facilement que la situation de la ligne des apsides sera entièrement déterminée d'après les conditions données, excepté le seul cas où α et β seraient d'eux-mêmes égaux à zéro; dans ce cas on a toujours $r = p$ à quelques axes que l'on rapporte x et y. Puisqu'on a ainsi $e = 0$, la courbe (qui sera un cercle) devra, d'après notre définition, être considérée comme une ellipse, mais il y aura cela de particulier, que la position de l'apside reste entièrement arbitraire, si toutefois il plaît d'étendre aussi cette notion à ce cas.

4

Au lieu de la distance x, introduisons l'angle v que fait la ligne qui joint l'astre au Soleil (*c'est-à-dire le rayon vecteur*) avec la ligne des apsides, et comptons même cet angle à partir de la ligne des apsides du côté où les distances x sont positives, en supposant qu'il croît dans le sens suivant lequel a lieu le mouvement de l'astre.

De cette manière, on a

$$x = r \cos v,$$

et, par suite, notre formule devient

$$r = \frac{p}{1 + e \cos v},$$

de laquelle dérivent immédiatement les conséquences suivantes :

I. Pour $v = 0$, la valeur du rayon vecteur r devient minimum, c'est-à-dire $= \frac{p}{1+e}$; ce point est nommé le *Périhélie*.

II. A deux valeurs de v égales et de signes contraires répondent deux valeurs égales de r; c'est pourquoi la ligne des apsides partage la section conique en deux parties égales.

III. Dans l'*Ellipse*, r croît continuellement à partir de $v = 0$, jusqu'à ce qu'il atteigne sa valeur maximum $\frac{p}{1-e}$, à l'*Aphélie*, pour $v = 180°$; après l'aphélie le rayon décroît de la même manière qu'il avait augmenté précédemment, jusqu'à ce qu'il atteigne de nouveau la valeur périhélie pour $v = 360°$. La ligne des apsides qui est terminée d'une part au périhélie, de l'autre à l'aphélie, est appelé le *grand axe;* par suite, le demi-grand axe que l'on appelle aussi la *distance moyenne* est égale à $\frac{p}{1-e^2}$; la distance du milieu de l'axe (*du centre de l'ellipse*) au foyer sera $\frac{ep}{1-e^2} = ea$, en désignant par a le demi-grand axe.

IV. Dans la *parabole*, au contraire, il n'y a pas à proprement parler d'aphélie, mais r augmente au delà de toute limite à mesure que v approche de plus en plus, soit de $+180°$, soit de $-180°$. Pour $v = \pm 180°$ la valeur de r devient infinie, ce qui indique que la courbe ne coupe pas la ligne des apsides à l'opposé du périhélie. C'est pourquoi il n'y a pas lieu, dans ce cas, de parler du grand axe ni du centre de la courbe; mais selon l'usage établi par les analystes, la valeur du grand axe est considérée comme infinie par extension des formules relatives à l'ellipse, et le centre de la courbe est situé à une distance infinie du foyer.

V. Dans l'hyperbole enfin, v est compris entre des limites encore plus étroites, c'est-à-dire entre $v = -(180 - \psi)$ et $v = +(180 - \psi)$, en désignant par ψ l'angle dont le cosinus $= \frac{1}{e}$. Quand v approche en effet de ses limites, r croît jusqu'à l'infini; mais si l'on prenait pour v l'une même de ces deux valeurs, r deviendrait infini, ce qui indique que l'hyperbole ne peut pas être rencontrée par une droite faisant avec la ligne des apsides, soit au-dessus, soit au-dessous, un angle de $180 - \psi$. En dehors de ces valeurs, c'est-à-dire depuis $180 - \psi$ jusqu'à $180 + \psi$, notre formule assigne à r une valeur négative; la droite inclinée en effet même sous un tel angle sur la ligne des apsides ne rencontre pas, il est vrai, l'hyperbole, mais prolongée en arrière elle rencontre une autre partie de la courbe qui est entièrement séparée de la première partie et dont la convexité est tournée du côté opposé au foyer que le Soleil occupe. Mais dans notre recherche qui, ainsi que nous l'avons déjà dit, s'appuie sur l'hypothèse que r est pris positivement, nous ne considérerons pas cette autre branche d'hyperbole que pourrait seulement parcourir un astre tel que la force du Soleil s'exerçât sur lui d'après les mêmes lois, non par attraction, mais par répulsion. A proprement parler, l'aphélie n'existe donc pas non plus dans l'hyperbole : on pourra prendre pour point analogue de l'aphélie l'intersection de la seconde branche avec la ligne des apsides, point qui répond aux valeurs $v = 180°$ et $r = -\frac{p}{e-1}$. Si, de même que dans l'ellipse, on veut appeler aussi demi-grand axe de l'hyperbole l'expression $\frac{ep}{1-e^2}$, qui devient ici négative, cette quantité indiquera la distance du périhélie au point dont nous venons de parler, et en même temps la position de celui qui dans l'ellipse occupe une place opposée. De même $\frac{ep}{1-e^2}$, c'est-à-dire la distance du foyer au point situé au milieu de ces deux points (ou au centre de l'hyperbole) acquiert une valeur négative à cause de sa situation opposée.

5

Nous appelons *anomalie vraie* du corps en mouvement l'angle v qui pour la parabole est compris entre les limites $-180°$ et $+180°$, pour l'hyperbole entre $-(180-\psi)$ et $+(180-\psi)$, mais qui parcourt pour l'ellipse un cercle complet par périodes renouvelées perpétuellement. Jusqu'à présent presque tous les astronomes comptaient habituellement l'anomalie vraie, non à partir du périhélie, mais de l'aphélie ; il convient au contraire, par analogie avec la parabole et l'hyperbole dans lesquelles l'aphélie n'existe pas, de commencer à partir du périhélie. Nous craignons d'autant moins de rétablir l'analogie entre tous les genres de sections coniques que les astronomes français les plus récents en ont déjà donné l'exemple.

Il convient assez souvent de changer quelque peu la forme de l'expression $r = \frac{p}{1+e\cos v}$; les formes suivantes sont particulièrement notées :

$$r = \frac{p}{1+e-2e\sin^2\frac{1}{2}v} = \frac{p}{1-e+2e\cos^2\frac{1}{2}v},$$

$$r = \frac{p}{(1+e)\cos^2\frac{1}{2}v + (1-e)\sin^2\frac{1}{2}v}.$$

Dans la parabole, nous avons par conséquent

$$r = \frac{p}{2\cos^2\frac{1}{2}v};$$

dans l'hyperbole, l'expression suivante est principalement commode

$$r = \frac{p\cos\psi}{2\cos\frac{1}{2}(v+\psi)\cos\frac{1}{2}(v-\psi)}.$$

6

Nous allons maintenant comparer le mouvement avec le temps. En posant, comme dans l'art. 1, l'espace décrit dans le temps t autour du Soleil $= \frac{1}{2}g$, la masse du corps en mouvement $= \mu$, celle du Soleil étant supposée $= 1$, nous avons $g = kt\sqrt{p}\sqrt{1+\mu}$. Mais la différentielle de l'aire $= \frac{1}{2}r^2dv$; on en déduit

$$kt\sqrt{p}\sqrt{1+\mu} = \int r^2dv,$$

cette intégrale étant prise de manière qu'elle s'évanouisse pour $t = 0$.

Cette intégration doit être traitée de différentes manières suivant les divers genres de sections coniques; c'est pourquoi nous allons considérer chacun d'eux séparément en commençant par l'ELLIPSE.

Comme r est déterminé d'après v au moyen d'une expression fractionnaire dont le dénominateur contient deux termes, débarassons-nous avant tout de cette incommodité, en substituant une nouvelle quantité à la place de v.

Posons, dans ce but,

$$\tang\frac{1}{2}v\sqrt{\frac{1-e}{1+e}} = \tang\frac{1}{2}E.$$

La dernière formule de l'article précédent, relative à r devient, d'après cela,

$$r=\frac{p\cos^2\frac{1}{2}E}{(1+e)\cos^2\frac{1}{2}v}=p\left(\frac{\cos^2\frac{1}{2}E}{(1+e)}+\frac{\sin^2\frac{1}{2}E}{(1-e)}\right)=\frac{p}{1-e^2}(1-e\cos E).$$

On a ensuite

$$\frac{dE}{\cos^2\frac{1}{2}E}=\frac{dv}{\cos^2\frac{1}{2}v}\sqrt{\frac{1-e}{1+e}},$$

et, par suite,

$$dv=\frac{pdE}{r\sqrt{1-e^2}};$$

d'où

$$r^2dv=\frac{r.pdE}{\sqrt{1-e^2}}=\frac{p^2}{(1-e^2)^{\frac{3}{2}}}(1-e\cos E)dE,$$

et, en intégrant,

$$kt\sqrt{p}\sqrt{1+\mu}=\frac{p^2}{(1-e^2)^{\frac{3}{2}}}(E-e\sin E)+\text{constante.}$$

Mais si nous considérons le moment où l'astre est à son périhélie, on a $v=0$, $E=0$ et par suite la constante nulle; il vient ainsi, à cause de $\frac{p}{1-e^2}=a$,

$$E-e\sin E=\frac{kt\sqrt{1+\mu}}{a^{\frac{3}{2}}}.$$

Dans cette équation, l'angle auxiliaire E, que l'on nomme *Anomalie excentrique*, doit être exprimé en parties du rayon. Mais il est évident que l'on peut conserver cet angle en degrés si $e\sin E$ et $\frac{kt\sqrt{1+\mu}}{a^{\frac{3}{2}}}$ sont aussi exprimés de la même manière; ces quantités seront exprimées en secondes d'arc si elles sont multipliées par le nombre 206264,81. Nous pouvons ne pas effectuer cette multiplication relativement à la dernière quantité, si nous exprimons d'abord la quantité k en secondes, c'est-à-dire si à la place de la valeur donnée ci-dessus nous posons $k=3548'',18761$ dont le logarithme $=3,5500065746$. De cette manière la quantité exprimée par

$\frac{kt(1+\mu)}{a^{\frac{3}{2}}}$ est appelée l'*Anomalie moyenne*; laquelle augmente donc proportionnellement au temps, et en réalité chaque jour de l'accroissement $\frac{k(1+\mu)}{a^{\frac{3}{2}}}$ qu'on nomme le *Mouvement moyen diurne.* Nous désignerons l'anomalie moyenne par M.

7

Au périhélie, l'anomalie vraie, l'anomalie excentrique et l'anomalie moyenne sont par conséquent nulles; l'anomalie vraie augmente ensuite, ainsi que les anomalies excentrique et moyenne, de telle sorte cependant que l'anomalie excentrique reste plus petite que la vraie, et la moyenne plus petite que l'excentrique jusqu'à l'aphélie ou toutes trois deviennent ensemble égales à 180°; mais de là jusqu'au périhélie, l'excentrique est toujours plus grande que la vraie et la moyenne plus grande que l'excentrique, puis toutes les trois deviennent égales à 360° au périhélie, ou ce qui revient au même, toutes trois reprennent la valeur zéro. Mais, d'une manière générale, il est évident que si l'anomalie vraie v correspond à l'anomalie excentrique E et à l'anomalie moyenne M, à l'anomalie vraie $360° - v$ correspondront l'anomalie excentrique $360° - E$ et l'anomalie moyenne $360° - M$. La différence $v - M$ entre l'anomalie vraie et l'anomalie moyenne est appelée *Équation du centre*, laquelle, comme on le voit, positive du périhélie à l'aphélie, est négative de l'aphélie au périhélie, mais devient nulle au périhélie et à l'aphélie. Puisque v et M parcourent donc dans le même temps un cercle entier depuis 0° jusqu'à 360°, le temps d'une révolution que l'on nomme *temps périodique* s'obtient exprimé en jours, en divisant 360° par le mouvement diurne $\frac{k\sqrt{(1+\mu)}}{a^{\frac{3}{2}}}$, d'où l'on voit clairement que pour divers corps célestes tournant autour du Soleil, les carrés des temps périodiques sont proportionnels aux cubes de leurs distances moyennes, en tant qu'il soit permis de négliger leurs masses ou plutôt leur différence de masses.

8

Récapitulons maintenant les relations entre les anomalies et le rayon vecteur qui sont principalement dignes d'attention et dont la détermination ne pourra présenter de difficultés même à quelqu'un médiocrement versé dans l'analyse trigonométrique. On donnera plus d'élégance à plusieurs de ces formules en introduisant à la place de e l'angle dont le sinus $= e$; en désignant cet angle par φ, nous avons

$$\sqrt{1-e^2} = \cos\varphi, \qquad \sqrt{1+e} = \cos\left(45^\circ - \frac{1}{2}\varphi\right)\sqrt{2}.$$

$$\sqrt{1-e} = \cos\left(45 + \frac{1}{2}\varphi\right)\sqrt{2}, \qquad \sqrt{\frac{1-e}{1+e}} = \operatorname{tang}\left(45^\circ - \frac{1}{2}\varphi\right).$$

$$\sqrt{(1+e)} + \sqrt{(1-e)} = 2\cos\frac{1}{2}\varphi, \qquad \sqrt{1+e} - \sqrt{1-e} = 2\sin\frac{1}{2}\varphi.$$

Voici maintenant les principales relations entre a, p, r, e, φ, v, E, M.

I. $$p = a\cos^2\varphi.$$

II. $$r = \frac{p}{1+e\cos v}.$$

III. $$r = a(1 - e\cos E).$$

IV. $$\cos E = \frac{\cos v + e}{1 + e\cos v}, \quad \text{ou} \quad \cos v = \frac{\cos E - e}{1 - e\cos E}.$$

V. $$\sin\frac{1}{2}E = \sqrt{\frac{1}{2}(1-\cos E)} = \sin\frac{1}{2}v\sqrt{\frac{1-e}{1+e\cos v}}$$
$$= \sin\frac{1}{2}v\sqrt{\frac{r(1-e)}{p}} = \sin\frac{1}{2}v\sqrt{\frac{r}{a(1+e)}}.$$

VI. $$\cos\frac{1}{2}E = \sqrt{\frac{1}{2}(1+\cos E)} = \cos\frac{1}{2}v\sqrt{\frac{1+e}{1+e\cos v}}$$
$$= \cos\frac{1}{2}v\sqrt{\frac{r(1+e)}{p}} = \cos\frac{1}{2}v\sqrt{\frac{r}{a(1-e)}}.$$

VII. $$\operatorname{Tang}\frac{1}{2}E = \operatorname{tang}\frac{1}{2}v.\operatorname{tang}\left(45^\circ - \frac{1}{2}\varphi\right).$$

VIII. $$\sin E = \frac{r\sin v\cos\varphi}{p} = \frac{r\sin v}{a\cos\varphi}.$$

IX. $$r\cos v = a(\cos E - e) = 2a\cos\left(\frac{1}{2}E + \frac{1}{2}\varphi + 45^\circ\right)\cos\left(\frac{1}{2}E - \frac{1}{2}\varphi - 45^\circ\right).$$

X. $$\sin\frac{1}{2}(v-E) = \sin\frac{1}{2}\varphi\sin v\sqrt{\frac{r}{p}} = \sin\frac{1}{2}\varphi\sin E\sqrt{\frac{a}{r}}.$$

XI. $$\sin\frac{1}{2}(v+E)=\cos\frac{1}{2}\varphi\sin v\sqrt{\frac{r}{p}}=\cos\frac{1}{2}\varphi\sin E\sqrt{\frac{a}{r}}.$$

XII. $$M=E-e\sin E.$$

9

Si par un point quelconque de l'ellipse on abaisse une perpendiculaire sur la ligne des apsides et qu'on la prolonge jusqu'à ce qu'elle rencontre le cercle décrit du centre de l'ellipse avec le rayon a, l'angle formé par le rayon qui correspond à ce point d'intersection avec la ligne des apsides (angle conçu de la même manière que l'anomalie vraie) sera égal à l'anomalie excentrique, ainsi qu'on peut le déduire de l'équation IX de l'article précédent. Il est ensuite évident que $r\sin v$ est la distance de ce point de l'ellipse à la ligne des apsides; cette distance qui, d'après l'équation VIII, $=a\cos\varphi\sin E$, sera maximum pour $E=90°$, c'est-à-dire au centre de l'ellipse. Cette distance maximum qui est égale à $a\cos\varphi=\frac{p}{\cos\varphi}=\sqrt{ap}$ est appelée le *demi petit axe*. Au foyer de l'ellipse, c'est-à-dire pour $v=90°$, cette distance est évidemment égale à p ou égale au demi-paramètre.

10

Les équations de l'article 8 contiennent toutes les relations qui servent à calculer les anomalies excentrique et moyenne au moyen de la vraie, ou les anomalies excentrique et vraie par la moyenne. Pour déduire l'anomalie excentrique de l'anomalie vraie, on emploie ordinairement la formule VII; le plus souvent, cependant, il est préférable d'employer la formule X, principalement toutes les fois que l'excentricité n'est pas trop grande, cas dans lequel l'anomalie excentrique E peut être calculée avec plus de précision par la formule X que par la formule VII. De plus, en se servant de l'équation X, on a le logarithme-sinus E dont on a besoin pour l'équation XII, qui est d'abord obtenu par l'équation VIII; en employant l'équation VII, il faudrait l'obtenir au moyen des tables; si donc on cherche, d'après cette méthode, ce logarithme dans les tables, on obtiendra par là en même temps une confirmation de l'exactitude du calcul. On effectue de cette manière les contrôles et les confirmations d'un long calcul, contrôles auxquels il faudra donc avoir égard, dans toutes les méthodes enseignées dans cet ouvrage, où il peut en vérité être avantageux de mettre partout du soin et de l'exactitude.

Pour plus d'éclaircissements, donnons un exemple complet du calcul.

Soient donnés $v = 310° \, 55' \, 29'',64$, $\varphi = 14° \, 12' \, 1'',87$, $\log r = 0,3307640$; on demande p, a, E et M.

$\log \sin \varphi$	9,3897262	
$\log \cos v$	9,8162877	
	9,2060139	d'où $e \cos v = 0,1606993$
$\log (1 + e \cos v)$...	0,0647197	
$\log r$.	0,3307640	
$\log p$.	0,3954837	
$\log \cos^2 \varphi$.	9,9730448	
$\log a$.	0,4224389	
$\log \sin v$.	9,8782740 n (*)	
$\log \sqrt{\frac{p}{r}}$......	0,0323598.5	
	9,8459141.5 n	
$\log \sin \frac{1}{2} \varphi$......	9,0920395	
$\log \sin \frac{1}{2}(V - E)$..	8,9379536.5 n	

De là

$$\tfrac{1}{2}(v - E) = -4°58'22'',94; \quad v - E = -9°56'45'',88;$$
$$E = 320°52'15'',52.$$

On a ensuite

Calcul du log sin E par la formule VIII.

$\log e$.	9,3897262	$\log \frac{r}{p} \sin v$..	9,8135543 n
$\log 206264,8$...	5,3144251	$\log \cos \varphi$. ..	9,9865224
$\log e$ en secondes	4,7041513	$\log \sin E$...	9,8000767 n
$\log \sin E$.	9,8000767 n		
	4,5042280 n.		

De là

$e \sin E$ en secondes $= 31932'',4 = 8°52'12'',14$

et $M = 329°44'27'',66$

$\frac{1}{2} v = 155°27'44'',82$

$45 - \frac{1}{2}\varphi = 37°53'59'',065$

Par la formule VII le calcul de E se fait ainsi :

$\log \tang \frac{1}{2} v$.	9,6594579 n
$\log \tang (45° - \frac{1}{2}\varphi)$.	9,8912427
$\log \tang \frac{1}{2} E$.	9,5507006 n;

(*) La lettre n qui accompagne le logarithme indique que le nombre auquel il correspond est négatif.

d'où

$$\tfrac{1}{2}E = 160°26'7'',76 \quad \text{et} \quad E = 320°52'15'',52 \text{ comme ci-dessus.}$$

11

Le problème inverse, célèbre sous le nom de *problème de Képler* et qui a pour but de déterminer, d'après l'anomalie moyenne, l'anomalie vraie, et le rayon vecteur est d'un usage beaucoup plus fréquent. Les astronomes déterminent habituellement l'équation du centre au moyen d'une série développée suivant les sinus des angles M, 2M, 3M, etc., dont les coefficients eux-mêmes forment des séries convergentes, selon les puissances croissantes de l'excentricité. Nous pensons qu'il est d'autant moins nécessaire de s'arrêter ici à cette formule relative à l'équation du centre, développée par plusieurs auteurs, que, d'après notre opinion, elle est beaucoup moins convenable dans la pratique, surtout si l'excentricité n'est pas très-petite, que la méthode indirecte que nous expliquerons pour cette raison un peu en détail dans la forme qui nous paraît la plus commode.

L'équation XII, $E = M + e \sin E$, qui se rapporte à la classe des transcendantes et qui ne donne pas de solution par des opérations finies, est résolue par tâtonnements en commençant par une certaine valeur approchée de E. Cette valeur est corrigée par des méthodes convenables répétées jusqu'à ce qu'elle satisfasse exactement à cette équation, c'est-à-dire avec toute la précision que permettent les tables de sinus, ou avec celle au moins qui suffit au but proposé. Si ces corrections ne sont pas effectuées inconsidérément, mais d'après une règle sûre et certaine, à peine existe-t-il quelque différence essentielle entre une telle méthode indirecte et la solution au moyen des séries, si ce n'est que dans celle-là la première valeur de l'inconnue est en quelque sorte arbitraire; ce qui est plutôt un avantage, puisque la valeur judicieusement choisie permet d'accélérer notablement les corrections. Supposons que ε soit une valeur approchée de E et x la correction qu'il faut lui ajouter (cette correction étant exprimée en secondes), pour que la valeur $E = \varepsilon + x$ satisfasse exactement à notre équation.

En faisant le calcul de $e \sin \varepsilon$, obtenu en secondes au moyen des logarithmes, qu'on note en même temps, d'après les tables, la variation de $\log \sin \varepsilon$, pour une seconde de variation dans ε, et la variation de $\log e \sin \varepsilon$, pour une unité de variation dans le nombre $e \sin \varepsilon$; soient respectivement, sans avoir égard à leurs signes, λ et μ ces variations pour lesquelles il est à peine besoin d'avertir que l'un et l'autre logarithme sont supposés contenir également un grand nombre de décimales. Si ε approche déjà si près de la vraie valeur de E, qu'il soit permis de considérer les variations de logarithme sinus depuis ε jusqu'à $\varepsilon + x$ et les variations du logarithme nombre depuis $e \sin \varepsilon$ jusqu'à $e \sin(\varepsilon + x)$ comme uniformes, on pourra poser d'une manière évidente :

$$e \sin(\varepsilon + x) = e \sin \varepsilon \pm \frac{\lambda x}{\mu},$$

le signe supérieur s'appliquant au premier et au quatrième quadrants, le signe inférieur au second et au troisième.

C'est pourquoi, comme on a $\varepsilon + x = M + e \sin(\varepsilon + x)$, on obtient, $x = \frac{\mu}{\mu \mp \lambda}(M + e \sin \varepsilon - \varepsilon)$, et la valeur de E ou $\varepsilon + x = M + e \sin \varepsilon \pm \frac{\lambda}{\mu \pm \lambda}(M + e \sin \varepsilon - \varepsilon)$ dont les signes sont déterminés de la manière que nous avons indiquée. Au reste, il est facile de s'apercevoir que l'on a, sans avoir égard au signe

$$\frac{\mu}{\lambda} = \frac{1}{e \cos \varepsilon},$$

et par suite que $\mu > \lambda$; d'où l'on conclut que dans le premier et dans le dernier quadrants, $M + e \sin \varepsilon$ est toujours compris entre ε et $(\varepsilon + x)$, mais que dans le second et le troisième $(\varepsilon + x)$ est compris entre ε et $M + e \sin \varepsilon$, règle qui peut venir en aide aux signes.

Si la valeur supposée ε s'écartait encore trop de la vraie, pour qu'il fût impossible d'admettre l'hypothèse énoncée plus haut, comme suffisamment exacte, on trouvera certainement par cette méthode une valeur beaucoup plus approchée, à l'aide de laquelle on recommencera la même opération, que l'on peut répéter même de nouveau plusieurs fois si l'on trouve cela nécessaire. On voit facilement que si l'on considère la différence de la première valeur ε avec la véritable, comme une quantité du premier ordre, l'erreur de la nouvelle valeur devra être considérée comme du second ordre, et sera abaissée, en répétant l'opération, au quatrième ordre, au huitième, etc.

De plus, ces corrections successives diminuent d'autant plus rapidement, que l'excentricité est plus petite.

12

La valeur approchée de E, au moyen de laquelle on peut commencer le calcul, sera le plus souvent suffisamment indiquée, surtout lorsque le problème doit être résolu pour plusieurs valeurs de M, pour lesquelles certaines valeurs de E sont déjà obtenues. Tout autre moyen manquant, il est au moins constant que E doit être compris entre les limites M et $M \pm e$ (l'excentricité étant exprimée en secondes, et prenant le signe supérieur dans le premier et le second quadrants et le signe inférieur pour le troisième et le quatrième) ; c'est pourquoi l'on pourra adopter pour la valeur initiale de E, soit M, soit ce nombre augmenté ou diminué de e, d'après une estimation quelconque. Il est à peine besoin de prévenir que toutes les fois que l'on commence la première opération avec une valeur peu approchée, une précision minutieuse est inutile, et que les petites tables semblables à celles que l'illustre Lalande a publiées suffisent pleinement. De plus, pour faire les calculs commodément, les valeurs de ε doivent toujours être choisies de manière que leur sinus puisse être trouvé dans les tables mêmes sans interpolation, c'est-à-dire en minutes ou en dizaines de secondes rondes, selon que les tables donnent les angles de minutes en minutes ou de dix en dix secondes. Au reste, chacun pourra, de soi-même, imaginer des modifications, d'après les règles précédentes, si les angles sont exprimés selon la nouvelle division décimale.

13

Exemple. Supposons l'excentricité la même que dans l'exemple de l'art. 10. $M = 332° 28' 54'',77$. On a donc ici log e (en secondes) $= 4,7041513$, par suite $e = 50600'' = 14° 3' 20''$. Comme ici E doit être moindre que M, posons, pour le premier calcul, $\varepsilon = 326°$, d'où l'on a, au moyen des petites tables :

log sin ε.	9,74756 n	changement pour 1'. . . 19	d'où $\lambda = 0,32$
log e en secondes. .	4,70415		
	4,45171 n ;		

de là $e \sin \varepsilon = -28295'' = -7°51'35''$ — Changement du logarithme pour une unité de la table, laquelle ici est de $10''...16$ d'où $\mu = 1,6$;

$M + e \sin \varepsilon = \ldots\ldots\ldots\ldots$ $324°37'20''$

différ. avec $\varepsilon \ldots\ldots\ldots\ldots$ $1°22'40'' = 4960''$ d'où $\frac{0,32}{1,28} \times 4960'' = 1240''$

$= 20'40''$.

La valeur corrigée de E devient donc $324°\ 37'\ 20'' - 20'\ 40'' = 324°\ 16'\ 40''$, avec laquelle nous faisons un second calcul en nous servant des grandes tables :

$\log \sin \varepsilon \ldots\ldots$	$9,7663058\,n$	$\lambda = 29,25$
$\log e \ldots\ldots$	$4,7041513$	
	$4,4704571\,n$	$\mu = 147$
$e \sin \varepsilon = -29543'',18 = -8°12'23'',18$		
$M + e \sin \varepsilon \ldots\ldots\ldots\ldots$	$324°16'31'',59$	
différence avec $\varepsilon \ldots\ldots\ldots$	$8'',41$;	

Cette différence multipliée par $\frac{\lambda}{\mu - \lambda} = \frac{29,25}{117,75}$ donne $2'',09$, d'où la valeur de E, corrigée de nouveau, $= 324°\ 16'\ 31'',59 - 2'',09 = 324°\ 16'\ 29'',50$, exacte à $0'',01$ près.

14

Pour la détermination de l'anomalie vraie et du rayon vecteur, au moyen de l'anomalie excentrique, les équations de l'art. 8 fournissent plusieurs méthodes dont nous expliquerons les meilleures.

I. On détermine habituellement v au moyen de l'équation VII et ensuite r par l'équation II; par cette méthode, l'exemple de l'article précédent donne, en conservant à p la valeur calculée dans l'art. 10,

$\frac{1}{2}E \ldots\ldots$	$162°\,8'\,14'',75$	$\log e \ldots\ldots\ldots\ldots$	$9,3897262$
$\log \tang \frac{1}{2}E \ldots\ldots$	$9,5082198\,n$	$\log \cos v \ldots\ldots\ldots$	$9,8496597$
$\log \tang (45 - \frac{1}{2}\varphi)$.	$9,8912427$		$9,2393859$
$\log \tang \frac{1}{2}v \ldots\ldots$	$9,6169771\,n$	$e \cos v =$	$0,1735345$
$\frac{1}{2}v = 157°\,30'\,41'',5$		$\log p \ldots\ldots\ldots\ldots$	$0,3954837$
$v = 315°\ \ 1'\,23'',00$		$\log (1 + e \cos v) \ldots$	$0,0694959$
		$\log r \ldots\ldots\ldots\ldots$	$0,3259878$

II. La méthode suivante est plus courte, surtout si l'on doit calculer plusieurs positions pour lesquelles il suffit de calculer, une fois seulement, les logarithmes des quantités constantes $\sqrt{a(1+e)}$, $\sqrt{a(1-e)}$.

D'après les équations V et VI, on a :

$$\sin\frac{1}{2}v\sqrt{r}=\sin\frac{1}{2}\mathrm{E}\sqrt{a(1+e)}$$
$$\cos\frac{1}{2}v\sqrt{r}=\cos\frac{1}{2}\mathrm{E}\sqrt{a(1-e)}$$

d'où l'on obtient immédiatement $\frac{1}{2}v$ et $\log\sqrt{r}$.

Toutes les fois, en général, qu'on a $\mathrm{P}\sin\mathrm{Q}=\mathrm{A}$, $\mathrm{P}\cos\mathrm{Q}=\mathrm{B}$, on trouve assurément Q par la formule $\tang \mathrm{Q}=\frac{\mathrm{A}}{\mathrm{B}}$ et ensuite P par la relation $\mathrm{P}=\frac{\mathrm{A}}{\sin\mathrm{Q}}$ ou par $\mathrm{P}=\frac{\mathrm{B}}{\cos\mathrm{Q}}$; on doit préférer la première quand $\sin\mathrm{Q}$ est plus grand que $\cos\mathrm{Q}$, et la seconde quand $\cos\mathrm{Q}$ est plus grand que $\sin\mathrm{Q}$.

Le plus souvent, les problèmes dans lesquels on parvient à de semblables équations (ils se présentent fréquemment dans cet ouvrage), impliquent la condition que P doit être une quantité positive; de là naît immédiatement le doute de savoir s'il faut prendre Q entre 0 et 180° ou entre 180° et 360°. Mais si une telle condition n'existe pas, cette détermination est laissée à notre choix.

Dans notre exemple, nous avons $e=0{,}2453162$.

$\log\sin\frac{1}{2}\mathrm{E}$	9,4867632	$\log\cos\frac{1}{2}\mathrm{E}$	9,9785434 *n*
$\log\sqrt{a(1+e)}$	0,2588593	$\log\sqrt{a(1-e)}$	0,1501020

De là

$\log\sin\frac{1}{2}v\sqrt{r}$	9,7456225	d'où $\log\tang\frac{1}{2}v=9{,}6169771\,n$
$\log\cos\frac{1}{2}v\sqrt{r}$	0,1286454 *n*	$\frac{1}{2}v=157°\,30'\,41'',5$
$\log\cos\frac{1}{2}v$	9,9656515 *n*	$v=315°\;1'\,23''$
$\log\sqrt{r}$	0,1629939	
$\log r$	0,3259878.	

III. A ces méthodes nous ajoutons une troisième qui également est presque aussi prompte que la seconde, mais qui, le plus souvent, doit être préférée si l'on désire une précision extrême. On détermine d'abord r par l'équation III et ensuite v par l'équation X.

Voici notre exemple traité de cette manière :

$\log e$	9,3897262	$\log \sin E$	9,7663366 n
$\log \cos E$	9,9094637	$\log \sqrt{1-e\cos E}$....	9,9517744
	9,2991899		9,8145622 n
$e\cos E =$	0,1991544	$\log \sin \frac{1}{2}\varphi$	9,0920395
		$\log \sin \frac{1}{2}(v-E)$....	8,9066017 n
$\log a$	0,4224389	$\frac{1}{2}(v-E) =$	$-4°\,37'\,33'',24$
$\log(1-e\cos E)$....	9,9035488	$v-E =$	$-9°\,15'\,6'',48$
$\log r$	0,3259877	$v =$	$315°\,1'\,23'',02$.

Pour vérifier le calcul, la formule VIII ou la formule IX est très-commode, surtout si v et r ont été déterminés par la troisième méthode.

Voici le calcul :

$\log \frac{a}{r}\sin E$	9,8627878 n	$\log \sin E\sqrt{\frac{a}{r}}$.....	9,8145622 n
$\log \cos \varphi$	9,9865224	$\log \cos \frac{1}{2}\varphi$	9,9966567
	9,8493102 n		9,8112189 n
$\log \sin v$	9,8493102 n	$\log \sin \frac{1}{2}(E+v)$....	9,8112189 n

15

Puisque l'anomalie moyenne M, d'après ce que nous venons de voir, doit être complétement déterminée à l'aide de v et φ, de même que v doit l'être au moyen de M et de φ, il ne sera pas superflu de rechercher, dans le cas où ces trois quantités sont considérées comme variables, l'équation de condition qui doit exister entre leurs variations différentielles.

En différentiant d'abord l'équation VII, art. 8, on obtient

$$\frac{dE}{\sin E} = \frac{dv}{\sin v} - \frac{d\varphi}{\cos \varphi};$$

différentiant ensuite l'équation XII, on trouve

$$dM = (1 - e\cos E)\,dE - \sin E \cos \varphi d\varphi.$$

Éliminant dE de ces équations différentielles, nous obtenons

$$dM = \frac{\sin E(1 - e\cos E)}{\sin v}\,dv - \left(\sin E\cos\varphi + \frac{\sin E(1 - e\cos E)}{\cos\varphi}\right)d\varphi$$

ou, en substituant à la place de sin E et de $(1 - e\cos E)$ leurs valeurs tirées des équations VIII et III,

$$dM = \frac{r^2}{a^2\cos\varphi}\,dv - \frac{r(r+p)\sin v}{a^2\cos^2\varphi}\,d\varphi$$

ou enfin, en exprimant l'un et l'autre coefficient par r et φ seulement

$$dM = \frac{\cos^3\varphi}{(1+e\cos v)^2}\,dv - \frac{(2+e\cos v)\sin v\cos^3\varphi}{(1+e\cos v)^2}\,d\varphi.$$

Réciproquement, en considérant v comme fonction des quantités M et φ l'équation prend la forme suivante :

$$dv = \frac{a^2\cos\varphi}{r^2}\,dM + \frac{(2+e\cos v)\sin v}{\cos\varphi}\,d\varphi$$

ou, en introduisant E à la place de v,

$$dv = \frac{a^2\cos\varphi}{r^2}\,dM + \frac{a^2}{r^2}(2 - e\cos E - e^2)\sin E\,d\varphi.$$

16

Le rayon vecteur n'est pas encore complétement déterminé au moyen de v et de φ ou de M et de φ, mais dépend en outre de p ou de a; sa différentielle se composera donc de trois parties.

En différentiant l'équation II art. 8, on trouve

$$\frac{dr}{r} = \frac{dp}{p} + \frac{e\sin v}{1+e\cos v}\,dv - \frac{\cos\varphi\cos v}{1+e\cos v}\,d\varphi.$$

En ayant égard à

$$\frac{dp}{p} = \frac{da}{a} - 2\,\mathrm{tang}\,\varphi\,d\varphi$$

(qui résulte de l'équation I) et en exprimant, d'après l'article précédent, dv en fonction de dM et de $d\varphi$, on trouve, après toutes réductions,

$$\frac{dr}{r} = \frac{da}{a} + \frac{a}{r}\,\mathrm{tang}\,\varphi\sin v\,dM - \frac{a}{r}\cos\varphi\cos v\,d\varphi$$

ou $$dr = \frac{r}{a}\,da + a\,\text{tang}\,\varphi\,\sin v\,d\text{M} - a\cos\varphi\cos v\,d\varphi.$$

Ces formules, ainsi que celles développées dans l'article précédent, s'appuient sur l'hypothèse que v, φ et M ou plutôt dv, $d\varphi$ et dM sont exprimées en parties du rayon. Si donc il plaît d'exprimer en secondes les variations des angles v, φ et M, il faudra, ou bien diviser par 206264,8 les termes de ces formules qui contiennent dv, $d\varphi$ et dM, ou multiplier par le même nombre ceux qui contiennent dr, dp ou da. Les formules de l'article précédent, qui, d'après cela sont donc homogènes, n'auront besoin d'aucun changement.

17

Il n'est pas inutile d'ajouter quelque chose relativement à la recherche du maximum de l'*équation du centre.* On voit d'abord immédiatement que la différence entre l'anomalie excentrique et l'anomalie moyenne devient maximum pour $\text{E} = 90^\circ$; cette différence est alors égale à e (exprimé en degrés, etc...) ; en ce point, le rayon vecteur est égal à a, d'où $v = 90 + \varphi$, et par suite l'équation du centre $= \varphi + e$, laquelle n'est pas cependant sa valeur maximum, puisque la différence entre v et E peut encore croître au delà de φ.

Cette *différence-ci* devient maximum pour $d(v - \text{E}) = o$, ou pour $dv = d\text{E}$; relation dans laquelle il faut évidemment considérer l'excentricité comme constante.

D'après cette hypothèse, comme on a généralement

$$\frac{dv}{\sin v} = \frac{d\text{E}}{\sin \text{E}},$$

il est évident qu'au point où la différence entre v et E doit être maximum on doit aussi avoir $\sin v = \sin \text{E}$; d'où l'on déduira, d'après les équations VIII et III,

$$r = a\cos\varphi, \quad e\cos\text{E} = 1 - \cos\varphi, \quad \text{ou} \quad \cos\text{E} = +\,\text{tang}\,\tfrac{1}{2}\varphi.$$

On trouvera de même, $\cos v = -\,\text{tang}\,\frac{1}{2}\varphi$, c'est pourquoi l'on aura (*)

$$v = 90^\circ + \text{arc sin tang}\,\tfrac{1}{2}\varphi, \quad \text{E} = 90^\circ - \text{arc sin tang}\,\tfrac{1}{2}\varphi.$$

(*) Il n'est pas nécessaire de considérer les maxima qui se trouvent entre l'aphélie

De là, on a ensuite,

$$\sin E = \sqrt{1 - \tang^2 \frac{1}{2}\varphi} = \frac{\sqrt{\cos\varphi}}{\cos\frac{1}{2}\varphi},$$

de telle sorte que toute l'équation du centre, en ce point devient

$$2 \arc \sin \tang \frac{1}{2}\varphi + 2 \sin \frac{1}{2}\varphi \sqrt{\cos\varphi},$$

le second terme est exprimé en secondes.

Enfin, dans ce point où toute l'équation du centre est maximum on doit avoir $dv = dM$, et même, d'après l'article 15, $r = a\sqrt{\cos\varphi}$; de là on obtient

$$\cos v = -\frac{1 - \cos^{\frac{3}{2}}\varphi}{e}, \cos E = -\frac{1 - \sqrt{\cos\varphi}}{e} = \frac{1 - \cos\varphi}{e(1 + \sqrt{\cos\varphi})} = \frac{\tang \frac{1}{2}\varphi}{1 + \sqrt{\cos\varphi}},$$

formule à l'aide de laquelle on peut déterminer E avec la plus grande précision.

E étant déterminé, on aura, d'après les équations X et XII,

$$\text{Équation du centre} = 2 \arc \sin \frac{\sin\frac{1}{2}\varphi \sin E}{\sqrt[4]{\cos\varphi}} + e \sin E.$$

Nous ne nous arrêterons pas ici, à l'expression du maximum de l'équation du centre en série développée suivant les puissances croissantes de l'excentricité, série que plusieurs auteurs ont donnée. Pour avoir un exemple, nous ajoutons un t bleau des trois maxima que nous avons considérés, relativement à Junon dont l'excentricité, d'après les éléments les plus récents, est supposée égale à 0,2554996.

MAXIMUM.	E	E — M	v — E	v — M
E — M	90° 00′ 00″	14° 38′ 20″,57	14° 48′ 11″,48	29° 26′ 32″,05
v — E	82° 32′ 9″	14° 30′ 54″,01	14° 55′ 41″,79	29° 26′ 35″,80
v — M	86° 14′ 40″	14° 36′ 27″,39	14° 53′ 49″,57	29° 30′ 16″,96

et le périhélie, car il est évident, d'après ce qu'on a vu, qu'ils diffèrent seulement par le signe, de ceux situés entre le périhélie et l'aphélie.

18

Dans la Parabole, l'anomalie excentrique, l'anomalie moyenne et le mouvement moyen deviennent $= o$; ces relations du mouvement comparé au temps ne peuvent donc ici servir. Mais, dans ce cas, nous n'avons pas besoin d'un angle auxiliaire pour intégrer complétement $r^2 dv$; on a en effet,

$$r^2 dv = \frac{p^2 dv}{4\cos^4 \frac{1}{2}v} = \frac{p^2 . d \operatorname{tang} \frac{1}{2}v}{2\cos^2 \frac{1}{2}v} = \frac{1}{2}p^2 \left(1 + \operatorname{tang}^2 \frac{1}{2}v\right) d \operatorname{tang} \frac{1}{2}v,$$

et, par suite,

$$\int r^2 dv = \frac{1}{2}p^2 \left(\operatorname{tang} \frac{1}{2}v + \frac{1}{3}\operatorname{tang}^3 \frac{1}{2}v\right) + \text{constante}.$$

En prenant pour origine du temps le passage de l'astre au périhélie, la constante $= o$; on a donc

$$\operatorname{tang} \frac{1}{2}v + \frac{1}{3}\operatorname{tang}^3 \frac{1}{2}v = \frac{2tk\sqrt{1+\mu}}{p^{\frac{3}{2}}},$$

formule par laquelle on peut déduire t de v ou v de t, dès que p et μ sont connus. Pour obtenir p, qui est un des éléments paraboliques, on déterminera le rayon vecteur au périhélie qui est égal à $\frac{1}{2}p$, et la masse μ sera ordinairement entièrement négligée. Il ne sera certainement jamais possible de déterminer la masse d'un corps dont l'orbite est trouvée parabolique; toutes les comètes en effet, d'après les plus récentes observations, paraissent avoir une densité et une masse si faibles que celle-ci peut être considérée comme inappréciable et entièrement négligée.

19

La solution du problème ayant pour but de déduire le temps de l'anomalie vraie, et encore bien plus celle du problème inverse peuvent être considérablement abrégées par l'emploi d'une table auxiliaire que l'on trouve dans plusieurs ouvrages d'astronomie. Mais celle de beaucoup la plus commode est la table Barkerienne qui est aussi annexée à l'excellent ouvrage du célèbre Olbers (*Abhandlung über die leichteste und bequemste Méthode die Bahn eines Cometen zu berechnen* : WEIMAR, 1797). Cette table contient, sous le nom de *mouvement moyen*, la valeur de l'expression $75 \operatorname{tang} \frac{1}{2} v + 25 \operatorname{tang}^3 \frac{1}{2} v$ pour toutes les valeurs de l'anomalie vraie comprises depuis 0 jusqu'à 180°, et de cinq en cinq minutes. Si donc on demande le temps qui correspond à une anomalie vraie v, il faudra diviser le mouvement moyen extrait de la table, d'après l'argument v, par $\frac{150k}{p^{\frac{3}{2}}}$, quantité que l'on nomme le *mouvement moyen diurne;* si, au contraire, le temps étant donné, on veut calculer l'anomalie vraie, on devra multiplier par $\frac{150k}{p^{\frac{3}{2}}}$ ce temps exprimé en jours, afin d'avoir le mouvement moyen, à l'aide duquel on extraira de la table l'anomalie correspondante. Il est au reste évident, que pour une valeur négative de v le mouvement moyen et le temps ont la même valeur que pour v positif, mais doivent être pris négativement; la même table peut donc servir aussi bien aux anomalies négatives qu'aux anomalies positives. Si à la place de p nous préférons employer la distance périhélie $q = \frac{1}{2} p$, le mouvement moyen diurne sera exprimé par $\frac{k\sqrt{2812,5}}{q^{\frac{3}{2}}}$, où le facteur constant $k\sqrt{2812,5} = 0,912279061$, dont le logarithme est 9,9601277069. L'anomalie vraie étant déterminée, on calculera le rayon vecteur par la formule, déjà considérée, $r = \frac{q}{\cos^2 \frac{1}{2} v}$.

20

Si toutes les quantités v, t, p sont traitées comme variables, en différentiant l'équation

$$\operatorname{tang} \frac{1}{2} v + \frac{1}{3} \operatorname{tang}^3 \frac{1}{2} v = 2tkp^{-\frac{3}{2}},$$

on trouve

$$\frac{dv}{2\cos^2\frac{1}{2}v}=2kp^{-\frac{3}{2}}dt-3tkp^{-\frac{5}{2}}dp,$$

ou

$$dv=\frac{k\sqrt{p}}{r^2}dt-\frac{3tk}{2r^2\sqrt{p}}dp.$$

Si l'on veut exprimer, en secondes, les variations de l'anomalie vraie v, les deux termes de dv devant aussi être exprimés de la même manière, on devra prendre pour k la valeur 3548″,188 donnée dans l'art. 6. Si à la place de p on introduit en outre $\frac{1}{2}p=q$ la formule devient alors

$$dv=\frac{k\sqrt{2q}}{r^2}dt-\frac{3kt}{r^2\sqrt{2q}}dq$$

dans laquelle les logarithmes constants dont on devra faire usage, sont $\log k\sqrt{2}=3{,}7005215724$, et $\log 3k\sqrt{\frac{1}{2}}=3{,}8766128315$.

La différentiation de l'équation $r=\frac{p}{2\cos^2\frac{1}{2}v}$ fournit ensuite,

$$\frac{dr}{r}=\frac{dp}{p}+\operatorname{tang}\frac{1}{2}v\,dv,$$

ou, en exprimant dv en fonction de dt et de dp,

$$\frac{dr}{r}=\left(\frac{1}{p}-\frac{3kt\operatorname{tang}\frac{1}{2}v}{2r^2\sqrt{p}}\right)dp+\frac{k\sqrt{p}\operatorname{tang}\frac{1}{2}v}{r^2}dt.$$

En substituant à t sa valeur en fonction de v, le coefficient de dp se change en

$$\frac{1}{p}-\frac{3p\operatorname{tang}^2\frac{1}{2}v}{4r^2}-\frac{p\operatorname{tang}^4\frac{1}{2}v}{4r^2}=\frac{1}{r}\left(\frac{1}{2}+\frac{1}{2}\operatorname{tang}^2\frac{1}{2}v-\frac{3}{2}\sin^2\frac{1}{2}v-\frac{1}{2}\sin^2\frac{1}{2}v\operatorname{tang}^2\frac{1}{2}v\right)=\frac{\cos v}{2r};$$

mais le coefficient de dt devient $=\frac{k\sin v}{r\sqrt{p}}$.

On déduit de là

$$dr = \frac{1}{2}\cos v dp + \frac{k \sin v}{\sqrt{p}} dt,$$

ou, en introduisant q à la place de p,

$$dr = \cos v dq + \frac{k \sin v}{\sqrt{2q}} dt.$$

Le logarithme constant à employer ici est

$$\log k\sqrt{\frac{1}{2}} = 8{,}0850664436.$$

21

Dans l'Hyperbole, φ et E deviennent des quantités imaginaires; si nous voulons les éviter, il faut introduire à leur place d'autres quantités auxiliaires. Nous avons déjà désigné par ψ l'angle dont le cosinus $= \frac{1}{e}$ et nous avons trouvé le rayon vecteur

$$r = \frac{p}{2e\cos\frac{1}{2}(v-\psi)\cos\frac{1}{2}(v+\psi)}.$$

Les facteurs $\cos\frac{1}{2}(v-\psi)$ et $\cos\frac{1}{2}(v+\psi)$ du dénominateur de cette fraction deviennent égaux pour $v=0$, le second s'annule pour la valeur maximum positive de v, et le premier pour la valeur maximum négative.

En posant donc $\dfrac{\cos\frac{1}{2}(v-\psi)}{\cos\frac{1}{2}(v+\psi)} = u$, on aura $u=1$ au périhélie; il croîtra vers l'infini à mesure que v approchera de sa limite $180-\psi$, et décroîtra au contraire indéfiniment, à mesure que v s'approchera de son autre limite $-(180-\psi)$; de manière qu'aux mêmes valeurs opposées de v répondent des valeurs réciproques de u, ou, ce qui est la même chose, telles que leurs logarithmes sont complémentaires.

Ce quotient u est fort utilement employé comme quantité auxiliaire dans l'hyperbole ; il peut, avec presque autant de justesse, remplacer l'angle dont la tangente $= \tang \frac{1}{2} v \sqrt{\frac{e-1}{e+1}}$, et que nous désignerons par $\frac{1}{2}F$, afin de conserver l'analogie avec l'ellipse. De cette manière, nous recueillons les relations suivantes entre les quantités v, r, u, F, ou nous posons $a = -b$, b représentant ainsi une quantité positive :

I. $$b = p \operatorname{cotang}^2 \psi.$$

II. $$r = \frac{p}{1+e\cos v} = \frac{p\cos\psi}{2\cos\frac{1}{2}(v-\psi)\cos\frac{1}{2}(v+\psi)}.$$

III. $$\operatorname{tang}\frac{1}{2}F = \operatorname{tang}\frac{1}{2}v\sqrt{\frac{e-1}{e+1}} = \operatorname{tang}\frac{1}{2}v \operatorname{tang}\frac{1}{2}\psi = \frac{u-1}{u+1}$$

IV. $$u = \frac{\cos\frac{1}{2}(v-\psi)}{\cos\frac{1}{2}(v+\psi)} = \frac{1+\operatorname{tang}\frac{1}{2}F}{1-\operatorname{tang}\frac{1}{2}F} = \operatorname{tang}\left(45^\circ+\frac{1}{2}F\right).$$

V. $$\frac{1}{\cos F} = \frac{1}{2}\left(u+\frac{1}{u}\right) = \frac{1+\cos\psi\cos v}{2\cos\frac{1}{2}(v-\psi)\cos\frac{1}{2}(v+\psi)} = \frac{e+\cos v}{1+e\cos v}$$

En retranchant 1 aux deux membres de l'équation V, on trouve

VI. $$\sin\frac{1}{2}v\sqrt{r} = \sin\frac{1}{2}F\sqrt{\frac{p}{(e-1)\cos F}} = \sin\frac{1}{2}F\sqrt{\frac{(e+1)b}{\cos F}}$$
$$= \frac{1}{2}(u-1)\sqrt{\frac{p}{(e-1)u}} = \frac{1}{2}(u-1)\sqrt{\frac{(e+1)b}{u}}.$$

Ajoutant maintenant 1 aux deux membres de la même équation, il vient

VII. $$\cos\frac{1}{2}v\sqrt{r} = \cos\frac{1}{2}F\sqrt{\frac{p}{(e+1)\cos F}} = \cos\frac{1}{2}F\sqrt{\frac{(e-1)b}{\cos F}}$$
$$= \frac{1}{2}(u+1)\sqrt{\frac{p}{(e+1)u}} = \frac{1}{2}(u+1)\sqrt{\frac{(e-1)b}{u}}.$$

En divisant VI par VII, nous retrouvons III ; on obtient, en les multipliant,

VIII. $$r \sin v = p \operatorname{cotang} \psi \operatorname{tang} F = b \operatorname{tang} \psi \operatorname{tang} F$$
$$= \frac{1}{2} p \operatorname{cotang} \psi \left(u - \frac{1}{u}\right) = \frac{1}{2} b \operatorname{tang} \psi \left(u - \frac{1}{u}\right).$$

En combinant les équations II et V, on déduit ensuite facilement,

IX. $$r \cos v = b\left(e - \frac{1}{\cos F}\right) = \frac{1}{2} b \left(2e - u - \frac{1}{u}\right).$$

X. $$r = b\left(\frac{e}{\cos F} - 1\right) = \frac{1}{2} b \left[e\left(u + \frac{1}{u}\right) - 2\right].$$

22

En différentiant la formule IV, on trouve (en regardant ψ comme une quantité constante),

$$\frac{du}{u} = \frac{1}{2}\left(\operatorname{tang}\frac{1}{2}(v+\psi) - \operatorname{tang}\frac{1}{2}(v-\psi)\right) dv = \frac{r \operatorname{tang} \psi}{p} dv;$$

et par suite,

$$r^2 dv = \frac{pr}{u \operatorname{tang} \psi} du,$$

ou, en substituant pour r sa valeur donnée dans l'équation X,

$$r^2 dv = b^2 \operatorname{tang} \psi \left[\frac{1}{2} e\left(1 + \frac{1}{u^2}\right) - \frac{1}{u}\right] du.$$

Intégrant cette équation de telle sorte que cette intégrale devienne nulle au périhélie, on a

$$\int r^2 dv = b^2 \operatorname{tang} \psi \left[\frac{1}{2} e\left(u - \frac{1}{u}\right) - \log u\right] = kt \sqrt{p}\sqrt{(1+\mu)}$$
$$= kt \operatorname{tang} \psi \sqrt{b}\sqrt{(1+\mu)}.$$

Le logarithme est ici hyperbolique; si l'on veut se servir des logarithmes du système de Briggs, ou plus généralement du système dont le module $= \lambda$, et en négligeant la masse μ (que nous pouvons supposer inappréciable, pour les corps décrivant l'hyperbole), l'équation précédente prend la forme

XI. $$\frac{1}{2} \lambda e \frac{u^2 - 1}{u} - \log u = \frac{\lambda kt}{b^{\frac{3}{2}}},$$

ou en introduisant F,

$$\lambda e \operatorname{tang} F - \log\operatorname{tang}\left(45^\circ + \frac{1}{2}F\right) = \frac{\lambda k t}{b^{\frac{3}{2}}}.$$

Si nous supposons qu'on doive employer les logarithmes de Briggs, nous avons $\log\lambda = 9{,}6377843113$, $\log\lambda k = 7{,}8733657527$; mais on peut obtenir une précision un peu plus grande en employant immédiatement les logarithmes népériens. On trouve les logarithmes hyperboliques des tangentes dans plusieurs recueils de tables, et particulièrement dans celles que SCHULZE a publiées, et encore avec plus d'étendue dans le « *Magnus Canon triangulorum logarithmicus* » de BENJAMIN URSIN, Cologne 1624, dans lequel les logarithmes sont donnés de 10″ en 10″. — Du reste, la formule XI montre qu'aux valeurs réciproques de u ou aux valeurs opposées de F et de v répondent des valeurs opposées de t; c'est pourquoi les arcs égaux d'hyperbole situés de part et d'autre du périhélie et équidistants de ce point sont décrits dans des temps égaux.

23

Si pour déduire le temps, d'après l'anomalie vraie, on veut se servir de la quantité auxiliaire u, on en déterminera la valeur de la manière la plus commode par l'équation IV; la formule II donne ensuite immédiatement sans un nouveau calcul, p au moyen de r, ou r au moyen de p; u étant trouvé, la formule XI donnera la quantité $\frac{\lambda k t}{b^{\frac{3}{2}}}$ qui est analogue à l'anomalie moyenne dans l'ellipse, et que nous désignerons par N, d'où l'on déduira le temps écoulé depuis le passage au périhélie.

Comme le premier terme de N, c'est-à-dire $\frac{\lambda e(u^2-1)}{2u}$ devient par la formule VIII, $=\frac{\lambda r \sin v}{b \sin \psi}$, un double calcul peut servir à s'assurer de l'exactitude de cette quantité; ou si on le préfère, on peut exprimer N, sans u, de la manière suivante :

$$\text{XII.}\qquad N = \frac{\lambda \operatorname{tang}\psi \sin v}{2\cos\frac{1}{2}(v+\psi)\cos\frac{1}{2}(v-\psi)} - \log\frac{\cos\frac{1}{2}(v-\psi)}{\cos\frac{1}{2}(v+\psi)}.$$

Exemple. Soit $e = 1{,}2618820$ ou $\psi = 37^\circ\,35'\,00''$, $v = 18^\circ\,51'\,0''$

$\log r = 0{,}0333585$. Le calcul de u, p, b, N, t, se fait alors de la manière suivante :

$\log\cos\frac{1}{2}(v-\psi)$ ...	9,9941706
$\log\cos\frac{1}{2}(v+\psi)$ ...	9,9450577
$\log r$	0,0333585
$\log 2e$	0,4020488
$\log p$	0,3746356
$\log\text{cotang}^2\psi$	0,2274244
$\log b$	0,6020600
$\log\frac{r}{b}$	9,4312985
$\log\sin v$	9,5093258
$\log\lambda$	9,6377843
comp' $\log\sin\psi$	0,2147309
	8,7931395
1er terme de N =	0,0621069
$\log u$	0,0491129
N =	0,0129940
$\log\lambda k$	7,8733658
$\frac{3}{2}\log b$	0,9030900

de là $\log u$ 0,0491129

$u = 1{,}1197289$

$u^2 = 1{,}2537928$

Autre calcul.

$\log(u^2-1)$	9,4044793
comp' $\log u$	9,9508871
$\log\lambda$	9,6377843
$\log\frac{1}{2}e$	9,7999888
	8,7931395

$\log$ N	8,1137429
différence	6,9702758
$\log t$	1,1434671
$t =$	13,91448

24

Si le calcul est établi pour être exécuté à l'aide des logarithmes hyperboliques, il vaut mieux se servir de la quantité auxiliaire F, qui est déterminée par l'équation III, et obtenir ensuite N par XI ; le demi-paramètre sera calculé au moyen du rayon vecteur ou réciproquement celui-ci d'après le demi-paramètre au moyen de la formule VIII ; le second terme de N peut, si l'on veut, être obtenu de deux manières, à savoir : par la formule $\log\text{hyp}\,\text{tang}\left(45^\circ + \frac{1}{2}\text{F}\right)$ et par celle-ci, $\log\text{hyp}\cos\frac{1}{2}(v-\psi) - \log\text{hyp}\cos\frac{1}{2}(v+\psi)$.

Il est au reste évident qu'ici, où l'on a $\lambda = 1$, la quantité N deviendra plus grande, dans le rapport de 1 à λ, que si l'on avait employé les logarithmes de Briggs. Voici notre exemple traité de cette manière :

$\log \operatorname{tang} \frac{1}{2} \psi$	9,5318179		
$\log \operatorname{tang} \frac{1}{2} v$	9,2201009		
$\log \operatorname{tang} \frac{1}{2} \mathrm{F}$	8,7519188	$\frac{1}{2}\mathrm{F} = 3^\circ\, 13'\, 58'',12$	
$\log e$	0,1010188		
$\log \operatorname{tang} \mathrm{F}$	9,0543366		
	9,1553554		
$e \operatorname{tang} \mathrm{F}$	0,14300638	$\mathrm{C}.\log \operatorname{hyp} \cos \frac{1}{2}(v-\psi)$ ..	0,01342266
$\log \operatorname{hyp} \operatorname{tang} (45 + \frac{1}{2}\mathrm{F})$.	0,11308666	$\mathrm{C}.\log \operatorname{hyp} \cos \frac{1}{2}(v+\psi)$ ..	0,12650930
	$\mathrm{N} = 0,02991972$	différence	0,11308664
		$\log \mathrm{N}$	8,4759575
$\log k$	8,2355814	différence	7,3324914
$\frac{3}{2} \log b$	0,9030900	$\log t$	1,1433661
			$t = 13,91445$

25

Pour la solution du problème inverse, déduire du temps l'anomalie vraie et le rayon vecteur, la quantité auxiliaire u ou F peut d'abord être obtenue d'après $\mathrm{N} = \lambda k b^{-\frac{3}{2}} t$ au moyen de l'équation XI.

La résolution de cette équation transcendante s'effectuera par tâtonnements, et pourra être abrégée par des artifices analogues à ceux que nous avons exposés dans l'art. 11. Mais nous négligeons d'expliquer ceci plus longuement ; on ne doit pas, en effet, considérer comme très-utile de perfectionner avec soin, comme pour le mouvement elliptique, les principes relatifs au mouvement hyperbolique dans les cieux où peut-être il ne s'est jamais montré ; on pourra, du reste, résoudre tous les cas qui pourront accidentellement se présenter, par une autre méthode indiquée plus bas. Quand on aura trouvé F ou u, v s'en déduira par la formule III, et ensuite r sera déterminé ou par la formule II ou par la formule VIII ; il sera encore plus commode d'obtenir en même temps v et r par les formules VI et VII ; on pourra si l'on veut, dans la pratique, employer l'une ou l'autre des autres formules pour s'assurer de l'exactitude du calcul.

26

Exemple. e et b étant les mêmes que dans l'exemple précédent, soit $t = 65,41236$; on demande v et r. En employant les logarithmes de Briggs, nous avons

$\log b$	1,8156598
$\log \lambda k b^{-\frac{3}{2}}$	6,9702758
$\log N$	8,7859356 d'où $N = 0,06108514$

On trouve alors qu'on satisfait à l'équation

$$N = \lambda e \tang F - \log \tang \left(45^\circ + \frac{1}{2} F\right)$$

par

$$F = 25^\circ\, 24'\, 27'',66,$$

d'où l'on a, par la formule III,

$\log \tang \frac{1}{2} F$	9,3530120
$\log \tang \frac{1}{2} \psi$	9,5318179
$\log \tang \frac{1}{2} v$	9,8211941 et par suite $\frac{1}{2} v = 33^\circ\, 31'\, 29'',89$ et $v = 67^\circ\, 2'\, 59'',78$.

On a ensuite, d'après cela,

C. $\log \cos \frac{1}{2}(v+\psi)$ . . .	0,2137476	différence. 0,1992279
C. $\log \cos \frac{1}{2}(v-\psi)$ . . .	0,0145197	$\log \tang (45 + \frac{1}{2} F)$. 0,1992280
$\log \frac{p}{2e}$	9,9725868	
$\log r$	0,2008541	

27

Si l'équation IV est différentiée en traitant u, v et ψ comme variables, on trouve

$$\frac{du}{u} = \frac{\sin\psi\, dv + \sin v\, d\psi}{2\cos\frac{1}{2}(v-\psi)\cos\frac{1}{2}(v+\psi)} = \frac{2\tang\psi}{p}\, dv + \frac{r\sin v}{p\cos\psi}\, d\psi$$

En différentiant de même l'équation XI, on obtient la relation suivante entre les variations différentielles des quantités u, ψ, N

$$\frac{dN}{\lambda}=\left[\frac{1}{2}e\left(1+\frac{1}{u^2}\right)-\frac{1}{u}\right]du+\frac{(u^2-1)\sin\psi}{2u\cos^2\psi}d\psi,$$

ou

$$\frac{dN}{\lambda}=\frac{r}{bu}du+\frac{r\sin v}{b\cos\psi}d\psi$$

De là, en éliminant du à l'aide de l'équation précédente, nous obtenons

$$\frac{dN}{\lambda}=\frac{r^2}{b^2\operatorname{tg}\psi}dv+\left(1+\frac{r}{p}\right)\frac{r\sin v}{b\cos\psi}d\psi.$$

ou

$$dv=\frac{b^2\operatorname{tg}\psi}{\lambda r^2}dN-\left(\frac{b}{r}+\frac{b}{p}\right)\frac{\sin v\operatorname{tg}\psi}{\cos\psi}d\psi$$

$$=\frac{b^2\operatorname{tg}\psi}{\lambda r^2}dN-\left(1+\frac{p}{r}\right)\frac{\sin v}{\sin\psi}d\psi.$$

28

En différentiant l'équation X, relativement à r, b, e, u, considérées comme variables, en substituant $de=\frac{\sin\psi}{\cos^2\psi}d\psi$, et éliminant du au moyen de l'équation entre dN, du et $d\psi$ donnée dans l'article précédent, il vient

$$dr=\frac{r}{b}db+\frac{b^2e(u^2-1)}{2\lambda ur}dN+\frac{b}{2\cos^2\psi}\left[\left(u+\frac{1}{u}\right)\sin\psi-\left(u-\frac{1}{u}\right)\sin v\right]d\psi.$$

Le coefficient de dN se change, au moyen de l'équation VIII, en $\frac{b\sin v}{\lambda\sin\psi}$; mais le coefficient de $d\psi$, en posant d'après l'équation IV,

$u(\sin\psi-\sin v)=\sin(\psi-v)$, et $\frac{1}{u}$ $(\sin\psi+\sin v)=\sin(\psi+v)$,

se change en

$$\frac{b\sin\psi\cos v}{\cos^2\psi}=\frac{p\cos v}{\sin\psi},$$

de sorte que l'on a

$$dr=\frac{r}{b}db+\frac{b\sin v}{\lambda\sin\psi}dN+\frac{p\cos v}{\sin\psi}d\psi.$$

Ensuite, tant que N est considéré comme fonction de b et t, on a

$$dN = \frac{N}{t}\,dt - \frac{3}{2}\frac{N}{b}\,db.$$

En substituant cette valeur de dN, dr et aussi dv de l'article précédent seront exprimés en fonction de dt, db et $d\psi$. Il faut du reste répéter ici ce que nous avons dit plus haut, à savoir que si les variations des angles v et ψ ne sont pas conçues, exprimées en parties du rayon, mais en secondes, on devra diviser tous les termes qui contiennent dv et $d\psi$ par 206264,8 ou multiplier par ce nombre tous les autres termes.

29

Puisque les quantités auxiliaires représentées par φ, E, M dans l'ellipse, prennent des valeurs imaginaires dans l'hyperbole, il ne sera pas sans intérêt de rechercher leurs liaisons avec lès quantités réelles dont nous avons fait usage. Mettons donc en évidence les principales relations, dans lesquelles nous désignons par i la quantité imaginaire $\sqrt{-1}$:

$$\sin\varphi = e = \frac{1}{\cos\psi},$$

$$\operatorname{tang}\left(45^\circ - \frac{1}{2}\varphi\right) = \sqrt{\frac{1-e}{1+e}} = i\sqrt{\frac{e-1}{e+1}} = i\operatorname{tang}\frac{1}{2}\psi,$$

$$\operatorname{tang}\varphi = \frac{1}{2}\operatorname{cotang}\left(45^\circ - \frac{1}{2}\varphi\right) - \frac{1}{2}\operatorname{tang}\left(45^\circ - \frac{1}{2}\varphi\right) = -\frac{i}{\sin\psi},$$

$$\cos\varphi = i\operatorname{tang}\psi,$$

$$\varphi = 90 + i\log(\sin\varphi + i\cos\varphi) = 90^\circ - i\log\operatorname{tang}\left(45 + \frac{1}{2}\psi\right),$$

$$\operatorname{tang}\frac{1}{2}E = i\operatorname{tang}\frac{1}{2}F = \frac{i(u-1)}{u+1},$$

$$\frac{1}{\sin E} = \frac{1}{2}\operatorname{cotang}\frac{1}{2}E + \frac{1}{2}\operatorname{tang}\frac{1}{2}E = i\operatorname{cotang}F,$$

ou

$$\sin E = i\operatorname{tang}F = \frac{i(u^2-1)}{2u},$$

$$\operatorname{cotang}E = \frac{1}{2}\operatorname{cotang}\frac{1}{2}E - \frac{1}{2}\operatorname{tang}\frac{1}{2}E = -\frac{i}{\sin F},$$

ou

$$\operatorname{tang}E = i\sin F = \frac{i(u^2-1)}{u^2+1},$$

$$\cos E = \frac{1}{\cos F} = \frac{u^2+1}{2u},$$

$$iE = \log(\cos E + i\sin E) = \log\frac{1}{u},$$

ou

$$E = i\log u = i\log\tang\left(45°+\frac{1}{2}F\right),$$

$$M = E - e\sin E = i\log u - \frac{ie(u^2-1)}{2u} = -\frac{iN}{\lambda}.$$

Dans ces formules les logarithmes sont hyperboliques.

30

Comme tous les nombres que nous extrayons des tables logarithmiques et trigonométriques n'admettent pas une précision parfaite, mais sont seulement approchés à un certain degré, les résultats obtenus à la suite de tous les calculs effectués à l'aide de ces tables ne peuvent être qu'approchés. Dans la plupart des cas, il est vrai, les tables vulgaires exactes jusqu'à la septième décimale, c'est-à-dire ne s'écartant jamais de la vérité au delà d'une demi-unité du septième ordre, soit en plus, soit en moins, fournissent une précision plus que suffisante pour que les erreurs inévitables soient complétement sans conséquence. Néanmoins, il peut certainement arriver, que dans des cas particuliers les erreurs des tables produisent des effets si considérables que nous soyons forcés de rejeter entièrement une méthode, autrement la meilleure, pour lui en substituer une autre. Un cas semblable peut aussi se présenter dans ces calculs que, jusqu'à présent, nous avons expliqués ; c'est pourquoi, il ne sera pas étranger à notre but de donner ici certaines recherches touchant le degré de précision que permettent dans ces calculs les tables vulgaires. Mais comme ce n'est pas ici le lieu d'épuiser un sujet si important pour le calculateur, nous développerons seulement cette question d'une manière suffisante pour notre but et pour que celui qu'elle intéressera puisse la perfectionner davantage et l'étendre à toutes les autres opérations.

31

Tout logarithme, sinus, tangente, etc. (ou généralement toute quantité irrationnelle extraite des tables), est sujet à une erreur qui peut atteindre jusqu'à une demi-unité de la dernière figure décimale ; nous désignerons cette limite de l'erreur par ω, limite qui, dans les tables vulgaires, est égale à 0,00000005. Si le logarithme ne se trouve pas immédiatement dans les tables, mais doit être déterminé par interpolation, l'erreur peut, par une double cause, se trouver un peu plus grande. *Premièrement*, en effet, relativement à la partie proportionnelle, toutes les fois qu'elle n'est pas entière (la dernière figure décimale étant considérée comme une unité), il convient de prendre le nombre entier le plus près, soit en plus, soit en moins ; on aperçoit facilement d'après cela que l'erreur ne peut être doublée.

Mais nous ne devons pas considérer entièrement cette augmentation de l'erreur, puisque rien n'empêche que nous n'ajoutions à cette partie proportionnelle une autre figure décimale, et qu'on voit sans peine que le logarithme interpolé, si la partie proportionnelle est parfaitement exacte, n'est pas sujet à une erreur plus grande que les logarithmes trouvés immédiatement dans les tables, en tant, il est vrai, qu'il soit permis de considérer leurs variations comme uniformes. Une *autre* augmentation de l'erreur vient de ce que cette supposition n'est pas vraie en toute rigueur ; mais nous la négligeons aussi parce que l'effet des différences secondes et des autres est, dans presque tous les cas, entièrement sans conséquence (surtout si relativement aux quantités trigonométriques on emploie les très-excellentes tables que Taylor a dressées), et que l'on peut en avoir facilement la valeur dans le cas où elle deviendrait, par hasard, un peu plus considérable. C'est pourquoi nous faisons, dans tous les cas, l'erreur maximum inévitable des tables $= \omega$, si toutefois l'argument (c'est-à-dire le nombre dont on cherche le logarithme, ou l'angle dont on veut le sinus) est obtenu avec une précision parfaite. Mais si l'argument lui-même n'est connu qu'approximativement et qu'on suppose qu'à l'erreur maximum à laquelle il peut être sujet réponde une variation ω' du logarithme, etc. (laquelle peut être déterminée par un rapport différentiel), l'erreur maximum du logarithme calculé au moyen des tables peut aller jusqu'à $\omega + \omega'$.

Réciproquement, si au moyen des tables on calcule l'argument correspondant à un logarithme donné, son erreur maximum est égale à la variation qu'il éprouve pour une variation ω dans le logarithme, si celui-ci est donné exactement, ou qui répond à la variation logarithmique $\omega + \omega'$, si le logarithme lui-même peut être affecté d'une erreur allant jusqu'à ω'. Il est à peine besoin d'avertir que ω et ω' doivent être affectés du même signe.

Si l'on fait la somme de plusieurs quantités exactes seulement entre certaines limites, l'erreur maximum du résultat sera égale à la somme des erreurs maxima individuelles, affectées des mêmes signes ; par la même raison dans la soustraction de quantités approximativement exactes, l'erreur maximum de la différence sera aussi égale à la somme des erreurs maxima particulières. Dans la multiplication ou dans la division d'une quantité non parfaitement exacte, l'erreur maximum augmente ou diminue dans le même rapport que la quantité elle-même.

32

Faisons maintenant l'application de ces principes aux plus utiles des opérations expliquées ci-dessus.

I. Si, ayant employé la formule VII, article 8, pour calculer l'anomalie vraie au moyen de l'anomalie excentrique dans le mouvement elliptique, φ et E sont supposés connus exactement, une erreur ω peut être commise dans le $\log \operatorname{tang}\left(45° - \frac{1}{2}\varphi\right)$ et dans le $\log \operatorname{tang} \frac{1}{2}E$, et par suite, dans leur différence $= \log \operatorname{tang} \frac{1}{2} v$ une erreur 2ω ; l'erreur maximum dans la détermination de l'angle $\frac{1}{2} v$, sera donc

$$\frac{3\omega d\frac{1}{2}v}{d\log\operatorname{tang}\frac{1}{2}v} = \frac{3\omega \sin v}{2\lambda},$$ en désignant par λ le module des logarithmes employés dans ce calcul.

C'est pourquoi l'erreur à laquelle l'anomalie vraie v est sujette devient, en l'exprimant en secondes, $\frac{3\omega \sin v}{\lambda} 206265 = 0'',0712 \sin v$, si l'on emploie les logarithmes de Briggs à sept décimales ; de sorte que nous pouvons toujours être certains de la valeur de v à $0'',07$ près ; si l'on se sert seulement des petites tables décimales à cinq décimales l'erreur peut atteindre jusqu'à $7'',12$.

II. Si $e \cos E$ est calculé à l'aide des logarithmes, une erreur atteignant jusqu'à $\frac{3\omega \cos E}{\lambda}$ peut être commise ; la quantité $1 - e \cos E$ ou $\frac{r}{a}$

sera donc soumise à la même erreur. En calculant par suite, le logarithme de cette quantité, l'erreur peut atteindre $(1+\delta)\omega$, en désignant par δ la quantité $\frac{3e \cos E}{1-e\cos E}$ prise positivement; l'erreur possible sur $\log r$ atteint la même limite $(1+\delta)\omega$, pourvu que l'on suppose $\log a$ exactement donné. Toutes les fois que l'excentricité est faible, la quantité δ est contenue dans d'étroites limites; mais quand e diffère peu de l'unité, $1-e\cos E$ reste fort petit tant que E a une petite valeur; δ peut donc alors atteindre une grandeur qu'on ne peut négliger; c'est pourquoi la formule III, article 8, est dans ce cas moins convenable. La quantité δ peut aussi être exprimée par $\frac{3(a-r)}{r} = \frac{3e(\cos v + e)}{1-e^2}$ formule qui montre encore plus clairement, dans quel cas il est permis de négliger l'erreur $(1+\delta)\omega$.

III. En employant la formule X, art. 8, pour calculer l'anomalie vraie au moyen de l'anomalie excentrique, le $\log \sqrt{\frac{a}{r}}$ sera sujet à l'erreur $\left(\frac{1}{2}+\frac{1}{2}\delta\right)\omega$, et par suite, $\log \sin \frac{1}{2}\varphi \sin E \sqrt{\frac{a}{r}}$ à l'erreur $\left(\frac{5}{2}+\frac{1}{2}\delta\right)\omega$; de là on trouve que le maximum de l'erreur possible dans la détermination de l'angle $v-E$ ou de v, est égal à

$$\frac{\omega}{\lambda}(7+\delta)\operatorname{tang}\frac{1}{2}(v-E),$$

ou exprimée en secondes, et si l'on se sert de sept décimales

$$=(0'',166+0'',024\delta)\operatorname{tang}\frac{1}{2}(v-E).$$

Toutes les fois que l'excentricité est faible, δ et $\operatorname{tang}\frac{1}{2}(v-E)$ sont de petites quantités; c'est pourquoi cette méthode permet une plus grande précision que celle que nous avons considérée dans le paragraphe 1. Cette méthode-là devra au contraire être préférée quand l'excentricité est très-grande et approche de l'unité, cas dans lequel δ et $\operatorname{tang}\frac{1}{2}(v-E)$ peuvent acquérir des valeurs considérables. Par nos formules, on pourra toujours décider laquelle de ces deux méthodes doit être préférée.

IV. Dans la détermination de l'anomalie moyenne, d'après l'anomalie excentrique, au moyen de la formule XII, art. 8, l'erreur sur la quantité $e\sin E$, calculée à l'aide des logarithmes, et par suite aussi l'erreur sur l'anomalie moyenne M, peut atteindre $\frac{3\omega e\sin E}{\lambda}$, limite qui doit être multipliée par 206265", si l'on veut qu'elle soit exprimée en secondes. De là, on peut facilement conclure que, dans le problème inverse où E doit être obtenu par tâtonnements au moyen de M, E peut être erronée de la quantité

$$\frac{3\omega e\sin E}{\lambda}\cdot\frac{dE}{dM}\cdot 206265'' = \frac{3\omega ea\sin E}{\lambda r}206265''$$

quoiqu'elle satisfasse à l'équation $E - e\sin E = M$ avec toute la précision que les tables permettent.

L'anomalie vraie, calculée au moyen de l'anomalie moyenne, peut donc être erronée pour deux raisons, en considérant toutefois l'anomalie moyenne comme donnée exactement; premièrement à cause de l'erreur commise dans le calcul de v obtenu au moyen de E, erreur qui, ainsi que nous l'avons vu, est toujours d'une légère importance; secondement, parce que la valeur de l'anomalie excentrique peut elle-même être erronée. L'effet de cette dernière cause est représenté par l'erreur commise sur E multipliée par $\frac{dv}{dE}$; ce produit devient

$$\frac{3\omega e\sin E}{\lambda}\cdot\frac{dv}{dM}206265'' = \frac{3\omega e.a\sin v}{\lambda r}206265'' = \left(\frac{e\sin v + \frac{1}{2}e^2\sin 2v}{1-e^2}\right)0'',0712$$

si l'on emploie sept décimales. Cette erreur, toujours faible pour les petites valeurs de e, peut devenir très-grande toutes les fois que cette quantité diffère peu de l'unité, comme le montre la table suivante, qui donne la valeur maximum de cette expression pour certaines valeurs de e.

e	ERREUR MAXIMUM.	e	ERREUR MAXIMUM.	e	ERREUR MAXIMUM.
0,90	0",42	0,94	0",73	0,98	2",28
0,91	0",48	0,95	0",89	0,99	4",59
0,92	0",54	0,96	1",12	0,999	46",23
0.93	0",62	0,97	1",50		

V. Dans le mouvement hyperbolique, si v est déterminé par la formule III, art. 21, au moyen de F et ψ exactement connus, l'erreur peut aller jusqu'à $\frac{3\omega \sin v}{\lambda}$ 206265"; mais si on le calcule par la formule $\tang \frac{1}{2} v = \frac{(u-1) \tang \frac{1}{2}\psi}{(u+1)}$, u et φ étant donnés exactement, la limite de l'erreur sera d'un tiers plus grande, c'est-à-dire

$$= \frac{4\omega \sin v}{\lambda} 206265'' = 0''09 \sin v$$

pour sept décimales.

VI. Si, d'après la formule XI, art. 22, on calcule au moyen des logarithmes de Briggs, la quantité $\frac{\lambda kt}{b^{\frac{3}{2}}} = \text{N}$, les quantités e et u, ou bien e et F étant supposées exactement connues, la première partie sera sujette à l'erreur $\frac{5(u^2-1)e\omega}{2u}$, si elle est calculée sous la forme $\frac{\lambda e(u-1)(u+1)}{2u}$, ou à l'erreur $\frac{3(u^2+1)e\omega}{2u}$, si elle est calculée d'après l'expression $\frac{1}{2}\lambda eu - \frac{\lambda e}{2u}$; ou enfin, à l'erreur $3e\omega \operatorname{tg} \text{F}$, si l'on emploie l'expression $\lambda e \operatorname{tg} \text{F}$, en négligeant à la vérité l'erreur commise sur $\log \lambda$ ou $\log \frac{1}{2}\lambda$. Dans le premier cas, l'erreur peut être exprimée par $5\, e\omega \operatorname{tg} \text{F}$, et dans le second par $\frac{3e\omega}{\cos \text{F}}$, d'où il est évident que l'erreur sera toujours la plus petite dans le troisième cas, mais sera plus grande dans le premier ou le second cas, selon que

u ou $\frac{1}{u}$ sera > 2 ou < 2, ou selon que $\pm$ F $> 36^\circ\, 52'$ ou $< 36^\circ\, 52'$. Mais la seconde partie de N sera toujours sujette à l'erreur ω.

VII. Réciproquement, il est clair que si u ou F est déterminé par tâtonnements, au moyen de N, u devra être sujet à l'erreur

$$(\omega \pm 3e\omega \operatorname{tang} F)\frac{du}{dN}$$

ou à $\left(\omega + \frac{3e\omega}{\cos F}\right)\frac{du}{dN}$, selon que le premier membre de la valeur de N est un produit de facteurs, ou exprimé en différents termes; mais F sera sujet à l'erreur $(\omega \pm 3e\omega \operatorname{tg} F)\frac{dF}{dN}$. Les signes supérieurs conviennent après le périhélie, et les signes inférieurs avant le périhélie.

Si nous introduisons ici, à la place de $\frac{du}{dN}$ ou de $\frac{dF}{dN}$ la quantité $\frac{dv}{dN}$, on aura l'expression de l'erreur commise dans la détermination de v qui sera par conséquent

$$\frac{b^2 \operatorname{tang}\psi(1 \pm 3e \operatorname{tang} F)\omega}{r^2\lambda} \quad \text{ou} \quad \frac{b^2 \operatorname{tang}\varphi(1 + 3e \sec F)\omega}{r^2\lambda},$$

si l'on s'est servi de la quantité auxiliaire u, et qui deviendra au contraire, si F a été employé,

$$\frac{b^2 \operatorname{tang}\psi(1 \pm 3e \operatorname{tang} F)\omega}{\lambda r^2} = \frac{\omega}{\lambda}\left(\frac{(1 + e\cos v)^2}{\operatorname{tang}^3\psi} \pm \frac{3e\sin v\,(1 + e\cos v)}{\operatorname{tang}^2\psi}\right).$$

Il faut ajouter le facteur 206265″, si l'erreur doit être exprimée en secondes. Il est alors évident que cette erreur peut seulement devenir considérable quand ψ est un angle petit, ou lorsque e est un peu plus grand que 1. Voici les valeurs maxima de cette troisième expression, pour certaines valeurs de e, et dans le cas où l'on emploie des logarithmes à sept décimales :

e	Erreur maximum.
1,3	0″,34
1,2	0″,54
1,1	1″,31
1,05	3″,03
1,01	34″,41
1,001	1064″,65

A cette erreur provenant de la valeur erronée de F ou de u, il faut ajouter celle déterminée dans V, afin d'avoir l'incertitude totale qui doit exister sur v.

VIII. Si l'on résout l'équation XI, art. 22, par le secours des logarithmes hyperboliques, F ayant été choisie pour quantité auxiliaire, l'effet de l'erreur possible, d'après cette opération, sur la détermination de v, est trouvée, par des raisonnements semblables, égale à

$$\frac{(1+e\cos v)^2\omega'}{\tang^3\psi} \pm \frac{3e\sin v(1+e\cos v)\,\omega}{\lambda\tang^2\psi}$$

où nous désignons par ω' l'erreur maximum dans les tables des logarithmes hyperboliques. La seconde partie de cette expression est identique avec la seconde partie de l'expression donnée dans l'art. VII; mais la première partie est plus petite que la première de la même relation dans le rapport de $\lambda\omega'$ à ω, c'est-à-dire dans le rapport de 1 à 23, si l'on peut supposer que la table d'Ursin est exacte partout jusqu'à la huitième décimale, ou $\omega' = 0{,}000000005$.

33

Dans ces sections coniques, dont l'excentricité diffère peu de l'unité, c'est-à-dire dans les ellipses ou les hyperboles qui approchent de la forme parabolique, les méthodes exposées ci-dessus, soit pour la détermination de l'anomalie vraie qui correspond à une époque donnée, soit pour la détermination inverse (*), ne souffrent donc pas toute la précision que l'on pourrait désirer ; puisque les erreurs inévitables croissantes, à mesure que la forme de l'orbite se rapproche de celle de la parabole, finissent même par dépasser toutes limites. Les grandes tables, qui donnent plus de sept décimales, diminueraient, il est vrai, cette incertitude, mais elles ne l'aboliraient pas ni n'empêcheraient qu'elle ne surpassât toutes limites dès que la forme de l'orbite approcherait trop près de la parabole. De plus, les méthodes enseignées ci-dessus deviennent, dans ce cas, assez incommodes, puisqu'une partie d'elles demande des essais indirects souvent répétés; l'ennui de ce désagrément est même plus grand si l'on opère d'après

(*) Puisque le temps contient le facteur $a^{\frac{3}{2}}$ ou $b^{\frac{3}{2}}$ l'erreur commise sur M ou sur N augmente d'autant plus que $a = \frac{p}{1-e^2}$ ou $b = \frac{p}{e^2-1}$ devient plus grand.

les grandes tables. Il ne sera donc pas superflu de donner une méthode spéciale à l'aide de laquelle on puisse éviter, dans ce cas, cette incertitude et obtenir une précision suffisante avec le seul secours des tables ordinaires.

34

La méthode vulgaire, à l'aide de laquelle on remédie habituellement à ces inconvénients, repose sur les principes suivants. Dans une ellipse ou une hyperbole, dont e est l'excentricité, p le demi-paramètre et par suite, $\frac{p}{1+e}=q$ la distance périhélie, soit v l'anomalie vraie correspondant à un intervalle t écoulé depuis le passage au périhélie ; soit aussi, pour ce même intervalle et dans une parabole dont le demi-paramètre $=2q$ ou la distance périhélie $=q$, w l'anomalie vraie correspondante ; la masse μ étant négligée de part et d'autre ou supposée égale. Il est clair qu'on doit alors avoir

$$\int\frac{p^2\,dv}{(1+e\cos v)^2}:\int\frac{4q^2\,dw}{(1+\cos w)^2}=\sqrt{p}:\sqrt{2q}$$

les intégrales étant prises depuis $v=0$ et $w=0$; ou bien

$$\int\frac{(1+e)^{\frac{3}{2}}\,dv}{(1+e\cos v)^2\sqrt{2}}=\int\frac{2\,dw}{(1+\cos w)^2}.$$

En désignant $\frac{1-e}{1+e}$ par α et $\operatorname{tang}\frac{1}{2}v$ par θ, on trouve pour la première intégrale

$$\sqrt{(1+\alpha)}\left[\theta+\frac{1}{3}\theta^3(1-2\alpha)-\frac{1}{5}\theta^5(2\alpha-3\alpha^2)+\frac{1}{7}\theta^7(3\alpha^2-4\alpha^3)-\text{etc.}\right].$$

La dernière égale $\operatorname{tang}\frac{1}{2}w+\frac{1}{3}\operatorname{tang}^3\frac{1}{2}w$.

Il est facile de déterminer, au moyen de ces équations, w d'après α et v, et v d'après α et w, par le secours des séries infinies ; on peut, si cela convient mieux, introduire à la place de α l'expression

$$1-e=\frac{2\alpha}{1+\alpha}=\delta.$$

Comme il est évident que pour $\alpha=0$ ou $\delta=0$ on a $v=w$, ces séries prendront la forme suivante :

$$w = v + \delta v' + \delta^2 v'' + \delta^3 v''' \ldots\ldots \text{ etc.,}$$
$$v = w + \delta w' + \delta^2 w'' + \delta^3 w''' \ldots\ldots \text{ etc.,}$$

ou v', v'', v'''.... seront des fonctions de v, et w', w'', w''' des fonctions de w.

Toutes les fois que δ est une quantité très-petite, ces séries convergent promptement et quelques termes suffisent pour déterminer w au moyen de v, ou v au moyen de w. On obtiendra t d'après w, ou w au moyen de t, de la manière que nous l'avons expliqué ci-dessus pour le mouvement parabolique.

35

Notre Bessel a développé les expressions analytiques des trois premiers coefficients w', w'', w''' de la seconde série, et a en même temps ajouté, pour les valeurs numériques des deux premiers w' et w'', une table construite avec l'argument w de degré en degré (*Correspondance astronomique* du baron de Zach, vol. XII, page 197). On possédait déjà, pour le premier coefficient w', une table construite par Simpson et annexée à l'ouvrage de l'illustre Olbers, dont plus haut nous avons fait l'éloge. Dans la plupart des cas, cette méthode, avec le secours de la table de Bessel, permet de déterminer, d'une manière suffisamment précise, l'anomalie vraie au moyen du temps. Ce qui reste encore à désirer se réduit presque à ces quelques remarques :

I. Dans le problème inverse, à savoir : déterminer le temps d'après l'anomalie vraie, il faut avoir recours à une méthode quasi-indirecte et déterminer w, connaissant v, à l'aide de tâtonnements. Pour obvier à cet inconvénient, on devra traiter la première série comme la seconde, et puisqu'il est facile de s'apercevoir que $-v'$ est la même fonction de v que w' est de w, de telle sorte que la table relative à w', étant changée de signe, puisse servir pour v', on n'aura plus alors besoin que de la table relative à v'' pour pouvoir résoudre l'un et l'autre problème avec une égale précision.

II. Il peut certainement se présenter quelquefois des cas où l'excentricité diffère, il est vrai, assez peu de l'unité pour que les méthodes générales exposées ci-dessus ne paraissent pas donner une précision suffisante, mais en diffère trop cependant, pour qu'il soit permis de négliger, dans la méthode spéciale que nous venons d'indiquer, l'effet de la troisième puissance de δ, ainsi que des puissances supérieures.

Dans le mouvement hyperbolique principalement, il peut se présenter des cas, où soit qu'on se serve des premières méthodes ou de la dernière, on ne puisse éviter une erreur de plusieurs secondes, lorsqu'on emploie seulement les tables vulgaires à sept décimales. Mais, quoique les erreurs de ce genre se présentent rarement dans la pratique, on trouverait certainement qu'il existe une lacune s'il n'était pas permis de déterminer, dans *tous les cas*, l'anomalie vraie à 0", 1 ou 0", 2 près, si ce n'est en employant les grandes tables, qui, par le fait, sont reléguées dans les livres très-rares. Nous espérons donc qu'on ne considérera pas comme entièrement superflue l'exposition de la méthode particulière dont nous nous servons depuis longtemps, et qui se recommande aussi par la raison qu'elle n'est pas seulement limitée aux excentricités peu différentes de l'unité, mais qu'elle souffre au moins à cet égard une application générale.

36

Avant de commencer l'exposition de cette méthode, il convient de faire observer que l'incertitude des méthodes générales développées ci-dessus, relativement aux orbites dont la forme s'approche de la forme parabolique, cesse de soi-même dès que E ou F atteint une grande valeur, ce qui, en vérité, arrive seulement dans les grandes distances de l'astre au Soleil. Pour le faire voir, mettons l'erreur maximum possible dans l'Ellipse que par l'art. 32, IV, nous avons trouvée $=\frac{3\,\omega\, ea \sin v}{\lambda\, r}.206265''$, sous la forme $\frac{3\omega e\sqrt{(1-e^2)}.\sin E}{\lambda.(1-e\cos E)^2}.206265''$; il est alors évident de soi-même que l'erreur est toujours circonscrite dans d'étroites limites, dès que E acquiert une valeur considérable, ou que cos E se rapproche davantage de l'unité, quelle que grande que soit l'excentricité. Ceci paraîtra encore plus clair par la table suivante, dans laquelle nous donnons la valeur numérique de cette expression pour quelques valeurs déterminées de E (d'après les logarithmes à sept décimales) :

E = 10°	erreur maximum =	3",04
20°	»	0",76
30°	»	0",34
40°	»	0",19
50°	»	0",12
60°	»	0",08

Il en est de même pour l'hyberbole, ainsi que cela se voit immédiatement, en mettant l'expression donnée dans l'art. 32, VII, sous la forme

$$\frac{\omega \cos F (\cos F + 3e \sin F)\sqrt{e^2 - 1}}{\lambda (e - \cos F)^2}\, 206265''.$$

La table suivante donne les valeurs maxima de cette expression pour quelques valeurs particulières de F

F	u		ERREUR maximum.
10°	1,192	0,839	8",66
20°	1,428	0,700	1",38
30°	1 732	0,577	0".47
40°	2,144	0,466	0",22
50°	2,747	0,364	0",11
60°	3,732	0,268	0",06
70°	5,671	8,176	0",02

Toutes les fois donc que E ou F dépasse 40° ou 50° (cas qui ne se rencontre pas facilement pour les orbites peu différentes de la parabole, parce qu'alors les astres qui décrivent de pareilles courbes se dérobent le plus souvent à nos regards à cause de leur grande distance au Soleil) il n'y a aucune raison d'abandonner la méthode générale. Au reste, dans ce cas-là, les séries que nous avons employées dans l'art. 34, convergeraient trop lentement : on peut donc ne point regarder comme un défaut de la méthode que nous allons maintenant expliquer, qu'elle s'applique particulièrement aux cas dans lesquels E ou F ne dépasse pas encore des valeurs modérées.

37

Reprenons, dans le mouvement elliptique, l'équation entre l'anomalie excentrique et le temps

$$E - e \sin E = \frac{kt(1+\mu)}{a^{\frac{3}{2}}},$$

dans laquelle nous supposons E exprimé en parties du rayon. Nous négligeons dès à présent, le facteur $\sqrt{1+\mu}$; si jamais le cas se présentait où il deviendrait utile d'avoir égard à ce terme, la lettre t ne devrait pas indiquer l'intervalle même écoulé depuis le passage de l'astre au périhélie, mais cet intervalle multiplié par $\sqrt{1+\mu}$. Désignons ensuite par q la distance périhélie, et à la place de E et de sin E, introduisons la quantité

$$E - \sin E, \text{ et } E - \frac{1}{10}(E - \sin E) = \frac{9}{10}E + \frac{1}{10}\sin E;$$

le lecteur attentif découvrira immédiatement, d'après ce qui suit, pourquoi nous choisissons particulièrement ces expressions. Notre équation prend alors la forme suivante :

$$(1-e)\left(\frac{9}{10}E + \frac{1}{10}\sin E\right) + \left(\frac{1}{10} + \frac{9}{10}e\right)(E - \sin E) = kt\left(\frac{1-e}{q}\right)^{\frac{3}{2}}.$$

En tant qu'on considère E comme une petite quantité du premier ordre,

$$\frac{9}{10E} + \frac{1}{10}\sin E = E - \frac{1}{60}E^3 + \frac{1}{1200}E^5 - \ldots \text{ etc.}$$

sera une quantité du premier ordre, et au contraire,

$$E - \sin E = \frac{1}{6}E^3 - \frac{1}{120}E^5 + \frac{1}{5040}E^7 - \ldots \text{ etc.}$$

sera une quantité du troisième ordre.

En posant donc,

$$\frac{6(E - \sin E)}{\frac{9}{10}E + \frac{1}{10}\sin E} = 4A, \quad \frac{\frac{9}{10}E + \frac{1}{10}\sin E}{2\sqrt{A}} = B,$$

$4A = E^2 - \frac{1}{30}E^4 - \frac{1}{5040}E^6 - \ldots$ etc... sera une quantité du second ordre, et $B = 1 + \frac{3}{2800}E^4 - \ldots$ etc... différera de l'unité d'une quantité du quatrième ordre.

Mais notre équation devient, par là,

$$[1] \qquad B\left[2(1-e)A^{\frac{1}{2}} + \frac{2}{15}(1+9e)A^{\frac{3}{2}}\right] = kt\left(\frac{1-e}{q}\right)^{\frac{3}{2}}.$$

Par les tables trigonométriques vulgaires, $\frac{9}{10}E+\frac{1}{10}\sin E$ peut, à la vérité, être calculé avec une précision suffisante, mais pas cependant $E-\sin E$, toutes les fois que E est faible; on ne pourrait donc pas, de cette manière, calculer assez exactement les quantités A et B. Mais une table particulière donnant B ou son logarithme, au moyen de l'argument E, ferait disparaître cette difficulté; les moyens nécessaires pour construire une telle table se présenteront facilement à celui qui est même médiocrement versé dans l'analyse.

A l'aide de l'équation

$$\frac{9E+\sin E}{20B}=\sqrt{A}$$

on pourrait déterminer $\sqrt{A}$, et ensuite t au moyen de la formule [1], avec toute la précision désirable.

Voici le spécimen d'une pareille table, qui montrera au moins la lente augmentation de log B; comme nous devons indiquer plus loin des tables d'une forme beaucoup plus commode, il serait superflu de donner plus d'extension à celle-ci :

E	log B	E	log B	E	log B
0°	0,0000000	25°	0,0000168	50°	0,0002675
5°	00	30°	0349	55°	3910
10°	04	35°	0645	60°	5526
15°	22	40°	1099		
20°	69	45°	1758		

38

Il ne sera pas inutile d'éclaircir par un exemple les méthodes enseignées dans l'article précédent.

Supposons l'anomalie vraie $=100°$, l'excentricité $=0,96764567$, $\log q=9,7656500$.

Voici maintenant le calcul pour obtenir E, B, A et t :

$$\log \operatorname{tang} \frac{1}{2} v \ldots\ldots\ldots\ldots\ 0,0761865$$

$$\log \operatorname{tang} \sqrt{\frac{1-e}{1+e}} \ldots\ldots\ 9,1079927$$

$$\log \operatorname{tang} \frac{1}{2} E \ldots\ldots\ldots\ldots\ 9,1841792,$$

d'où $\frac{1}{2} E = 8°41'19'',32$ et $E = 17°22'38'',64.$

A cette valeur de E correspond $\log B = 0,0000040$; on trouve ensuite, en parties du rayon,

$$E = 0,3032928, \quad \sin E = 0,2986043,$$

d'où

$$\frac{9}{20} E + \frac{1}{20} \sin E = 0,1514150,$$

dont le logarithme $= 9,1801689$, et par suite, $\log A^{\frac{1}{2}} = 9,1801649$.

On déduit de là, par la formule [1] de l'article précédent,

$$\log \frac{2 B q^{\frac{3}{2}}}{k\sqrt{(1-e)}} \ldots 2,4589614 \qquad \log \frac{2B(1+9e)}{15k}\left(\frac{q}{1-e}\right)^{\frac{3}{2}} \ldots 3,7601038$$

$$\log A^{\frac{1}{2}} \ldots\ldots\ 9,1801649 \qquad \log A^{\frac{3}{2}} \ldots\ldots\ldots\ldots\ 7,5404947$$

$$\log 43,56386 \ldots = 1,6391263 \qquad \log 19,98014 \ldots\ldots\ldots\ 1,3005985$$

$$\begin{array}{r} 19,98014 \\ \hline 63,54400 = t. \end{array}$$

En traitant le même exemple d'après la méthode ordinaire, on trouve $e \sin E$, en secondes, $= 59610'',79 = 16°\ 33'\ 30'',79$, d'où anomalie moyenne $= 49'\ 7'',85 = 2947'',85$. De là et au moyen de $\log k\left(\frac{1-e}{q}\right)^{\frac{3}{2}} = 1,6664302$, on obtient $t = 63,54410$. La différence qui est seulement ici la $\frac{1}{10000}$ partie d'un jour, eût pu facilement devenir trois ou quatre fois plus grande par l'union de toutes les erreurs.

Il est au reste évident que, par le seul moyen d'une telle table relative à log B, le problème inverse peut aussi être résolu, avec une entière précision, en déterminant E par des essais répétés de manière que la valeur de t, calculée avec cette valeur de E, s'accorde avec celle de t proposée. Mais cette manière d'opérer serait assez incommode; c'est pourquoi nous allons maintenant faire voir de quelle manière on peut disposer beaucoup plus commodément la table auxiliaire, éviter entièrement des essais incertains, et réduire tout le calcul à un algorithme extrêmement élégant et rapide, qui semble ne rien laisser à désirer.

39

On voit immédiatement que presque la moitié du travail qu'exigent ces tâtonnements, peut être supprimée si la table est disposée de manière que l'on puisse y trouver immédiatement log B avec l'argument A. Il ne reste plus alors que trois opérations : la première indirecte, à savoir : la détermination de A telle qu'elle satisfasse à l'équation [1] de l'art. 37; la seconde, la détermination de E d'après A et B et qui se fait directement, ou par l'équation

$$E = 2B\left(A^{\frac{1}{2}} + \frac{1}{15}A^{\frac{3}{2}}\right),$$

ou par celle-ci,

$$\sin E = 2B\left(A^{\frac{1}{2}} - \frac{3}{5}A^{\frac{3}{2}}\right);$$

la troisième est la détermination de v, d'après E, qui s'effectue au moyen de l'équation VII, art. 8.

Nous réduirons la première opération à un algorithme rapide, et nous la dégagerons d'essais incertains; nous réunirons également la seconde et la troisième en une seule opération en insérant dans notre table une nouvelle quantité C, au moyen de laquelle nous n'aurons entièrement plus besoin de E, et nous obtiendrons en même temps pour le rayon vecteur une formule élégante et commode.

Nous transformerons d'abord, l'équation [1] de manière que pour sa résolution on puisse employer la table Barkérienne. Nous posons dans ce but,

$$A^{\frac{1}{2}} = \tang\frac{1}{2}w\sqrt{\frac{5-5e}{1+9e}},$$

d'où l'on a

$$75\tang\frac{1}{2}w + 25\tang^3\frac{1}{2}w = \frac{75kt\sqrt{\left(\frac{1}{5}+\frac{9}{5}e\right)}}{2Bq^{\frac{3}{2}}} = \frac{\alpha t}{B},$$

en désignant par α la constante $\dfrac{75k\sqrt{\left(\frac{1}{5}+\frac{9}{5}e\right)}}{2q^{\frac{3}{2}}}$.

Si donc B était connu, w pourrait immédiatement être obtenu au moyen de la table Barkérienne, qui donne l'anomalie vraie à laquelle répond le mouvement moyen $\frac{\alpha t}{B}$; de w on trouvera A par la formule $A = \beta \tang^2 \frac{1}{2} w$, en désignant par β la constante $\frac{5-5e}{1+9e}$. Maintenant quoique B se déduise finalement de A au moyen de notre table auxiliaire, on peut cependant prévoir qu'en raison de son peu de différence avec l'unité, on peut obtenir w et A affectés seulement d'une légère erreur, si, dans une première opération, on néglige entièrement le diviseur B. Nous déterminerons donc d'abord approximativement w et A en posant $B=1$; avec cette valeur approchée de A nous extrairons de notre table auxiliaire la valeur de B avec laquelle nous recommencerons plus exactement le même calcul. Le plus souvent, excepté dans le cas où la valeur de E serait déjà très-considérable, à cette valeur de A, ainsi corrigée, correspondra entièrement la même valeur de B obtenue au moyen de la valeur approchée de A; de sorte que la répétition du calcul sera inutile. Au reste, on a à peine besoin d'avertir que si par hasard on connaît de quelque autre manière que ce soit une valeur approchée de B (ce qui aura toujours lieu toutes les fois que devant calculer plusieurs positions peu distantes l'une de l'autre, l'une ou l'autre est déjà déterminée), il faudra se servir d'abord de cette valeur dans la première approximation; de cette manière, le calculateur adroit n'aura le plus souvent besoin de refaire le calcul qu'une fois. Nous avons pu obtenir cette prompte approximation parce que la différence de B avec l'unité est seulement une quantité du quatrième ordre, multipliée en outre par un coefficient numérique très-petit; on peut donc maintenant comprendre l'avantage qu'on se préparait en introduisant les quantités $E-\sin E$, $\frac{9}{10}E+\frac{1}{10}\sin E$ à la place de E et de sin E.

40

Puisque pour la troisième opération, c'est-à-dire la détermination de l'anomalie vraie, l'angle E lui-même n'est pas demandé, mais seulement $\tang \frac{1}{2} E$ ou plutôt $\log \tang \frac{1}{2} E$, on pourrait facilement réunir cette opération à la seconde si notre table fournissait immédiatement le logarithme de la quantité $\frac{\tang \frac{1}{2} E}{\sqrt{A}}$ qui diffère de l'unité d'une quantité du second ordre. Nous avons préféré cependant disposer notre table d'une manière quelque peu différente à l'aide de laquelle, quoique ayant moins d'extension, nous pourrons interpoler d'une manière beaucoup plus commode. En écrivant, par abréviation, T à la place de $\tang^2 \frac{1}{2} E$, la valeur de $A = \frac{15(E - \sin E)}{9E + \sin E}$ donnée dans l'article 37, se change facilement, en

$$A = \frac{T - \frac{6}{5}T^2 + \frac{9}{7}T^3 - \frac{12}{9}T^4 + \frac{15}{11}T^5 - \dots \text{etc.}}{1 - \frac{6}{15}T + \frac{7}{25}T^2 - \frac{8}{35}T^3 + \frac{9}{45}T^4 - \dots \text{etc.}},$$

dans laquelle la loi de formation des termes est facile.

En développant en séries, on déduit de là

$$\frac{A}{T} = 1 - \frac{4}{5}A + \frac{8}{175}A^2 + \frac{8}{525}A^3 + \frac{1896}{336875}A^4 + \frac{28744}{13138125}A^5 + \dots \text{etc.}$$

En posant donc, $\frac{A}{T} = 1 - \frac{4}{5}A + C$, C sera une quantité du quatrième ordre, laquelle est contenue dans notre table; nous pourrons immédiatement passer de A à v par la formule,

$$\tang \frac{1}{2} v = \sqrt{\frac{1+e}{1-e}} \cdot \sqrt{\frac{A}{1 - \frac{4}{5}A + C}} = \frac{\gamma \tang \frac{1}{2} w}{\sqrt{\left(1 - \frac{4}{5}A + C\right)}}$$

en désignant par γ la constante $\sqrt{\frac{5+5e}{1+9e}}$. De cette manière nous obtenons en même temps une formule très-commode pour le rayon vecteur. On trouve en effet (art. 8, VI),

$$r = \frac{q \cos^2 \frac{1}{2} E}{\cos^2 \frac{1}{2} v} = \frac{q}{(1+T)\cos^2 \frac{1}{2} v} = \frac{\left(1 - \frac{4}{5}A + C\right) q}{\left(1 + \frac{1}{5}A + C\right) \cos^2 \frac{1}{2} v}.$$

41

Il ne reste plus maintenant qu'à réduire aussi en un algorithme plus rapide le problème inverse, c'est-à-dire déterminer le temps d'après l'anómalie vraie; à cet effet, nous avons ajouté à notre table une colonne nouvelle relative à T. On calculera donc d'abord T, au moyen de v, par la formule

$$T = \frac{1 - e}{1 + e} \operatorname{tang}^2 \frac{1}{2} v;$$

on extraira ensuite de notre table, au moyen de l'argument T, A et log B, ou (ce qui est plus exact, et même aussi plus commode), C et log B, et de là A par la formule $A = \frac{(1 + C)T}{1 + \frac{4}{5}T}$; on obtiendra enfin t, à l'aide de A et B, par la formule [1], art. 37. Si l'on veut aussi employer ici la table Barkérienne, qui cependant dans ce problème inverse est d'un moindre secours pour le calcul, on n'a pas besoin de recourir à A, mais on a aussitôt

$$\operatorname{tang} \frac{1}{2} w = \operatorname{tang} \frac{1}{2} v \sqrt{\frac{1 + C}{\gamma\left(1 + \frac{4}{5}T\right)}},$$

et de là le temps t, en multipliant le mouvement moyen qui correspond, dans la table Barkérienne, à l'anomalie vraie w, par la quantité $\frac{B}{\alpha}$.

42

Nous avons annexé à cet ouvrage la table (table I) que nous avons décrite jusqu'ici, en lui donnant une étendue convenable. La première partie concerne seulement l'ellipse; nous expliquerons plus loin l'autre partie, qui se rapporte au mouvement hyperbolique. L'argument de la table, qui est la quantité A, est donné de millième en millième depuis 0 jusqu'à 0,300; en regard se trouvent log B et C exprimés en 10000000mes, c'est-à-dire qu'il faut sous-entendre sept figures décimales dont les premières, qui précèdent les chiffres significatifs, sont supprimées; la quatrième colonne donne enfin la quantité T calculée d'abord avec cinq décimales et ensuite avec six, précision qui suffit largement, puisque cette colonne sert seulement pour avoir les valeurs de log B et de C qui correspondent à l'argument T, toutes les fois que, d'après la méthode donnée dans l'article précédent, on veut obtenir t d'après v.

Puisque le problème inverse, qui se présente beaucoup plus fréquemment dans la pratique, c'est-à-dire, déterminer v et r connaissant le temps t, doit être entièrement résolu sans le secours de T, nous avons mieux aimé prendre A pour argument de notre table que T, qui, sans cela, eût été un argument presque aussi convenable, et, de plus, aurait facilité tant soit peu la construction de la table. Il ne sera pas inutile de prévenir que tous les nombres de la table ont d'abord été calculés avec dix décimales, et par suite qu'on peut se fier en toute sûreté aux sept chiffres que nous donnons ici ; mais nous ne pouvons nous arrêter ici aux méthodes analytiques employées pour ce travail, parce qu'un développement convenable de ces méthodes nous détournerait trop de notre sujet. Enfin, l'étendue de la table suffit pleinement pour tous les cas où l'on se sert de la méthode exposée jusqu'ici, puisque au delà de la limite $A = 0,3$, à laquelle répond $T = 0,392374$ ou $E = 64° 7'$ on peut, ainsi qu'on l'a vu plus haut, s'abstenir facilement des méthodes artificielles.

43

Pour éclaircir davantage les recherches précédentes, nous ajoutons un exemple de calcul complet de la détermination de l'anomalie vraie et du rayon vecteur connaissant le temps t, exemple pour lequel nous reprenons les données de l'art. 38. Nous supposons donc $e = 0,96764567$, $\log q = 9,7656500$, $t = 63,54400$, d'où nous déduisons d'abord les constantes $\log \alpha = 0,3052357$, $\log \beta = 8,2217364$, $\log \gamma = 0,0028755$.

On a d'après cela, $\log \alpha t = 2,1083102$ auquel répond, dans la table de Barker, la valeur approchée de $w = 99° 6'$, d'où l'on déduit $A = 0,022926$, et à l'aide de notre table, $\log B = 0,0000040$. De là, l'argument corrigé, avec lequel il faut entrer dans la table de Barker, devient $\log \frac{\alpha t}{B} = 2,1083062$, auquel correspond $w = 99° 6' 13'',14$.

Le calcul ultérieur se fait ensuite de la manière suivante :

$\log \tang^2 w$...	0,1385934
$\log B$.......	8,2217364
$\log A$.......	8,3603298
$A =$	0,02292608

log B est d'après cela, le même que précédemment ;

$C =$	0,0000212
$1 - \frac{4}{5}A + C =$	0,9816833
$1 + \frac{1}{5}A + C =$	1,0046094

$\log \tang \frac{1}{2}w$...........	0,0692967
$\log \gamma$.................	0,0028755
$\frac{1}{2}$ comp' $\log(1 - \frac{4}{5}A + C)$..	0,0040143
$\log \tang \frac{1}{2}v$...........	0,0761865
$\frac{1}{2}v =$	50° 0′ 00″
$v =$	100° 0′ 00″
$\log q$.................	9,7656500
2 comp' $\log \cos \frac{1}{2}v$.......	0,3838650
$\log(1 - \frac{4}{5}A + C)$.......	9,9919714
comp' $\log(1 + \frac{1}{5}A + C)$...	9,9980028
$\log r$.................	0,1394892

Si l'on négligeait entièrement dans ce calcul le facteur B, l'anomalie vraie se trouverait seulement affectée (en excès) de la petite erreur 0″,1.

44

Nous pourrons terminer plus brièvement le mouvement *hyperbolique*, puisqu'il peut être traité par une méthode entièrement analogue à celle que nous avons exposée jusqu'à présent pour le mouvement elliptique. Nous présentons l'équation entre le temps et la quantité auxiliaire u sous la forme suivante :

$$(e-1)\left[\frac{1}{20}\left(u-\frac{1}{u}\right)+\frac{9}{10}\log u\right]+\left(\frac{1}{10}+\frac{9}{10}e\right)\left[\frac{1}{2}\left(u-\frac{1}{u}\right)-\log u\right]= kt\left(\frac{e-1}{q}\right)^{\frac{3}{2}},$$

dans laquelle les logarithmes sont hyperboliques,

$$\frac{1}{20}\left(u-\frac{1}{u}\right)+\frac{9}{10}\log u$$

une quantité du premier ordre, et

$$\frac{1}{2}\left(u-\frac{1}{u}\right)-\log u$$

une quantité du troisième ordre, du moment que l'on considère $\log u$ comme une petite quantité du premier ordre. En posant donc :

$$\frac{6\left[\frac{1}{2}\left(u-\frac{1}{u}\right)-\log u\right]}{\frac{1}{20}\left(u-\frac{1}{u}\right)+\frac{9}{10}\log u}=4\mathrm{A}, \qquad \frac{\frac{1}{20}\left(u-\frac{1}{u}\right)+\frac{9}{10}\log u}{2\sqrt{\mathrm{A}}}=\mathrm{B},$$

A sera une quantité du second ordre, et B différera de l'unité d'une quantité du quatrième ordre. Notre équation prend alors la forme suivante :

$$[2] \qquad \mathrm{B}\left[2(e-1)\mathrm{A}^{\frac{1}{2}}+\frac{2}{15}(1+9e)\mathrm{A}^{\frac{3}{2}}\right]=kt\left(\frac{e-1}{q}\right)^{\frac{3}{2}},$$

équation entièrement analogue à l'équation [1] de l'art. 37. En posant ensuite $\left(\frac{u-1}{u+1}\right)^2=\mathrm{T}$, T sera du second ordre, et l'on trouvera par la méthode des développements en séries,

$$\frac{\mathrm{A}}{\mathrm{T}}=1+\frac{4}{5}\mathrm{A}+\frac{8}{175}\mathrm{A}^2-\frac{8}{525}\mathrm{A}^3+\frac{1896}{336875}\mathrm{A}^4-\frac{28744}{13138125}\mathrm{A}^5+\ldots\text{ etc.}$$

C'est pourquoi, en posant $\frac{\mathrm{A}}{\mathrm{T}}=1+\frac{4}{5}\mathrm{A}+\mathrm{C}$, C sera une quantité du quatrième ordre, et l'on aura $\mathrm{A}=\frac{(1+\mathrm{C})\mathrm{T}}{1-\frac{4}{5}\mathrm{T}}$. De l'équation VII, art, 21, on déduira enfin facilement, pour le rayon vecteur,

$$r=\frac{q}{(1-\mathrm{T})\cos^2\frac{1}{2}v}=\frac{\left(1+\frac{4}{5}\mathrm{A}+\mathrm{C}\right)q}{\left(1-\frac{1}{5}\mathrm{A}+\mathrm{C}\right)\cos^2\frac{1}{2}v}.$$

45

La seconde partie de la première table annexée à cet ouvrage concerne le mouvement hyperbolique, ainsi que nous l'avons déjà dit, et donne, d'après l'argument A (commun aux deux parties de la table), le logarithme de B et la quantité C avec sept figures décimales, (les chiffres précédents étant omis), mais la quantité T avec cinq, et ensuite six chiffres décimaux. Cette seconde partie s'étend, comme la première, jusqu'à A = 0,300, auquel correspond T = 0,241207,

$u = 2{,}930$ ou $= 0{,}341$, $F = \pm 52^\circ\ 19'$; une plus grande étendue eût été superflue (art. 36).

Voici maintenant l'ordre du calcul, soit pour la détermination du temps d'après l'anomalie vraie, soit pour la détermination de l'anomalie vraie d'après le temps. Pour le premier problème, on a T par la formule $T = \frac{e-1}{e+1} \operatorname{tang}^2 \frac{1}{2} v$; au moyen de T, notre table donnera $\log B$ et C, d'où l'on déduira $A = \frac{(1+C)\,T}{1-\frac{4}{5}T}$; de là enfin, on trouvera t par la formule [2] de l'article précédent.

Dans le problème inverse, on calculera d'abord les logarithmes des constantes

$$\alpha = \frac{75k\sqrt{\left(\frac{1}{5}+\frac{9}{5}e\right)}}{2q^{\frac{3}{2}}},$$

$$\beta = \frac{5e-5}{1+9e},$$

$$\gamma = \sqrt{\frac{5e+5}{1+9e}}.$$

On déterminera alors A, au moyen de t, entièrement de la même manière que dans le mouvement elliptique; c'est-à-dire que par le fait, l'anomalie vraie w correspondra, dans la table de Barker, au mouvement moyen $\frac{\alpha t}{B}$, et qu'on doit avoir $A = \beta \operatorname{tang}^2 \frac{1}{2} w$; on obtiendra d'abord la valeur approchée de A en négligeant le facteur B ou en employant sa valeur estimée, si l'on en a les moyens; de là notre table fournira une valeur approchée de B avec laquelle on recommencera le calcul; la nouvelle valeur de B ainsi trouvée souffre rarement une correction sensible, et il n'est pas alors nécessaire de refaire le calcul. Au moyen de la valeur corrigée de A, on déduit C de la table, après quoi l'on a

$$\operatorname{tang}\frac{1}{2}v = \frac{\gamma \operatorname{tang}\frac{1}{2}w}{\sqrt{1+\frac{4}{5}A+C}}, \qquad r = \frac{\left(1+\frac{4}{5}A+C\right)q}{\left(1-\frac{1}{5}A+C\right)\cos^2\frac{1}{2}v}.$$

Il est évident, d'après cela, qu'il n'existera entièrement aucune différence entre les formules relatives au mouvement elliptique et celles relatives au mouvement hyperbolique, pourvu que, dans le mouvement hyperbolique, nous traitions β, A et T comme des quantités négatives.

46

Il ne paraîtra pas inutile d'éclaircir aussi par quelques exemples le mouvement hyperbolique; nous reprenons, dans ce but, les nombres des articles 23 à 26.

I. Soient $e = 1,2618820$, $\log q = 0,0201657$, $v = 18°\,51'\,00''$; on demande le temps t; nous avons

$$
\begin{array}{lr}
2\log\tang\frac{1}{2}v \ldots\ldots & 8,4402018 \\
\log\dfrac{e-1}{e+1} \ldots\ldots & 9,0636357 \\
\hline
\log T \ldots\ldots & 7,5038375
\end{array}
\qquad
\begin{array}{lr}
\log T \ldots\ldots & 7,5038375 \\
\log(1+C) \ldots\ldots & 0,0000002 \\
C.\log(1-\frac{1}{5}T) \ldots\ldots & 0,0011099 \\
\hline
\log A \ldots\ldots & 7,5049476
\end{array}
$$

$$T = 0,00319034$$
$$\log B = 0,0000001$$
$$C = 0,0000005$$

$$
\begin{array}{lr}
\log\dfrac{2Bq^{\frac{3}{2}}}{k\sqrt{(e-1)}} \ldots\ldots & 2,3866444 \\
\log A^{\frac{1}{2}} \ldots\ldots & 8,7524738 \\
\hline
\log 13,77584 = \ldots & 1,1391182 \\
\quad 0,13861 & \\
\hline
13,01445 = t. &
\end{array}
\qquad
\begin{array}{lr}
\log\dfrac{2B(1+9e)}{15k}\left(\dfrac{q}{e-1}\right)^{\frac{3}{2}} \ldots & 2,8843582 \\
\log A^{\frac{3}{2}} \ldots\ldots & 6,2574214 \\
\hline
\log 0,138605 = \ldots\ldots & 9,1417796
\end{array}
$$

II. e et q conservant les mêmes valeurs que précédemment, on demande v et r, connaissant $t = 65,41236$; nous trouvons pour logarithmes des constantes

$$\log\alpha = 9,9758345$$
$$\log\beta = 9,0251649$$
$$\log\gamma = 9,9807646$$

On a ensuite, $\log\alpha t = 1,7914943$, d'où l'on trouve au moyen de la table de Barker, une valeur approchée de $w = 70°\,31'\,44''$, et de là, $A = 0,052983$. A cette valeur de A correspond, dans notre table, $\log B = 0,0000207$; d'où $\log\dfrac{\alpha t}{B} = 1,7914736$, et la valeur corrigée de $w = 70° 31' 36'',86$. Les autres opérations du calcul se font comme il suit :

$2 \log \text{tang} \frac{1}{2} w$ 9,6989398
$\log \beta$ 9,0251649

$\log A$ 8,7241047
$A =$ 0,05297911
$\log B$ comme précédemment;
$C = 0,0001252$
$1 + \frac{4}{5} A + C = 1,0425085$
$1 - \frac{1}{5} A + C = 0,9895294$

$\log \text{tang} \frac{1}{2} w$ 9,8494699
$\log \gamma$ 9,9807646
$\frac{1}{2} c' \log(1 + \frac{4}{5} A + C)$ .. 9,9909602

$\log \text{tang} \frac{1}{2} v$ 9,8211947
$\frac{1}{2} v = 33° 31' 30'',02$
$v = 67\ 03\ 00\ ,04$
$\log q$ 0,0201657
$2 c' \log \cos \frac{1}{2} v$ 0,1580378
$\log(1 + \frac{4}{5} A + C)$.... 0,0180796
$c' \log(1 - \frac{1}{5} A + C)$ .. 0,0045713

$\log r$ 0,2008544

Les valeurs que nous avons précédemment trouvées (art. 26), $v = 67° 2' 59'',78$ et $\log r = 0,2008541$, sont moins exactes; et l'on devrait trouver exactement $v = 67° 3' 00'',00$, valeur supposée avec laquelle celle de t a été calculée, au moyen des grandes tables.

DEUXIÈME SECTION.

RELATIONS CONCERNANT UNE SEULE POSITION DANS L'ESPACE.

47

Dans la première section du mouvement des corps célestes dans leurs orbites, il n'a pas été question de la position que ces orbites occupent dans l'espace. Pour que cette situation soit déterminée de manière que l'on puisse assigner les positions relatives des corps célestes avec n'importe quels autres points de l'espace, il faut évidemment connaître non-seulement la situation du plan de l'orbite par rapport à un certain plan déterminé (par exemple, le plan de l'orbite terrestre ou l'*écliptique*), mais encore la position de l'apside dans ce plan. Comme ces positions sont le plus facilement établies par la trigonométrie sphérique, nous imaginons une surface sphérique d'un rayon arbitraire, décrite autour du Soleil comme centre et dans laquelle tout plan passant par le Soleil détermine un grand cercle, et toute droite menée par le Soleil détermine un point. Nous menons aussi par le Soleil des plans et des droites parallèles aux plans et aux droites ne passant pas par le Soleil, et nous concevons les grands cercles et les points qui en résultent dans la sphère céleste comme correspondant à ces plans et à ces droites; la sphère peut aussi être supposée décrite avec un rayon infiniment grand sur laquelle les plans parallèles et les droites parallèles sont représentés de la même manière.

A moins donc que le plan de l'orbite ne coïncide avec le plan de l'écliptique, les grands cercles qui correspondent à ces plans (grands cercles que, pour plus de simplicité, nous nommerons orbite et écliptique) se coupent en deux points que l'on appelle *nœuds;* l'astre, considéré comme vu du Soleil, traversera, à l'un des nœuds, l'écliptique en allant de la région sud vers la région nord, et à l'autre, en allant de la région nord dans la région sud; le premier s'appelle *nœud ascendant*, et le second *nœud descendant.* Nous déterminons la position des nœuds dans l'écliptique par leur distance à l'équinoxe vernal moyen (*longitude*) comptée suivant l'ordre des signes. Soit dans la figure 1, ☊ le nœud ascendant, A☊B une portion de l'écliptique, C☊D une partie de l'orbite; le mouvement de la Terre et celui du corps céleste ayant lieu dans des directions allant de A vers B et de C vers D, il est évident que l'angle sphérique formé par ☊D et ☊B peut croître depuis 0° jusqu'à 180°, mais jamais aller au delà puisque ☊ cesserait alors d'être le nœud ascendant; nous appelons cet angle l'*inclinaison de l'orbite* sur l'écliptique. La position du plan de l'orbite étant déterminée par la longitude du nœud et l'inclinaison de l'orbite, il ne reste plus à connaître que la distance du périhélie au nœud ascendant, distance que nous comptons dans la direction même du mouvement, et par suite que nous considérons comme négative ou comprise entre 180° et 360°, toutes les fois que le périhélie est situé dans la région sud de l'écliptique. Il faut encore noter les conventions suivantes : La longitude d'un point quelconque sur le cercle de l'orbite est comptée à partir d'un point situé sur l'orbite, en arrière du nœud et à une distance égale à celle dont le point équinoxial vernal est en arrière du même nœud sur l'écliptique; d'après cela, *la longitude du périhélie* est la somme de la longitude du nœud et de la distance du périhélie au nœud; et la *longitude vraie* d'un astre, *dans l'orbite*, est la somme de l'anomalie vraie et de la longitude du périhélie. On nomme enfin *longitude moyenne* la somme de l'anomalie moyenne et de la longitude du périhélie; cette dernière ne peut évidemment s'appliquer qu'aux orbites elliptiques.

48

Afin qu'on puisse donc assigner la position d'un corps céleste dans l'espace à un moment donné, il faut connaître, pour une orbite elliptique, les quantités suivantes :

I. La longitude moyenne à partir d'un instant quelconque arbitraire que l'on nomme *l'époque;* la longitude elle-même est aussi désignée quelquefois par le même nom. Le plus souvent on choisit pour époque le commencement d'une certaine année, c'est-à-dire le midi du 1er janvier pour une année bissextile, ou le midi du 31 décembre précédent pour une année commune.

II. Le mouvement moyen dans un certain intervalle de temps, par exemple dans un jour solaire moyen ou dans 365 jours, dans 365 jours $\frac{1}{4}$ ou 365,25 jours.

III. Le demi-grand axe; qui peut en vérité être omis, toutes les fois que la masse du corps est connue ou peut être négligée, puisqu'il est déjà donné par le mouvement moyen (art. 7); on a cependant coutume de donner l'un et l'autre pour plus de commodité.

IV. L'excentricité.

V. La longitude du périhélie.

VI. La longitude du nœud ascendant.

VII. L'inclinaison de l'orbite.

Ces sept quantités sont appelées les *éléments* du mouvement de l'astre.

Dans la parabole et l'hyperbole, on se sert de l'époque du passage au périhélie à la place du premier élément; à la place de II, on donne les quantités qui, dans ces sortes de sections coniques, sont analogues au mouvement moyen diurne. (*Voy.* art. 19; dans le mouvement hyperbolique la quantité $\lambda k b^{-\frac{3}{2}}$, art. 23.) Dans l'hyperbole les autres éléments peuvent être conservés les mêmes; mais dans la parabole, où le grand axe est infini et l'excentricité $=1$, on considérera la distance périhélie à la place des éléments III et IV.

49

Selon la manière habituelle de s'exprimer, l'inclinaison de l'orbite, que nous comptons depuis zéro jusqu'à 180°, s'étend seulement jusqu'à 90°, et si l'angle formé par l'orbite avec l'arc ☊B (fig. 1), dépasse un angle droit, l'angle de l'orbite avec l'arc ☊A (qui est son complément à 180°) est considéré comme l'inclinaison de l'orbite; dans un tel cas il est alors convenable d'ajouter que le mouvement est *rétrograde* (comme si, dans notre figure, E☊F représentait une partie de l'orbite), afin de le distinguer de l'autre cas, où le mouvement est appelé *direct*.

La longitude dans l'orbite est ordinairement comptée de manière qu'au nœud elle s'accorde avec la longitude de ce point dans l'écliptique, mais *décroisse* dans la direction ☊F; c'est pourquoi le point initial à partir duquel les longitudes sont comptées contrairement à l'ordre du mouvement dans la direction ☊F, est autant distant du point ☊ que l'équinoxe vernal est distant du même point dans la direction ☊A. Dans ce cas la longitude du périhélie sera donc la longitude du nœud diminuée de la distance du périhélie au nœud. De la sorte, l'une de ces manières de compter est aisément convertie en l'autre; mais nous avons préféré la nôtre, afin que nous puissions négliger la distinction entre le mouvement direct et le mouvement rétrograde et employer toujours pour l'un et l'autre cas les mêmes formules, lorsque la définition habituelle exige souvent de doubles principes.

50

Le procédé le plus simple pour déterminer, relativement à l'écliptique, la position d'un point quelconque sur la sphère céleste, s'obtient par sa distance à l'écliptique (*latitude*), et la distance au point vernal du point de rencontre de l'arc perpendiculaire abaissé du point considéré sur l'écliptique (*longitude*). La latitude comptée de part et d'autre de l'écliptique jusqu'à 90°, est regardée comme positive dans la région boréale et comme négative dans la région australe.

Soient λ la longitude et β la latitude qui correspondent au lieu héliocentrique du corps céleste, c'est-à-dire à la projection sur la sphère céleste de la droite menée du Soleil à l'astre; soient ensuite u la distance du lieu héliocentrique au nœud ascendant (on la nomme l'*argument de la latitude*), i l'inclinaison de l'orbite, ☊ la longitude du nœud ascendant; il existera entre les quantités i, u, β, $\lambda - ☊$ qui seront des éléments d'un triangle sphérique rectangle, les relations suivantes que l'on trouve facilement sans aucune restriction :

I. $$\tan(\lambda - ☊) = \cos i \tan u$$

II. $$\tan\beta = \tan i \sin(\lambda - ☊)$$

III. $$\sin\beta = \sin i \sin u$$

IV. $$\cos u = \cos\beta \cos(\lambda - ☊).$$

Quand i et u sont les quantités données, $\lambda - ☊$ s'en déduisent à l'aide de l'équation I, et ensuite β au moyen des équations II ou III, si toutefois β n'approche pas trop près de $\pm 90°$; on peut, si cela convient, employer la formule IV à confirmer l'exactitude du calcul. Les formules I et IV montrent en outre que $\lambda - ☊$ et u sont toujours compris dans le même quadrant, toutes les fois que i est compris entre 0° et 90°; au contraire, $\lambda - ☊$ et $360° - u$ appartiennent au même quadrant quand i est compris entre 90° et 180° ou, selon l'usage ordinaire, toutes les fois que le mouvement est rétrograde : de là l'ambiguïté qui existe dans la détermination de $\lambda - ☊$ par la tangente, d'après la formule I, est promptement levée.

Les formules suivantes se déduisent facilement en combinant les premières :

V. $$\sin(u - \lambda + \Omega) = 2\sin^2\frac{1}{2}i \sin u \cos(\lambda - \Omega)$$

VI. $$\sin(u - \lambda + \Omega) = \operatorname{tang}\frac{1}{2}i \sin\beta \cos(\lambda - \Omega)$$

VII. $$\sin(u - \lambda + \Omega) = \operatorname{tang}\frac{1}{2}i \operatorname{tang}\beta \cos u$$

VIII. $$\sin(u + \lambda - \Omega) = 2\cos^2\frac{1}{2}i \sin u \cos(\lambda - \Omega)$$

IX. $$\sin(u + \lambda - \Omega) = \operatorname{cotang}\frac{1}{2}i \sin\beta \cos(\lambda - \Omega)$$

X. $$\sin(u + \lambda - \Omega) = \operatorname{cotang}\frac{1}{2}i \operatorname{tang}\beta \cos u.$$

L'angle $u - \lambda + \Omega$, toutes les fois que i est plus petit que 90°, ou $u + \lambda - \Omega$, toutes les fois que i dépasse 90° est, d'après l'usage ordinaire, appelé *la réduction à l'écliptique ;* il est en effet, la différence entre la longitude héliocentrique λ et la longitude dans l'orbite qui est selon cet usage $\Omega \pm u$ (d'après le nôtre $\Omega + u$). Toutes les fois que l'inclinaison est petite ou peu différente de 180°, cette réduction peut être considérée comme une quantité du second ordre, et dans ce cas il sera certainement préférable de calculer d'abord β par la formule III, et ensuite λ par VII ou X ; de cette manière il sera permis d'atteindre une précision plus grande que par la formule I.

Si l'on abaisse une perpendiculaire de la position du corps céleste dans l'espace sur le plan de l'écliptique, la distance du point d'intersection au Soleil est appelée la *distance raccourcie.* En la désignant par r', le rayon vecteur aussi par r, nous aurons

XI. $$r' = r\cos\beta.$$

51

Comme exemple, nous continuerons plus avant, le calcul commencé dans les articles 13 et 14, dont la planète Junon nous avait fourni les nombres.

Nous avons trouvé ci-dessus l'anomalie vraie 315° 1' 23",02, le logarithme du rayon vecteur 0,3259877 ; soient maintenant, $i = 13°6'44",10$, la distance du périhélie au nœud $= 241° 10' 20",57$, et par suite $u = 196° 11' 43'',59$; soit enfin $\Omega = 171° 7' 48'',73$. De là nous avons :

log tang u	9,4630373	log sin $(\lambda - \Omega)$	9,4348691 n
log cos i	9,9885266	log tang i	9,3672305
log tang $(\lambda - \Omega)$	9,4515839	log tang β	8,8020996 n
$\lambda - \Omega =$	195°47'40'',25	$\beta =$	$-$ 3°37'40'',02
$\lambda =$	6 55 28 ,98	log cos β	9,9991289
log r	0,3259877	log cos $(\lambda - \Omega)$	9,9832852 n
log cos β	9,9991289		9,9824141 n
log r'	0,3251166	log cos u	9,9824141 n

Le calcul, d'après les formules III, VII, se ferait de la manière suivante :

log sin u	9,4454714 n	log tang $\frac{1}{2} i$	9,0604259
log sin i	9,3557570	log tang β	8,8020995 n
		log cos u	9,9824141 n
log sin β	8,8012284 n	log sin $(u - \lambda + \Omega)$.	7,8449395
$\beta =$	$-$ 3°37'40'',02	$u - \lambda + \Omega =$	0°24' 3'',34
		$\lambda - \Omega =$	195 47 40 ,25

52

En considérant i et u comme des quantités variables, la différentiation de l'équation III, article 50, donne

$$\operatorname{cotang} \beta \, d\beta = \operatorname{cotang} i \, di + \operatorname{cotang} u \, du.$$

ou

XII. $$d\beta = \sin(\lambda - \Omega) di + \sin i \cos(\lambda - \Omega) du.$$

De même, en différentiant l'équation I, nous obtenons

XIII. $$d(\lambda - \Omega) = - \operatorname{tang} \beta \cos(\lambda - \Omega) di + \frac{\cos i}{\cos^2 \beta} du,$$

Enfin, par la différentiation de l'équation XI, il vient

$$dr' = \cos \beta dr - r \sin \beta d\beta,$$

ou

$$dr' = \cos\beta dr - r \sin\beta \sin(\lambda - \Omega) di - r \sin\beta \sin i \cos(\lambda - \Omega) du.$$

Dans cette dernière équation les termes qui contiennent di et du doivent être divisés par 206265'', ou les autres termes être multipliés par ce même nombre, si les variations de i et u sont supposées exprimées en secondes.

53

La situation d'un point quelconque dans l'espace est déterminée le plus commodément par ses distances à trois plans se coupant à angles droits. En prenant le plan de l'écliptique pour l'un de ces plans, et en désignant par z la distance du corps céleste à ce plan, prise positivement dans la partie boréale et négativement dans la partie australe, nous aurons évidemment $z = r' \tang \beta = r \sin \beta = r \sin i \sin u$. Les deux autres plans, que nous supposons aussi menés par le Soleil, projetteront des grands cercles sur la sphère céleste, qui couperont l'écliptique à angles droits et dont les pôles seront par suite situés dans l'écliptique et distants l'un de l'autre de 90°. Nous appelons *pôle positif*, celui, de chaque plan, situé du côté où les distances sont considérées comme positives. Soient, d'après cela, N et N + 90° les longitudes des pôles positifs, et supposons que les distances aux plans auxquels ils correspondent respectivement, soient désignées par x et y. On apercevra alors facilement, que l'on a

$$x = r' \cos(\lambda - N) = r \cos\beta \cos(\lambda - \Omega) \cos(N - \Omega) + r \cos\beta \sin(\lambda - \Omega) \sin(N - \Omega)$$
$$y = r' \sin(\lambda - N) = r \cos\beta \sin(\lambda - \Omega) \cos(N - \Omega) - r \cos\beta \cos(\lambda - \Omega) \sin(N - \Omega)$$

relations qui se changent en

$$x = r \cos(N - \Omega) \cos u + r \cos i \sin(N - \Omega) \sin u$$
$$y = r \cos i \cos(N - \Omega) \sin u - r \sin(N - \Omega) \cos u.$$

C'est pourquoi, si le pôle positif du plan des x est placé dans le nœud ascendant lui-même, de sorte que $N = \Omega$, nous aurons entre les coordonnées x, y, z les expressions les plus simples,

$$x = r \cos u$$
$$y = r \cos i \sin u$$
$$z = r \sin i \sin u.$$

Mais si cette supposition n'a pas lieu, les formules données ci-dessus acquerront cependant une forme presque aussi commode par l'introduction de quantités auxiliaires a, b, A, B déterminées de telle sorte que l'on ait

$$\cos(N - \Omega) = a \sin A$$
$$\cos i \sin(N - \Omega) = a \cos A$$
$$-\sin(N - \Omega) = b \sin B$$
$$\cos i \cos(N - \Omega) = b \cos B,$$

(voyez art. 14, II). On aura alors évidemment,

$$x = ra \sin(u + A)$$
$$y = rb \sin(u + B)$$
$$z = r \sin i \sin u.$$

54

Les relations du mouvement par rapport à l'écliptique expliquées dans l'article précédent, existeront évidemment encore quoiqu'on substitue tout autre plan à l'écliptique, pourvu que la position du plan de l'orbite par rapport à ce nouveau plan soit connue; mais alors les expressions de longitude et de latitude devront être supprimées. C'est pourquoi se présente de lui-même le problème : *De la position connue du plan de l'orbite et d'un autre nouveau plan, par rapport à l'écliptique, déduire la position du plan de l'orbite, par rapport à ce nouveau plan.* Soient $n\Omega$, $\Omega\Omega'$, $n\Omega'$ les parties des grands cercles que le plan de l'écliptique, le plan de l'orbite et le nouveau plan déterminent dans la voûte céleste (fig. 2). Pour que l'inclinaison du second cercle sur le troisième et la position du nœud ascendant puissent être assignées, sans ambiguïté, on devra choisir dans le troisième cercle l'une ou l'autre direction comme étant analogue à celle qui dans l'écliptique est suivant l'ordre des signes; soit, dans notre figure, cette direction représentée de n vers Ω'.

Il sera en outre nécessaire de considérer l'un des deux hémisphères que le cercle $n\Omega'$ sépare, comme étant analogue à l'hémisphère boréal et l'autre à l'hémisphère austral; ces hémisphères sont par le fait déjà distincts, puisqu'il est toujours regardé comme boréal, celui situé à droite pour qui marche en avant suivant l'ordre des signes (*). Dans notre figure, alors, Ω, n, Ω' sont les nœuds ascendants du second cercle sur le premier, du troisième sur le premier et du second sur le troisième; $180 - n\Omega\Omega'$, $\Omega n\Omega'$, $n\Omega'\Omega$ les inclinaisons du second sur le premier, du troisième sur le premier et du second sur le troi-

(*) C'est-à-dire, dans l'intérieur de la surface de la sphère que notre figure représente.

sième. Notre problème dépend donc de la solution d'un triangle sphérique dans lequel, d'un côté et des angles adjacents on veut déduire les autres parties. Nous supprimons, comme suffisamment connus, les principes ordinaires enseignés pour ce cas, dans la trigonométrie sphérique; mais dans la pratique on emploie plus facilement une autre méthode, déduite de certaines équations, que l'on chercherait vainement dans nos ouvrages trigonométriques. Voici ces équations, dont nous nous servirons fréquemment dans la suite : *a*, *b*, *c* désignent les côtés du triangle sphérique et A, B, C les angles qui leur sont respectivement opposés :

I. $$\frac{\sin\frac{1}{2}(b-c)}{\sin\frac{1}{2}a}=\frac{\sin\frac{1}{2}(B-C)}{\cos\frac{1}{2}A}$$

II. $$\frac{\sin\frac{1}{2}(b+c)}{\sin\frac{1}{2}a}=\frac{\cos\frac{1}{2}(B-C)}{\sin\frac{1}{2}A}$$

III. $$\frac{\cos\frac{1}{2}(b-c)}{\cos\frac{1}{2}a}=\frac{\sin\frac{1}{2}(B+C)}{\cos\frac{1}{2}A}$$

IV. $$\frac{\cos\frac{1}{2}(b+c)}{\cos\frac{1}{2}a}=\frac{\cos\frac{1}{2}(B+C)}{\sin\frac{1}{2}A}.$$

Quoiqu'il soit convenable, afin d'être plus concis, de passer ici la démonstration de ces formules, chacun pourra aisément les vérifier pour les triangles dans lesquels ni les côtés ni les angles ne dépassent 180°. Mais si la forme d'un triangle sphérique est conçue dans sa plus grande généralité, de sorte que ni les côtés ni les angles ne soient restreints à aucune limite (ce qui offre plusieurs avantages remarquables, mais exige certains éclaircissements préliminaires), des cas peuvent exister où il est nécessaire de changer le signe de toutes les équations précédentes; mais puisque les mêmes signes sont évidemment rétablis aussitôt qu'un des angles ou l'un des côtés est augmenté ou diminué de 360°, on pourra toujours conserver en toute sûreté les signes tels que nous les donnons, soit qu'étant donnés un côté et les angles adjacents, ou un angle et les côtés adjacents, on demande les autres parties; toujours, en effet, on obtiendra par nos formules, ou les valeurs cherchées elles-mêmes, ou des valeurs différant de 360° des véritables, et par conséquent équivalentes à celles-ci. Nous réservons pour une autre occasion une explication plus complète de ce sujet, parce que l'on pourra facilement, par une induction rigoureuse, c'est-à-dire au moyen d'une complète énumération de tous les cas, prouver que les principes que nous établissons par ces formules, tant pour la solution de notre problème que pour d'autres questions, conviennent en général dans tous les cas.

55

En désignant, comme ci-dessus, la longitude du nœud ascendant de l'orbite sur l'écliptique par Ω, l'inclinaison par i; ensuite la longitude du nœud ascendant du nouveau plan relativement à l'écliptique par n, l'inclinaison par ε; la distance du nœud ascendant de l'orbite, dans le nouveau plan, au nœud ascendant du nouveau plan, dans l'écliptique, par Ω' (c'est l'arc $n\Omega'$ dans la fig. 2), l'inclinaison de l'orbite sur ce nouveau plan par i'; enfin l'arc de Ω à Ω' selon la direction du mouvement par Δ, les côtés de notre triangle sphérique seront $\Omega - n$, Ω', Δ, et les angles opposés i', $180 - i$, ε. De là on aura, d'après les formules de l'article précédent,

$$\sin\frac{1}{2}i' \sin\frac{1}{2}(\Omega' + \Delta) = \sin\frac{1}{2}(\Omega - n)\sin\frac{1}{2}(i + \varepsilon)$$

$$\sin\frac{1}{2}i' \cos\frac{1}{2}(\Omega' + \Delta) = \cos\frac{1}{2}(\Omega - n)\sin\frac{1}{2}(i - \varepsilon)$$

$$\cos\frac{1}{2}i' \sin\frac{1}{2}(\Omega' - \Delta) = \sin\frac{1}{2}(\Omega - n)\cos\frac{1}{2}(i + \varepsilon)$$

$$\cos\frac{1}{2}i' \cos\frac{1}{2}(\Omega' - \Delta) = \cos\frac{1}{2}(\Omega - n)\cos\frac{1}{2}(i - \varepsilon).$$

Les deux premières équations fourniront $\frac{1}{2}(\Omega' + \Delta)$ et $\sin\frac{1}{2}i'$; les deux dernières, $\frac{1}{2}(\Omega' - \Delta)$ et $\cos\frac{1}{2}i'$; de $\frac{1}{2}(\Omega' + \Delta)$ et $\frac{1}{2}(\Omega' - \Delta)$ s'obtiendront Ω' et Δ; de $\sin\frac{1}{2}i'$ ou $\cos\frac{1}{2}i'$ (dont l'accord servira à confirmer le calcul) on déduira i'. L'ambiguïté, s'il faut prendre $\frac{1}{2}(\Omega' + \Delta)$

et $\frac{1}{2}(\Omega' - \Delta)$ entre 0° et 180° ou entre 180° et 360°, sera levée par la considération que non-seulement $\sin\frac{1}{2}i'$, mais encore $\cos\frac{1}{2}i'$ doit être positif puisque par la nature des choses i' doit toujours être plus petit que 180°.

56

Il ne sera pas inutile d'éclaircir par un exemple les principes précédents. Soient $\Omega = 172°\,28'\,13'',7$, $i = 34°\,38'\,1'',1$; soit ensuite un nouveau plan parallèle à l'équateur, et par suite, $n = 180°$; nous posons l'angle ε, qui sera l'obliquité de l'écliptique $= 23°\,27'\,55'',8$.

Nous avons d'après cela,

$\Omega - n = -$	7°31'46",3	$\frac{1}{2}(\Omega - n) = -$	3°45'53",15
$i + \varepsilon =$	58 05 56 ,9	$\frac{1}{2}(i + \varepsilon) =$	29 2 58 ,45
$i - \varepsilon =$	11 10 5 ,3	$\frac{1}{2}(i - \varepsilon) =$	5 35 2 ,65
$\log\sin\frac{1}{2}(\Omega - n)$	8,8173026n	$\log\cos\frac{1}{2}(\Omega - n)$	9,9990618
$\log\sin\frac{1}{2}(i + \varepsilon)$	9,6862484	$\log\sin\frac{1}{2}(i - \varepsilon)$	8,9881405
$\log\cos\frac{1}{2}(i + \varepsilon)$	9,9416108	$\log\cos\frac{1}{2}(i - \varepsilon)$	9,9979342

De là on a

$\log\sin\frac{1}{2}i'\sin\frac{1}{2}(\Omega' + \Delta)$.	8,5035510n	$\log\cos\frac{1}{2}i'\sin\frac{1}{2}(\Omega' - \Delta)$.	8,7589134n
$\log\sin\frac{1}{2}i'\cos\frac{1}{2}(\Omega' + \Delta)$.	8,9872023	$\log\cos\frac{1}{2}i'\cos\frac{1}{2}(\Omega' - \Delta)$.	9,9969960
d'où $\frac{1}{2}(\Omega' + \Delta) =$	341°49'19",01	d'où $\frac{1}{2}(\Omega' - \Delta) =$	356°41'31",43
$\log\sin\frac{1}{2}i'$	9,0094368	$\log\cos\frac{1}{2}i'$	9,9977202

Nous obtenons ainsi

$$\frac{1}{2}i' = 5°51'56'',445, \qquad i' = 11°43'52'',89,$$

$$\Omega' = 338°30'50'',43, \qquad \Delta = -14°52'12'',42.$$

Du reste le point n correspond évidemment dans la sphère céleste à l'équinoxe d'automne ; c'est pourquoi, la distance sur l'équateur du nœud ascendant de l'orbite à l'équinoxe vernal (son *ascension droite*) sera 158° 30' 50",43.

Afin d'éclaircir l'article 53, nous continuerons encore plus loin cet exemple et nous développerons les formules relatives aux coordonnées qui se rapportent aux trois plans passant par le Soleil, dont un est supposé parallèle à l'équateur et les pôles positifs des deux autres situés par 0° et 90° d'ascension droite; soient respectivement x, y, z les distances à ces plans.

Si maintenant les distances du lieu héliocentrique dans la sphère céleste aux points ☊, ☊', sont en outre respectivement désignées par u, u', on aura $u' = u - \Delta = u + 14^\circ\,52'\,12'',42$, et les quantités qui, dans l'art. 53, sont désignées par i, $N -$ ☊, u, le seront ici par i', $180 -$ ☊', u'. De cette manière, on trouve par les formules données dans ce paragraphe :

$\log a \sin A$........	$9{,}9687197n$	$\log b \sin B$........	$9{,}5638058$
$\log a \cos A$........	$9{,}5546380n$	$\log b \cos B$........	$9{,}9595519n$
d'où	$A = 248^\circ 55' 22'',97$	d'où	$B = 158^\circ 5' 54'',97$
$\log a$............	$9{,}9987923$	$\log b$............	$9{,}9920848$

Nous avons donc

$$x = ar \sin(u' + 248^\circ 55' 22'',97) = ar \sin(u + 263^\circ 47' 35'',39)$$
$$y = br \sin(u' + 158\ \ 5\ \ 54\ ,97) = br \sin(u + 172\ 58\ \ 7\ ,39)$$
$$z = cr \sin u' \qquad = cr \sin(u + \ \ 14\ 52\ 12\ ,42),$$

dans lesquelles

$$\log c = \log \sin i' = 9{,}3081870.$$

Une autre solution du problème traité ici se trouve dans « *Von Zach's Monatliche Correspondenz*, » B. IX, S. 385.

57

La distance d'un corps céleste à un plan quelconque passant par le Soleil pourra donc être réduite à la forme $kr \sin(v + K)$, en désignant par v l'anomalie vraie; et k sera le sinus de l'inclinaison de l'orbite sur ce plan, K la distance du périhélie au nœud ascendant de l'orbite dans le même plan. Tant que la situation du plan de l'orbite et de la ligne des apsides dans ce plan, et aussi la position du plan auquel les distances sont rapportées peuvent être considérées comme constantes, k et K seront aussi constants. Cependant cette méthode sera fréquemment mise en usage dans tel cas, où au moins la troisième supposition ne sera pas permise, quoique les perturbations qui affectent toujours quelque peu la première et la seconde hypothèse, soient négligées. Cela arrivera toutes les fois que les distances sont rapportées à l'équateur ou à un plan coupant l'équateur à angle droit en une ascension droite donnée : comme, en effet, en raison de la précession des équinoxes et en outre de la nutation, la position de l'équateur est mobile (si l'on considère la position vraie et non la position moyenne), k et K seront aussi, dans ce cas, sujets à des changements lents, il est vrai. Le calcul de ces variations peut être résolu par des formules différentielles obtenues sans difficulté; mais ici, pour plus de brièveté, il doit suffire d'ajouter les variations différentielles des quantités i', ☊$'$, Δ, en tant qu'elles dépendent des variations de ☊ $- u$ et de ε :

$$di' = \sin\varepsilon \sin ☊' d(☊ - n) - \cos ☊' d\varepsilon$$

$$d☊' = \frac{\sin i \cos\Delta}{\sin i'} d(☊ - n) + \frac{\sin ☊'}{\operatorname{tang} i'} d\varepsilon$$

$$d\Delta = \frac{\sin\varepsilon \cos ☊'}{\sin i'} d(☊ - n) + \frac{\sin ☊'}{\sin i'} d\varepsilon.$$

Du reste, toutes les fois qu'il s'agira seulement de calculer plusieurs positions d'un corps céleste relativement à de tels plans variables, positions qui embrassent un intervalle de temps médiocre (une année, par exemple), il sera, le plus souvent, beaucoup plus commode de calculer les quantités a, A, b, B, c et C pour deux époques entre lesquelles tombent celles considérées, et de déduire de ces quantités, par une simple interpolation, leurs variations pour chacune des époques proposées.

58

Nos formules pour les distances à des plans donnés contiennent v et r; toutes les fois qu'il faut d'abord déterminer ces quantités d'après le temps, on pourra supprimer encore une partie des opérations et abréger ainsi le travail d'une manière notable. Ces distances peuvent, en effet, être obtenues immédiatement par une formule fort simple au moyen de l'anomalie excentrique dans l'ellipse, ou de la quantité F ou u dans l'hyperbole, de sorte qu'on n'a nullement besoin de calculer l'anomalie vraie et le rayon vecteur. L'expression $kr \sin(v + \mathrm{K})$ est en effet changée;

I. Pour l'*ellipse*, en conservant les notations de l'art. 8, en

$$ak \cos\varphi \cos \mathrm{K} \sin \mathrm{E} + ak \sin \mathrm{K} (\cos \mathrm{E} - e).$$

En déterminant donc l, L et λ par les équations

$$ak \sin K = l \sin L$$
$$ak \cos\varphi \cos K = l \cos L$$
$$-eak \sin K = -el \sin L = \lambda,$$

notre expression se change en $l \sin (E+L) + \lambda$, dans laquelle l, L, λ seront constantes, tant qu'il sera permis de considérer k, K, e comme des constantes; si cela ne peut être, les relations que nous avons données dans l'article précédent suffiront pour calculer leurs variations.

Pour donner un exemple, nous ajoutons la transformation de l'expression relative à x trouvée dans l'art. 56, dans laquelle nous supposons la longitude du périhélie $= 121°17'34'',4$, $\varphi = 14°13'31'',97$, $\log a = 0,4423790$. La distance du périhélie au nœud ascendant dans l'écliptique devient donc $= 308°49'20'',7 = u - v$; de là $K = 212°36'56'',09$. Nous avons de cette manière :

$\log ak$	0,4411713	$\log l \sin L$	0,1727600n
$\log \sin K$	9,7315887n	$\log l \cos L$	0,3531154n
$\log ak \cos\varphi$	0,4276456	d'où $L =$	213°25'51'',30
$\log \cos K$	9,9254698n	$\log l =$	0,4316627
		$\log \lambda =$	9,5632352
		$\lambda = +$	0,3657929

II. Dans l'hyperbole la formule $kr \sin (v+K)$, d'après l'art. 21, se change en $\lambda + \mu \operatorname{tang} F + \nu \sec F$, si l'on pose $ebk \sin K = \lambda$, $bk \operatorname{tang}\psi \cos K = \mu$, $-bk \sin K = \nu$; on peut évidemment, réduire aussi la même expression à la forme

$$\frac{n \sin(F+N) + \nu}{\cos F}.$$

Si à la place de F on emploie la quantité auxiliaire u, l'expression $kr \sin (v+K)$, d'après l'art. 21, se change en

$$\alpha + \beta u + \frac{\gamma}{u},$$

où α, β, γ sont déterminés au moyen des formules

$$\alpha = \lambda = ebk \sin K,$$
$$\beta = \frac{1}{2}(\nu + \mu) = -\frac{1}{2} ebk \sin(K-\psi),$$

$$\gamma = \frac{1}{2}(\nu - \mu) = -\frac{1}{2} ebk \sin(K + \psi).$$

III. Dans la parabole, où l'anomalie vraie se déduit immédiatement du temps, il n'y a rien autre chose à faire qu'à substituer au rayon vecteur sa valeur. En désignant alors par q la distance périhélie, l'expression $kr \sin(v + K)$ devient

$$\frac{qk \sin(v + K)}{\cos^2 \frac{1}{2} v}.$$

59

On peut évidemment appliquer aussi aux distances de la Terre les principes relatifs à la détermination des distances aux plans passant par le Soleil; mais ici, les cas les plus simples seulement se rencontrent habituellement.

Soient R la distance de la Terre au Soleil, L la longitude héliocentrique de la Terre (qui diffère de 180° de la longitude géocentrique du Soleil), et enfin, X, Y, Z les distances de la Terre à trois plans se coupant dans le Soleil à angles droits.

Si maintenant,

I. Le plan relatif aux Z est l'écliptique lui-même, et si N et N + 90° sont les longitudes des pôles des autres plans, auxquels les distances sont respectivement X et Y, on aura

$$X = R \cos(L - N), \quad Y = R \sin(L - N), \quad Z = 0.$$

II. Si le plan des Z est parallèle à l'équateur, et que 0° et 90° soient respectivement les ascensions droites des pôles des autres plans, auxquels les distances sont respectivement X et Y, nous aurons, l'obliquité de l'écliptique étant désignée par ε,

$$X = R \cos L, \quad Y = R \cos \varepsilon \sin L, \quad Z = R \sin \varepsilon \sin L.$$

Les éditeurs des plus récentes tables solaires, le célèbre DE ZACH et DELAMBRE, ont commencé à tenir compte de la latitude du Soleil, qui, produite par les perturbations des autres planètes et de la Lune, peut à peine atteindre une seconde. En désignant par B la latitude héliocentrique de la Terre, qui sera toujours égale à la latitude du Soleil, mais affectée d'un signe contraire, nous aurons

6

Dans le cas I	Dans le cas II
$X = R\cos B\cos(L - N)$	$X = R\cos B\cos L$
$Y = R\cos B\sin(L - N)$	$Y = R\cos B\cos\varepsilon\sin L - R\sin B\sin\varepsilon$
$Z = R\sin B$	$Z = R\cos B\sin\varepsilon\sin L + R\sin B\cos\varepsilon.$

A la place de cos B on pourra toujours ici substituer entièrement 1, et à la place de sin B, l'angle B exprimé en parties du rayon. Les coordonnées ainsi trouvées sont celles relatives au *centre* de la Terre. Si ξ, η, ζ sont les distances d'un point quelconque de la *surface* de la Terre à trois plans conduits par le centre de la Terre et parallèles à ceux menés par le centre du Soleil, les distances de ce point aux plans menés par le Soleil seront évidemment $X + \xi$, $Y + \eta$, $Z + \zeta$: or les valeurs des coordonnées ξ, η, ζ seront, dans l'un ou l'autre cas, facilement déterminées de la manière suivante. Soient ρ le rayon du globe terrestre (ou le sinus de la parallaxe horizontale moyenne du Soleil), λ la longitude du point de la sphère céleste où passe la droite menée du centre de la Terre au point de sa surface, β la latitude du même point, α l'ascension droite, δ la déclinaison, et l'on aura

Dans le cas I	Dans le cas II
$\xi = \rho\cos\beta\cos(\lambda - N)$	$\xi = \rho\cos\delta\cos\alpha$
$\eta = \rho\cos\beta\sin(\lambda - N)$	$\eta = \rho\cos\delta\sin\alpha$
$\zeta = \rho\sin\beta$	$\zeta = \rho\sin\delta.$

Ce point de la sphère céleste répond évidemment au zénith même du point de la surface (si la Terre est, à la vérité, considérée comme une sphère), c'est pourquoi son ascension droite s'accorde avec l'ascension droite du milieu du Ciel ou avec le temps sidéral converti en degrés, et sa déclinaison avec l'élévation du pôle ; si l'on trouvait plus rigoureux d'avoir égard à la figure sphéroïdale de la Terre, il faudrait prendre pour δ l'élévation du pôle *corrigée* et pour ρ la distance vraie du lieu au centre de la Terre, valeurs qui seraient déterminées par les règles connues. Au moyen de α et δ, la longitude et la latitude λ et β se déduiront par les méthodes connues et que nous donnerons aussi plus loin ; il est au reste évident, que λ s'accorde avec la longitude du *nonagésime* et $90° - \beta$ avec la latitude de ce point.

60

Si x, y, z désignent les distances d'un corps céleste à trois plans rectangulaires passant par le Soleil, X, Y, Z les distances de la Terre (soit du centre, soit d'un point de sa surface) à ces mêmes plans, il est évident que $x-X$, $y-Y$, $z-Z$ seront les distances du corps céleste à trois plans parallèles aux premiers, menés par la Terre; et il existera entre ces distances, la distance de l'astre à la Terre et *son lieu géocentrique* (*), c'est-à-dire, le lieu de la projection sur la sphère céleste de la droite menée de la Terre à l'astre, la même relation que celle qui existe entre x, y, z, la distance de l'astre au Soleil et son lieu héliocentrique. Soit Δ la distance de l'astre à la Terre; concevons dans la sphère céleste l'arc perpendiculaire abaissé du lieu géocentrique sur le grand cercle qui correspond au plan des distances z, et soit a la distance de l'intersection au pôle positif du grand cercle qui répond au plan des distances x; et enfin, b la longueur de cet arc perpendiculaire, ou la distance du lieu géocentrique au grand cercle correspondant aux distances z. b sera alors la latitude géocentrique ou la déclinaison, selon que le plan des distances z est l'écliptique où l'équateur; d'un autre côté, $a+N$ sera la longitude géocentrique ou l'ascension droite, si N désigne, dans le premier cas, la longitude, dans le second, l'ascension droite du pôle du plan des distances x. C'est pourquoi l'on aura

$$x - X = \Delta \cos b \cos a,$$
$$y - Y = \Delta \cos b \sin a,$$
$$z - Z = \Delta \sin b.$$

Les deux premières équations donneront a et $\Delta \cos b$, et cette dernière quantité (que l'on doit considérer comme positive), combinée avec la troisième équation, donnera b et Δ.

61

Nous avons développé, dans les articles précédents, la méthode la plus facile pour déterminer le lieu géocentrique d'un astre relativement à l'écliptique ou à l'équateur, soit que ce lieu soit affranchi ou

(*) Dans le sens le plus large; car, à proprement parler, cette expression se rapporte au cas où la droite est menée par le centre de la Terre.

affecté de la parallaxe, et, de même, libre ou affecté de la nutation. Pour ce qui regarde la nutation, toute la différence résidera en ce que nous adoptions la position moyenne de l'équateur ou la position vraie, et par suite, que nous comptions, dans le premier cas, les longitudes à partir de l'équinoxe moyen, et dans le second, à partir de l'équinoxe vrai; de même que l'obliquité moyenne de l'écliptique est employée dans le premier cas et l'obliquité vraie dans le second. Au reste, il est évident de soi-même que plus on introduit d'abréviations dans le calcul des coordonnées, plus il est nécessaire d'établir d'opérations préliminaires; c'est pourquoi l'excellence de la méthode expliquée ci-dessus, pour déduire immédiatement les coordonnées de l'anomalie excentrique, se montrera principalement lorsqu'il faudra déterminer beaucoup de lieux géocentriques; toutes les fois, au contraire, qu'il n'y aura seulement qu'un ou très-peu de lieux à calculer, il ne serait nullement avantageux d'entreprendre le calcul de tant de quantités auxiliaires. Dans un tel cas, il vaudra beaucoup mieux ne pas abandonner la méthode vulgaire, d'après laquelle l'anomalie vraie et le rayon vecteur se déduisent de l'anomalie excentrique; de là, le lieu héliocentrique relativement à l'écliptique; ensuite la latitude et la longitude géocentrique, et enfin de là, l'ascension droite et la déclinaison. Afin qu'ici il ne paraisse rien manquer, nous expliquerons encore brièvement les deux dernières opérations.

62

Soient λ la longitude héliocentrique du corps céleste, β sa latitude, l la longitude géocentrique, b sa latitude, r sa distance au Soleil, Δ sa distance à la Terre, et enfin, L la longitude héliocentrique de la Terre, B sa latitude et R sa distance au Soleil. Comme nous ne posons pas $B=0$, nos formules pourront aussi être appliquées au cas où les lieux héliocentriques et géocentriques sont rapportés, non à l'écliptique, mais à tout autre plan; il conviendra seulement de supprimer la dénomination de latitude et de longitude; en outre, on pourra de suite tenir compte de la parallaxe si le lieu héliocentrique de la Terre est immédiatement rapporté, non au centre, mais à un point de sa surface. Posons, en outre, $r\cos\beta=r'$, $\Delta\cos b=\Delta'$, $R\cos B=R'$. En rapportant maintenant les positions de l'astre et de la Terre dans l'espace à trois plans, dont un soit l'écliptique et dont le second et le troisième aient leurs pôles situés par les longitudes N et N + 90°, les équations suivantes se déduisent de suite :

$$r' \cos(\lambda - N) - R' \cos(L - N) = \Delta' \cos(l - N),$$
$$r' \sin(\lambda - N) - R' \sin(L - N) = \Delta' \sin(l - N),$$
$$r' \operatorname{tang} \beta - R' \operatorname{tang} B = \Delta' \operatorname{tang} b,$$

dans lesquelles l'angle N est entièrement arbitraire.

La première et la seconde équation détermineront immédiatement $l - N$ et Δ', d'où b se réduira au moyen de la troisième; à l'aide de b et de Δ' nous aurons Δ. Pour que maintenant, le travail du calcul s'exécute le plus commodément, nous déterminons l'angle arbitraire N des trois manières suivantes :

I. En posant $N = L$, nous ferons

$$\frac{r'}{R'} \sin(\lambda - L) = P, \quad \frac{r'}{R'} \cos(\lambda - L) - 1 = Q$$

et $l - L$, $\frac{\Delta'}{R'}$, et b seront obtenus par les formules

$$\operatorname{tang}(l - L) = \frac{P}{Q},$$

$$\frac{\Delta'}{R'} = \frac{P}{\sin(l - L)} = \frac{Q}{\cos(l - L)},$$

$$\operatorname{tang} b = \frac{\frac{r'}{R'} \operatorname{tang} \beta - \operatorname{tang} B}{\frac{\Delta'}{R'}}.$$

II. En posant $N = \lambda$, nous ferons

$$\frac{R'}{r'} \sin(\lambda - L) = P, \quad 1 - \frac{R'}{r'} \cos(\Delta - L) = Q,$$

et l'on aura

$$\operatorname{tang}(l - \lambda) = \frac{P}{Q},$$

$$\frac{\Delta'}{r'} = \frac{P}{\sin(l - \lambda)} = \frac{Q}{\cos(l - \lambda)},$$

$$\operatorname{tang} b = \frac{\operatorname{tang} \beta - \frac{R'}{r'} \operatorname{tang} B}{\frac{\Delta'}{r'}}.$$

III. En posant $N = \frac{1}{2}(\lambda + L)$, on trouvera l et Δ' par les équations

$$\tang\left[l - \frac{1}{2}(\lambda + L)\right] = \frac{r' + R'}{r' - R'}\tang\frac{1}{2}(\lambda - L),$$

$$\Delta' = \frac{(r' + R')\sin\frac{1}{2}(\lambda - L)}{\sin\left[l - \frac{1}{2}(\lambda + L)\right]} = \frac{(r' - R')\cos\frac{1}{2}(\lambda - L)}{\cos\left[l - \frac{1}{2}(\lambda + L)\right]},$$

et ensuite b, au moyen de l'équation donnée ci-dessus. Le logarithme de la fraction $\frac{r' + R'}{r' - R'}$ est calculé facilement, si l'on pose $\frac{R'}{r'} = \tang\ \zeta$, d'où l'on a

$$\frac{r' + R'}{r' - R'} = \tang(45° + \zeta).$$

De cette manière la méthode III, pour la détermination de l, est un peu plus courte que I et II; mais pour les autres opérations nous pensons que celles-ci doivent être préférées à la dernière.

63

Comme exemple nous continuons plus avant le calcul de l'art. 51 avancé jusqu'au lieu héliocentrique. Supposons que la longitude héliocentrique de la Terre qui correspond à ce lieu soit $24° 19' 49'',05 = L$, et $\log R = 9,9980979$; nous posons la latitude $B = 0$. Nous avons d'après cela, $\lambda - L = -17° 24' 20'',07$, $\log R' = \log R$, et par suite d'après la méthode II,

$\log\frac{R'}{r'}$	9,6729813	$\log(1 - Q)$.	9,6526258
$\log\sin(\lambda - L)$.	9,4758653 n	$1 - Q =$	0,4493925
$\log\cos(\lambda - L)$.	9,9796445	$Q =$	0,5506075
$\log P$.	9,1488466 n		
$\log Q$.	9,7408421		
de la $l - \lambda = -$	14°21'6'',75	d'où $l =$	352°34'22'',23
$\log\frac{\Delta'}{r'}$.	9,7546117	d'où $\log\Delta'$.	0,0797283
$\log\tang\beta$.	8,8020996 n	$\log\cos b$.	9,9973144
$\log\tang b$.	9,0474879 n	$\log\Delta$.	0,0824139
$b = -$	6°21'55'',07		

Selon la méthode III, de log tang $\zeta = 9{,}6729813$, on a $\zeta = 25°13'6'',31$, et alors,

$$\log \operatorname{tang} (45° + \zeta) \ldots\ldots\ldots\ 0{,}4441091$$
$$\log \operatorname{tang} \frac{1}{2}(\lambda - L) \ldots\ldots\ldots\ 9{,}1848938\, n$$
$$\log \operatorname{tang} \left(l - \frac{1}{2}\lambda - \frac{1}{2}L\right) \ldots\ 9{,}6290029\, n$$

$$\left.\begin{array}{r} l - \frac{1}{2}\lambda - \frac{1}{2}L = -\ 23°\ 3'\ 16'',79 \\ \frac{1}{2}\lambda + \frac{1}{2}L = \quad 15\ \ 37\ \ 39\ ,015 \end{array}\right\} \text{d'où } l = 352°\ 34'\ 22'',225$$

64

A l'égard du problème de l'art. 62, nous ajoutons encore les observations suivantes :

I. En posant dans la seconde opération donnée dans cet article, $N = \lambda$, $N = L$, $N = l$, on trouve

$$R' \sin (\lambda - L) = \Delta' \sin (l - \lambda),$$
$$r' \sin (\lambda - L) = \Delta' \sin (l - L),$$
$$r' \sin (l - \lambda) = R' \sin (l - L).$$

La première équation ou la seconde peut être commodément appliquée à la confirmation du calcul, si l'on emploie la méthode I ou la méthode II de l'art. 62. On a ainsi, dans notre exemple,

$$\log \sin (\lambda - L) \ldots\ldots\ 9{,}4758653\, n \qquad l - L = -\ 31°\ 45'\ 26'',82$$
$$\log \frac{\Delta'}{r'} \ldots\ldots\ldots\ldots\ 9{,}7546117$$
$$9{,}7212536\, n$$
$$\log \sin (l - L) \ldots\ldots\ 9{,}7212536\, n$$

II. Le Soleil et les deux points, dans le plan de l'écliptique, qui sont les projections de la position de l'astre et de la position de la Terre, forment un triangle plan dont les côtés sont Δ', R', r', et les angles opposés, soit $\lambda - L$, $l - \lambda$, $180° - l + L$, ou $L - \lambda$, $\lambda - l$, $180° - L + l$; de cette considération découlent immédiatement les relations établies dans I.

III. Le Soleil, la position vraie du corps céleste dans l'espace, et le lieu vrai de la Terre formeront un autre triangle dont les côtés seront Δ, R, r : c'est pourquoi, si les angles opposés sont respectivement désignés par S, T et $180° - S - T$, on aura

$$\frac{\sin S}{\Delta} = \frac{\sin T}{R} = \frac{\sin(S+T)}{r}.$$

Le plan de ce triangle déterminera, dans la sphère céleste, un grand cercle dans lequel le lieu héliocentrique de la Terre, le lieu héliocentrique de l'astre et son lieu géocentrique seront situés, et de telle sorte que la distance du second au premier, du troisième au second et du troisième au premier, comptés selon la même direction, seront respectivement S, T, $(S+T)$.

IV. Les équations différentielles suivantes sont obtenues soit au moyen des variations différentielles connues d'un triangle plan, soit aussi facilement, à l'aide des formules de l'art. 62 :

$$dl = \frac{r' \cos(\lambda - l)}{\Delta'} d\lambda + \frac{\sin(\lambda - l)}{\Delta'} dr',$$

$$d\Delta' = -r' \sin(\lambda - l)\, d\lambda + \cos(\lambda - l)\, dr',$$

$$db = \frac{r' \cos b \sin b \sin(\lambda - l)}{\Delta'} d\lambda + \frac{r' \cos^2 b}{\Delta' \cos^2 \beta} d\beta +$$

$$\frac{\cos^2 b}{\Delta'} [\operatorname{tang} \beta - \cos(\lambda - l) \operatorname{tang} b]\, dr',$$

où les termes qui contiennent dr', $d\Delta'$ doivent être multipliés par 206265, ou les autres divisés par ce nombre, si les variations angulaires sont exprimées en secondes.

V. Le problème inverse, c'est-à-dire la détermination du lieu héliocentrique, au moyen du lieu géocentrique, est entièrement analogue au problème développé ci-dessus; il serait donc surperflu de s'en occuper davantage. Toutes les formules de l'art. 62, en effet, s'appliquent aussi à ce problème, pourvu que toutes les quantités qui concernent la position héliocentrique de l'astre soient remplacées par celles qui se rapportent à la position géocentrique, qu'à la place de L, B on substitue respectivement $180° + L$, $-B$, ou, ce qui est la même chose, qu'à la place du lieu héliocentrique de la Terre on considère le lieu géocentrique du Soleil.

65

Quoique dans le cas où très-peu de lieux géocentriques seulement doivent être déterminés d'après les éléments donnés, il soit à peine avantageux d'employer tous les artifices développés ci-dessus, à l'aide desquels on peut passer immédiatement de l'anomalie excentrique à la latitude et à la longitude géocentriques, ou même à l'ascension droite et à la déclinaison, puisque les avantages qui en résultent seraient absorbés par la multitude de quantités auxiliaires à calculer préalablement; néanmoins, la combinaison de la réduction à l'écliptique avec le calcul de la longitude et de la latitude offrira un avantage qu'il ne faut pas mépriser. Si, en effet, on emploie pour plan des coordonnées z l'écliptique même, et que les pôles des plans relatifs aux coordonnées x, y soient situés par une longitude ☊, 90 + ☊, les coordonnées sont facilement déterminées sans aucune nécessité de quantités auxiliaires.

On aura, en effet,

$x = r\cos u$	$X = R'\cos(L - ☊)$	$x - X = \Delta'\cos(l - ☊)$
$y = r\cos i\sin u$	$Y = R'\sin(L - ☊)$	$y - Y = \Delta'\sin(l - ☊)$
$z = r\sin i\sin u$	$Z = R'\operatorname{tang} B$	$z - Z = \Delta'\operatorname{tang} b$

Toutes les fois que $B = 0$, on a $R' = R$ et $Z = 0$.

D'après ces formules, notre exemple est résolu par les nombres suivants : $L - ☊ = 213° 12' 0'',32$

log r	0,3259877	log R'	9,9980979
log cos u	9,9824141 n	log cos(L — ☊)	9,9226027 n
log sin u	9,4454714 n	log sin (L — ☊)	9,7384353 n
log x	0,3084018 n	log X	9,9207006 n
log r sin u	9,7714591 n		
log cos i	9,9885266		
log sin i	3,3557570		
log y	9,7599857 n	log Y	9,7365332 n
log z	9,1272161 n	Z =	0

De là, on a

log(x — X)	0,0795906 n		
log(y — Y)	8,4807165 n		
d'où (l — ☊) = 181°26'33",49		l =	352°31'22",22
log Δ'	0,0797283		
log tang b	9,0474878 n	b =	— 6°21'55",06

66

L'ascension droite et la déclinaison d'un point quelconque de la sphère céleste se déduisent de sa latitude et de sa longitude par la résolution d'un triangle sphérique formé par les arcs qui joignent les pôles de l'écliptique, de l'équateur et ce point. Soient ε l'obliquité de l'écliptique, l la longitude, b la latitude, α l'ascension droite, δ la déclinaison, les côtés du triangle seront alors ε, $90 - b$, $90 - \delta$; on pourra prendre $90 + \alpha$, et $90 - l$ pour angles opposés au second et au troisième côté (si nous concevons la forme du triangle sphérique dans sa plus grande généralité) ; nous poserons $= 90° - E$ le troisième angle opposé au côté ε.

Nous aurons alors, par les formules de l'art. 54 :

$$\sin\left(45° - \frac{1}{2}\delta\right) \sin\frac{1}{2}(E + \alpha) = \sin\left(45° + \frac{1}{2}l\right) \sin\left(45° - \frac{1}{2}(\varepsilon + b)\right)$$

$$\sin\left(45° - \frac{1}{2}\delta\right) \cos\frac{1}{2}(E + \alpha) = \cos\left(45° + \frac{1}{2}l\right) \cos\left(45° - \frac{1}{2}(\varepsilon - b)\right)$$

$$\cos\left(45° - \frac{1}{2}\delta\right) \sin\frac{1}{2}(E - \alpha) = \cos\left(45° + \frac{1}{2}l\right) \sin\left(45° - \frac{1}{2}(\varepsilon - b)\right)$$

$$\cos\left(45° - \frac{1}{2}\delta\right) \cos\frac{1}{2}(E - \alpha) = \sin\left(45° + \frac{1}{2}l\right) \cos\left(45° - \frac{1}{2}(\varepsilon + b)\right)$$

Les deux premières équations donneront $\frac{1}{2}(E+\alpha)$ et $\sin\left(45° - \frac{1}{2}\delta\right)$; les deux dernières $\frac{1}{2}(E - \alpha)$ et $\cos\left(45° - \frac{1}{2}\delta\right)$. De $\frac{1}{2}(E+\alpha)$ et $\frac{1}{2}(E - \alpha)$ on aura en même temps α et E ; de $\sin\left(45° - \frac{1}{2}\delta\right)$ ou $\cos\left(45° - \frac{1}{2}\delta\right)$, dont l'accord servira à confirmer le calcul, on déterminera $45° - \frac{1}{2}\delta$ et de là δ.

La détermination des angles $\frac{1}{2}(E + \alpha)$, $\frac{1}{2}(E - \alpha)$ par leurs tangentes n'est pas sujette à ambiguïté, puisque non-seulement le sinus, mais aussi le cosinus de l'angle $45° - \frac{1}{2}\delta$ doit être positif.

Les variations différentielles des quantités α, δ, l, obtenues d'après les variations de l et b, selon les principes connus, sont

$$d\alpha = \frac{\sin E \cos b}{\cos \delta} dl - \frac{\cos E}{\cos \delta} db,$$
$$d\delta = \cos E \cos b \, dl + \sin E \, db.$$

67

On peut déduire une autre méthode, pour résoudre le même problème, des équations

$$\cos\varepsilon \sin l = \sin\varepsilon \tan b + \cos l \tan\alpha$$
$$\sin\delta = \cos\varepsilon \sin b + \sin\varepsilon \cos b \sin l$$
$$\cos b \cos l = \cos\alpha \cos\delta.$$

L'angle auxiliaire θ est déterminé par l'équation

$$\tan\theta = \frac{\tan b}{\sin l},$$

et l'on aura

$$\tan\alpha = \frac{\cos(\varepsilon + \theta) \tan l}{\cos\theta},$$
$$\tan\delta = \sin\alpha \tan(\varepsilon + \theta),$$

équations auxquelles on peut ajouter, pour la confirmation du calcul,

$$\cos\delta = \frac{\cos b \cos l}{\cos\alpha}, \quad \text{ou} \quad \cos\delta = \frac{\cos(\varepsilon + \theta) \cos b \sin l}{\cos\theta \sin\alpha}.$$

L'ambiguïté qui se présente dans la détermination de α par la seconde équation est levée par cette considération, que $\cos\alpha$ et $\cos l$ doivent avoir les mêmes signes.

Cette méthode est moins prompte si, en outre de α et δ, on désire aussi E. La formule la plus commode pour la détermination de cet angle sera alors

$$\cos E = \frac{\sin\varepsilon \cos\alpha}{\cos b} = \frac{\sin\varepsilon \cos l}{\cos\delta}.$$

Mais E ne peut être calculé exactement par cette relation toutes les fois que $\pm \cos E$ diffère peu de l'unité ; de plus, il existera l'incertitude de savoir s'il faut prendre E entre 0° et 180°, ou entre 180° et 360°. Le premier inconvénient est rarement de quelque importance, surtout puisque pour calculer les expressions différentielles, on n'a pas besoin d'une précision extrême dans la valeur de E; mais cette incertitude est facilement écartée au moyen de l'équation

$$\cos b \cos \delta \sin E = \cos \varepsilon - \sin b \sin \delta,$$

qui fait voir que l'on doit prendre E entre 0° et 180° ou entre 180° et 360°, selon que $\cos \varepsilon$ est plus grand ou plus petit que $\sin b \sin \delta$. Il est évident que cet examen n'est pas nécessaire toutes les fois que l'un ou l'autre des angles b et δ ne dépasse pas la limite 66° 32′; alors sin E sera, en effet, toujours positif. Au reste, la même équation indiquée dans le cas, précédent pourra être employée pour une détermination plus exacte de E, si on le trouve avantageux.

68

La solution du problème inverse, c'est-à-dire, la détermination de la longitude et de la latitude d'après l'ascension droite et la déclinaison, est obtenue par le même triangle sphérique; c'est pourquoi, les formules développées ci-dessus seront disposées dans ce but par la seule permutation de δ en b et de $-\alpha$ en l. A cause de leur fréquent usage, on ne se repentira pas de placer ici ces formules.

D'après la méthode de l'art. 66, nous aurons

$$\sin\left(45° - \frac{1}{2}b\right)\sin\frac{1}{2}(E - l) = \cos\left(45° + \frac{1}{2}\alpha\right)\sin\left(45° - \frac{1}{2}(\varepsilon + \delta)\right)$$

$$\sin\left(45° - \frac{1}{2}b\right)\cos\frac{1}{2}(E - l) = \sin\left(45° + \frac{1}{2}\alpha\right)\cos\left(45° - \frac{1}{2}(\varepsilon - \delta)\right)$$

$$\cos\left(45° - \frac{1}{2}b\right)\sin\frac{1}{2}(E + l) = \sin\left(45° + \frac{1}{2}\alpha\right)\sin\left(45° - \frac{1}{2}(\varepsilon - \delta)\right)$$

$$\cos\left(45° - \frac{1}{2}b\right)\cos\frac{1}{2}(E + l) = \cos\left(45° + \frac{1}{2}\alpha\right)\cos\left(45° - \frac{1}{2}(\varepsilon + \delta)\right)$$

Au contraire, ainsi que dans l'autre méthode, art. 67, nous déterminerons l'angle auxiliaire ζ par l'équation

$$\operatorname{tang}\zeta = \frac{\operatorname{tang}\delta}{\sin\alpha},$$

et l'on aura

$$\operatorname{tang} l = \frac{\cos(\zeta - \varepsilon)\operatorname{tang}\alpha}{\cos\zeta}$$

$$\operatorname{tang} b = \sin l \operatorname{tang}(\zeta - \varepsilon).$$

Pour la confirmation du calcul on pourra y joindre

$$\cos b = \frac{\cos\delta \cos\alpha}{\cos l} = \frac{\cos(\zeta - \varepsilon)\cos\delta \sin\alpha}{\cos\zeta \sin l}.$$

Pour la détermination de E, on emploiera, de même que dans l'article précédent, les équations

$$\cos E = \frac{\sin\varepsilon \cos\alpha}{\cos b} = \frac{\sin\varepsilon \cos l}{\cos\delta}$$

$$\cos b \cos\delta \sin E = \cos\varepsilon - \sin b \sin\delta.$$

Les variations différentielles de l et de b seront données par les formules suivantes :

$$dl = \frac{\sin E \cos\delta}{\cos b} d\alpha + \frac{\cos E}{\cos b} d\delta$$

$$db = -\cos E \cos\delta\, d\alpha + \sin E\, d\delta.$$

69

Comme exemple, nous calculerons la latitude et la longitude au moyen de l'ascension droite $\alpha = 355°43'45'',30$, la déclinaison $\delta = -8°47'25''$, l'obliquité de l'écliptique $\varepsilon = 23°27'59'',26$.

On a donc $45° + \frac{1}{2}\alpha = 222°51'52'',65$, $45° - \frac{1}{2}(\varepsilon + \delta) = 37°39'42'',87$, $[45° - \frac{1}{2}(\varepsilon - \delta)] = 28°52'17'',87$; puis de là,

$\log\cos(45° + \frac{1}{2}\alpha)$. . . .	9,8650820n	$\log\sin(45° + \frac{1}{2}\alpha)$. . . .	9,8326803n
$\log\sin[45° - \frac{1}{2}(\varepsilon + \delta)]$	9,7860418	$\log\sin[45° - \frac{1}{2}(\varepsilon - \delta)]$	9,6838112
$\log\cos[45° - \frac{1}{2}(\varepsilon + \delta)]$	9,8985222	$\log\cos[45° - \frac{1}{2}(\varepsilon - \delta)]$	9,9423572

$\log\sin(45° - \frac{1}{2}b)\sin\frac{1}{2}(E - l)$ 9,6511238n
$\log\sin(45° - \frac{1}{2}b)\cos\frac{1}{2}(E - l)$ 9,7750375n

d'où $\frac{1}{2}(E - l) = 216°56'5'',39$; $\log\sin(45° - \frac{1}{2}b) = 9,8723171$

$\log\cos(45° - \frac{1}{2}b)\sin\frac{1}{2}(E + l)$. . . . . . . 9,5164915$n$
$\log\cos(45° - \frac{1}{2}b)\cos\frac{1}{2}(E + l)$. . . . . . . 9,7636042$n$

d'où $\frac{1}{2}(E + l) = 209°30'49'',94$; $\log\cos(45° - \frac{1}{2}b) = 9,8239669$

On a donc, $E = 426°26'55'',33$; $l = -7°25'15'',45$, ou, ce qui revient au même, $E = 66°26'55'',33$, $l = 352°34'44'',55$; du logarithme sinus, on obtient $48°10'58'',12$ pour l'angle $45° - \frac{1}{2}b$; du logarithme cosinus on a $48°10'58'',17$, et par la tangente, dont le logarithme est la différence des deux, on trouve $48°10'58'',14$; de là $b = -6°21'56'',28$.

D'après l'autre méthode, le calcul se fait de la manière suivante :

$\log \tang \delta$	$9{,}1893062\,n$	$c^{t} \log \cos \zeta$	$0{,}3626190$
$\log \sin \alpha$	$8{,}8719792\,n$	$\log \cos (\zeta - \varepsilon)$....	$9{,}8789703$
$\log \tang \zeta$	$0{,}3173270$	$\log \tang \alpha$	$8{,}8731869\,n$
$\zeta =$	$64^\circ 17' 6'',83$	$\log \tang l$	$9{,}1147762\,n$
$\zeta - \varepsilon =$	$40^\circ 49' 7'',57$	$l =$	$352^\circ 34' 44'',50$
		$\log \sin l$	$9{,}1111232\,n$
		$\log \tang (\zeta - \varepsilon)$...	$9{,}9363874$
		$\log \tang b$	$9{,}0475106\,n$
		$b =$	$-\,6^\circ 21' 56'',26$

Pour déterminer l'angle E, nous avons le double calcul

$\log \sin \varepsilon$	$9{,}6001144$	$\log \sin \varepsilon$	$9{,}6001144$
$\log \cos \alpha$	$9{,}9987924$	$\log \cos l$	$9{,}9963470$
$c^{t} \log \cos b$	$0{,}0026859$	$c^{t} \log \cos \delta$	$0{,}0051313$
$\log \cos E$	$9{,}6015927$	$\log \cos E$	$9{,}6015927$
d'où $E =$	$66^\circ 26' 55'',35$		

70

Afin qu'il ne manque rien au calcul des lieux géocentriques, il faut encore ajouter certaines quantités relatives à la *parallaxe* et à l'*aberration*.

Nous avons déjà développé ci-dessus la méthode d'après laquelle le lieu affecté de la parallaxe, c'est-à-dire correspondant à un point quelconque de la surface terrestre, peut être immédiatement déterminé avec la plus grande facilité ; mais comme dans la méthode vulgaire enseignée dans les art. 62 et suivants, le lieu géocentrique est habituellement rapporté au centre de la Terre, cas dans lequel il est indépendant de la parallaxe, il sera convenable d'ajouter une méthode particulière pour la détermination de la parallaxe, qui est la différence entre l'un et l'autre lieu.

Soient λ et β la longitude et la latitude d'un corps céleste considéré du centre de la Terre ; l et b ces mêmes coordonnées pour un point quelconque de sa surface ; r la distance de l'astre au centre de la Terre, Δ la distance au point de la surface ; enfin, soient L la longitude et B la latitude qui correspondent au zénith de ce point dans la sphère céleste, et soit le rayon terrestre désigné par R. Il est maintenant évident que toutes les équations de l'art. 62 seront aussi applicables à ce lieu, mais pourront être notablement modifiées, puisque R exprime une quantité qui s'annule presque en présence de r et Δ. Au reste, les mêmes équations pourront évidemment servir si λ, l, L expriment les ascensions droites au lieu des longitudes, et β, b, B les déclinaisons au lieu des latitudes.

Dans ce cas, $l-\lambda$, $b-\beta$ seront les parallaxes d'ascension droite et de déclinaison, mais dans l'autre, les parallaxes de longitude et de latitude, Si maintenant R est traité comme une quantité de premier ordre, $l-\lambda$, $b-\beta$, $\Delta-r$ seront du même ordre, et, les ordres supérieurs étant négligés, on déduira facilement, d'après les formules de l'art. 62 :

$$\text{I.}\quad l-\lambda=\frac{R\cos B\sin(\lambda-L)}{r\cos\beta}.$$

$$\text{II.}\quad b-\beta=\frac{R\cos B\cos\beta}{r}[\operatorname{tang}\beta\cos(\lambda-L)-\operatorname{tang}B].$$

$$\text{III.}\quad \Delta-r=-R\cos B\sin\beta[\operatorname{cotang}\beta\cos(\lambda-L)+\operatorname{tang}B].$$

En prenant l'angle auxiliaire θ de telle sorte que l'on ait

$$\operatorname{tang}\theta=\frac{\operatorname{tang}B}{\cos(\lambda-L)},$$

les équations II et III prennent la forme suivante :

$$\text{II.}\quad b-\beta=\frac{R\cos B\cos(\lambda-L)\sin(\beta-\theta)}{r\cos\theta}=\frac{R\sin B\sin(\beta-\theta)}{r\sin\theta}.$$

$$\text{III.}\quad \Delta-r=-\frac{R\cos B\cos(\lambda-L)\cos(\beta-\theta)}{\cos\theta}=-\frac{R\sin B\cos(\beta-\theta)}{\sin\theta}.$$

Il est au reste évident, que dans I et II, afin que $l-\lambda$ et $b-\beta$ soient obtenues en secondes, on devra prendre pour R la parallaxe moyenne du Soleil exprimée en secondes; mais dans III, on devra prendre pour R la même parallaxe divisée par 206265. Enfin, lorsque dans le problème inverse, on voudra passer du lieu affecté de la parallaxe au lieu délivré de cette parallaxe, on pourra, sans nuire à la précision, employer Δ, l et B dans la valeur des parallaxes, à la place de r, λ et β.

Exemple. Soient l'ascension droite du Soleil pour le centre de la Terre, $220^\circ\,46'\,44'',65=\lambda$, la déclinaison $-15^\circ\,49'\,43'',94=\beta$, la distance $0{,}9904311=r$; ensuite, le temps sidéral pour un certain point de la surface céleste, exprimé en degrés $= 78° 20' 38'' = L$, $45° 27' 57'' = B$ l'élévation du pôle de ce lieu, $8'',6 = R$ la parallaxe moyenne du Soleil. On demande le lieu du Soleil vu de ce point, et sa distance à ce même point.

$\log R$.......... 0,93450	$\log R$.......... 0,93450
$\log \cos B$....... 9,84593	$\log \sin B$....... 9,85299
$c' \log r$.......... 0,00418	$c' \log r$.......... 0,00418
$c' \log \cos \beta$........ 0,01679	$c' \log \sin \theta$........ 0,10317
$\log \sin (\lambda - L)$... 9,78508	$\log \sin (\beta - \theta)$.... 9,77152 n
$\log (l - \lambda)$...... 0,58648	$\log (b - \beta)$...... 0,66636 n
$l - \lambda = + 3'',86$	$b - \beta = - 4'',64$
$l = 220° 46' 48'',51$	$b = - 15° 49' 48'',58$
$\log \text{tang } B$...... 0,00706	$\log (b - \beta)$...... 0,66636 n
$\log \cos (\lambda - L)$... 9,89909 n	$\log \text{cotang} (\beta - \theta)$. 0,13522
	$\log r$.......... 9,99582
$\log \text{tang } \theta$....... 0,10797 n	$\log 1''$.......... 4,68557
$\theta = 127° 57' 0''$	$\log (r - \Delta)$...... 5,48297 n
$\beta - \theta = - 143° 46' 44''$	$r - \Delta = - 0,0000304$
	$\Delta = 0,9904615$

71

L'aberration des étoiles, et aussi cette partie de l'aberration des planètes et des comètes qui est due au mouvement seul de la Terre, provient de ce que *le tube* de la lunette est entraîné par le mouvement de la Terre pendant que le rayon de lumière parcourt l'axe optique. La position observée d'un corps céleste (qui est dite la position apparente ou affectée de l'aberration) est déterminée par la direction de l'axe optique de la lunette établie de manière que le rayon de lumière émanant de l'astre atteigne dans sa route l'une et l'autre extrémité de cet axe; mais cette position est différente de la vraie direction du rayon de lumière dans l'espace. Considérons les deux instants t et t' où le rayon de lumière atteint l'extrémité antérieure (le centre optique de l'objectif), et l'extrémité postérieure (le foyer de l'objectif); soient a et b la position de ces deux extrémités dans l'espace au premier instant, a' et b' au second. Il est alors évident que la droite ab' est la véritable direction du rayon de lumière dans l'espace, mais que la droite ab ou $a'b'$ (que l'on peut considérer comme parallèles) correspond à la position apparente; on voit au reste, sans difficulté, que la position apparente ne dépend pas de la longueur du tube. La différence entre la direction des droites $b a'$ et $b a$ est l'aberration telle qu'elle existe pour les étoiles fixes ; nous passons ici sous silence la manière de la calculer, comme étant connue. Mais pour les astres errants cette différence n'est pas l'aberration complète ; la planète, en effet, pendant qu'un rayon de lumière émané d'elle arrive à la Terre, change elle-même de lieu ; c'est pourquoi la direction de ce rayon ne répond pas au vrai lieu géocentrique au moment de l'observation. Supposons que le rayon de lumière qui rencontre le tube à l'instant t soit sorti de la planète à l'instant T ; et représentons par P la position de la planète dans l'espace au moment T, et par p sa position au moment t ; soit enfin A le lieu de l'extrémité antérieure de l'axe du tube à l'instant T. Il est alors évident que,

1° La droite AP marque le lieu vrai de la planète au moment T ;

2° La droite ap le lieu vrai à l'époque t ;

3° La droite ba ou la droite ba' le lieu apparent à l'instant t ou t' (la différence entre ces deux instants peut être considérée comme une quantité infiniment petite) ;

4° La droite ab' le même lieu apparent corrigé de l'aberration des fixes.

Maintenant les points P, a, b' se trouvent en ligne droite et les parties Pa, ab' seront proportionnelles aux intervalles de temps t—T, $t'-t$, si à la vérité le mouvement de la lumière s'effectue avec une vitesse uniforme. L'intervalle de temps t' — T, à cause de la prodigieuse vitesse de la lumière, est toujours une quantité très-petite pendant laquelle le mouvement de la Terre peut être considéré comme rectiligne et uniforme ; ainsi A, a, a' se trouveront aussi en ligne droite et les parties Aa, aa' seront aussi proportionnelles aux intervalles t — T, $t'-t$. Il est facile de conclure de là que les droites AP, $b'a'$ sont parallèles, et par suite que le premier lieu est identique avec le troisième. Le temps t — T sera le produit de la distance Pa par 493ˢ, temps que met la lumière à parcourir la distance moyenne de la Terre au Soleil, que nous prenons pour unité. Dans ce calcul il sera permis de prendre PA ou pa à la place de la distance Pa, puisque la différence ne peut être d'aucune importance.

De ces principes découlent trois méthodes pour déterminer, pour une époque quelconque t, le lieu apparent d'une planète ou d'une comète ; il sera convenable de préférer tantôt l'une de ces méthodes tantôt l'autre.

I. Que l'on retranche de l'époque proposée le temps que met la lumière à venir de la planète à la Terre, on obtiendra ainsi l'époque réduite T pour laquelle le lieu vrai calculé de la manière ordinaire sera identique avec le lieu apparent pour l'époque t. Pour le calcul de la réduction du temps $t - T$, il faut connaître la distance de la planète à la Terre; le plus souvent des moyens commodes ne manqueront pas pour cet objet, comme, par exemple, une éphéméride calculée légèrement; autrement, il suffira de déterminer de la manière habituelle par un calcul préliminaire, mais en négligeant une minutieuse précision, la distance vraie pour l'époque t.

II. Calculer pour l'époque proposée t le lieu vrai et la distance, de celle-ci la réduction du temps $t - T$, et de là, au moyen du mouvement diurne (en longitude et latitude ou en ascension droite et déclinaison), la réduction du lieu vrai à l'époque T.

III. Calculer la position héliocentrique de la Terre pour l'époque t; mais le lieu héliocentrique de la planète pour le temps T; ensuite, par la combinaison ordinaire de ces quantités, le lieu géocentrique de la planète, qui, augmenté de l'aberration des fixes (obtenue par la méthode connue ou déduite des tables), fournira le lieu apparent demandé.

La seconde méthode, qui sert habituellement dans la pratique, se recommande en vérité avant les autres, en ce qu'il n'est jamais besoin d'un double calcul pour la détermination de la distance; elle exige cependant un travail incommode, en raison duquel elle ne peut être choisie, à moins que plusieurs positions voisines n'aient été calculées ou n'aient été obtenues à l'aide d'observations; autrement, en effet, le mouvement diurne ne peut pas être considéré comme donné.

Le désavantage par lequel sont affectées la première et la troisième méthode est entièrement écarté toutes les fois que plusieurs lieux voisins sont à calculer. Aussitôt, en effet, que l'on aura obtenu quelques distances, on pourra déduire très-facilement, par les moyens habituels et avec une précision suffisante, les distances suivantes. Au reste, si la distance est connue, la première méthode sera préférée le plus souvent à la troisième, parce qu'il ne sera pas nécessaire d'avoir égard à l'aberration des fixes; mais si l'on veut avoir recours à un double calcul, la troisième se recommande en ce que, dans le second calcul, le lieu de la Terre est au moins conservé.

Maintenant se présentent d'elles-mêmes les questions relatives au problème inverse, c'est-à-dire déduire la position vraie de la position apparente. D'après la méthode I, on conservera le lieu sans le modifier, mais on convertira le temps t, auquel correspond le lieu proposé comme position apparente, en temps réduit T, auquel correspondra le même lieu, mais considéré comme position vraie. D'après la méthode II, on conservera l'époque t, mais on ajoutera au lieu proposé le mouvement dans l'intervalle $t-T$, comme si l'on voulait réduire ce lieu à l'époque $t+(t-T)$. D'après la méthode III, on considérera le lieu proposé corrigé de l'aberration des fixes comme un lieu vrai relatif à l'époque T, mais la position vraie de la Terre correspondant à l'époque t devra être considérée comme si elle appartenait à l'époque T. L'utilité de la troisième se fera voir plus clairement dans le second livre.

Enfin, pour ne rien oublier, observons encore que le lieu du Soleil est aussi affecté par l'aberration comme le lieu de la planète; mais puisque non-seulement la distance à la Terre, mais aussi le mouvement diurne est presque constant, l'aberration elle-même acquiert toujours une valeur à peu près constante, égale au mouvement du Soleil en 493^s, et par suite $= 20'',25$; cette quantité doit être retranchée de la longitude vraie pour qu'on obtienne la longitude apparente moyenne. La valeur exacte de l'aberration est en raison composée de la distance et du mouvement diurne, ou, ce qui revient au même, en raison inverse de la distance; par suite la valeur moyenne doit être diminuée de $0'',34$ pour l'apogée, et augmentée d'autant pour le périgée. Nos tables solaires renferment déjà l'aberration constante $-20'',25$; c'est pourquoi, pour obtenir la longitude vraie, il sera nécessaire d'ajouter $20'',25$ à celle donnée dans les tables.

72

Nous terminerons cette section par certains problèmes qui sont d'un fréquent usage dans la détermination des orbites des planètes et des comètes. Et d'abord nous reviendrons à la parallaxe dont nous avons appris, dans l'art. 70, à affranchir le lieu observé. Puisqu'une telle réduction au centre de la Terre suppose connue, au moins approximativement, la distance de la planète à la Terre, elle ne peut être effectuée toutes les fois que l'orbite de la planète observée est encore entièrement inconnue. Dans ce cas cependant, il est aussi permis d'atteindre au moins le but pour lequel la réduction au centre de la Terre est entreprise, puisque plusieurs formules acquièrent une simplicité et une justesse plus grandes, lorsque ce centre est situé ou est supposé situé dans le plan de l'écliptique, qu'elles n'obtiendraient si l'on rapportait l'observation à un point placé en dehors de l'écliptique. C'est pourquoi, d'après cette considération, il importe peu que l'observation soit réduite au centre de la Terre ou à quelque autre point dans le plan de l'écliptique. Il est maintenant évident que si dans ce but on choisit le point d'intersection du plan de l'écliptique avec la droite menée de la planète au lieu vrai de l'observation, l'observation elle-même n'aura besoin d'aucune autre réduction, puisque la planète doit être vue de la même manière de tous les points de cette droite (*) : c'est pourquoi il sera permis de substituer ce point comme lieu fictif de l'observation à la place du lieu vrai. Nous déterminons la position de ce point de la manière suivante :

Soient λ la longitude du corps céleste, β la latitude, Δ la distance, tout étant rapporté au lieu vrai de l'observation à la surface de la Terre, au zénith duquel répond la longitude l et la latitude b; soient ensuite π le demi-diamètre de la Terre, L la longitude héliocentrique du centre de la Terre, B sa latitude, R sa distance au Soleil; enfin, L' la longitude héliocentrique du lieu fictif, R' sa distance au Soleil, $\Delta + \delta$ sa distance au corps céleste. N désignant un angle arbitraire, les équations suivantes sont alors établies sans difficulté :

$$R'\cos(L'-N)+\delta\cos\beta\cos(\lambda-N)=R\cos B\cos(L-N)+\pi\cos b\cos(l-N),$$
$$R'\sin(L'-N)+\delta\cos\beta\sin(\lambda-N)=R\cos B\sin(L-N)+\pi\cos b\sin(l-N)$$
$$\delta\sin\beta=R\sin B+\pi\sin b.$$

En posant donc

I. $$(R\sin B+\pi\sin b)\operatorname{cotang}\beta=\mu,$$

on aura

II. $$R'\cos(L'-N)=R\cos B\cos(L-N)+\pi\cos b\cos(l-N)-\mu\cos(\lambda-N);$$

III. $$R'\sin(L'-N)=R\cos B\sin(L-N)+\pi\cos b\sin(l-N)-\mu\sin(\lambda-N);$$

IV. $$\delta=\frac{\mu}{\cos\beta}.$$

(*) Si l'on voulait une extrême précision, il faudrait ajouter ou soustraire du temps proposé l'intervalle de temps que met la lumière à aller du lieu vrai de l'observation au lieu fictif, ou réciproquement, s'il s'agit, à la vérité, de lieux affectés de l'aberration; mais cette différence peut à peine être de quelque importance, à moins que la latitude ne soit très-petite.

Des équations II et III, R' et L' pourront être déterminés, et au moyen de IV, l'intervalle à ajouter à l'époque de l'observation, qui sera, en secondes, $= 493^s\,\delta$.

Ces équations sont exactes et générales, et pourront aussi être employées quand, le plan de l'équateur étant substitué au plan de l'écliptique, L, L', l, λ désignent les ascensions droites, B, b, β les déclinaisons.

Mais dans le cas dont il s'agit ici particulièrement, c'est-à-dire lorsque le lieu fictif doit être situé dans l'écliptique, l'exiguïté des quantités B, π, L'—L permet encore quelque réduction des formules précédentes. On pourra, en effet, prendre la parallaxe moyenne du Soleil à la place de π, B pour sin B, 1 pour cos B et cos (L'—L), L'—L pour sin (L'—L). En faisant alors $N = L$, les formules précédentes prennent la forme suivante :

I. $$\mu = (RB + \pi \sin b) \operatorname{cotang} \beta,$$

II. $$R' = R + \pi \cos b \cos(l - L) - \mu \cos(\lambda - L),$$

III. $$L' - L = \frac{\pi \cos b \cos(l - L) - \mu \sin(\lambda - L)}{R'}.$$

B, π, L'—L doivent, à vrai dire, être ici exprimés en parties du rayon, mais il est évident que si ces angles sont exprimés en secondes, les équations I et III pourront être conservées sans changement; mais à l'équation II, on devra substituer

$$R' = R + \frac{\pi \cos b \sin(l - L) - \mu \cos(\lambda - L)}{206265''}.$$

Enfin, dans la formule III, à la place du dénominateur R', on pourra, sans erreur sensible, employer toujours R. Mais les angles étant exprimés en secondes, la réduction du temps devient

$$= \frac{493^s.\mu}{206265''.\cos\beta}.$$

73

Exemple. Soient $\lambda = 354°\,44'\,54''$, $\beta = -4°\,59'\,32''$, $l = 24°\,29'$, $b = 46°\,53'$, $L = 12^s\,28'\,54''$, $B = +0'',49$, $R = 0{,}9988839$, $\pi = 8'',6$. Voici maintenant le calcul :

log R.	9,99951	log π.	0,93450
log B.	9,69020	log sin b.	9,86330
log BR.	9,68971	log π sin b	0,79780

De là

log (BR + π sin b). . .	0,83040		
log cotang β.	1,05873n		
log μ.	1,88913n		
log π.	0,93450	log μ.	1,88913n
log cos b	9,83473	log 1″.	4,68557
log 1″.	4,68557	log cos (λ — L).	9,97886
log cos (l — L).	9,99040		6,55356n
	5,44520		
nombre	+ 0,0000279	nombre	— 0,0003577

De là on obtient R′ = R + 0,0003856 = 0,9992695. On a ensuite :

log π cos b.	0,76923	log μ.	1,88913n
log sin (l — L).	9,31794	log sin (λ — L).	9,48371n
C. log R′.	0,00032	C. log R′.	0,00032
	0,08749		1,37316
nombre	+ 1″,22	nombre	+ 23″,61

d'où l'on obtient L′ = L — 22″,39. On a enfin :

log μ.	1,88913n
C. log 206265.	4,68557
log 493ˢ.	2,69285
C. log cos β.	0,00165
	9,26920n, d'où la réduction du temps = — 0ˢ,186,

et, par suite, est sans importance.

74

L'autre problème : *De la position géocentrique d'un corps céleste et de la position du plan de son orbite, déduire le lieu héliocentrique dans l'orbite*, est semblable au précédent en ce qu'il dépend aussi de l'intersection d'une droite menée entre la Terre et le corps céleste, avec un plan de position donnée. La solution la plus convenable se déduit des formules de l'art. 65, où la signification des lettres était celle-ci :

L la longitude de la Terre, R la distance au Soleil, nous posons la latitude $B = 0$ (puisque le cas où elle n'est pas $= 0$ peut facilement se réduire à celui-là par l'art. 72), d'où $R' = R$; l la longitude géocentrique de l'astre, b la latitude, Δ la distance à la Terre, r la distance au Soleil, u l'argument de la latitude, Ω la longitude du nœud ascendant, i l'inclinaison de l'orbite. Nous avons ainsi les équations

I. $$r \cos u - R \cos(L - \Omega) = \Delta \cos b \cos(l - \Omega),$$

II. $$r \cos i \sin u - R \sin(L - \Omega) = \Delta \cos b \sin(l - \Omega),$$

III. $$r \sin i \sin u = \Delta \sin b.$$

En multipliant l'équation I par $\sin(L - \Omega) \sin b$, II par $-\cos(L - \Omega) \sin b$, III par $-\sin(L - l) \cos b$, on obtient en ajoutant les produits,

$$\cos u \sin(L - \Omega) \sin b - \sin u \cos i \cos(L - \Omega) \sin b - \sin u \sin i \sin(L - l) \cos b = 0,$$

d'où

IV. $$\operatorname{tang} u = \frac{\sin(L - \Omega) \sin b}{\cos i \cos(L - \Omega) \sin b + \sin i \sin(L - l) \cos b}.$$

En multipliant aussi I par $\sin(l - \Omega)$, II par $-\cos(l - \Omega)$, et ajoutant les produits, on trouve

V. $$r = \frac{R \sin(L - l)}{\sin u \cos i \cos(l - \Omega) - \cos u \sin(l - \Omega)}.$$

L'ambiguïté qui existe dans la détermination de u par l'équation IV est naturellement levée par l'équation III, qui montre que u doit être compris entre 0 et 180°, ou entre 180° et 360°, selon que la latitude b est positive ou négative; mais si $b = 0$, l'équation V montre que l'on doit prendre $u = 0$ ou $u = 180°$, selon que $\sin(L - l)$ et $\sin(l - \Omega)$ ont des signes différents ou le même signe.

On peut réduire le calcul numérique des formules IV et V de différentes manières, par l'introduction d'angles auxiliaires. Comme par exemple,

en posant $\frac{\operatorname{tang} b \cos(L - \Omega)}{\sin(L - l)} = \operatorname{tang} A$, on a $\operatorname{tang} u = \frac{\sin A \operatorname{tang}(L - \Omega)}{\sin(A + i)}$;

en posant $\frac{\operatorname{tang} i \sin(L - l)}{\cos(L - \Omega)} = \operatorname{tang} B$, on a $\operatorname{tang} u = \frac{\cos B \sin b \operatorname{tang}(L - \Omega)}{\sin(B + b) \cos i}$.

De même l'équation V prend une forme plus élégante en intro-

duisant l'angle dont la tangente $= \cos i \tang u$, ou $= \frac{\tang(l - \Omega)}{\cos i}$.
De même que nous avons obtenu la formule V par la combinaison des équations I et II, nous parvenons à la suivante en combinant les équations II et III :

$$r = \frac{R \sin(L - \Omega)}{\sin u [\cos i - \sin i \sin(l - \Omega) \operatorname{cotang} b]}$$

et de même par la combinaison des équations I, III à celle-ci :

$$r = \frac{R \cos(L - \Omega)}{\cos u - \sin u \sin i \cos(l - \Omega) \operatorname{cotang} b}.$$

Ainsi qu'on l'a fait pour V, on peut rendre plus simples ces deux relations par l'introduction d'angles auxiliaires. Les solutions qui découlent des relations précédentes se trouvent réunies et éclaircies par un exemple dans « *Von Zach's Monatliche Correspondenz*, vol. V, p. 540 », c'est pourquoi nous supprimons ici un développement plus étendu. Si, en outre de u et r, on désire aussi la distance Δ, elle pourra être déterminée par l'équation III.

75

Une autre solution du problème précédent résulte de l'observation faite dans l'art. 64, III, que le lieu héliocentrique de la Terre, le lieu géocentrique du corps céleste et son lieu héliocentrique sont situés sur un même grand cercle de la sphère. Soient T, G, H (fig. 3) respectivement ces lieux ; ensuite, Ω la position du nœud ascendant ; ΩT, ΩH les portions de l'écliptique et de l'orbite, GP un arc perpendiculaire à l'écliptique abaissé du point G, arc qui sera donc $= b$. De là, au moyen de l'arc $PT = L - l$, on déterminera l'angle T ainsi que l'arc TG. Ensuite, l'angle $\Omega = i$, l'angle T et le côté $\Omega T = L - \Omega$ sont donnés dans le triangle sphérique ΩHT, d'où l'on obtiendra les deux autres côtés $\Omega H = u$ et TH. On aura enfin

$$HG = TG - TH \quad \text{et} \quad r = \frac{R \sin TG}{\sin HG}, \quad \Delta = \frac{R \sin TH}{\sin HG}.$$

76

Nous avons enseigné, dans l'art. 52, le moyen d'exprimer les variations différentielles de la longitude et de la latitude héliocentriques et de la distance raccourcie, d'après les variations de l'argument de la latitude u, de l'inclinaison i et du rayon vecteur r, et après cela nous en avons déduit (art. 64, IV) les variations de la longitude et de la latitude géocentriques l et b ; par la combinaison de ces formules, dl et db peuvent donc être exprimées en fonction de du, di, $d\Omega$ et dr. Mais il sera utile de montrer comment dans ce calcul on peut aussi omettre la réduction du lieu héliocentrique à l'écliptique, de même que dans l'art. 65 nous avons immédiatement déduit le lieu géocentrique du lieu héliocentrique dans l'orbite. Pour que les formules en deviennent plus simples, nous négligeons la latitude de la Terre, puisque cette latitude ne peut certainement avoir d'effet sensible dans les formules différentielles. Nous avons par conséquent les formules suivantes dans lesquelles nous remplaçons, par abréviation, $l - \Omega$, par ω ; nous écrivons aussi, comme ci-dessus, Δ' pour $\Delta \cos b$.

$$\Delta' \cos\omega = r\cos u - \mathrm{R}\cos(\mathrm{L} - \Omega) = \xi,$$
$$\Delta' \sin\omega = r\cos i \sin u - \mathrm{R}\sin(\mathrm{L} - \Omega) = \eta,$$
$$\Delta' \operatorname{tang} b = r \sin i \sin u = \zeta ;$$

Il vient, en les différentiant,

$$\cos\omega . d\Delta' - \Delta' \sin\omega . d\omega = d\xi,$$
$$\sin\omega . d\Delta' + \Delta' \cos\omega . d\omega = d\eta,$$
$$\operatorname{tang} b . d\Delta' + \frac{\Delta}{\cos b} . db = d\zeta,$$

de là, par élimination,

$$d\omega = \frac{-\sin\omega . d\xi + \cos\omega . d\eta}{\Delta'},$$
$$db = \frac{-\cos\omega \sin b . d\xi - \sin\omega \sin b . d\eta + \cos b . d\zeta}{\Delta}.$$

Si, dans ces formules, nous mettons à la place de ξ, η, ζ leurs valeurs, $d\omega$ et db deviendront exprimées en fonction de dr, du, di et $d\Omega$; ensuite, à cause de $dl = d\omega + d\Omega$, les différentielles partielles de l, b seront ainsi qu'il suit :

I. $$\Delta'\left(\frac{dl}{dr}\right) = -\sin\omega\cos u + \cos\omega\sin u\cos l.$$

II. $$\frac{\Delta'}{r}\left(\frac{dl}{du}\right) = \sin\omega\sin u + \cos\omega\cos u\cos i.$$

III. $\frac{\Delta'}{r}\left(\frac{dl}{di}\right) = -\cos\omega \sin u \sin i.$

IV. $\left(\frac{dl}{d\Omega}\right) = 1 + \frac{R}{\Delta'}\cos(L - \Omega - \omega) = 1 + \frac{R}{\Delta'}\cos(L - l).$

V. $\Delta\left(\frac{db}{dr}\right) = -\cos\omega \sin u \sin b - \sin\omega \sin u \cos i \sin b + \sin u \sin i \cos b.$

VI. $\frac{\Delta}{r}\left(\frac{db}{du}\right) = \cos\omega \sin u \sin b - \sin\omega \cos u \cos i \sin b + \cos u \sin i \cos b.$

VII. $\frac{\Delta}{r}\left(\frac{db}{di}\right) = \sin\omega \sin u \sin i \sin b + \sin u \cos i \cos b.$

VIII. $\frac{\Delta}{R}\left(\frac{db}{d\Omega}\right) = \sin b \sin(L - \Omega - \omega) = \sin b \sin(L - l).$

Les formules IV et VIII se présentent déjà sous la forme la plus commode pour le calcul; mais les formules I, III et IV sont mises, par des substitutions évidentes, sous une forme plus élégante, à savoir :

I*. $\left(\frac{dl}{dr}\right) = \frac{R}{r\Delta'}\sin(L - l).$

III*. $\left(\frac{dl}{di}\right) = -\cos\omega \operatorname{tang} b.$

V*. $\left(\frac{db}{dr}\right) = -\frac{R}{r\Delta}\cos(L - l)\sin b = -\frac{R}{r\Delta'}\cos(L - l)\sin b \cos b.$

Enfin, les autres formules II, VI, VII se transforment aussi en expressions plus simples par l'introduction de certains angles auxiliaires; ce qui se fait le plus commodément de la manière suivante. Les angles auxiliaires M et N sont déterminés par les formules

$$\operatorname{tang} M = \frac{\operatorname{tang}\omega}{\cos i}, \quad \operatorname{tang} N = \sin\omega \operatorname{tang} i = \operatorname{tang} M \cos\omega \sin i.$$

On a alors, en même temps,

$$\frac{\cos^2 M}{\cos^2 N} = \frac{1 + \operatorname{tang}^2 N}{1 + \operatorname{tang}^2 M} = \frac{\cos^2 i + \sin^2\omega \sin^2 i}{\cos^2 i + \operatorname{tang}^2\omega} = \cos^2\omega.$$

Maintenant, puisque l'incertitude qui existe dans la détermination de M et de N peut être écartée à volonté, il est évident qu'on peut le faire en admettant que l'on ait

$$\frac{\cos M}{\cos N} = + \cos \omega,$$

et par suite,

$$\frac{\sin N}{\sin M} = + \sin i.$$

Ceci posé, les formules II, VI, VII se changent en les suivantes :

II*. $\left(\frac{dl}{du}\right) = \frac{r \sin \omega \cos (M - u)}{\Delta' \sin M}.$

VI*. $\left(\frac{db}{du}\right) = \frac{r}{\Delta}[\cos \omega \sin i \cos (M - u) \cos (N - b) + \sin (M - u) \sin (N - b)].$

VII*. $\left(\frac{db}{di}\right) = \frac{r \sin u \cos i \cos (N - b)}{\Delta \cos N}.$

Ces transformations, relativement aux formules II et VII, n'arrêteront personne; mais, en ce qui regarde la formule VI, quelque explication ne sera pas superflue.

En substituant, en effet, dans la formule VI d'abord $M - (M - u)$ à la place de u, on trouve

$$\frac{\Delta}{r}\left(\frac{db}{du}\right) = \cos(M - u)(\cos \omega \sin M \sin b - \sin \omega \cos i \cos M \sin b + \sin i \cos M \cos b).$$
$$- \sin (M - u)(\cos \omega \cos M \sin b + \sin \omega \cos i \sin M \sin b - \sin i \sin M \cos b).$$

On a maintenant,

$$\begin{aligned}\cos \omega \sin M &= \cos^2 i \cos \omega \sin M + \sin^2 i \cos \omega \sin M \\ &= \sin \omega \cos i \cos M + \sin^2 i \cos \omega \sin M;\end{aligned}$$

de là, la première partie de l'expression précédente se change en

$$\begin{aligned}&\sin i \cos (M - u)(\sin i \cos \omega \sin M \sin b + \cos M \cos b) \\ &= \sin i \cos (M - u)(\cos \omega \sin N \sin b + \cos \omega \cos N \cos b) \\ &= \cos \omega \sin i \cos (M - u) \cos (N - b).\end{aligned}$$

On a de même,

$$\cos N = \cos^2 \omega \cos N + \sin^2 \omega \cos N = \cos \omega \cos M + \sin \omega \cos i \sin M;$$

d'où la dernière partie de l'expression se change en

$$- \sin (M - u)(\cos N \sin b - \sin N \cos b) = \sin (M - u) \sin (N - b),$$

De là, résulte complétement l'expression VI*.

L'angle auxiliaire M peut aussi servir à transformer la formule I, qui, par l'introduction de cet angle, prend la forme

$$\text{I}^{**}. \qquad \left(\frac{dl}{dr}\right) = -\frac{\sin\omega \sin(M-u)}{\Delta' \sin M}.$$

En comparant cette formule à la formule I*, on conclut que

$$-R\sin(L-l)\sin M = r\sin\omega\sin(M-u);$$

de là aussi, une forme un peu plus simple peut être donnée à la formule II*, à savoir :

$$\text{II}^{**}. \qquad \left(\frac{dl}{du}\right) = -\frac{R}{\Delta'}\sin(L-l)\operatorname{cotang}(M-u),$$

Pour que la formule VI* soit simplifiée encore davantage, il est nécessaire d'introduire un nouvel angle auxiliaire, ce qui peut se faire de deux manières, soit en posant

$$\operatorname{tang} P = \frac{\operatorname{tang}(M-u)}{\cos\omega \sin i}, \quad \text{ou} \quad \operatorname{tang} Q = \frac{\operatorname{tang}(N-b)}{\cos\omega\cos i},$$

d'où résulte

$$\text{VI}^{**}. \quad \left(\frac{db}{du}\right) = \frac{r\sin(M-u)\cos(N-b-P)}{\Delta\sin P} = \frac{r\sin(N-b)\cos(M-u-Q)}{\Delta\sin Q}.$$

Les quantités auxiliaires M, N, P, Q ne sont pas, du reste, purement fictives, et il serait facile d'assigner ce que représente chacune d'elles dans la voûte céleste; plusieurs des équations précédentes peuvent même être données plus élégamment par le moyen d'arcs ou d'angles de la sphère, auxquels nous nous arrêterons d'autant moins ici qu'ils ne rendent pas superflues, pour le calcul numérique lui-même, les formules développées ci-dessus.

77

Les formules développées dans l'article précédent, jointes à celles que nous avons données dans les art. 15, 16, 20, 27, 28 pour les différents genres de section coniques, fourniront toutes les relations qui sont nécessaires pour le calcul des variations différentielles d'un lieu géocentrique causées par les variations de chacun des éléments. Pour mieux éclaircir ces principes, nous résumerons l'exemple traité ci-dessus dans les art. 13, 14, 51, 63, 65. Et d'abord, nous exprimerons dl et db en fonctions de dr, du, di, $d\Omega$, d'après la méthode de l'article précédent, lequel calcul se fait ainsi :

$\log \tan g\,\omega$	8,40113	$\log \sin \omega$	8,40099n	$\log \tan g(M-u)$ ...	9,41932n
$\log \cos i$	9,98853	$\log \tan g\, i$	9,36723	$\log \cos\omega \sin i$	9,35562n
$\log \tan g\, M$	8,41260	$\log \tan g\, N$	7,76822n	$\log \tan g\, P$	0,06370
$M =$	1°28′52″	$N =$	179°39′50″	$P =$	49°11′13″
$M-u =$	165°17′ 8″	$N-b =$	186° 1′45″	$N-b-P =$	136°50′32″

I*.

$\log \sin(L-l)$ ..	9,72125
$\log R$	9,99810
$C.\log \Delta'$	9,92027
(*)	9,63962
$C.\log r$	9,67401
$\log\left(\dfrac{dl}{dr}\right)$	9,31363

II*.

(*)	9,63962
$\log \cot(M-u)$.	0,58068n
$\log\left(\dfrac{dl}{du}\right)$	0,22030

III*.

$\log \cos \omega$	9,99986n
$\log \tan g\, b$	9,01749n
$\log\left(\dfrac{dl}{di}\right)$	9,01735n

IV.

$\log \dfrac{R}{\Delta'}$	9,91837
$\log \cos(L-l)$..	9,92956
(**)	9,84793
$=\log\left(\dfrac{dl}{d\Omega}-1\right)$	

V*.

(**)	9,84793
$\log \sin b \cos b$...	9,04212n
$C.\log r$	9,67401
$\log\left(\dfrac{db}{dr}\right)$	8,56406

VI**.

$\log \dfrac{r}{\Delta}$	0,24357
$\log \sin(M-u)$...	9,40484
$\log \cos(N-b-P)$.	9,86301n
$C.\log \sin P$	0,12099
$\log\left(\dfrac{db}{du}\right)$	9,63241n

VII*.

$\log r \sin u \cos i$.	9,75999n
$\log \cos(N-b)$.	9,99759n
$C.\log \Delta$	9,91759
$C.\log \cos N$...	0,00001n
$\log\left(\dfrac{db}{di}\right)$	9,67518n

VIII.

(*)	9,63962
$\log \sin b \cos b$..	9,04212n
$\log\left(\dfrac{db}{d\Omega}\right)$ ...	8,68174n

L'ensemble de ces différentes valeurs donne

$$dl = +0{,}20589\,dr + 1{,}66073\,du - 0{,}11152\,di + 1{,}70458\,d\Omega,$$
$$db = +0{,}03665\,dr - 0{,}42895\,du - 0{,}47335\,di - 0{,}04805\,d\Omega.$$

Il sera à peine nécessaire de rappeler ici l'observation que nous avons déjà souvent faite, à savoir, que les variations dl, db, du, di, $d\Omega$ sont exprimées en parties du rayon, ou que les coefficients de dr

doivent être multipliés par 206265″, si ces variations sont considérées comme exprimées en secondes.

En désignant maintenant la longitude du périhélie (qui dans notre exemple est 52° 18′ 9″,30) par Π, et l'anomalie vraie par v, la longitude dans l'orbite sera $u + \Omega = v + \Pi$, et par suite $du = dv + d\Pi - d\Omega$, au moyen de cette valeur substituée dans les formules précédentes, dl et db seront obtenues en fonction de dr, dv, $d\Pi$, $d\Omega$ et di. Il ne reste donc plus maintenant qu'à exprimer dr et dv, d'après la règle des art. 15 et 16, en fonction des variations différentielles des éléments elliptiques (*).

On avait dans notre exemple, art. 14 :

$$\log\frac{r}{a} = 9{,}90355 = \log\left(\frac{dr}{da}\right),$$

$\log\frac{a^2}{r^2}$	0,19290	$\log a$	0,42244
$\log\cos\varphi$	9,98652	$\log\tang\varphi$	9,40320
$\log\left(\frac{dv}{dM}\right)$	0,17942	$\log\sin v$	9,84931 n
$2 - e\cos E =$	1,80085	$\log\left(\frac{dr}{dM}\right)$	9,67495 n
$e^2 =$	0,06018		
	1,74067		
log	0,24072	$\log a$	0,42244
$\log\frac{a^2}{r^2}$	0,19290	$\log\cos\varphi$	9,98652
$\log\sin E$	9,76634 n	$\log\cos v$	9,84966
$\log\left(\frac{dv}{d\varphi}\right)$	0,19996 n	$\log\left(\frac{dr}{d\varphi}\right)$	0,25862 n

De là, en ajoutant

$$dv = +1{,}51154\,dM - 1{,}58475\,d\varphi$$
$$dr = -0{,}47310\,dM - 1{,}81393\,d\varphi + 0{,}80085\,da.$$

En substituant ces valeurs dans les formules précédentes, il vient

(*) On s'apercevra immédiatement que la lettre M ne représente plus, dans le calcul suivant, notre angle auxiliaire; mais (comme dans la section Ire) l'anomalie moyenne.

$$dl = +2,41287\,dM - 3,00531\,d\varphi + 0,16488\,da + 1,66073\,d\Pi - 011152\,di + 0,04385\,d\text{☊},$$

$$db = -0,66572\,dM + 0,61331\,d\varphi + 0,02925\,da - 0,42895\,d\Pi - 0,47335\,di + 0,38090\,d\text{☊}.$$

Si le moment auquel répond le lieu calculé est supposé distant de n jours de l'époque, et que l'on représente la longitude moyenne de l'époque par N et le mouvement diurne par τ, on aura $M = N + n\tau - \Pi$, et par suite, $dM = dN + n d\tau - d\Pi$. Dans notre exemple, le temps qui correspond au lieu calculé est le 17,41507 octobre de l'année 1804, sous le méridien de Paris; si donc on prend pour époque le commencement de l'année 1805, on a $n = -74,58493$; la longitude moyenne pour cette époque était 41° 52′ 21″,61, et le mouvement diurne = 824″,7988. En substituant, dans les formules trouvées tout à l'heure, à la place de dM sa valeur, les variations différentielles du lieu géocentrique exprimées en fonction des variations seules des éléments, sont ainsi qu'il suit :

$$dl = 2,41287\,dN - 179,96\,d\tau - 0,75214\,d\Pi - 3,00531\,d\varphi + 0,16488\,da - 0,11152\,di + 0,04385\,d\text{☊}.$$

$$db = -0,66572\,dN + 49,65\,d\tau + 0,23677\,d\Pi + 0,61331\,d\varphi + 0,02935\,da - 0,47335\,di + 0,38090\,d\text{☊},$$

Si la masse du corps céleste est négligée ou au moins considérée comme connue, τ et a seront dépendants l'un de l'autre, et l'on pourra, par suite, éliminer de nos formules $d\tau$ ou da. Puisqu'en effet, d'après l'art. 6, on a

$$\tau a^{\frac{3}{2}} = k\sqrt{(1+\mu)},$$

on aura

$$\frac{d\tau}{\tau} = -\frac{3}{2}\frac{da}{a},$$

formule dans laquelle, si $d\tau$ est exprimé en parties du rayon, il faudra aussi exprimer τ de la même manière. On trouve ainsi, dans notre exemple :

$\log \tau$	2,91635
$\log 1''$	4,68557
$\log \frac{3}{2}$	0,17609
C. $\log a$	9,57756
$\log \left(\frac{d\tau}{da}\right)$	7,35557 n,

ou

$$d\tau = -0,0022676\,da, \quad \text{et} \quad da = -440,99\,d\tau;$$

cette valeur étant substituée dans nos formules, la dernière forme s'obtient enfin :

$$dl = 2,41287\,dN - 252,67\,d\tau - 0,75214\,d\Pi - 3,00531\,d\varphi - 0,11152\,di + 0,04385\,d\Omega,$$

$$db = -0,66572\,dN + 36,71\,d\tau + 0,23677\,d\Pi + 0,61331\,d\varphi - 0,47335\,di + 0,38090\,d\Omega.$$

Dans le développement de ces formules, nous avons supposé que toutes les différentielles dl, db, dN, $d\tau$, $d\Pi$, $d\varphi$, di, $d\Omega$ sont exprimées en parties du rayon, mais il est évident qu'en raison de l'homogénéité de tous les termes, les mêmes formules serviront encore si toutes ces différentielles sont exprimées en secondes.

TROISIÈME SECTION.

RELATIONS ENTRE PLUSIEURS POSITIONS DANS L'ORBITE.

78

La comparaison de deux ou plusieurs positions d'un corps céleste, soit dans son orbite, soit dans l'espace, fournit une telle abondance de propositions élégantes, qu'elles rempliraient facilement le volume entier. Notre but ne tend pas assurément à épuiser ce sujet fécond, mais principalement à en retirer des ressources importantes pour la solution du grand problème de la détermination des orbites inconnues, d'après les observations; c'est pourquoi, en négligeant les questions qui seraient trop étrangères à notre but, nous développerons le plus soigneusement toutes celles qui, de quelque manière, peuvent y conduire. Nous faisons précéder ces recherches de quelques propositions trigonométriques auxquelles il faudra très-souvent avoir recours, puisqu'elles sont plus habituellement employées.

I. En désignant par A, B, C des angles quelconques, on a

$$\sin A \sin(C - B) + \sin B \sin(A - C) + \sin C \sin(B - A) = o,$$
$$\cos A \sin(C - B) + \cos B \sin(A - C) + \cos C \sin(B - A) = o.$$

II. Si deux quantités p, P doivent être déterminées par des équations telles que

$$p \sin(A - P) = a,$$
$$p \sin(B - P) = b,$$

ceci s'obtiendra généralement par le secours des formules

$$p \sin(B - A) \sin(H - P) = b \sin(H - A) - a \sin(H - B),$$
$$p \sin(B - A) \cos(H - P) = b \cos(H - A) - a \cos(H - B),$$

dans lesquelles H est un angle arbitraire. De là se déduiront (art. 14, II) l'angle $(H - P)$, et $p \sin(B - A)$; et de là P et p. La plupart du temps il est ajouté la condition que p doit être une quantité positive, d'où se trouve écartée l'ambiguïté qui résulte de la détermination de l'angle H — P par sa tangente; mais en l'absence de cette condition, l'incertitude sera levée arbitrairement. Pour la plus grande facilité du calcul, il sera convenable de prendre l'angle auxiliaire $H = A$ ou $= B$ ou $= \frac{1}{2}(A + B)$. Dans le premier cas, les équations, pour la détermination de P et p, seront

$$p \sin(A - P) = a,$$
$$p \cos(A - P) = \frac{b - a\cos(B - A)}{\sin(B - A)}.$$

Dans le second cas, les équations seront entièrement analogues; mais dans le troisième on aura

$$p \sin\left(\frac{1}{2}A + \frac{1}{2}B - P\right) = \frac{b + a}{2\cos\frac{1}{2}(B - A)},$$
$$p \cos\left(\frac{1}{2}A + \frac{1}{2}B - P\right) = \frac{b - a}{2\sin\frac{1}{2}(B - A)}.$$

Et alors, si l'on introduit l'angle auxiliaire ζ, dont la tangente $= \frac{a}{b}$, on trouvera P par la formule

$$\operatorname{tang}\left(\frac{1}{2}A + \frac{1}{2}B - P\right) = \operatorname{tang}(45° + \zeta)\operatorname{tang}\frac{1}{2}(B - A),$$

et ensuite p par l'une des formules précédentes, dans lesquelles

$$\frac{1}{2}(b + a) = \sin(45° + \zeta)\sqrt{\frac{ab}{\sin 2\zeta}} = \frac{a\sin(45° + \zeta)}{\sin\zeta\sqrt{2}} = \frac{b\sin(45° + \zeta)}{\cos\zeta\sqrt{2}},$$
$$\frac{1}{2}(b - a) = \cos(45° + \zeta)\sqrt{\frac{ab}{\sin 2\zeta}} = \frac{a\cos(45° + \zeta)}{\sin\zeta\sqrt{2}} = \frac{b\cos(45° + \zeta)}{\cos\zeta\sqrt{2}}.$$

III. Si p et P doivent être déterminées d'après les équations

$$p\cos(A - P) = a,$$
$$p\cos(B - P) = b,$$

tout ce qui est exposé dans II peut immédiatement s'appliquer, pourvu qu'à la place de A et B on mette partout $90 + A$, $90 + B$;

mais pour que l'application en soit plus facile, nous ne craignons pas d'ajouter les formules développées. Les formules générales seront

$$p \sin(B - A) \sin(H - P) = -b \cos(H - A) + a \cos(H - B),$$
$$p \sin(B - A) \cos(H - P) = b \sin(H - A) - a \sin(H - B),$$

de manière que pour $H = A$ elles se changent en

$$p \sin(A - P) = \frac{a \cos(B - A) - b}{\sin(B - A)},$$
$$p \cos(A - P) = a,$$

Pour $H = B$ elles prennent une forme semblable; mais pour $H = \frac{1}{2}(A + B)$ elles deviennent

$$p \sin\left(\frac{1}{2}A + \frac{1}{2}B - P\right) = \frac{a - b}{2 \sin \frac{1}{2}(B - A)},$$
$$p \cos\left(\frac{1}{2}A + \frac{1}{2}B - P\right) = \frac{a + b}{2 \cos \frac{1}{2}(B - A)},$$

de sorte que par l'introduction de l'angle auxiliaire ζ, dont la tangente $= \frac{a}{b}$, il vient

$$\operatorname{tang}\left(\frac{1}{2}A + \frac{1}{2}B - P\right) = \operatorname{tang}(\zeta - 45^\circ) \operatorname{cotang} \frac{1}{2}(B - A).$$

Enfin, si nous désirons déterminer p immédiatement au moyen de a et de b, sans faire le calcul préalable de l'angle P, nous avons la formule

$$p \sin(B - A) = \sqrt{[a^2 + b^2 - 2ab \cos(B - A)]},$$

aussi bien dans le problème actuel que dans II.

79

Pour la détermination complète d'une section conique dans son plan, *trois* quantités sont demandées : la position du périhélie, l'excentricité et le demi-paramètre. Si ces quantités doivent être déterminées d'après les quantités données qui en dépendent, il faut qu'il y ait assez de données pour pouvoir former trois équations indépendantes les unes des autres. Tout rayon vecteur donné en grandeur et en position fournit une équation; c'est pourquoi trois rayons donnés en grandeur et en position sont nécessaires pour la détermination d'une orbite. Mais si l'on en a deux seulement, un élément même doit être déjà donné, ou au moins quelque autre quantité à l'aide de laquelle il soit permis d'établir une troisième équation. De là surgit une variété de problèmes que nous traiterons maintenant successivement.

Soient r, r' deux rayons vecteurs qui font avec une droite arbitraire menée par le Soleil, dans le plan de l'orbite, les angles N, N' selon la direction du mouvement; soit ensuite Π l'angle que fait, avec la même droite, le rayon vecteur mené au périhélie, de telle sorte que les anomalies vraies $N - \Pi$, $N' - \Pi$ répondent aux rayons vecteurs r, r'; soient enfin e l'excentricité, p le demi-paramètre. On obtient alors les équations

$$\frac{p}{r} = 1 + e\cos(N - \Pi),$$

$$\frac{p}{r'} = 1 + e\cos(N' - \Pi),$$

desquelles, si l'une des quantités p, e, Π est en outre donnée, on pourra déterminer les deux autres.

Supposons d'abord que le demi-paramètre p soit donné, et il est évident que la détermination des quantités e, Π, au moyen des équations

$$e\cos(N - \Pi) = \frac{p}{r} - 1,$$

$$e\cos(N' - \Pi) = \frac{p}{r'} - 1.$$

peut s'effectuer d'après la règle du lemme III de l'article précédent. Nous avons donc

$$\operatorname{tang}(N - \Pi) = \operatorname{cotang}(N' - N) - \frac{r(p - r')}{r'(p - r)\sin(N' - N)},$$

$$\operatorname{tang}\left(\frac{1}{2}N + \frac{1}{2}N' - \Pi\right) = \frac{(r' - r)\operatorname{cotang}\frac{1}{2}(N' - N)}{r' + r - \dfrac{2rr'}{p}}.$$

80

Si l'angle Π est donné, p et e seront déterminés au moyen des équations

$$p = \frac{rr'[\cos(N-\Pi) - \cos(N'-\Pi)]}{r\cos(N-\Pi) - r'\cos(N'-\Pi)},$$

$$e = \frac{r'-r}{r\cos(N-\Pi) - r'\cos(N'-\Pi)},$$

On peut réduire le dénominateur commun dans ces formules, à la forme $a\cos(A-\Pi)$, de telle sorte que a et A soient indépendantes de Π. En désignant en effet par H un angle arbitraire, nous avons

$$r\cos(N-\Pi) - r'\cos(N'-\Pi) = \begin{cases} [r\cos(N-H) - r'\cos(N'-H)]\cos(H-\Pi), \\ -[r\sin(N-H) - r'\sin(N'-H)]\sin(H-\Pi), \end{cases}$$

et par suite,

$$= a\cos(A-\Pi),$$

si a et A sont déterminées par les équations

$$r\cos(N-H) - r'\cos(N'-H) = a\cos(A-H),$$
$$r\sin(N-H) - r'\sin(N'-H) = a\sin(A-H).$$

De cette manière il vient

$$p = \frac{2rr'\sin\frac{1}{2}(N'-N)\sin\left(\frac{1}{2}N + \frac{1}{2}N' - \Pi\right)}{a\cos(A-\Pi)},$$

$$e = \frac{r'-r}{a\cos(A-\Pi)}.$$

Ces formules sont principalement commodes toutes les fois que p et e sont calculés pour plusieurs valeurs de Π; r, r', N, N' ne changeant pas. — Comme pour le calcul des quantités auxiliaires a, A il est permis de prendre l'angle H arbitrairement, on pourra alors poser $H = \frac{1}{2}(N + N')$, d'après quoi les formules se changent en celles-ci :

$$(r'-r)\cos\frac{1}{2}(N'-N) = -a\cos\left(A - \frac{1}{2}N - \frac{1}{2}N'\right),$$

$$(r+r')\sin\frac{1}{2}(N'-N) = -a\sin\left(A - \frac{1}{2}N - \frac{1}{2}N'\right).$$

L'angle A étant donc déterminé par l'équation

$$\operatorname{tang}\left(A - \frac{1}{2}N - \frac{1}{2}N'\right) = \frac{r' + r}{r' - r}\operatorname{tang}\frac{1}{2}(N' - N),$$

on a aussitôt

$$e = -\frac{\cos\left(A - \frac{1}{2}N - \frac{1}{2}N'\right)}{\cos\frac{1}{2}(N' - N)\cos(A - \Pi)}.$$

Le calcul du logarithme de l'expression $\frac{r'+r}{r'-r}$ pourra se simplifier par une méthode déjà souvent expliquée.

81

Si l'excentricité est donnée, on trouve l'angle Π par l'équation

$$\cos(A - \Pi) = -\frac{\cos\left(A - \frac{1}{2}N - \frac{1}{2}N'\right)}{e\cos\frac{1}{2}(N' - N)},$$

après que l'angle auxiliaire A a été déterminé par l'équation

$$\operatorname{tang}\left(A - \frac{1}{2}N - \frac{1}{2}N'\right) = \frac{r' + r}{r' - r}\operatorname{tang}\frac{1}{2}(N' - N).$$

L'ambiguïté qui existe dans la détermination de l'angle $A - \Pi$, par son cosinus, résulte de la nature du problème, de manière qu'on peut satisfaire à la question par deux solutions différentes; il faudra décider, d'autre part, laquelle devra être adoptée et laquelle rejetée; dans ce but, la valeur au moins approchée de Π devra déjà être connue.— Une fois Π trouvé, on calculera p par les formules

$$p = r[1 + e\cos(N - \Pi)] = r'[1 + e\cos(N' - \Pi)],$$

ou par celle-ci :

$$p = \frac{2rr'e\sin\frac{1}{2}(N' - N)\sin\left(\frac{1}{2}N' + \frac{1}{2}N - \Pi\right)}{r' - r}$$

82

Supposons enfin, que nous connaissions les trois rayons vecteurs r, r', r'' qui font, avec la droite menée arbitrairement par le Soleil dans le plan de l'orbite, les angles N, N', N''. Nous aurons alors, en conservant les mêmes notations, les équations (I) :

$$\frac{p}{r} = 1 + e\cos(N - \Pi),$$
$$\frac{p}{r'} = 1 + e\cos(N' - \Pi),$$
$$\frac{p}{r''} = 1 + e\cos(N'' - \Pi),$$

qui permettront d'obtenir p, Π, e de plusieurs manières. Si l'on veut calculer la quantité p avant les autres, on doit multiplier les trois équations (I) respectivement par $\sin(N''-N')$, $-\sin(N''-N)$, $\sin(N'-N)$, et l'on aura, d'après le lemme I, art. 78, en ajoutant les produits,

$$p = \frac{\sin(N''-N') - \sin(N''-N) + \sin(N'-N)}{\frac{1}{r}\sin(N''-N') - \frac{1}{r'}\sin(N''-N) + \frac{1}{r''}\sin(N'-N)}.$$

Cette expression mérite d'être considérée plus attentivement. Le numérateur devient évidemment,

$$2\sin\frac{1}{2}(N''-N')\cos\frac{1}{2}(N''-N') - 2\sin\frac{1}{2}(N''-N')\cos\left(\frac{1}{2}N''+\frac{1}{2}N'-N\right)$$
$$= 4\sin\frac{1}{2}(N''-N')\sin\frac{1}{2}(N''-N)\sin\frac{1}{2}(N'-N).$$

En posant, ensuite,

$$r'r''\sin(N''-N') = n,\quad rr''\sin(N''-N) = n',\quad rr'\sin(N'-N) = n'',$$

il est évident que $\frac{1}{2}n$, $\frac{1}{2}n'$, $\frac{1}{2}n''$ sont les aires des triangles compris entre le second rayon vecteur et le troisième, entre le premier et le troisième, entre le premier et le second. De là on apercevra facilement, dans la nouvelle formule

$$p = \frac{4\sin\frac{1}{2}(N''-N')\sin\frac{1}{2}(N''-N)\sin\frac{1}{2}(N'-N) \cdot rr'r''}{n - n' + n''}$$

que le dénominateur est le double de l'aire du triangle compris entre les extrémités des trois rayons vecteurs, c'est-à-dire entre les trois positions du corps céleste dans l'espace. Toutes les fois que ces positions sont peu écartées les unes des autres, cette aire est toujours une quantité très-petite et certainement du troisième ordre si N'—N, N"—N' sont considérées comme de petites quantités du premier ordre. On conclut de là en même temps, que si une ou plusieurs des quantités r, r', r'', N, N', N" sont affectées d'erreurs même légères, il pourra en résulter, sur la détermination de p, une erreur très-grande; c'est pourquoi cette méthode-ci n'admet jamais une grande précision, à moins que les trois lieux héliocentriques ne soient distants l'un de l'autre d'un intervalle considérable.

Enfin, du moment que le demi-paramètre p sera trouvé, e et Π se détermineront par la combinaison de deux quelconques des équations (I), d'après la méthode de l'art. 79.

83

Si nous aimons mieux commencer la résolution du même problème par le calcul de l'angle Π, nous emploierons la méthode suivante. Nous retranchons, dans les équations (I) la troisième de la seconde, la troisième de la première, la seconde de la première; nous obtenons ainsi les trois nouvelles équations (II) :

$$\frac{\frac{1}{r'}-\frac{1}{r''}}{2\sin\frac{1}{2}(N''-N')}=\frac{e}{p}\sin\left(\frac{1}{2}N'+\frac{1}{2}N''-\Pi\right),$$

$$\frac{\frac{1}{r}-\frac{1}{r''}}{2\sin\frac{1}{2}(N''-N)}=\frac{e}{p}\sin\left(\frac{1}{2}N+\frac{1}{2}N''-\Pi\right),$$

$$\frac{\frac{1}{r}-\frac{1}{r'}}{2\sin\frac{1}{2}(N'-N)}=\frac{e}{p}\sin\left(\frac{1}{2}N+\frac{1}{2}N'-\Pi\right).$$

Deux quelconques de ces équations donneront, d'après le lemme II, art. 78, Π et $\frac{e}{p}$, d'où l'on obtiendra e et p par l'une ou l'autre des équations (I). Si nous adoptons la troisième solution enseignée dans l'art. 78, II, la combinaison de la première équation avec la troisième produit l'algorithme suivant : l'angle auxiliaire ζ sera déterminé par l'équation

$$\operatorname{tang}\zeta = \frac{\frac{r'}{r} - 1}{1 - \frac{r'}{r''}} \cdot \frac{\sin\frac{1}{2}(N'' - N')}{\sin\frac{1}{2}(N' - N)},$$

et l'on aura

$$\operatorname{tang}\left(\frac{1}{4}N + \frac{1}{2}N' + \frac{1}{4}N'' - \Pi\right) = \operatorname{tang}(45° + \zeta)\operatorname{tang}\frac{1}{4}(N'' - N).$$

En changeant le second lieu avec le premier ou avec le troisième, on obtiendra deux autres solutions entièrement analogues à celle-ci.

Comme en employant cette méthode les formules relatives à $\frac{e}{p}$ se résolvent moins promptement, il vaudra mieux déduire e et p des deux équations (I) par la méthode de l'art. 80. Enfin, l'ambiguité dans la détermination de Π par la tangente de l'angle $\frac{1}{4}N + \frac{1}{2}N' + \frac{1}{4}N'' - \Pi$ devra être ici écartée par la considération que e est une quantité positive; il est en effet évident, que e acquière des valeurs opposées si l'on prend pour Π des valeurs différant entre elles de 180°. Mais le signe de p ne dépend pas de cette ambiguïté et sa valeur ne peut être prise négativement, à moins que les trois points donnés n'appartiennent à un arc d'hyperbole opposé au Soleil, cas contraire aux lois de la nature, et auquel nous n'avons pas ici égard.

Les quantités que l'on obtiendrait, d'après l'application de la première méthode de l'art. 78, II, après de pénibles substitutions, peuvent être, dans le cas actuel, déterminées plus commodément de la manière suivante : Que l'on multiplie la première des équations II par $\cos\frac{1}{2}(N'' - N')$, la troisième par $\cos\frac{1}{2}(N' - N)$, et que l'on retranche le dernier produit du premier. Alors, par l'application exacte du lemme I de l'art. 78 (*), on obtiendra l'équation

(*) C'est-à-dire, en posant dans la seconde formule

$$A = \frac{1}{2}(N'' - N'),\quad B = \frac{1}{2}N + \frac{1}{2}N'' - \Pi,\quad C = \frac{1}{2}(N - N').$$

$$\frac{1}{2}\left(\frac{1}{r'}-\frac{1}{r''}\right)\operatorname{cotang}\frac{1}{2}(N''-N')-\frac{1}{2}\left(\frac{1}{r}-\frac{1}{r'}\right)\operatorname{cotang}\frac{1}{2}(N'-N)$$
$$=\frac{e}{p}\sin\frac{1}{2}(N''-N)\cos\left(\frac{1}{2}N+\frac{1}{2}N''-\Pi\right).$$

En combinant cette équation avec la seconde des équations II, Π et $\frac{e}{p}$ seront déterminés; et alors Π, par la formule.

$$\operatorname{tang}\left(\frac{1}{2}N+\frac{1}{2}N''-\Pi\right)=\frac{\frac{r'}{r}-\frac{r'}{r''}}{\left(1-\frac{r'}{r''}\right)\operatorname{cotang}\frac{1}{2}(N''-N)-\left(\frac{r'}{r}-1\right)\operatorname{cotang}\frac{1}{2}(N'-N)}.$$

De là aussi, dérivent deux autres formules entièrement analogues en changeant le second lieu avec le premier ou avec le troisième.

84

Puisqu'on peut déterminer l'orbite entière, au moyen de deux rayons vecteurs donnés de grandeur et de position, avec un élément de l'orbite, on pourra aussi, avec ces données, déterminer le *temps* pendant lequel le corps céleste se meut d'un rayon vecteur à l'autre, si à la vérité nous négligeons la masse de l'astre ou si nous la regardons comme connue : nous nous en tiendrons à la première hypothèse, à laquelle la seconde est facilement réduite. De là, réciproquement, il est évident que deux rayons vecteurs donnés de grandeur et de position avec le temps pendant lequel le corps céleste décrit l'espace compris, déterminent l'orbite entière. Mais ce problème, qui doit être considéré comme très-important dans la théorie du mouvement des corps célestes, n'est pas si facilement résolu, puisque l'expression du temps en fonction des éléments est transcendante et de plus assez compliquée. Il est, pour cela, le plus digne d'être traité avec tout le soin possible; c'est pourquoi, nous espérons qu'il ne sera pas désagréable au lecteur que, outre la solution enseignée plus loin, solution qui paraît ne rien laisser à désirer, nous ayons considéré comme devant aussi être arrachée à l'oubli, celle dont nous nous sommes fréquemment servis, avant que la première ne se soit offerte à nous. Il est toujours favorable d'attaquer par plusieurs voies un problème plus difficile, et de ne pas mépriser la bonne quoiqu'on préfère la meilleure. Nous entamons la question par l'exposition de cette méthode plus ancienne.

85

Nous conserverons aux lettres r, r' N, N', p, e, Π la même signification que précédemment. Nous désignerons par Δ la différence N' — N, et par t, le temps pendant lequel le corps céleste se transporte de la première position à la seconde. Il est maintenant évident, que si l'on connaît la valeur approchée de l'une des quantités p, e, Π, on pourra aussi en déduire la valeur des deux autres, et ensuite, par les méthodes développées dans la première section, le temps correspondant au mouvement de l'astre pour aller de la première position à la seconde. Si ce temps se trouve égal à l'intervalle proposé t, la valeur supposée de p, e ou Π est exacte et l'orbite est déjà trouvée ; si cela n'est pas, le calcul recommencé avec une autre valeur un peu différente de la première, montrera quelle variation, dans la valeur du temps, correspond à une petite variation dans la valeur de p, e, ou Π ; de là, par une simple interpolation, on déterminera la valeur corrigée. Si le calcul est de nouveau recommencé avec cette valeur, le temps qu'on en déduira s'accordera entièrement avec le proposé, ou au moins, en différera d'une très-petite quantité, de telle sorte certainement, qu'on pourra atteindre, par de nouvelles corrections, un accord aussi parfait que le permettent les tables logarithmiques et trigonométriques.

Le problème se réduit donc à ceci ; — que, pour le cas où l'orbite est entièrement inconnue, nous sachions déterminer une valeur au moins approchée de l'une quelconque des quantités p, e, Π. Nous donnerons maintenant une méthode par laquelle la valeur de p est obtenue avec tant de précision que, pour de petites valeurs de Δ, elle n'exige aucune nouvelle correction ; et par suite, l'orbite entière est déterminée, par un premier calcul, avec toute la précision que permettent les tables vulgaires. Mais autrement, il ne faudra presque jamais recourir à cette méthode, si ce n'est pour des valeurs médiocres de Δ, parce qu'on ne peut guère entreprendre la détermination d'une orbite entièrement inconnue, à cause de la complication trop embarrassée du problème, qu'avec des observations peu écartées les unes des autres, ou plutôt telles qu'elles répondent à un mouvement héliocentrique peu considérable.

86

En désignant par ρ le rayon vecteur indéterminé ou variable qui répond à l'anomalie vraie $v - \Pi$, l'aire du secteur décrit par le corps céleste dans le temps t, sera $\frac{1}{2}\int \rho^2 dv$, cette intégrale étant prise depuis $v = N$ jusqu'à $v = N'$, et par suite, en prenant k avec sa signification de l'art. 6, on a $kt\sqrt{p} = \int \rho^2 dv$. Il est actuellement évident, d'après les formules développées par Cotes, que si φx exprime une fonction quelconque de x, des valeurs de plus en plus approchées de l'intégrale $\int \varphi x . dx$, prise depuis $x = u$ jusqu'à $x = u + \Delta$ s'obtiendront par les formules

$$\frac{1}{2}\Delta\,[\varphi u + \varphi(u + \Delta)],$$

$$\frac{1}{6}\Delta\left[\varphi u + 4\varphi\left(u + \frac{1}{2}\Delta\right) + \varphi(u + \Delta)\right],$$

$$\frac{1}{8}\Delta\left[\varphi u + 3\varphi\left(u + \frac{1}{3}\Delta\right) + 3\varphi\left(u + \frac{2}{3}\Delta\right) + \varphi(u + \Delta\right] + \text{etc., etc.}$$

Il suffira, pour notre but, de s'arrêter aux deux premières formules.

Par la première, nous avons donc, dans notre problème,

$$\int \rho^2 dv = \frac{1}{2}\Delta\,(r^2 + r'^2) = \frac{\Delta r r'}{\cos 2\omega},$$

si nous posons

$$\frac{r'}{r} = \text{tang}\,(45° + \omega).$$

C'est pourquoi, la première valeur approchée de $\sqrt{p}$ sera $\frac{\Delta r r'}{kt \cos \omega}$, que nous posons $= 3\alpha$.

Par la seconde formule, nous avons plus exactement

$$\int \rho^2 dv = \frac{1}{6}\Delta\,(r^2 + r'^2 + 4R^2),$$

en désignant par R le rayon vecteur qui correspond à l'anomalie intermédiaire $\frac{1}{2}N + \frac{1}{2}N' - \Pi$.

En exprimant maintenant p, en fonction de r, R, r', N, $N + \frac{1}{2}\Delta$, $N + \Delta$, d'après les formules données dans l'article 82, nous trouvons

$$p = \frac{4 \sin^2 \frac{1}{4}\Delta \sin \frac{1}{2}\Delta}{\left(\frac{1}{r} + \frac{1}{r'}\right) \sin \frac{1}{2}\Delta - \frac{1}{R} \sin \Delta},$$

et de là

$$\frac{\cos \frac{1}{2}\Delta}{R} = \frac{1}{2}\left(\frac{1}{r} + \frac{1}{r'}\right) - \frac{2 \sin^2 \frac{1}{4}\Delta}{p} = \frac{\cos \omega}{\sqrt{rr' \cos 2\omega}} - \frac{2 \sin^2 \frac{1}{4}\Delta}{p}.$$

En posant donc,

$$\frac{2 \sin^2 \frac{1}{4}\Delta \sqrt{rr' \cos 2\omega}}{\cos \omega} = \delta,$$

il vient

$$R = \frac{\cos \frac{1}{2}\Delta \sqrt{rr' \cos 2\omega}}{\cos \omega \left(1 - \frac{\delta}{p}\right)},$$

d'où l'on obtient la seconde valeur approchée de $\sqrt{p}$,

$$\sqrt{p} = \alpha + \frac{2\alpha \cos^2 \frac{1}{2}\Delta \cos^2 2\omega}{\cos^2 \omega \left(1 - \frac{\delta}{p}\right)^2} = \alpha + \frac{\varepsilon}{\left(1 - \frac{\delta}{p}\right)^2},$$

si nous posons

$$2\alpha \left(\frac{\cos \frac{1}{2}\Delta \cos 2\omega}{\cos \omega}\right)^2 = \varepsilon,$$

C'est pourquoi, en écrivant π à la place de $\sqrt{p}$, on déterminera π par l'équation

$$(\pi - \alpha)\left(1 - \frac{\delta}{\pi^2}\right)^2 = \varepsilon,$$

qui convenablement développée s'élèverait au cinquième degré. Posons $\pi = q + \mu$, de telle sorte que q soit une valeur approchée de π, et μ une très-petite quantité dont on peut négliger le carré et les puissances supérieures; on trouve par cette substitution,

$$(q-\alpha)\left(1-\frac{\delta}{q^2}\right)^2+\mu\left[\left(1-\frac{\delta}{q^2}\right)^2+\frac{4\delta(q-\alpha)}{q^3}\left(1-\frac{\delta}{q^2}\right)\right]=\varepsilon$$

ou

$$\mu=\frac{\varepsilon q^5-(q^2-\alpha q)(q^2-\delta)^2}{(q^2-\delta)(q^3+3\delta q-4\alpha\delta)},$$

et par suite,

$$\pi=\frac{\varepsilon q^5+(q^2-\delta)(\alpha q^2+4\delta q-5\alpha\delta)q}{(q^2-\delta)(q^3+3\delta q-4\alpha\delta)}.$$

Nous avons maintenant, dans notre problème, la valeur approximative de π, à savoir 3α, qui étant substituée à la place de q dans la formule précédente, donne la valeur corrigée

$$\pi=\frac{243\alpha^4\varepsilon+3\alpha(9\alpha^2-\delta)(9\alpha^2+7\delta)}{(9\alpha^2-\delta)(27\alpha^2+5\delta)}.$$

En posant donc,

$$\frac{\delta}{27\alpha^2}=\beta,\quad \frac{\varepsilon}{(1-3\beta)\alpha}=\gamma,$$

la formule prend cette forme-ci :

$$\pi=\frac{\alpha(1+\gamma+21\beta)}{1+5\beta},$$

et toutes les opérations nécessaires à la solution du problème sont contenues dans les cinq formules :

I. $$\frac{r'}{r}=\text{tang}\,(45°+\omega).$$

II. $$\frac{\Delta rr'}{3kt\cos 2\omega}=\alpha.$$

III. $$\frac{2\sin^2\frac{1}{4}\Delta\sqrt{rr'\cos 2\omega}}{27\alpha^2\cos\omega}=\beta.$$

IV. $$\frac{2\cos^2\frac{1}{2}\Delta\cos^2 2\omega}{(1-3\beta)\cos^2\omega}=\gamma.$$

V. $$\frac{\alpha(1+\gamma+21\beta)}{1+5\delta}=\sqrt{p}.$$

S'il plaît de diminuer quelque chose de la précision de ces formules, on pourra obtenir des expressions encore plus simples. En faisant, en effet, $\cos\omega$ et $\cos 2\omega=1$, et en développant la valeur de $\sqrt{p}$ en série suivant les puissances croissantes de Δ, on obtient, en négligeant les quatrièmes puissances et celles plus élevées,

$$\sqrt{p}=\alpha\left(3-\frac{1}{2}\Delta^2+\frac{\Delta^2\sqrt{rr'}}{18\alpha^2}\right),$$

dans lesquelles Δ doit être exprimé en parties du rayon. C'est pourquoi, en faisant $\frac{\Delta rr}{kt}=\sqrt{p'}$, on a

VI. $$p=p'\left(1-\frac{1}{3}\Delta^2+\frac{\Delta^2\sqrt{rr'}}{3p'}\right).$$

De la même manière, en développant $\sqrt{p}$ en série, suivant les puissances croissantes de $\sin\Delta$, on obtient, en posant $\frac{rr'\sin\Delta}{kt}=\sqrt{p''}$,

VII. $$\sqrt{p}=\left(1+\frac{\sin^2\Delta\sqrt{rr'}}{6p''}\right)\sqrt{p''},$$

ou

VIII. $$p=p''+\frac{1}{3}\sin^2\Delta\sqrt{rr'}.$$

Les formules VII et VIII s'accordent avec celles que l'illustre Euler a développées dans le « *Theoria motus planetarum et cometarum,* » et la formule VI avec celle qui a été employée dans les « *Recherches et calculs sur la vraie orbite elliptique de la comète de* 1769, » p. 80.

87

Les exemples suivants éclairciront la pratique des méthodes précédentes, et permettront en même temps d'estimer le degré de précision.

I. Soient $\log r=0{,}3307640$, $\log r'=0{,}3222239$, $\Delta=7°\ 34'\ 53'',73$

$=27293'',73$, $t=21{,}93391$ jours. On trouve ici $\omega=-33'47'',90$, d'où le calcul ultérieur se fait de la manière suivante :

$\log\Delta$	4,4360629	$\frac{1}{2}\log rr'\cos 2\omega$....	0,3264519
$\log rr'$.......	0,6529879	$2\log\sin\frac{1}{4}\Delta$	7,0389972
$c'\log 3k$.......	5,9728722	$\log\frac{2}{27}$........	8,8696662
$c'\log t$........	8,6388840	$c'\log\alpha^2$........	0,5582180
$c'\log\cos 2\omega$	0,0000840	$c'\log\cos\omega$......	0,0000210
$\log\alpha$.........	9,7208910	$\log\beta$........	6,7933543
		$\beta=$	0,0006213757
$\log 2$.........	0,3010300		
$2\log\cos\frac{1}{2}\Delta$.....	9,9980976	$1+\gamma+21\beta=$	3,0074471
$2\log\cos 2\omega$	9,9998320	$\log$	0,4781980
$c'\log(1-3\beta)$....	0,0008103	$\log\alpha$.........	9,7208910
$2c'\log\cos 2\omega$......	0,0000420	$c'\log(1+5\beta)$....	9,9986528
$\log\gamma$.........	0,2998119	$\log\sqrt{p}$	0,1977418
$\gamma=$	1,9943982	$\log p$.........	0,3954836
$21\beta=$	0,0130489		

Cette valeur de $\log p$ diffère de la vraie valeur, à peine d'une unité du septième ordre : la formule VI, dans cet exemple, donne $\log p=0{,}3954822$; la formule VII donne 0,3954780 ; enfin, la formule VIII, 0,3954754.

II. Soient $\log r=0{,}4282792$, $\log r'=0{,}4062033$, $\Delta=62°55'16'',64$, $t=259{,}88477$ jours. On déduit de là $\omega=-1°27'20''14$, $\log\alpha=9{,}7482348$, $\beta=0{,}04535216$, $\gamma=1{,}681127$, $\log\sqrt{p}=0{,}2198027$, $\log p=0{,}4396054$, qui est inférieur à la vraie valeur, de 183 unités du septième ordre.

La vraie valeur est en effet, dans cet exemple, 0,4396237 ; par la formule VI on trouve 0,4368730 ; par la formule VII, 0,4159824 ; enfin, par la formule VIII, 0,4051103 ; les deux dernières valeurs diffèrent tellement de la vérité qu'elles ne peuvent même tenir lieu d'approximations.

88

L'exposition de la *seconde* méthode fournira l'occasion de développer un grand nombre de relations nouvelles et élégantes ; comme elles prennent différentes formes suivant les diverses espèces de sections coniques, il sera convenable de traiter chacune d'elles en particulier; nous commencerons par l'ELLIPSE.

Qu'à deux positions de l'astre correspondent les anomalies vraies v, v' (dont v répond à l'époque antérieure), les anomalies excentriques E, E' et les rayons vecteurs r, r'; soient ensuite p le demi-paramètre, $e = \sin\varphi$ l'excentricité, a le demi grand axe, t le temps pendant lequel l'astre passe de la première position à la seconde; posons enfin, $v' - v = 2f$, $v' + v = 2F$, $E' - E = 2g$, $E' + E = 2G$, $a\cos\varphi = \frac{p}{\cos\varphi} = b$. Ces conventions faites, nous déduisons facilement, par la combinaison des formules V, VI, art. 8, les équations suivantes :

[1] $$b \sin g = \sin f\sqrt{rr'},$$

[2] $$b \sin G = \sin F\sqrt{rr'},$$

$$p\cos g = \left[\cos\tfrac{1}{2}v\cos\tfrac{1}{2}v'.(1+e) + \sin\tfrac{1}{2}v\sin\tfrac{1}{2}v'.(1-e)\right]\sqrt{rr'},$$

ou

[3] $$p\cos g = (\cos f + e\cos F)\sqrt{rr'},$$ et de même

[4] $$p\cos G = (\cos F + e\cos f)\sqrt{rr'}.$$

De la combinaison des équations [3], [4], on obtient ensuite

[5] $$\cos f\sqrt{rr'} = (\cos g - e\cos G)\,a,$$

[6] $$\cos F\sqrt{rr'} = (\cos G - e\cos g)\,a.$$

Au moyen de la formule III, art. 8, nous obtenons

[7] $$r' - r = 2ae\sin g\sin G.$$

$$r' + r = 2a - 2ae\cos g\cos G = 2a\sin^2 g + 2\cos f\cos g\sqrt{rr'},$$

d'où

[8] $$a = \frac{r' + r - 2\cos f\cos g\sqrt{rr'}}{2\sin^2 g}.$$

Posons

[9] $$\frac{\sqrt{\frac{r'}{r}} + \sqrt{\frac{r}{r'}}}{2\cos f} = 1 + 2l,$$

et l'on aura

[10] $$a = \frac{2\left(l + \sin^2\frac{1}{2}g\right)\cos f\sqrt{rr'}}{\sin^2 g},$$

et aussi

$$\sqrt{a} = \pm \frac{\sqrt{2\left(l + \sin^2\frac{1}{2}g\right)\cos f\sqrt{rr'}}}{\sin g},$$

dans laquelle il faudra prendre le signe supérieur ou le signe inférieur, selon que $\sin g$ sera positif ou négatif. La formule XII de l'art. 8 nous donne l'équation

$$\frac{kt}{a^{\frac{3}{2}}} = E' - e\sin E' - E + e\sin E = 2g - 2e\sin g\cos G$$

$$= 2g - \sin 2g + 2\cos f\sin g\frac{\sqrt{rr'}}{a}.$$

Si maintenant on substitue dans cette équation à la place de a sa valeur [10], et qu'on pose par abréviation

[11] $$\frac{kt}{2^{\frac{3}{2}}\cos^{\frac{3}{2}} f(rr')^{\frac{3}{4}}} = m,$$

on trouve, toutes réductions convenablement faites,

[12] $$\pm m = \left(l + \sin^2\frac{1}{2}g\right)^{\frac{1}{2}} + \left(l + \sin^2\frac{1}{2}g\right)^{\frac{3}{2}}\left(\frac{2g - \sin 2g}{\sin^3 g}\right)$$

dans laquelle le signe supérieur ou le signe inférieur doit être placé devant m, suivant que $\sin g$ est positif ou négatif.

Toutes les fois que le mouvement héliocentrique est compris entre 180° et 360°, ou plus généralement, toutes les fois que $\cos f$ est négatif, la quantité m déterminée par la formule [11] devient imaginaire. Pour éviter cela, nous adopterons dans ce cas là, à la place des équations [9] et [11], les suivantes :

[9*] $$\frac{\sqrt{\frac{r'}{r}} + \sqrt{\frac{r}{r'}}}{2\cos f} = 1 - 2L,$$

[11*] $$\frac{kt}{2^{\frac{3}{2}}(-\cos f)^{\frac{3}{2}}(rr')^{\frac{3}{4}}} = M,$$

d'où nous obtiendrons, à la place des formules [10] et [12]

$$[10^*] \qquad a = \frac{-2\left(L - \sin^2\frac{1}{2}g\right)\cos f\sqrt{rr'}}{\sin^2 g}.$$

$$[12^*] \quad \pm M = -\left(L - \sin^2\frac{1}{2}g\right)^{\frac{1}{2}} + \left(L - \sin^2\frac{1}{2}g\right)^{\frac{3}{2}}\left(\frac{2g - \sin 2g}{\sin^3 g}\right)$$

dans laquelle le signe à prendre est déterminé de la même manière que précédemment.

89

Un double travail se présente maintenant à nous : premièrement, que de l'équation transcendante [12], puisqu'elle n'admet pas de solution directe, nous déterminions l'inconnue g le plus commodément ; secondement, que de l'angle g trouvé nous déduisions les éléments eux-mêmes. Avant d'entreprendre ces questions, effectuons une transformation particulière au moyen de laquelle le calcul des quantités auxiliaires l ou L est promptement achevé, et en outre plusieurs formules développées plus loin sont réduites à une forme plus élégante.

En introduisant en effet l'angle auxiliaire ω, devant être déterminé par la relation

$$\sqrt[4]{\frac{r'}{r}} = \operatorname{tang}(45^\circ + \omega),$$

il vient

$$\sqrt{\frac{r'}{r}} + \sqrt{\frac{r}{r'}} = 2 + [\operatorname{tang}(45^\circ + \omega) - \operatorname{cotang}(45^\circ + \omega)]^2 = 2 + 4\operatorname{tang}^2 2\omega;$$

d'où l'on a

$$l = \frac{\sin^2\frac{1}{2}f}{\cos f} + \frac{\operatorname{tang}^2 2\omega}{\cos f}, \qquad L = -\frac{\sin^2\frac{1}{2}f}{\cos f} - \frac{\operatorname{tang}^2 2\omega}{\cos f}.$$

90

Nous considérerons d'abord le cas où, par la résolution de l'équation [12], on obtient pour g une valeur qui n'est pas trop grande, de telle sorte que $\frac{2g - \sin 2g}{\sin^3 g}$ puisse être développé en série suivant les puissances croissantes de $\sin\frac{1}{2}g$. Le numérateur de cette expression que nous désignons par X, devient

$$=\frac{32}{3}\sin^3\frac{1}{2}g-\frac{16}{5}\sin^5\frac{1}{2}g-\frac{4}{7}\sin^7\frac{1}{2}g-\ldots\text{etc.}$$

et le dénominateur

$$=8\sin^3\frac{1}{2}g-12\sin^5\frac{1}{2}g+3\sin^7\frac{1}{2}g+\ldots\text{etc.}$$

d'où X prend la forme

$$\frac{4}{3}+\frac{8}{5}\sin^2\frac{1}{2}g+\frac{64}{35}\sin^4\frac{1}{2}g+\ldots\text{etc.}$$

Mais pour mettre en évidence la loi des coefficients de cette série, différentions l'équation

$$X\sin^3 g=2g-\sin 2g;$$

d'où l'on déduit

$$3X\cos g\sin^2 g+\sin^3 g\frac{dX}{dg}=2-2\cos 2g=4\sin^2 g.$$

En posant en outre

$$\sin^2\frac{1}{2}g=x,$$

on a

$$\frac{dx}{dg}=\frac{1}{2}\sin g,$$

d'où l'on conclut

$$\frac{dX}{dx}=\frac{8-6X\cos g}{\sin^2 g}=\frac{4-3X(1-2x)}{2x(1-x)},$$

et par conséquent,

$$(2x-2x^2)\frac{dX}{dx}=4-(3-6x)X.$$

Si donc, nous posons

$$X=\frac{4}{3}(1+\alpha x+\beta x^2+\gamma x^3+\delta x^4+\ldots\text{etc.}),$$

nous obtenons l'équation

$$\frac{8}{3}[\alpha x + (2\beta - \alpha)x^2 + (3\gamma - 2\beta)x^3 + (4\delta - 3\gamma)x^4 + \text{etc.}]$$
$$= (8 - 4\alpha)x + (8\alpha - 4\beta)x^2 + (8\beta - 4\gamma)x^3 + (8\gamma - 4\delta)x^4 + \text{etc.}$$

qui doit être identique.

De là, nous concluons

$$\alpha = \frac{6}{5}, \quad \beta = \frac{8}{7}\alpha, \quad \gamma = \frac{10}{9}\beta, \quad \delta = \frac{12}{11}\gamma \ldots \text{etc.},$$

d'où l'on déduit la loi de la progression. Nous avons donc

$$X = \frac{4}{3} + \frac{4.6}{3.5}x + \frac{4.6.8}{3.5.7}x^2 + \frac{4.6.8.10}{3.5.7.9}x^3 + \frac{4.6.8.10.12}{3.5.7.9.11}x^4 + \text{etc.}$$

On peut transformer cette série en la fraction continue suivante :

$$X = \cfrac{\frac{4}{3}}{1 - \cfrac{\frac{6}{5}x}{1 + \cfrac{\frac{2}{5.7}x}{1 - \cfrac{\frac{5.8}{7.9}x}{1 - \cfrac{\frac{1.4}{9.11}x}{1 - \cfrac{\frac{7.10}{11.13}x}{1 - \cfrac{\frac{3.6}{13.15}x}{1 - \cfrac{\frac{9.12}{15.17}x}{1 - \text{etc.}}}}}}}}}$$

La loi suivant laquelle se forment les coefficients $\frac{6}{5}, -\frac{2}{5.7}, \frac{5.8}{7.9}, \frac{1.4}{9.11}$, etc., est évidente; le n^{ième} terme de cette série, si n est pair, est $= \frac{n - 3n}{(2n+1)(2n+3)}$, et si n est impair, $= \frac{(n+2)(n+5)}{(2n+1)(2n+3)}$; un développement plus étendu de cette question serait trop étranger notre sujet.

Si nous posons maintenant

$$\cfrac{x}{1+\cfrac{\frac{2}{5.7}x}{1-\cfrac{\frac{5.8}{7.9}x}{1-\cfrac{\frac{1.4}{9.11}x}{1-\text{etc.},}}}} = x-\xi$$

on a

$$X = \frac{1}{\frac{3}{4}-\frac{9}{10}(x-\xi)}, \quad \text{et } \xi = x - \frac{5}{6} + \frac{10}{9X},$$

ou

$$\xi = \frac{\sin^3 g - \frac{3}{4}(2g - \sin 2g)\left(1 - \frac{6}{5}\sin^2\frac{1}{2}g\right)}{\frac{9}{10}(2g - \sin 2g).},$$

Le numérateur de cette expression est une quantité du septième ordre, le dénominateur du troisième ordre, et par suite ξ du quatrième, pourvu que g soit considéré comme une quantité du premier ordre, ou x comme une quantité du second ordre. On conclut de là que cette dernière formule n'est pas convenable pour la détermination numérique exacte de ξ, toutes les fois que g n'exprime pas un angle très-considérable ; mais alors, les formules suivantes sont convenablement employées, formules qui ne diffèrent l'une de l'autre que par le changement des numérateurs dans les coefficients fractions, et dont la première se déduit facilement au moyen de la valeur supposée de $x - \xi$ (*).

(*) La déduction de cette dernière formule suppose quelques transformations moins évidentes et qui seront expliquées dans une autre occasion.

$$[13] \qquad \xi = \cfrac{\frac{2}{35}x^2}{1 + \frac{2}{35}x - \cfrac{\frac{40}{63}x}{1 - \cfrac{\frac{4}{99}x}{1 - \cfrac{\frac{70}{143}x}{1 - \cfrac{\frac{18}{195}x}{1 - \cfrac{\frac{108}{255}x}{1 - \text{etc.}}}}}}}$$

ou,

$$\xi = \cfrac{\frac{2}{35}x^2}{1 - \frac{18}{35}x - \cfrac{\frac{4}{63}x}{1 - \cfrac{\frac{40}{99}x}{1 - \cfrac{\frac{18}{143}x}{1 - \cfrac{\frac{70}{195}x}{1 - \cfrac{\frac{40}{255}x}{1 - \text{etc.}}}}}}}$$

Dans la troisième table annexée à cet ouvrage, se trouvent calculées avec sept décimales, les valeurs correspondantes de ξ pour toutes les valeurs de x, de millième en millième, depuis 0 jusqu'à 0,3. Cette table montre, au premier aspect, l'exiguïté de la valeur de ξ pour des valeurs médiocres de g; ainsi, pour $E' - E = 10^\circ$ ou $g = 5^\circ$, ce qui donne $x = 0{,}00195$, on a ξ — 0, 0000002. Il eut été superflu de continuer cette table au delà puisque le dernier terme $x = 0{,}3$ répond à $g = 66^\circ 25'$, ou $E' - E = 132^\circ 50'$. Enfin, la troisième colonne qui contient les valeurs de ξ correspondant aux valeurs négatives de x, sera expliquée plus loin, en son lieu.

91

L'équation 12, dans laquelle relativement au cas dont il s'agit il convient évidemment d'adopter le signe supérieur, prend, en introduisant la quantité ξ, la forme

$$m=(l+x)^{\frac{1}{2}}+\frac{(l+x)^{\frac{3}{2}}}{\frac{3}{4}-\frac{9}{10}(x-\xi)}.$$

En posant donc, $\sqrt{(l+x)}=\frac{m}{y}$, et

$$[14] \qquad \frac{m^2}{\frac{5}{6}+l+\xi}=h,$$

on a, après toutes les réductions convenables,

$$[15] \qquad h=\frac{(y-1)y^2}{y+\frac{1}{9}}.$$

C'est pourquoi, si l'on peut regarder h comme une quantité connue, y s'en déduira à l'aide d'une équation du troisième degré, et l'on aura ensuite,

$$[16] \qquad x=\frac{m^2}{y^2}-l.$$

Maintenant, quoique h contienne une quantité ξ encore inconnue, on pourra, dans une première approximation, la négliger et prendre pour valeur de h, $\frac{m^2}{\frac{5}{6}+l}$ puisque certainement, dans le cas que nous considérons, ξ est toujours une quantité extrêmement petite.

De là, par les équations 15 et 16 on obtiendra y et x; de x on déduira ξ, au moyen de la table III, et avec cette quantité on trouvera par la formule 14, la valeur de h corrigée, avec laquelle recommençant le même calcul, on obtiendra les valeurs exactes de y et x. Le plus souvent ces valeurs diffèrent si peu des précédentes que ξ pris de nouveau dans la table, n'est pas différent de la première valeur; s'il en était autrement, il faudrait recommencer de nouveau le calcul jusqu'à ce qu'il ne déterminât plus aucun changement. Dès que la quantité x sera trouvée, on aura g par la formule,

$$\sin^2 \frac{1}{2} g = x.$$

Ces principes se rapportent au premier cas dans lequel cos f est positif; dans l'autre cas, où il est négatif, nous posons

$$\sqrt{L - x} = \frac{M}{Y},$$

et

[14*] $$\frac{M^2}{L - \frac{5}{6} - \xi} = H,$$

d'où l'équation 12*, convenablement réduite, se change en celle-ci,

[15*] $$H = \frac{(Y + 1)Y^2}{Y - \frac{1}{9}}.$$

On pourra donc déterminer Y d'après H, au moyen de cette équation cubique, d'où l'on déduira ensuite x par l'équation

[16*] $$x = L - \frac{M^2}{Y^2}.$$

Dans une première approximation, on pourra prendre pour H, la valeur

$$\frac{M^2}{L - \frac{5}{6}};$$

avec la valeur de x déduite de là, par le moyen des équations 15* et 16*, on extraira ξ de la table III; de là, par la formule 14* on aura la valeur corrigée de H avec laquelle on recommencera le calcul de la même manière. Enfin, l'angle g sera déterminé, d'après x, de la même manière que dans le premier cas.

92

Quoique dans certains cas, les équations 15, 15* puissent avoir trois racines réelles, il ne sera néanmoins jamais douteux laquelle dans notre problème devra être adoptée. Puisqu'en effet h est évidemment une quantité positive, on conclut facilement de la théorie des équations, que l'équation 15 a une seule racine positive avec deux imaginaires ou deux négatives. Maintenant, puisque $y = \frac{m}{\sqrt{l+x}}$ doit être nécessairement une quantité positive, il est évident qu'il ne reste ici aucune incertitude.

Mais, en ce qui regarde l'équation 15*, nous observons d'abord que L est nécessairement plus grand que 1; ce qui est facilement démontré, si l'équation donnée dans l'art. 89 est mise sous la forme

$$L = 1 + \frac{\cos^2 \frac{1}{2} f}{-\cos f} + \frac{\tang^2 2\omega}{-\cos f}.$$

En substituant ensuite, dans l'équation 12*, $Y\sqrt{L-x}$ à la place de M, il vient

$$Y + 1 = (L - x)X,$$

et, par suite,

$$Y + 1 > (1 - x)X > \frac{4}{3} + \frac{4}{3.5}x + \frac{4.6}{3.5.7}x^2 + \frac{4.6.8}{3.5.7.9}x^3 . + \ldots > \frac{4}{3},$$

et par conséquent, $Y > \frac{1}{3}$. En posant, donc, $Y = \frac{1}{3} + Y'$, Y' sera nécessairement une quantité positive; par là aussi, l'équation 15* se change en celle-ci

$$Y'^3 + 2Y'^2 + (1 - H)Y' + \frac{4}{27} - \frac{2}{9}H = 0,$$

qui ne peut avoir plusieurs racines positives, ainsi que le prouve facilement la théorie des équations. On conclut de là que l'équation 15* ne peut avoir qu'une racine plus grande que $\frac{1}{3}$ (*) qu'il faudra, les autres étant négligées, adopter dans notre problème.

93

Pour rendre la solution de l'équation 15 la plus facile possible, pour les cas qui se présentent le plus fréquemment dans la pratique,

(*) Si à la vérité nous supposons le problème réellement soluble.

nous ajoutons à la fin de cet ouvrage une table particulière (la table II) qui donne, pour les valeurs de h comprises depuis 0 jusqu'à 0,6, les logarithmes correspondants de y^2 calculés avec le plus grand soin jusqu'à la septième décimale. L'argument h est donné de dix-millième en dix-millième depuis 0 jusqu'à 0,04; par ce fait, les différences secondes de $\log y^2$ sont rendues insensibles, de sorte que dans cette partie de la table il suffit assurément d'une simple interpolation. Mais comme la table serait devenue beaucoup trop volumineuse, si elle avait eu partout le même développement, on a dû ne la donner depuis $h = 0{,}04$ jusqu'à la fin, que de millième en millième; c'est pourquoi il faudra, dans cette dernière partie, avoir égard aux différences secondes, si nous désirons à la vérité éviter des erreurs de quelques unités dans la septième décimale. Au reste, les petites valeurs de h sont, dans la pratique, de beaucoup les plus fréquentes.

Toutes les fois que h sort des limites de la table, la solution de l'équation 15, et aussi celle de l'équation 15*, pourront être effectuées sans difficulté par la méthode indirecte ou par d'autres méthodes assez connues. Au reste, il ne sera pas étranger à la question d'avertir qu'une petite valeur de g ne peut exister avec une valeur négative de $\cos f$, si ce n'est dans les orbites très-excentriques, ainsi que cela ressortira spontanément de l'équation 20, donnée plus loin dans l'art. 95 (*).

94

La manière de traiter les équations 12, 12*, expliquée dans les art. 91, 92, 93, est basée sur la supposition que l'angle g n'est pas trop grand, et certainement inférieur à la limite 66° 25', au delà de laquelle nous n'avons pas étendu la table III. Toutes les fois que cette hypothèse n'est pas exacte, ces équations ne réclament pas d'artifices aussi grands; car elles pourront toujours, *sans changement de forme*, être résolues par tâtonnements en toute sûreté et très-commodément. *Sûrement*, en effet, puisque la valeur de l'expression

$$\frac{2g - \sin 2g}{\sin^3 g},$$

dans laquelle $2g$ doit évidemment être exprimé en parties du rayon,

(*) Cette équation montre que si $\cos f$ est négatif, φ doit certainement être plus grand que $90° - g$.

peut être calculée pour les grandes valeurs de g, avec toute *précision*, par le moyen des tables trigonométriques, ce qui ne peut certainement avoir lieu tant que g est un petit angle; *commodément*, puisque les lieux héliocentriques distants l'un de l'autre d'un aussi grand intervalle ne sont presque jamais employés pour la détermination d'une orbite encore entièrement inconnue, tandis que par le moyen des équations 1 ou 3 de l'art. 88, une valeur approchée de g se déduit presque sans travail d'une connaissance quelconque de l'orbite; enfin, d'une valeur approchée de g, on obtiendra toujours, par un petit nombre d'essais, une valeur corrigée satisfaisant avec toute la précision désirable à l'équation 12 ou 12*. Au reste, toutes les fois que deux lieux héliocentriques donnés embrassent plus d'une révolution entière, il importe de se rappeler que pour l'anomalie excentrique tout autant de révolutions complètes auront été achevées, de telle sorte que les angles $E'-E$, $v'-v$ tomberont tous les deux entre 0 et 360° ou entre les mêmes multiples de la circonférence entière, et par suite f et g entre 0 et 180° ou entre les mêmes multiples de la demi-circonférence. Si enfin, l'orbite était entièrement inconnue, et qu'on ne pût même établir si le corps céleste, en allant du premier rayon vecteur au second, a décrit une partie seulement de la révolution, ou, en outre, une ou plusieurs révolutions, notre problème pourrait admettre quelquefois plusieurs solutions différentes; toutefois nous ne nous arrêterons pas à ce cas qui ne se rencontre presque jamais dans la pratique.

95

Nous passons à une seconde question, à savoir la détermination des éléments d'après l'angle g trouvé. Le demi-grand axe est ici obtenu immédiatement par les formules 10, 10*, à la place desquelles peuvent aussi être employées les suivantes :

$$[17] \qquad a=\frac{2m^2\cos f\sqrt{rr'}}{y^2\sin^2 g}=\frac{k^2t^2}{4y^2rr'\cos^2 f\sin^2 g},$$

$$[17^*] \qquad a=\frac{-2M^2\cos f\sqrt{rr'}}{Y^2\sin^2 g}=\frac{k^2t^2}{4Y^2rr'\cos 2f\sin^2 g}.$$

Le demi-petit axe $b=\sqrt{ap}$ est déterminé au moyen de l'équation 1 qui, étant combinée avec les précédentes, donne

$$[18] \qquad p=\left(\frac{yrr'\sin 2f}{kt}\right)^2,$$

$$[18^*] \qquad p=\left(\frac{Yrr'\sin 2f}{kt}\right)^2.$$

Maintenant, le secteur elliptique compris entre deux rayons vecteurs et un arc d'ellipse est $\frac{1}{2}kt\sqrt{p}$, mais le triangle compris entre les mêmes rayons vecteurs et la corde $=\frac{1}{2}rr'\sin 2f$; c'est pourquoi le rapport du secteur au triangle est comme $y:1$ ou comme $Y:1$. Cette remarque est d'une très-grande importance et éclaire en même temps très-bien les équations 12 et 12*; de là, il est en effet évident que dans l'équation 12 les parties m, $(l+x)^{\frac{1}{2}}$, $X(l+x)^{\frac{3}{2}}$, et dans l'équation 12* les parties M, $(L-x)^{\frac{1}{2}}$, $X(L-x)^{\frac{3}{2}}$, sont respectivement proportionnelles à l'aire du secteur (compris entre les rayons vecteurs et l'arc d'ellipse), à l'aire du triangle (entre les rayons vecteurs et la corde), à l'aire du segment (entre l'arc et la corde), puisque la première aire est évidemment égale à la somme ou à la différence des deux autres, selon que $v'-v$ tombe entre 0 et 180° ou entre 180° et 360°. Dans le cas où $v'-v$ est plus grand que 360°, il faut concevoir l'aire de l'ellipse entière ajoutée à l'aire du secteur et aussi à l'aire du segment autant de fois que le mouvement contient de révolutions entières.

Puisque $b=a\cos\varphi$, on trouve ensuite, par la combinaison des équations 1, 10, 10*,

$$[19] \qquad \cos\varphi=\frac{\sin g\,\text{tang} f}{2\left(l+\sin^2\frac{1}{2}g\right)},$$

$$[19^*] \qquad \cos\varphi=\frac{-\sin g\,\text{tang} f}{2\left(L-\sin^2\frac{1}{2}g\right)};$$

d'où, en substituant à la place de l et L leurs valeurs de l'art. 89, il vient

$$[20] \qquad \cos\varphi=\frac{\sin f\sin g}{1-\cos f\cos g+2\,\text{tang}^2 2\omega}.$$

Cette formule n'est pas propre au calcul exact de l'excentricité toutes les fois que celle-ci a une petite valeur; mais de cette relation on déduit facilement la formule suivante, qui est plus convenable,

$$[21]\qquad \tang^2 \frac{1}{2}\varphi = \frac{\sin^2 \frac{1}{2}(f-g) + \tang^2 2\omega}{\sin^2 \frac{1}{2}(f+g) + \tang^2 2\omega},$$

à laquelle on peut aussi donner la forme suivante (en multipliant le numérateur et le dénominateur par $\cos^2 2\omega$),

$$[22]\qquad \tang^2 \frac{1}{2}\varphi = \frac{\sin^2 \frac{1}{2}(f-g) + \cos^2 \frac{1}{2}(f-g)\sin^2 2\omega}{\sin^2 \frac{1}{2}(f+g) + \cos^2 \frac{1}{2}(f-g)\sin^2 2\omega}.$$

On pourra toujours déterminer l'angle φ, avec toute précision, au moyen de l'une ou l'autre formule (en employant si cela convient, les angles auxiliaires dont les tangentes sont $\frac{\tang 2\omega}{\sin \frac{1}{2}(f-g)}$, $\frac{\tang 2\omega}{\sin \frac{1}{2}(f+g)}$, pour la première, ou $\frac{\sin 2\omega}{\tang \frac{1}{2}(f-g)}$, $\frac{\sin 2\omega}{\tang \frac{1}{2}(f+g)}$ pour la dernière).

Pour la détermination de l'angle G, on peut employer la formule suivante qui se déduit naturellement de la combinaison des équations 5, 7 et de celle qui suit non numérotée,

$$[23]\qquad \tang G = \frac{(r'-r)\sin g}{(r'+r)\cos g - 2\cos f\sqrt{rr'}},$$

de laquelle, en introduisant ω, on trouve facilement

$$[24]\qquad \tang G = \frac{\sin g \sin 2\omega}{\cos^2 2\omega \sin \frac{1}{2}(f-g)\sin \frac{1}{2}(f+g) + \sin^2 2\omega \cos g}.$$

L'ambiguïté qui se présente ici est facilement éludée par le secours de l'équation 7 qui apprend que l'on doit prendre G entre 0 et 180°, ou entre 180° et 360°, selon que le numérateur dans ces deux formules est positif ou négatif.

En combinant l'équation 3 avec celles-ci, qui découlent immédiatement de l'équation II art. 8,

$$\frac{1}{r}-\frac{1}{r'}=\frac{2e}{p}\sin f\sin F,$$

$$\frac{1}{r}+\frac{1}{r'}=\frac{2}{p}+\frac{2e}{p}\cos f\cos F,$$

la formule suivante se déduira sans peine,

[25] $$\tang F=\frac{(r'-r)\sin f}{2\cos g\sqrt{rr'}-(r'+r)\cos f},$$

de laquelle, en introduisant l'angle ω, il vient

[26] $$\tang F=\frac{\sin f\sin 2\omega}{\cos^2 2\omega\sin\frac{1}{2}(f-g)\sin\frac{1}{2}(f+g)-\sin^2 2\omega\cos f}.$$

L'ambiguïté est ici écartée comme précédemment. Aussitôt que les angles F et G auront été trouvés, on aura $v=F-f$, $v'=F+f$, d'où la position du périhélie sera connue; et aussi $E=G-g$, $E'=G+g$. Enfin, le mouvement moyen pendant le temps t, sera

$$\frac{kt}{a^{\frac{3}{2}}}=2g-2e\cos G\sin g;$$

l'accord de ces expressions servira à confirmer le calcul; l'époque de l'anomalie moyenne correspondant à l'instant compris entre les deux époques proposées sera $G-e\sin G\cos g$, laquelle pourra à volonté, être transportée à tout autre instant.

Il est encore un peu plus commode de calculer les anomalies moyennes pour les deux époques données par les formules $E-e\sin E$, $E'-e\sin E'$, et d'employer leur différence, en la comparant à la quantité $\frac{kt}{a^{\frac{3}{2}}}$, à confirmer l'exactitude du calcul.

96

Les équations développées dans l'article précédent jouissent en vérité de tant de justesse qu'il semble qu'on ne peut rien désirer de plus. Néanmoins, on peut obtenir quelques autres formules au moyen desquelles les éléments de l'orbite sont déterminés avec encore beaucoup plus d'élégance et de facilités; mais la démonstration de ces formules est un peu plus détournée.

Nous reprenons, de l'art. 8, les équations suivantes que nous distinguons, pour plus de commodité, par des nombres nouveaux :

$$\text{I.}\qquad \sin\frac{1}{2}v\sqrt{\frac{r}{a}}=\sin\frac{1}{2}E\sqrt{(1+e)},$$

$$\text{II.}\qquad \cos\frac{1}{2}v\sqrt{\frac{r}{a}}=\cos\frac{1}{2}E\sqrt{(1-e)},$$

$$\text{III.}\qquad \sin\frac{1}{2}v'\sqrt{\frac{r'}{a}}=\sin\frac{1}{2}E'\sqrt{(1+e)},$$

$$\text{IV.}\qquad \cos\frac{1}{2}v'\sqrt{\frac{r'}{a}}=\cos\frac{1}{2}E'\sqrt{(1-e)}.$$

Nous multiplions I par $\sin\frac{1}{2}(F+g)$, II par $\cos\frac{1}{2}(F+g)$, d'où nous obtenons, les produits étant ajoutés,

$$\cos\frac{1}{2}(f+g)\sqrt{\frac{r}{a}}=\sin\frac{1}{2}E\sin\frac{1}{2}(F+g)\sqrt{(1+e)}+\cos\frac{1}{2}E\cos\frac{1}{2}(F+g)\sqrt{(1-e)}$$

ou, à cause de

$$\sqrt{(1+e)}=\cos\frac{1}{2}\varphi+\sin\frac{1}{2}\varphi,\ \sqrt{(1-e)}=\cos\frac{1}{2}\varphi-\sin\frac{1}{2}\varphi.$$

$$\cos\frac{1}{2}(f+g)\sqrt{\frac{r}{a}}=\cos\frac{1}{2}\varphi\cos\left(\frac{1}{2}F-\frac{1}{2}G+g\right)-\sin\frac{1}{2}\varphi\cos\frac{1}{2}(F+G).$$

Exactement de la même manière, en multipliant III par $\sin\frac{1}{2}(F-g)$, IV par $\cos\frac{1}{2}(F-g)$, on trouve, en ajoutant les produits,

$$\cos\frac{1}{2}(f+g)\sqrt{\frac{r'}{a}}=\cos\frac{1}{2}\varphi\cos\left(\frac{1}{2}F-\frac{1}{2}G-g\right)-\sin\frac{1}{2}\varphi\cos\frac{1}{2}(F+G).$$

En retranchant de cette équation la précédente, il vient

$$\cos\frac{1}{2}(f+g)\left(\sqrt{\frac{r'}{a}}-\sqrt{\frac{r}{a}}\right)=2\cos\frac{1}{2}\varphi\sin g\sin\frac{1}{2}(F-G)$$

ou, en introduisant l'angle auxiliaire ω,

$$[27]\qquad \cos\frac{1}{2}(f+g)\tan 2\omega=\sin\frac{1}{2}(F-G)\cos\frac{1}{2}\varphi\sin g\sqrt[4]{\frac{a^2}{rr'}}.$$

Par des transformations tout à fait semblables, dont nous laissons le développement au savant lecteur, on trouve

$$[28] \qquad \frac{\sin\frac{1}{2}(f+g)}{\cos 2\omega} = \cos\frac{1}{2}(F-G)\cos\frac{1}{2}\varphi \sin g \sqrt[4]{\frac{a^2}{rr'}},$$

$$[29] \qquad \cos\frac{1}{2}(f-g)\tang 2\omega = \sin\frac{1}{2}(F+G)\sin\frac{1}{2}\varphi \sin g \sqrt[4]{\frac{a^2}{rr'}},$$

$$[30] \qquad \frac{\sin\frac{1}{2}(f-g)}{\cos 2\omega} = \cos\frac{1}{2}(F+G)\sin\frac{1}{2}\varphi \sin g \sqrt[4]{\frac{a^2}{rr'}}.$$

Puisque les premiers membres, dans ces quatre équations, sont des quantités connues, $\frac{1}{2}(F-G)$ et

$$\cos\frac{1}{2}\varphi \sin g \sqrt[4]{\frac{a^2}{rr'}} = P$$

seront déterminées d'après les équations 27 et 28; et aussi de la même manière, $\frac{1}{2}(F+G)$ et

$$\sin\frac{1}{2}\varphi \sin g \sqrt[4]{\frac{a^2}{rr'}} = Q,$$

d'après les équations 29 et 30; l'incertitude dans la détermination des angles $\frac{1}{2}(F-G)$, $\frac{1}{2}(F+G)$ est écartée par la considération que P et Q doivent avoir le même signe que $\sin g$.

Ensuite, $\frac{1}{2}\varphi$ et $\sin\frac{1}{2}g\sqrt[4]{\frac{a^2}{rr'}} = R$ se déduiront de P et Q. De R on pourra déduire

$$a = \frac{R^2\sqrt{rr'}}{\sin^2 g},$$

et aussi

$$p = \frac{\sin^2 f\sqrt{rr'}}{R^2},$$

à moins que nous ne préférions nous servir de cette dernière quantité, qui doit être égale à

$$\pm\sqrt{\left[2\left(l+\sin^2\frac{1}{2}g\right)\cos f\right]} = \pm\sqrt{\left[-2\left(L-\sin^2\frac{1}{2}g\right)\cos f\right]},$$

uniquement pour la confirmation du calcul, dans quel cas a et p seront plus convenablement déterminés par les formules

$$b=\frac{\sin f\sqrt{rr'}}{\sin g},\quad a=\frac{b}{\cos\varphi},\quad p=b\cos\varphi.$$

Plusieurs des équations des articles 88 et 95 peuvent, si l'on veut, servir dans la pratique à la confirmation du calcul; à ces équations nous ajouterons encore les suivantes :

$$\frac{2\tang 2\omega}{\cos 2\omega}\sqrt{\frac{rr'}{a^2}}=e\sin G\sin g,$$

$$\frac{2\tang 2\omega}{\cos 2\omega}\sqrt{\frac{p^2}{rr'}}=e\sin F\sin f,$$

$$\frac{2\tang 2\omega}{\cos 2\omega}=\tang\varphi\sin G\sin f=\tang\varphi\sin F\sin g.$$

Enfin, le mouvement moyen et l'époque de l'anomalie moyenne seront déterminés de la même manière que dans l'article précédent.

97

Pour éclaircir les méthodes exposées depuis l'art. 88, nous reprendrons les deux exemples de l'art. 87; il est à peine nécessaire d'avertir que la signification appliquée jusqu'à présent à l'angle auxiliaire ω, ne doit pas être confondue avec celle suivant laquelle, dans les art. 86 et 87, le même symbole a été pris.

I. Dans le premier exemple nous avons $f=3°47'26'',865$ et ensuite

$\log\frac{r'}{r}=9,9914599$, $\log\tang(45°+\omega)=9,997864975$, $\omega=-8'27'',006$.

De là, par l'art. 89,

$\log\sin^2\frac{1}{2}f$	7,0389972	$\log\tang^2 2\omega$....	5,3832428
$\log\cos f$	9,9990488	$\log\cos f$	9,9990488
	7,0399484		5,3841940
	$=\log 0,0010963480$		$=\log 0,0000242211$

et par suite, $l=0,0011205691$, $\frac{5}{6}+l=0,8344539$.

Nous avons ensuite, $\log kt = 9{,}5766974$.

$2\log kt$	9,1533948
$c^t \frac{3}{2}\log rr'$	9,0205181
$c^t \log 8\cos^3 f$	9,0997636
$\log m^2$	7,2736765
$\log(\frac{5}{6}+l)$	9,9214023
	7,3522742

La valeur approchée de h est donc 0,00225047, à laquelle répond, dans notre table II, $\log y^2 = 0{,}0021633$. On a donc

$$\log\frac{m^2}{y^2} = 7{,}2715132, \quad \text{ou} \quad \frac{m^2}{y^2} = 0{,}001868587\,;$$

d'où, par la formule 16, on a $x = 0{,}0007480179$: c'est pourquoi, puisque ξ se trouve, par la table III, entièrement insensible, les valeurs trouvées pour h, y, x n'exigent aucune correction. Maintenant, la détermination des éléments se fait de la manière suivante :

$\log x$	6,8739120
$\log\sin\frac{1}{2}g$	8,4369560

$\frac{1}{2}g = 1°34'2'',0286$,

$\frac{1}{2}(f+g) = 3°27'45'',4611$, $\frac{1}{2}(f-g) = 19'41'',4039$

C'est pourquoi, d'après les formules 27, 28, 29, 30, on a

$\log\tang 2\omega$	7,6916214n
$\log\cos\frac{1}{2}(f+g)$	9,9992065
$\log\cos\frac{1}{2}(f-g)$	9,9999929
$\log P\sin\frac{1}{2}(F-G)$ ...	7,6908279n
$\log P\cos\frac{1}{2}(F-G)$ ...	8,7810240
$\frac{1}{2}(F-G)$ =	$-$ 4°38'41'',54
$\frac{1}{2}(F+G)$ =	319 21 38 ,05
F =	314 42 56 ,51
v =	310 55 29 ,64
v' =	318 30 23 ,37
G =	324 00 19 ,59
E =	320 52 15 ,53
E' =	327 08 23 ,65

$c^t\log\cos 2\omega$	0,0000052
$\log\sin\frac{1}{2}(f+g)$	8,7810188
$\log\sin\frac{1}{2}(f-g)$	7,7579709
$\log Q\sin\frac{1}{2}(F+G)$ ...	7,6916143n
$\log Q\cos\frac{1}{2}(F+G)$ ..	7,7579761
$\log P = \log R\cos\frac{1}{2}\varphi$.	8,7824527
$\log Q = \log R\sin\frac{1}{2}\varphi$. .	7,8778355
De là $\frac{1}{2}\varphi$ =	7° 6'0'',935
φ =	14 12 1 ,87
$\log R$.	8,7857960

Pour confirmer le calcul :

$\frac{1}{2}\log 2\cos f$	0,1500394
$\frac{1}{2}\log(l+x) = \log\frac{m}{y}$ . .	8,6357566
	8,7857960

$\frac{1}{2}\log rr'$	0,3264939
$\log \sin f$	8,8202909
$c'\log \sin g$	1,2621765
$\log b$	0,4089613
$\log \cos \varphi$	9,9865224
$\log p$	0,3954837
$\log a$	0,4224389
$\log k$	3,5500066
$\frac{3}{2}\log a$	0,6336584
	2,9163482
$\log t$	1,3411160
	4,2574642

Le mouvement moyen diurne est donc $= 824'',7989$. Le mouvement moyen dans le temps $t = 18091'',07$ $= 5°1'31'',07$.

$\log \sin \varphi$	9,3897262
$\log 206265$	5,3144251
$\log e$, en secondes...	4,7041513
$\log \sin E$	9,8000767 n
$\log \sin E'$	9,7344714 n
$\log e \sin E$	4,5042280 n
$\log e \sin E'$	4,4386227 n

$e \sin E = -31932'',14 = -8°52'12'',14$

$e \sin E' = -27455,08 = -7\ 37\ 35\ ,08$

De là l'anomalie moyenne :

Pour le 1er lieu $= 329°44'27'',67$

Pour le 2e $= 334\ 45\ 58\ ,73$

Différence... $5\ 1\ 31\ ,06$

II. Dans l'autre exemple, on a $f = 31°27'38'',32$, $\omega = -21'50'',565$, $l = 0,08635659$, $\log m^2 = 9,3530651$, $\dfrac{m^2}{\frac{5}{6}+l}$ ou la valeur approchée de $h = 0,2451454$, à laquelle, dans la table II, correspond $\log y^2 = 0,1722663$, d'où l'on déduit

$$\frac{m^2}{y^2} = 0,15163477, \qquad x = 0,06527818;$$

de là par la table III, on trouve $\xi = 0,0002531$. En employant cette valeur, les valeurs corrigées deviennent

$$h = 0,2450779, \quad \log y^2 = 0,1722303, \quad \frac{m^2}{y^2} = 0,15164737,$$
$$x = 0,06529078, \quad \xi = 0,0002532.$$

Si, avec cette valeur de ξ, qui ne diffère de la précédente que d'une seule unité du septième ordre, on recommence encore le calcul, h, $\log y^2$ et x n'éprouveront pas de changements sensibles; c'est pourquoi la valeur trouvée pour x est déjà exacte et permet dès lors de procéder de là à la détermination des éléments. Comme cette détermination ne diffère en rien de celle faite dans l'exemple précédent, nous ne nous arrêterons pas.

III. Il ne sera pas hors de propos d'éclaircir aussi par un exemple l'autre cas dans lequel cos f est négatif. Soient $v'-v=224°0'0''$, ou $f=112°0'0''$, $\log r=0{,}1394892$, $\log r'=0{,}3978794$, $t=206{,}80919$ jours. On trouve ici $\omega=+4°14'43''78$, $L=1{,}8942298$, $\log M^2=0{,}6724333$, la première valeur approchée de $\log H=0{,}6467603$, d'où par la résolution de l'équation 15*, on obtient $Y=1{,}591432$, et ensuite $x=0{,}037037$, à laquelle répond, dans la table III, $\xi=0{,}0000801$. De là se déduisent les valeurs corrigées $\log H=0{,}6467931$, $Y=1{,}5915107$, $x=0{,}0372195$, $\xi=0{,}0000809$. Le calcul étant recommencé de nouveau avec cette valeur de ξ, il vient $x=0{,}0372213$, valeur qui n'exige plus de correction, puisque ξ déduit de là n'éprouve pas de changement. On trouve ensuite $\frac{1}{2}g=11°7'25'',40$, et de là, de même que dans l'exemple I

$\frac{1}{2}(F-G)$	$=$	$3°33'53'',59$	$\log P=\log R\cos\frac{1}{2}\varphi$. 9,9700507
$\frac{1}{2}(F+G)$	$=$	$8\ 26\ 06\ ,38$	$\log Q=\log R\sin\frac{1}{2}\varphi$. 9,8580552
F	$=$	$11\ 59\ 59\ ,97$	$\frac{1}{2}\varphi\ =\ 37°41'34'',27$
v	$=-$	$100\ 00\ 00\ ,03$	$\varphi\ =\ 75\ 23\ \ 8\ ,54$
v'	$=+$	$123\ 59\ 59\ ,97$	$\log R$............ 0,0717096
G	$=$	$4\ 52\ 12\ ,79$	Comme preuve du calcul, on a :
E	$=-$	$17\ 22\ 38\ ,01$	
E'	$=+$	$27\ \ 7\ \ 3\ ,59$	$\log\frac{M}{Y}\sqrt{-2\cos f}$... 0,0717097

Dans les orbites si excentriques, l'angle φ est calculé un peu plus exactement par la formule 19*, qui donne, dans notre exemple, $\varphi=75°23'8'',57$; l'excentricité e est aussi déterminée avec une plus grande précision par la formule $1-2\sin^2(45°-\frac{1}{2}\varphi)$, que par $\sin\varphi$; d'après la première relation, on a $e=0{,}96764630$.

Par la formule 1, on trouve ensuite $\log b=0{,}6576611$, d'où $\log p=0{,}0595967$, $\log a=1{,}2557255$, et le logarithme de la distance périhélie

$$\log\frac{p}{1+e}=\log a(1-e)=\log b\,\mathrm{tang}\left(45°-\frac{1}{2}\varphi\right)=9{,}7656496.$$

Dans les orbites qui se rapprochent autant de la forme parabolique, on a coutume d'assigner, à la place de l'époque de l'anomalie moyenne, l'instant du passage par le périhélie; les intervalles compris entre ce moment et les deux époques qui correspondent aux deux positions de l'astre pourront être déterminés, au moyen des éléments connus, par la méthode développée dans l'art. 41, intervalles dont la différence ou la somme (selon que le périhélie est situé en dehors ou en dedans des deux lieux proposés), devant s'accorder avec l'intervalle t, servira à confirmer l'exactitude du calcul. Les nombres de ce troisième exemple avaient été déduits des éléments supposés dans l'exemple des art. 38 et 43, de même que cet exemple nous avait fourni notre premier lieu; les légères différences des éléments obtenus ici proviennent uniquement de la précision limitée des tables logarithmiques et trigonométriques.

98

La solution de notre problème pour l'ellipse, développée dans les articles précédents, pourrait aussi s'appliquer à la parabole et à l'hyperbole, en considérant la parabole comme une ellipse dans laquelle a et b seraient des quantités infinies, $\varphi=90°$, et enfin E, E', g et G $=0$; et de même, l'hyperbole comme une ellipse dans laquelle a serait négatif et b, E, E', g, G, φ imaginaires; nous préférons cependant, nous abstenir de ces suppositions, et traiter le problème séparément pour chaque genre de sections coniques. Une analogie remarquable se manifestera ainsi de soi-même entre les trois genres.

En conservant dans la PARABOLE, aux lettres p, v, v' F, f, r, r', t la même signification avec laquelle nous les avons prises ci-dessus, nous avons, d'après la théorie du mouvement parabolique :

$$[1] \qquad \sqrt{\frac{p}{2r}}=\cos\frac{1}{2}(\mathrm{F}-f),$$

$$[2] \qquad \sqrt{\frac{p}{2r'}}=\cos\frac{1}{2}(\mathrm{F}+f),$$

$$\frac{2kt}{p^{\frac{3}{2}}}=\operatorname{tang}\frac{1}{2}(\mathrm{F}+f)-\operatorname{tang}\frac{1}{2}(\mathrm{F}-f)+\frac{1}{3}\operatorname{tang}^3\frac{1}{2}(\mathrm{F}+f)-\frac{1}{3}\operatorname{tang}^3\frac{1}{2}(\mathrm{F}-f)$$

$$=\left[\operatorname{tang}\frac{1}{2}(\mathrm{F}+f)-\operatorname{tang}\frac{1}{2}(\mathrm{F}-f)\right].\left\{1+\operatorname{tang}\frac{1}{2}(\mathrm{F}+f)\operatorname{tang}\frac{1}{2}(\mathrm{F}-f)\right.$$

$$\left.+\frac{1}{3}\left[\operatorname{tang}\frac{1}{2}(\mathrm{F}+f)-\operatorname{tang}\frac{1}{2}(\mathrm{F}-f)\right]^2\right\}$$

$$=\frac{2\sin f\sqrt{rr'}}{p}\left(\frac{2\cos f\sqrt{rr'}}{p}+\frac{4\sin^2 f.rr'}{3p^2}\right),$$

d'où

$$kt = \frac{2\sin f\cos f . rr'}{\sqrt{p}} + \frac{4\sin^3 f\,(rr')^{\frac{3}{2}}}{3p^{\frac{3}{2}}}. \qquad [3]$$

On déduit ensuite par la multiplication des équations 1, 2

$$\frac{p}{\sqrt{rr'}} = \cos F + \cos f, \qquad [4]$$

et aussi par l'addition des carrés,

$$\frac{p(r+r')}{2rr'} = 1 + \cos F \cos f. \qquad [5]$$

De là, cos F étant éliminé,

$$p = \frac{2rr'\sin^2 f}{r + r' - 2\cos f\sqrt{rr'}}. \qquad [6]$$

C'est pourquoi, si nous adoptons ici les équations 9, 9' de l'art. 88, la première étant relative à cos f positif et la seconde à cos f négatif, nous aurons

$$p = \frac{\sin^2 f\sqrt{rr'}}{2l\cos f} \qquad [7]$$

$$p = \frac{\sin^2 f\sqrt{rr'}}{-2L\cos f}. \qquad [7']$$

Ces valeurs étant substituées dans l'équation 3, il viendra, en conservant aux lettres m, M la signification établie par les équations 11, 11', art. 88,

$$m = l^{\frac{1}{2}} + \frac{4}{3}\,l^{\frac{3}{2}} \qquad [8]$$

$$M = -L^{\frac{1}{2}} + \frac{4}{3}L^{\frac{3}{2}}. \qquad [8']$$

Ces équations s'accordent avec les équations 12, 12' art. 88, si on fait dans celles-ci $g = 0$. On en conclut que si deux lieux héliocentriques, auxquels on satisfait par une parabole, sont traités comme si l'orbite était elliptique, il doit en résulter immédiatement, par application des formules de l'art. 91, $x = 0$; réciproquement, on voit facilement que si au moyen de ces formules on obtient $x = 0$, l'orbite se trouve parabolique au lieu d'elliptique, puisque d'après les équations 1, 16, 17, 19, 20, on a $b=\infty$, $a=\infty$, $\varphi=90°$. La détermination des éléments s'achève ensuite très-facilement. Pour p on pourra en effet, employer l'équation 7 du présent article ou l'équation 18 de l'art. 95 (*) : mais pour F on a, d'après les équations 1, 2 de cet article

$$\operatorname{tang}\frac{1}{2}F=\frac{\sqrt{r'}-\sqrt{r}}{\sqrt{r'}+\sqrt{r}}\operatorname{cotang}\frac{1}{2}f=\sin 2\omega\operatorname{cotang}\frac{1}{2}f$$

si l'angle auxiliaire ω est pris avec la même signification que dans l'art. 89.

A cette occasion nous observons encore, que si dans l'équation 3 nous substituons à la place de p sa valeur de l'équation 6, on retrouve la relation assez connue

$$kt=\frac{1}{3}\left(r+r'+\cos f\sqrt{rr'}\right)\left(r+r'-2\cos f\sqrt{rr'}\right)^{\frac{1}{2}}\sqrt{2}.$$

99

Dans l'HYPERBOLE, nous conservons aussi aux lettres p, v, v', f, F, r, r', t la même signification ; mais à la place du demi-grand axe a, qui est ici négatif, nous écrivons $-\alpha$; nous poserons ensuite comme ci-dessus, art. 21, l'excentricité $=\frac{1}{\cos\psi}$. Nous ferons la quantité auxiliaire exprimée par u dans cet article, égale à $\frac{C}{c}$ pour le premier lieu et à Cc pour le second, d'où l'on conclut facilement que c est toujours plus grand que 1, mais toutes choses égales, diffère d'autant moins de l'unité que les deux lieux proposés sont moins distants l'un de l'autre. Des équations développées dans l'art. 21, nous transportons ici, en modifiant un peu leur forme, la sixième et la septième :

$$[1]\qquad \cos\frac{1}{2}v=\frac{1}{2}\left(\sqrt{\frac{C}{c}}+\sqrt{\frac{c}{C}}\right)\sqrt{\frac{(e-1)\alpha}{r}},$$

$$[2]\qquad \sin\frac{1}{2}v=\frac{1}{2}\left(\sqrt{\frac{C}{c}}-\sqrt{\frac{c}{C}}\right)\sqrt{\frac{(e+1)\alpha}{r}},$$

(*) D'où il est en même temps évident que y et Y expriment, dans la parabole, les mêmes rapports que dans l'ellipse. (V. art. 95.)

[3] $$\cos\frac{1}{2}v' = \frac{1}{2}\left(\sqrt{Cc}+\sqrt{\frac{1}{Cc}}\right)\sqrt{\frac{(e-1)\alpha}{r'}},$$

[4] $$\sin\frac{1}{2}v' = \frac{1}{2}\left(\sqrt{Cc}-\sqrt{\frac{1}{Cc}}\right)\sqrt{\frac{(e+1)\alpha}{r'}}.$$

De là aussitôt découlent les suivantes :

[5] $$\sin F = \frac{1}{2}\alpha\left(C-\frac{1}{C}\right)\sqrt{\frac{e^2-1}{rr'}},$$

[6] $$\sin f = \frac{1}{2}\alpha\left(c-\frac{1}{c}\right)\sqrt{\frac{e^2-1}{rr'}},$$

[7] $$\cos F = \left[e\left(c+\frac{1}{c}\right)-\left(C+\frac{1}{C}\right)\right]\frac{\alpha}{2\sqrt{rr'}},$$

[8] $$\cos f = \left[e\left(C+\frac{1}{C}\right)-\left(c+\frac{1}{c}\right)\right]\frac{\alpha}{2\sqrt{rr'}}.$$

On a ensuite par l'équation X de l'art. 21,

$$\frac{r}{\alpha} = \frac{1}{2}e\left(\frac{C}{c}+\frac{c}{C}\right)-1,$$

$$\frac{r'}{\alpha} = \frac{1}{2}e\left(Cc+\frac{1}{Cc}\right)-1,$$

et de là

[9] $$\frac{r'-r}{\alpha} = \frac{1}{2}e\left(C-\frac{1}{C}\right)\left(c-\frac{1}{c}\right),$$

[10] $$\frac{r'+r}{\alpha} = \frac{1}{2}e\left(C+\frac{1}{C}\right)\left(c+\frac{1}{c}\right)-2.$$

Cette équation 10 combinée avec l'équation 8 donne

[11] $$\alpha = \frac{r'+r-\left(c+\frac{1}{c}\right)\cos f\sqrt{rr'}}{\frac{1}{2}\left(c-\frac{1}{c}\right)^2}.$$

En posant donc, de même que dans l'ellipse,

$$\frac{\sqrt{\frac{r'}{r}}+\sqrt{\frac{r}{r'}}}{2\cos f} = 1+2l, \text{ ou } = 1-2L,$$

selon que cos f est positif ou négatif, on a

$$[12] \qquad \alpha = \frac{8\left[l - \frac{1}{4}\left(\sqrt{c} - \sqrt{\frac{1}{c}}\right)^2\right]\cos f\sqrt{rr'}}{\left(c - \frac{1}{c}\right)^2}.$$

$$[12'] \qquad \alpha = \frac{-8\left[L + \frac{1}{4}\left(\sqrt{c} - \sqrt{\frac{1}{c}}\right)^2\right]\cos f\sqrt{rr'}}{\left(c - \frac{1}{c}\right)^2}.$$

Le calcul de la quantité l ou L est effectué ici, comme dans l'ellipse, avec le secours de l'angle auxiliaire ω. On a enfin, d'après l'équation XI de l'art. 22 (en considérant les logarithmes hyperboliques),

$$\frac{kt}{\alpha^{\frac{3}{2}}} = \frac{1}{2}e\left(Cc - \frac{1}{Cc} - \frac{C}{c} + \frac{c}{C}\right) - \log Cc + \log\frac{C}{c}$$
$$= \frac{1}{2}e\left(C + \frac{1}{C}\right)\left(c - \frac{1}{c}\right) - 2\log c,$$

ou, en éliminant C au moyen de l'équation 8,

$$\frac{kt}{\alpha^{\frac{3}{2}}} = \frac{\left(c - \frac{1}{c}\right)\cos f\sqrt{rr'}}{\alpha} + \frac{1}{2}\left(c^2 - \frac{1}{c^2}\right) - 2\log c.$$

Nous substituons, dans cette équation, à la place de α sa valeur d'après 12, 12'; nous introduisons ensuite la lettre m ou M avec la même signification que leur assignent les formules 11, 11', art. 88; et enfin, nous écrivons pour abréger,

$$\frac{1}{4}\left(\sqrt{c} - \sqrt{\frac{1}{c}}\right)^2 = z, \qquad \frac{c^2 - \frac{1}{c^2} - 4\log c}{\frac{1}{4}\left(c - \frac{1}{c}\right)^3} = Z;$$

De cette manière, on obtient les équations

$$[13] \qquad m = (l - z)^{\frac{1}{2}} + (l - z)^{\frac{3}{2}}Z,$$

$$[13'] \qquad M = -(L + z)^{\frac{1}{2}} + (L + z)^{\frac{3}{2}}Z,$$

qui ne contiennent qu'une seule inconnue, puisqu'il est évident que Z est une fonction de z exprimée par la formule suivante,

$$Z = \frac{(1+2z)\sqrt{(z+z^2)} - \log\left(\sqrt{1+z} + \sqrt{z}\right)}{2(z+z^2)^{\frac{3}{2}}}.$$

100

En résolvant l'équation 13 ou 13*, nous considérerons d'abord séparément, le cas où z n'atteint pas une valeur trop grande, de telle sorte que Z puisse être exprimé en série développée suivant les puissances croissantes de z et convergeant rapidement.

Maintenant on a

$$(1+2z)\sqrt{z+z^2} = z^{\frac{1}{2}} + \frac{5}{2}z^{\frac{3}{2}} + \frac{7}{8}z^{\frac{5}{2}} \ldots\ldots,$$

$$\log\left(\sqrt{1+z} + \sqrt{z}\right) = z^{\frac{1}{2}} - \frac{1}{6}z^{\frac{3}{2}} + \frac{3}{40}z^{\frac{5}{2}} \ldots\ldots,$$

et par suite le numérateur de $Z = \frac{8}{3}z^{\frac{3}{2}} + \frac{4}{5}z^{\frac{5}{2}} \ldots\ldots$; et le dénominateur $= 2z^{\frac{3}{2}} + 3z^{\frac{5}{2}} \ldots\ldots$, d'où

$$Z = \frac{4}{3} - \frac{8}{5}z \ldots\ldots$$

Pour découvrir la loi de la progression, différentions l'équation

$$2(z+z^2)^{\frac{3}{2}} Z = (1+2z)\sqrt{z+z^2} - \log\left(\sqrt{1+z} + \sqrt{z}\right),$$

d'où l'on trouve, toutes réductions faites,

$$2(z+z^2)^{\frac{3}{2}} \frac{dZ}{dz} + 3Z(1+2z)\sqrt{z+z^2} = 4\sqrt{z+z^2},$$

ou

$$(2z+2z^2)\frac{dZ}{dz} = 4 - (3+6z)Z,$$

d'où l'on déduit, de la même manière que dans l'art. 90,

$$Z = \frac{4}{3} - \frac{4.6}{3.5}z + \frac{4.6.8}{3.5.7}z^2 - \frac{4.6.8.10}{3.5.7.9}z^3 + \frac{4.6.8.10.12}{3.5.7.9.11}z^4 - \text{etc.}$$

Il est donc évident, que Z dépend de $-z$, entièrement de la même manière que, ci-dessus, X dépend de x ; c'est pourquoi, si nous posons

$$Z = \frac{1}{\frac{3}{4} + \frac{9}{10}(z + \zeta)},$$

ζ sera aussi déterminé d'après $-z$ de la même manière que ci-dessus, ξ par x; de sorte que l'on aura

[14] $$\zeta = \cfrac{\frac{2}{35}z^2}{1 - \frac{2}{35}z + \cfrac{\frac{40}{63}z}{1 + \cfrac{\frac{4}{99}z}{1 + \cfrac{\frac{70}{143}z}{1 + \text{etc.}}}}}$$

ou

$$\zeta = \cfrac{\frac{2}{35}z^2}{1 + \frac{18}{35}z + \cfrac{\frac{4}{63}z}{1 + \cfrac{\frac{40}{99}z}{1 + \cfrac{\frac{18}{143}z}{1 + \text{etc.}}}}}$$

C'est de cette manière qu'ont été calculées, de millième en millième, et depuis $z = 0$ jusqu'à $z = 0,3$ les valeurs de ζ que donne la troisième colonne de la table III.

101

En introduisant la quantité ζ et en posant

$$\sqrt{l - z} = \frac{m}{y} \text{ ou } \sqrt{L + z} = \frac{M}{Y},$$

et aussi,

[15] $$\frac{m^2}{\frac{5}{6} + l + \zeta} = h,$$

ou

[15'] $$\frac{M^2}{L - \frac{5}{6} - \zeta} = H,$$

les équations 13 et 13' prennent la forme suivante,

[16] $$\frac{(y-1)y^2}{y+\frac{1}{9}} = h,$$

[16'] $$\frac{(Y+1)Y^2}{Y-\frac{1}{9}} = H,$$

et deviennent par suite, entièrement identiques avec celles (15, 15', art, 91) auxquelles on est parvenu dans l'ellipse. De là, en tant que h ou H peut être considéré comme connu, on pourra donc déduire y ou Y, et l'on aura ensuite

[17] $$z = l - \frac{m^2}{y^2},$$

[17'] $$z = \frac{M^2}{Y^2} - L.$$

De ces dernières équations on conclut que toutes les opérations prescrites ci-dessus pour l'ellipse conviennent aussi à l'hyperbole jusqu'à cet endroit où, d'une valeur approchée de h ou H, la quantité y ou Y aura été déterminée; mais après cela, la quantité

$$\frac{m^2}{y^2} - l, \quad \text{ou} \quad L - \frac{M^2}{Y^2}$$

qui doit être positive dans l'ellipse et égale à zéro dans la parabole, doit être négative dans l'hyperbole; c'est pourquoi, par ce critérium, le genre de la section conique sera défini. Une fois z trouvé, notre table donnera ζ, de là on déduira la valeur corrigée de h ou H avec laquelle le calcul devra être refait jusqu'à ce que toutes les quantités s'accordent exactement.

Après que la véritable valeur de z aura été trouvée, on pourra en déduire c par la formule

$$c = 1 + 2z + 2\sqrt{z + z^2},$$

mais il est préférable, aussi pour les usages suivants, d'introduire un angle auxiliaire n déterminé par l'équation

$$\text{tang}\, 2n = 2\sqrt{z+z^2};$$

on aura d'après cela,

$$c = \text{tang}\, 2n + \sqrt{1+\text{tang}^2 2n} = \text{tang}\,(45° + n).$$

102

Puisque dans l'hyperbole comme dans l'ellipse y doit nécessairement être positif, la résolution de l'équation 16 ne peut aussi être ici sujette à ambiguïté (*); mais, en ce qui concerne l'équation 16', on doit raisonner ici un peu autrement que dans l'ellipse. De la théorie des équations on établit facilement que pour une valeur positive de H (**), cette équation (si à la vérité elle a quelque racine réelle positive) a, avec une racine négative, deux racines positives, qui seront ou toutes deux égales, c'est-à-dire égales à

$$\frac{1}{6}\sqrt{5} - \frac{1}{6} = 0{,}20601,$$

ou l'une plus grande que cette limite, et l'autre plus petite. Nous démontrons maintenant, de la manière suivante, que dans notre problème (puisque par la supposition faite ci-dessus, z est une quantité assez petite, au moins inférieure à 0,3 afin de pouvoir se servir de la troisième table), on doit nécessairement prendre toujours la racine la plus grande.

Si nous substituons, dans l'équation 13', à la place de M sa valeur $Y\sqrt{L+z}$, il vient

$$Y + 1 = (L+z)Z > (1+z)Z,$$

ou

$$Y > \frac{1}{3} - \frac{4}{3.5}z + \frac{4.6}{3.5.7}z^2 - \frac{4.6.8}{3.5.7.9}z^3 + \ldots,$$

(*) Il sera à peine nécessaire de rappeler que notre table II peut être employée dans l'hyperbole comme dans l'ellipse, pour la résolution de cette équation, tant que h ne dépasse pas ses limites.

(**) La quantité H ne peut évidemment devenir négative, à moins qu'on ait $\zeta > \frac{1}{6}$; mais à une telle valeur de ζ répondrait une valeur de x plus grande que 2,684, et par suite s'écartant beaucoup des limites de cette méthode.

d'où l'on conclut facilement, que pour les valeurs de z aussi petites que celles que nous supposons ici, on doit toujours avoir $Y > 0{,}20601$. Nous trouvons, en effet, en faisant le calcul, que pour que $(1+z)$ Z devienne égal à cette limite, on doit avoir $z = 0{,}79858$; mais il s'en faut de beaucoup que nous voulions étendre notre méthode à des valeurs si grandes de z.

103

Toutes les fois que z atteint une grande valeur dépassant les limites de la table III, les équations 13 et 13' sont toujours complétement et commodément résolues, sans modifier leur forme, à l'aide de tâtonnements, et, de fait, par des raisons semblables à celles que nous avons données pour l'ellipse, dans l'art. 94. Dans un tel cas, on pourra supposer les éléments de l'orbite au moins approximativement connus; et alors, on aura aussitôt une valeur approchée de n par la formule

$$\operatorname{tang} 2n = \frac{\sin f \sqrt{rr'}}{a\sqrt{e^2-1}}$$

qui découle immédiatement de l'équation 6, art. 99.

On aura aussi z, au moyen de n, par la formule

$$z = \frac{1-\cos 2n}{2\cos 2n} = \frac{\sin^2 n}{\cos 2n};$$

et de la valeur approchée de z on pourra déduire, à l'aide de quelques tâtonnements, celle qui satisfait exactement à l'équation 13 ou 13'. Ces équations peuvent aussi être présentées sous cette forme :

$$m = \left(l - \frac{\sin^2 n}{\cos 2n}\right)^{\frac{1}{2}} + 2\left(l - \frac{\sin^2 n}{\cos 2n}\right)^{\frac{3}{2}} \left[\frac{\frac{\operatorname{tang} 2n}{\cos 2n} - \operatorname{loghyp}\operatorname{tang}(45^\circ + n)}{\operatorname{tang}^3 2n}\right]$$

$$M = -\left(L + \frac{\sin^2 n}{\cos 2n}\right)^{\frac{1}{2}} + 2\left(L + \frac{\sin^2 n}{\cos 2n}\right)^{\frac{3}{2}} \left[\frac{\frac{\operatorname{tang} 2n}{\cos 2n} - \operatorname{loghyp}\operatorname{tang}(45^\circ + n)}{\operatorname{tang}^3 2n}\right]$$

Et ainsi, sans avoir égard à z, la valeur exacte de n pourra aussitôt être obtenue.

104

Il reste à déterminer les éléments eux-mêmes au moyen de z, n ou c. En posant $\alpha\sqrt{e^2-1}=\beta$, on aura, d'après l'équation 6, art. 99,

$$[18] \qquad \beta=\frac{\sin f\sqrt{rr'}}{\tang 2n}.$$

En combinant cette formule avec 12, 12', art. 99, on trouve

$$[19] \qquad \sqrt{e^2-1}=\tang\psi=\frac{\tang f\tang 2n}{2(l-z)},$$

$$[19'] \qquad \tang\psi=-\frac{\tang f\tang 2n}{2(L+z)},$$

d'où l'excentricité sera commodément et exactement calculée; de β et $\sqrt{e^2-1}$ on obtiendra α par une division, et p par une multiplication, de telle sorte que l'on a

$$\alpha=\frac{2(l-z)\cos f.\sqrt{rr'}}{\tang^2 2n}=\frac{2m^2\cos f.\sqrt{rr'}}{y^2\tang^2 2n}=\frac{k^2t^2}{4y^2rr'\cos^2 f\tang^2 2n}$$

$$=\frac{-2(L+z)\cos f.\sqrt{rr'}}{\tang^2 2n}=\frac{-2M^2\cos f.\sqrt{rr'}}{Y^2\tang^2 2n}=\frac{k^2t^2}{4Y^2rr'\cos^2 f\tang^2 2n},$$

$$p=\frac{\sin f.\tang f.\sqrt{rr'}}{2(l-z)}=\frac{y^2\sin f.\tang f.\sqrt{rr'}}{2m^2}=\left(\frac{yrr'\sin 2f}{kt}\right)^2$$

$$=\frac{-\sin f.\tang f.\sqrt{rr'}}{2(L+z)}=\frac{-Y^2\sin f.\tang f.\sqrt{rr'}}{2M^2}=\left(\frac{Yrr'\sin 2f}{kt}\right)^2.$$

La troisième et la sixième expressions de p, qui sont entièrement identiques avec les formules 18, 18', art. 95, montrent que les remarques faites sur la signification des quantités y et Y, s'appliquent aussi à l'hyperbole.

En combinant les équations 6, 9, article 99, on déduit

$$(r'-r)\sqrt{\frac{e^2-1}{rr'}}=e\sin f.\left(C-\frac{1}{C}\right);$$

c'est pourquoi en introduisant ψ et ω, et en posant $C=\tang(45°+N)$, on a

[20] $$\tang 2N = \frac{2 \sin \psi \tang 2\omega}{\sin f \cos 2\omega}.$$

De là, C étant déterminé, on aura, pour l'un et l'autre lieu, les valeurs de la quantité exprimée par u dans l'article 21 ; on a ensuite, par l'équation III, article 21,

$$\tang \frac{1}{2} v = \frac{C - c}{(C + c) \tang \frac{1}{2} \psi}$$

$$\tang \frac{1}{2} v' = \frac{Cc - 1}{(Cc + 1) \tang \frac{1}{2} \psi},$$

ou, en introduisant à la place de C, c, les angles N, n,

[21] $$\tang \frac{1}{2} v = \frac{\sin (N - n)}{\cos (N + n) \tang \frac{1}{2} \psi}$$

[22] $$\tang \frac{1}{2} v' = \frac{\sin (N + n)}{\cos (N - n) \tang \frac{1}{2} \psi}.$$

Par là seront déterminées les anomalies vraies v, v', dont la différence comparée à $2f$, servira en même temps à confirmer le calcul.

Enfin, par la formule XI, art. 22, on déduira facilement que l'intervalle de temps compris entre le passage au périhélie et l'époque du premier lieu,

$$= \frac{a^{\frac{3}{2}}}{k} \left[\frac{2e \cos (N + n) \sin (N - n)}{\cos 2N \cos 2n} - \log \text{hyp} \frac{\tang (45° + N)}{\tang (45° + n)} \right],$$

et de même, l'intervalle de temps compris entre le passage au périhélie et l'époque du deuxième lieu,

$$= \frac{a^{\frac{3}{2}}}{k} \left[\frac{2e \cos (N - n) \sin (N + n)}{\cos 2N \cos 2n} - \log \text{hyp} \tang (45° + N) \tang (45° + n) \right].$$

Si donc, on pose l'époque du premier lieu $= T - \frac{1}{2} t$, et par suite, l'époque du second $= T + \frac{1}{2} t$, on aura

[23] $$T=\frac{\alpha^{\frac{3}{2}}}{k}\left[\frac{e\tan 2N}{\cos 2n}-\log\tan(45^\circ+N)\right],$$

d'où l'on connaîtra l'époque du passage au périhélie; et enfin,

[24] $$t=\frac{2\alpha^{\frac{3}{2}}}{k}\left[\frac{e\tan 2n}{\cos 2N}-\log\tan(45^\circ+n)\right],$$

équation qui peut, si l'on veut, être employée comme une dernière confirmation du calcul.

105

Pour éclaircir ces principes, nous composerons un exemple d'après les deux lieux calculés dans les art. 23, 24, 25, 46, pour les mêmes éléments hyperboliques. Soient donc

$$v'-v=48^\circ\,12'\,00'',\quad \text{ou}\quad f=24^\circ\,6'\,00'',\ \log r=0{,}0333585$$
$$\log r'=0{,}2008541,\quad t=51{,}49788\ \text{jours}.$$

De là on trouve

$$\omega=2^\circ\,45'\,28'',47,\qquad l=0{,}05796039,$$

$\dfrac{m^2}{\frac{5}{6}+l}$ ou la valeur approchée de $h=0,\ 0644371$; de là, par la table II,

$$\log y^2=0{,}0560848,\ \frac{m^2}{y^2}=0{,}05047454,\ z=0{,}00748585,$$

à laquelle répond, dans la table III

$$\zeta=0{,}0000032.$$

De là, la valeur corrigée de h devient 0,06443691

$$\log y^2=0{,}0560846,\ \frac{m^2}{y^2}=0{,}05047456,\qquad z=0{,}00748583,$$

valeurs qui n'ont besoin d'aucune nouvelle correction, puisque ζ n'en éprouve aucun changement. Le calcul des éléments se fait maintenant de la manière suivante :

$\log z$	7,8742399
$\log(1+z)$	0,0032389
$\log\sqrt{z+z^2}$	8,9387394
$\log 2$	0,3010300
$\log \text{tang}\, 2n$	9,2397694
$2n=$	9°51′11″,816
$n=$	4 55 35 ,908
$\log \sin f$	9,6110118
$\log\sqrt{rr'}$	0,1171063
c' $\log \text{tang}\, 2n$	0,7602306
$\log \beta$	0,4883487
$\log \text{tang}\, \psi$	9,8862868
$\log \alpha$	0,6020619
$\log p$	0,3746355
(Ils devraient être	0,6020600
et	0,3746356
$\log \sin(N-n)$	8,7406274
c' $\log \cos(N+n)$	0,0112902
$\log \text{cotang}\, \frac{1}{2}\psi$	0,4681829
$\log \text{tang}\, \frac{1}{2}v$	9,2201005
$\frac{1}{2}v$	9°25′29″,97
v	18 50 59 ,94
(Ce devrait être	18 51 00)
$\log e$	0,1010184
$\log \text{tang}\, 2N$	9,4621341
c' $\log \cos 2n$	0,0064539
	9,5696064
Nombre =	0,37119863
log hyp tang(45°+N) =	0,28591251
Différence =	0,08528612
log	8,9308783
$\frac{3}{2}\log \alpha$	0,9030928
c' $\log k$	1,7614186
$\log T$	1,5983897
$T=$	39,66338

$\log \text{tang}\, f$	9,6506199
$\log \frac{1}{2} \text{tang}\, 2n$	8,9387394
c' $\log(l-z)$	1,2969275
$\log \text{tang}\, \psi$	9,8862868
$\psi=$	37°34′59″,77
(Ce devrait être	37 35 00)
c' $\log \frac{1}{2}\sin f$	0,6900182
$\log \text{tang}\, 2\omega$	8,9848318
c' $\log \cos 2\omega$	0,0020156
$\log \sin \psi$	9,7852685
$\log \text{tang}\, 2N$	9,4621341
$2N=$	16°9′46″,253
$N=$	8 4 53 ,127
$N-n=$	3 9 17 ,219
$N+n=$	13 0 29 ,035
$\log \sin(N+n)$	9,3523527
c' $\log \cos(N-n)$	0,0006587
$\log \text{cotang}\, \frac{1}{2}\psi$	0,4681829
$\log \text{tang}\, \frac{1}{2}v'$	9,8211943
$\frac{1}{2}v'=$	33°31′29″,93
$v'=$	67 2 59 ,86
(Ce devrait être	67 3 00)
$\log e$	0,1010184
$\log \text{tang}\, 2n$	9,2397694
c' $\log \cos 2N$	0,0175142
	9,3583020
Nombre =	0,22819284
log hyp tang(45°+n) =	0,17282621
Différence =	0,05536663
log	8,7432180
$\frac{3}{2}\log \alpha$	0,9030928
c' $\log k$	1,7614186
$\log 2$	0,3010300
$\log t$	1,7117894
$t=$	51,49788

C'est pourquoi, le passage par le périhélie est distant de l'époque du premier lieu de 13,91444 jours, et du second lieu de 65,41232 jours. Enfin, la petite différence des éléments trouvés ici avec ceux d'après lesquels ont été calculés les lieux proposés, doit être attribuée à la précision limitée des tables.

106

Dans un traité des relations les plus remarquables concernant le mouvement d'un corps céleste dans les sections coniques, nous ne pouvons passer sous silence l'expression élégante du temps en fonction du demi-grand axe, de la somme $r+r'$ et de la corde qui joint les deux lieux. Cette formule parait réellement avoir d'abord été trouvée pour la parabole par l'illustre EULER (*Miscell.*, Berolin, T. VII, p. 20), qui cependant la négligea dans la suite, et ne l'étendit pas non plus à l'ellipse et à l'hyperbole; ceux qui attribuent cette formule au célèbre LAMBERT se trompent donc, quoiqu'on ne puisse refuser à ce géomètre le mérite d'avoir indépendamment obtenu cette expression enfouie dans l'oubli, et de l'avoir étendue aux autres sections coniques. Quoique cette question soit déjà traitée par plusieurs géomètres, les lecteurs attentifs ne trouveront pas superflue l'exposition suivante. Nous commençons d'abord par le mouvement elliptique.

Nous observons avant tout, que l'angle $2f$ (art. 88, d'où nous prenons aussi les autres notations) décrit autour du Soleil, peut être supposé inférieur à 360°; il est en effet évident, que si cet angle est augmenté de 360°, le temps est augmenté d'une révolution, ou

$$\frac{a^{\frac{3}{2}}360°}{k}=a^{\frac{3}{2}}\times 365{,}25 \text{ jours}.$$

Si nous représentons maintenant la corde par ρ, on aura évidemment

$$\rho^2=(r'\cos v'-r\cos v)^2+(r'\sin v'-r\sin v)^2,$$

et par suite, d'après les équations VIII et IX, art. 8

$$\begin{aligned}\rho^2&=a^2(\cos E'-\cos E)^2+a^2\cos^2\varphi(\sin E'-\sin E)^2\\&=4a^2\sin^2 g(\sin^2 G+\cos^2\varphi\cos^2 G)=4a^2\sin^2 g(1-e^2\cos^2 G).\end{aligned}$$

Nous introduisons l'angle auxiliaire h tel que l'on ait $\cos h=e\cos G$; en même temps, pour éviter toute ambiguïté, nous supposons que h est compris entre 0° et 180°, d'où $\sin h$ sera une quantité positive.

C'est pourquoi, comme g tombe aussi entre les mêmes limites (si $2g$ en effet, atteignait 360° ou le dépassait, le mouvement autour du Soleil, atteindrait ou surpasserait une révolution entière), on déduit spontanément de l'équation précédente que $\rho = 2a \sin g \sin h$, pourvu que la corde soit considérée comme une quantité positive. Puisque, ensuite, on a

$$r + r' = 2a(1 - e\cos g \cos G) = 2a(1 - \cos g \cos h),$$

il est évident que si l'on pose $h - g = \delta$, $h + g = \varepsilon$, on trouve

[1] $$r + r' - \rho = 2a(1 - \cos\delta) = 4a\sin^2\frac{1}{2}\delta,$$

[2] $$r + r' + \rho = 2a(1 - \cos\varepsilon) = 4a\sin^2\frac{1}{2}\varepsilon.$$

On a enfin,

$$kt = a^{\frac{3}{2}}(2g - 2e\sin g\cos G) = a^{\frac{3}{2}}(2g - 2\sin g\cos h);$$

ou

[3] $$kt = a^{\frac{3}{2}}[\varepsilon - \sin\varepsilon - (\delta - \sin\delta)].$$

D'après les équations 1 et 2, les angles δ et ε pourront donc être déterminés au moyen de $r + r'$, ρ et a; c'est pourquoi, au moyen des mêmes quantités, le temps t pourra être déterminé à l'aide de l'équation 3. On peut, si on le préfère, présenter ainsi cette formule :

$$kt = a^{\frac{3}{2}}\Big[\text{arc cos}\,\frac{2a-(r+r')-\rho}{2a} - \sin \text{arc cos}\,\frac{2a-(r+r')-\rho}{2a}$$
$$- \text{arc cos}\,\frac{2a-(r+r')+\rho}{2a} + \sin\text{arc cos}\,\frac{2a-(r+r')+\rho}{2a}\Big].$$

Mais dans la détermination des angles δ et ε par leur cosinus, il reste une incertitude qu'il convient d'examiner plus particulièrement. Il est en vérité, évident de soi-même, que δ doit tomber entre $-180°$ et $+180°$, et ε entre 0° et 360; mais alors, ces deux angles semblent admettre une double détermination, et par suite le temps qui en résulte, une quadruple. Nous avons cependant, de l'équation 5, art. 88,

$$\cos f.\sqrt{rr'} = a(\cos g - \cos h) = 2a\sin\frac{1}{2}\delta\sin\frac{1}{2}\varepsilon;$$

maintenant, $\sin\frac{1}{2}\varepsilon$ est nécessairement une quantité positive, d'où nous concluons que $\cos f$ et $\sin\frac{1}{2}\delta$ doivent être affectés des mêmes signes, et par suite que δ doit être pris entre 0° et 180° ou entre —180° et 0, selon que $\cos f$ sera positif ou négatif, c'est-à-dire selon que le mouvement héliocentrique $2f$ aura été plus petit ou plus grand que 180°. Il est en outre évident, que pour $2f = 180°$, δ doit nécessairement être nul. De cette manière δ est complétement déterminé. Mais la détermination de l'angle ε reste nécessairement douteuse, de sorte que l'on obtient toujours pour le temps deux valeurs, dont on ne peut décider laquelle est la vraie, à moins que ce ne soit indiqué d'autre part. La raison de ce phénomène s'aperçoit facilement; il est constant, en effet, que par deux points donnés on peut décrire *deux* ellipses différentes, ayant toutes deux leur foyer au même point donné et, en même temps, le même demi-grand axe (*); mais le mouvement du premier lieu au second, dans ces ellipses, est évidemment effectué dans des temps inégaux.

107

En désignant par χ un arc quelconque compris entre —180° et + 180°, et par s le sinus de l'arc $\frac{1}{2}\chi$, on sait qu'on a

$$\frac{1}{2}\chi = s + \frac{1}{3}\cdot\frac{1}{2}s^3 + \frac{1}{5}\cdot\frac{1.3}{2.4}s^5 + \frac{1}{7}\cdot\frac{1.3.5}{2.4.6}s^7 + \dots\dots$$

On a ensuite

$$\frac{1}{2}\sin\chi = s\sqrt{1-s^2} = s - \frac{1}{2}s^3 - \frac{1.1}{2.4}s^5 - \frac{1.1.3}{2.4.6}s^7 - \text{etc.},$$

et par suite,

$$\chi - \sin\chi = 4\left(\frac{1}{3}s^3 + \frac{1}{5}\cdot\frac{1}{2}s^5 + \frac{1}{7}\cdot\frac{1.3}{2.4}s^7 + \frac{1}{9}\cdot\frac{1.3.5}{2.4.6}s^9 + \dots\dots, \text{etc.}\right)$$

Nous substituons successivement, dans cette série, à la place de s

$$\frac{1}{2}\sqrt{\frac{r+r'-\rho}{a}}, \quad \text{et} \quad \frac{1}{2}\sqrt{\frac{r+r'+\rho}{a}},$$

(*) En décrivant du premier lieu un cercle avec $2a-r$ pour rayon, et du second lieu un second cercle avec $2a-r'$, le second foyer de l'ellipse tombera évidemment à l'intersection de ces deux cercles. C'est pourquoi, comme généralement parlant, il y a toujours deux intersections, il en résultera deux ellipses différentes.

et nous multiplions les résultats par $a^{\frac{3}{2}}$; on obtient ainsi respectivement, les séries

$$\frac{1}{6}(r+r'-\rho)^{\frac{3}{2}}+\frac{1}{80}\cdot\frac{1}{a}(r+r'-\rho)^{\frac{5}{2}}+\frac{3}{1792}\cdot\frac{1}{a^2}(r+r'-\rho)^{\frac{7}{2}}+$$
$$\frac{5}{18432}\cdot\frac{1}{a^3}(r+r'-\rho)^{\frac{9}{2}}+\text{etc.}$$
$$\frac{1}{6}(r+r'+\rho)^{\frac{3}{2}}+\frac{1}{80}\cdot\frac{1}{a}(r+r'+\rho)^{\frac{5}{2}}+\frac{3}{1792}\cdot\frac{1}{a^2}(r+r'+\rho)^{\frac{7}{2}}+$$
$$\frac{5}{18432}\cdot\frac{1}{a^3}(r-r'+\rho)^{\frac{9}{2}}+\text{etc.},$$

dont nous représenterons les sommes par T, U.

On voit maintenant, sans difficulté, que puisque l'on a

$$2\sin\frac{1}{2}\delta=\pm\sqrt{\frac{r+r'-\rho}{a}},$$

le signe supérieur ou le signe inférieur devant être pris selon que $2f$ est plus petit ou plus grand que 180°, on obtient

$$a^{\frac{3}{2}}(\delta-\sin\delta)=\pm\text{T},$$

le signe étant pareillement déterminé.

De la même manière, si pour ε on prend la plus petite valeur, inférieure à 180°, on a

$$a^{\frac{3}{2}}(\varepsilon-\sin\varepsilon)=\text{U};$$

mais en prenant l'autre valeur qui est complémentaire de celle-ci à 360°, on a évidemment

$$a^{\frac{3}{2}}(\varepsilon-\sin\varepsilon)=a^{\frac{3}{2}}\,360^\circ-\text{U}.$$

De là, on obtient donc les deux valeurs relatives au temps t,

$$\frac{\text{U}\mp\text{T}}{k},\quad\text{et}\quad\frac{a^{\frac{3}{2}}\,360^\circ}{k}-\frac{\text{U}\pm\text{T}}{k}.$$

108

Si l'on considère la parabole comme une ellipse, dont le grand axe est infiniment grand, l'expression du temps trouvé dans l'article précédent devient

$$\frac{1}{6k}\left[(r+r'+\rho)^{\frac{3}{2}} \mp (r+r'-\rho)^{\frac{3}{2}}\right];$$

mais comme peut-être la déduction de cette formule pourrait être exposée à quelques doutes, nous en donnerons une autre indépendante de l'ellipse.

En posant pour simplifier

$$\text{tang}\,\frac{1}{2}v=\theta,\quad \text{tang}\,\frac{1}{2}v'=\theta',\quad \text{on a}\quad r=\frac{1}{2}p(1+\theta^2),\quad r'=\frac{1}{2}p(1+\theta'^2),$$

$$\cos v=\frac{1-\theta^2}{1+\theta^2},\quad \cos v'=\frac{1-\theta'^2}{1+\theta'^2},\quad \sin v=\frac{2\theta}{1+\theta^2},\quad \sin v'=\frac{2\theta'}{1+\theta'^2}.$$

De là il vient

$$r'\cos v'-r\cos v=\frac{1}{2}p(\theta^2-\theta'^2),\quad r'\sin v'-r\sin v=p(\theta'-\theta),$$

et par suite

$$\rho^2=\frac{1}{4}p^2(\theta'-\theta)^2[4+(\theta'+\theta)^2].$$

On voit maintenant facilement que $\theta'-\theta=\dfrac{\sin f}{\cos\frac{1}{2}v\cos\frac{1}{2}v'}$ est une quantité positive ; en posant donc

$$\sqrt{\left(1+\frac{1}{4}(\theta'+\theta)^2\right)}=\eta,\quad \text{on aura}\quad \rho=p(\theta'-\theta)\eta.$$

On a ensuite,

$$r+r'=\frac{1}{2}p(2+\theta^2+\theta'^2)=p\left(\eta^2+\frac{1}{4}(\theta'-\theta)^2\right);$$

c'est pourquoi l'on a

$$\frac{r+r'+\rho}{p}=\left(\eta+\frac{1}{2}(\theta'-\theta)\right)^2,$$

$$\frac{r+r'-\rho}{p}=\left(\eta-\frac{1}{2}(\theta'-\theta)\right)^2.$$

De la première équation, on déduit immédiatement,

$$+\sqrt{\frac{r+r'+\rho}{p}}=\eta+\frac{1}{2}(\theta'-\theta),$$

puisque η et $\theta'-\theta$ sont des quantités positives; mais comme $\frac{1}{2}(\theta'-\theta)$ est plus petit ou plus grand que η, suivant que

$$\eta^2-\frac{1}{4}(\theta'-\theta)^2=1+\theta\theta'=\frac{\cos f}{\cos\frac{1}{2}v\cos\frac{1}{2}v'}$$

est positif ou négatif, il est évident que de la seconde équation, on devra conclure

$$\pm\sqrt{\frac{r+r'-\rho}{p}}=\eta-\frac{1}{2}(\theta'-\theta),$$

où l'on devra adopter le signe supérieur ou le signe inférieur selon que l'angle décrit autour du Soleil sera plus petit ou plus grand que 180°.

De l'équation qui, dans l'art. 98, suit la seconde équation, nous avons ensuite,

$$\frac{2kt}{p^{\frac{3}{2}}}=(\theta'-\theta)\left(1+\theta\theta'+\frac{1}{3}(\theta'-\theta)^2\right)=(\theta'-\theta)\left(\eta^2+\frac{1}{12}(\theta'-\theta)^2\right)$$
$$=\frac{1}{3}\left(\eta+\frac{1}{2}(\theta'-\theta)\right)^3-\frac{1}{3}\left(\eta-\frac{1}{2}(\theta'-\theta)\right)^3,$$

d'où il suit immédiatement,

$$kt=\frac{1}{6}\left[(r+r'+\rho)^{\frac{3}{2}}\mp(r+r'-\rho)^{\frac{3}{2}}\right],$$

le signe supérieur ou le signe inférieur devant être pris, selon que $2f$ est plus petit ou plus grand que 180°.

109

Si, dans l'hyperbole, nous conservons aux lettres α, C, c la même signification que dans l'art. 99, nous obtenons, d'après les équations VIII, IX de l'art. 21,

$$r'\cos v'-r\cos v=-\frac{1}{2}\left(c-\frac{1}{c}\right)\left(C-\frac{1}{C}\right)\alpha,$$

$$r'\sin v' - r\sin v = \frac{1}{2}\left(c-\frac{1}{c}\right)\left(C+\frac{1}{C}\right)\alpha\sqrt{e^2-1};$$

et par conséquent,

$$\rho = \frac{1}{2}\alpha\left(c-\frac{1}{c}\right)\sqrt{\left[e^2\left(C+\frac{1}{C}\right)^2-4\right]}.$$

Supposons que γ soit une quantité déterminée par l'équation

$$\gamma+\frac{1}{\gamma} = e\left(C+\frac{1}{C}\right);$$

comme *deux* valeurs réciproques de γ satisfont évidemment à cette équation, nous devons adopter celle qui est plus grande que 1. On a ainsi

$$\rho = \frac{1}{2}\alpha\left(c-\frac{1}{c}\right)\left(\gamma-\frac{1}{\gamma}\right).$$

On a, en outre,

$$r+r' = \frac{1}{2}\alpha\left[e\left(c+\frac{1}{c}\right)\left(C+\frac{1}{C}\right)-4\right] = \frac{1}{2}\alpha\left[\left(c+\frac{1}{c}\right)\left(\gamma+\frac{1}{\gamma}\right)-4\right],$$

et alors,

$$r+r'+\rho = \alpha\left(\sqrt{c\gamma}-\sqrt{\frac{1}{c\gamma}}\right)^2,$$

$$r+r'-\rho = \alpha\left(\sqrt{\frac{\gamma}{c}}-\sqrt{\frac{c}{\gamma}}\right)^2.$$

En posant donc,

$$\sqrt{\frac{r+r'+\rho}{4\alpha}} = m,\quad \sqrt{\frac{r+r'-\rho}{4\alpha}} = n,$$

on aura nécessairement

$$\sqrt{c\gamma}-\sqrt{\frac{1}{c\gamma}} = 2m;$$

mais pour décider la question si $\sqrt{\frac{\gamma}{c}}-\sqrt{\frac{c}{\gamma}}$ doit être $= +2n$ ou $= -2n$, il faut chercher si γ est plus grand ou plus petit que c; mais il résulte facilement de l'équation 8, art. 99, que le premier cas a lieu toutes les fois que $2f$ est inférieur à $180°$, et le second, toutes les fois que $2f$ est supérieur à 180°. Enfin, du même article nous avons

$$\frac{kt}{a^{\frac{3}{2}}}=\frac{1}{2}\left(\gamma+\frac{1}{\gamma}\right)\left(c-\frac{1}{c}\right)-2\log c=\frac{1}{2}\left(c\gamma-\frac{1}{c\gamma}\right)-\frac{1}{2}\left(\frac{\gamma}{c}-\frac{c}{\gamma}\right)$$

$$-\log c\gamma+\log\frac{\gamma}{c}=2m\sqrt{1+m^2}\mp 2n\sqrt{1+n^2}-2\log\left(\sqrt{1+m^2}+m\right)$$

$$\pm 2\log\left(\sqrt{1+n^2}+n\right),$$

les signes inférieurs concernant toujours le cas où $2f > 180°$. Maintenant, $\log\left(\sqrt{1+m^2}+m\right)$ se développe facilement en la série suivante :

$$m-\frac{1}{3}\cdot\frac{1}{2}\,m^3+\frac{1}{5}\cdot\frac{1.3}{2.4}\,m^5-\frac{1}{7}\cdot\frac{1.3.5}{2.4.6}\,m^7+\ldots\ldots\text{etc.}$$

Ceci se déduit immédiatement de

$$d.\log\left(\sqrt{1+m^2}+m\right)=\frac{dm}{\sqrt{1+m^2}}.$$

C'est pourquoi l'on trouve

$$2m\sqrt{1+m^2}-2\log\left(\sqrt{1+m^2}+m\right)=4\left(\frac{1}{3}m^3-\frac{1}{5}\cdot\frac{1}{2}m^5+\frac{1}{7}\cdot\frac{1.3}{2.4}m^7-\ldots\text{etc.}\right)$$

et de même, une formule entièrement semblable, si l'on change m en n. De là, enfin, si l'on pose

$$T=\frac{1}{6}(r+r'-\rho)^{\frac{3}{2}}-\frac{1}{80}\cdot\frac{1}{\alpha}\,(r+r'-\rho)^{\frac{5}{2}}+\frac{3}{1792}\cdot\frac{1}{\alpha^2}(r+r'-\rho)^{\frac{7}{2}}$$

$$-\frac{5}{18432}\cdot\frac{1}{\alpha^3}\,(r+r'-\rho)^{\frac{9}{2}}+\ldots\ldots\text{etc.}$$

$$U=\frac{1}{6}(r+r'+\rho)^{\frac{3}{2}}-\frac{1}{80}\cdot\frac{1}{\alpha}\,(r+r'+\rho)^{\frac{5}{2}}+\frac{3}{1792}\cdot\frac{1}{\alpha^2}(r+r'+\rho)^{\frac{7}{2}}$$

$$-\frac{5}{18432}\cdot\frac{1}{\alpha^3}\,(r+r'+\rho)^{\frac{9}{2}}+\ldots\ldots\text{etc.,}$$

on obtient

$$kt=U\mp T,$$

expressions qui s'accordent entièrement avec celles développées dans l'art. 107, si dans celles-là on change a en $-\alpha$.

Au reste ces séries, soit pour l'ellipse, soit pour l'hyperbole, sont surtout commodes pour l'usage pratique, lorsque a ou α a une très-grande valeur, c'est-à-dire quand la section conique ressemble de très-près à une parabole. Dans un tel cas, on peut aussi employer pour la solution du problème les méthodes développées précédemment (art. 85-105); mais comme en vérité, d'après notre jugement, elles n'apportent pas alors de brièveté à la solution donnée ci-dessus, nous ne nous arrêterons pas à exposer plus longuement cette méthode.

QUATRIÈME SECTION.

RELATIONS ENTRE PLUSIEURS POSITIONS DANS L'ESPACE.

110

Les relations qui doivent être considérées dans cette section seront indépendantes de la nature de l'orbite, et soumises à la seule hypothèse que tous les points de l'orbite se trouvent dans un même plan avec le Soleil. Mais nous avons cru convenable de toucher seulement ici quelques-unes des plus simples, et de réserver pour un autre livre d'autres plus compliquées et plus spéciales.

La situation du plan de l'orbite est entièrement déterminée par deux positions du corps céleste dans l'espace, pourvu que ces deux lieux ne soient pas situés sur une même droite avec le Soleil. C'est pourquoi, puisque la position d'un point dans l'espace peut être assignée particulièrement de deux manières, il se présente deux problèmes à résoudre.

Nous supposerons d'abord que les deux lieux soient déterminés par leurs longitudes et latitudes héliocentriques, respectivement désignées par λ, λ', β, β'; les distances au Soleil ne devront pas entrer dans ce calcul. Alors, si la longitude du nœud ascendant est désignée par Ω, l'inclinaison de l'orbite sur l'écliptique par i, on aura

$$\tang \beta = \tang i \sin(\lambda - \Omega),$$
$$\tang \beta' = \tang i \sin(\lambda' - \Omega).$$

La détermination des inconnues Ω, $\tang i$, se rapporte ici au problème considéré dans l'art. 78, II. Nous avons donc, d'après la première solution,

$$\tang i \sin(\lambda - \Omega) = \tang \beta$$
$$\tang i \cos(\lambda - \Omega) = \frac{\tang \beta' - \tang \beta \cos(\lambda' - \lambda)}{\sin(\lambda' - \lambda)},$$

de même, d'après la troisième solution, nous trouvons Ω par l'équation

$$\operatorname{tang}\left(\frac{1}{2}\lambda+\frac{1}{2}\lambda'-\Omega\right)=\frac{\sin(\beta'+\beta)\operatorname{tang}\frac{1}{2}(\lambda'-\lambda)}{\sin(\beta'-\beta)},$$

formule certainement un peu plus commode, si les angles β, β' sont donnés immédiatement, et non par les logarithmes de leurs tangentes; mais, pour la détermination de i, on aura recours à l'une des formules

$$\operatorname{tang} i=\frac{\operatorname{tang}\beta}{\sin(\lambda-\Omega)}=\frac{\operatorname{tang}\beta'}{\sin(\lambda'-\Omega)}.$$

Au reste, l'ambiguïté dans la détermination de l'angle

$$\lambda-\Omega, \quad \text{ou} \quad \frac{1}{2}\lambda+\frac{1}{2}\lambda'-\Omega$$

par sa tangente, sera décidée par la considération que tang i doit être positif ou négatif selon que le mouvement projeté sur l'écliptique est direct ou rétrograde : c'est pourquoi, on ne peut alors lever cette incertitude que dans le cas où l'on peut constater dans quelle direction le corps céleste a passé de la première position à la seconde. Si ceci ne pouvait être déterminé, il serait certainement impossible de distinguer le nœud ascendant du nœud descendant.

Une fois les angles Ω et i déterminés, on obtiendra les arguments de la latitude u, u', par les formules

$$\operatorname{tang} u=\frac{\operatorname{tang}(\lambda-\Omega)}{\cos i}, \quad \operatorname{tang} u'=\frac{\operatorname{tang}(\lambda'-\Omega)}{\cos i},$$

qui doivent être prises dans le premier demi-cercle ou dans le second, suivant que les latitudes correspondantes sont boréales ou australes. A ces formules nous ajoutons encore les suivantes, dont l'une ou l'autre pourra, si cela convient, être employée dans la pratique à s'assurer de l'exactitude du calcul :

$$\cos u=\cos\beta\cos(\lambda-\Omega), \qquad \cos u'=\cos\beta'\cos(\lambda'-\Omega),$$

$$\sin u=\frac{\sin\beta}{\sin i}, \quad \sin u'=\frac{\sin\beta'}{\sin i},$$

$$\sin(u'+u)=\frac{\sin(\lambda+\lambda'-2\Omega)\cos\beta\cos\beta'}{\cos i}, \ \sin(u'-u)=\frac{\sin(\lambda'-\lambda)\cos\beta\cos\beta'}{\cos i}.$$

111

Supposons, en second lieu, que les deux positions de l'astre soient données par leurs distances à trois plans passant par le Soleil et se coupant à angles droits; désignons ces distances par x, y, z pour le premier lieu, par x', y', z' pour le second, et supposons que le troisième plan soit le plan de l'écliptique lui-même, et aussi que les pôles positifs du premier et du second plan soient situés par les longitudes N, et 90° + N. On aura ainsi, d'après l'art. 53, les deux rayons vecteurs étant désignés par r et r',

$$x = r\cos u\cos(\mathrm{N}-\Omega)+r\sin u\sin(\mathrm{N}-\Omega)\cos i,$$
$$y = r\sin u\cos(\mathrm{N}-\Omega)\cos i-r\cos u\sin(\mathrm{N}-\Omega),$$
$$z = r\sin u\sin i.$$

$$x' = r'\cos u'\cos(\mathrm{N}-\Omega)+r'\sin u'\sin(\mathrm{N}-\Omega)\cos i,$$
$$y' = r'\sin u'\cos(\mathrm{N}-\Omega)\cos i-r'\cos u'\sin(\mathrm{N}-\Omega),$$
$$z' = r'\sin u'\sin i.$$

Il suit de là

$$zy'-yz' = rr'\sin(u'-u)\sin(\mathrm{N}-\Omega)\sin i,$$
$$xz'-zx' = rr'\sin(u'-u)\cos(\mathrm{N}-\Omega)\sin i,$$
$$xy'-yx' = rr'\sin(u'-u)\cos i.$$

En combinant la première formule avec la seconde on aura $\mathrm{N}-\Omega$ et $rr'\sin(u'-u)\sin i$, et de là, au moyen de la troisième formule, on obtiendra i et $rr'\sin(u'-u)$.

Puisque le lieu auquel répondent les coordonnées x', y', z' est supposé postérieur en temps, u' doit être plus grand que u; si donc on sait en outre, si l'angle décrit autour du Soleil entre le premier et le second lieu est plus petit ou plus grand que deux angles droits, $rr'\sin(u'-u)\sin i$ et $rr'\sin(u'-u)$ devront être des quantités positives dans le premier cas, et négatives dans le second : $\mathrm{N}-\Omega$ sera donc alors déterminé sans ambiguïté, en même temps que du signe de la quantité $xy'-yx'$ on décidera si le mouvement est direct ou bien rétrograde. Réciproquement, si l'on est certain de la direction du mouvement, on pourra, d'après le signe de la quantité $xy'-yx'$, décider si $u'-u$ doit être pris plus petit ou plus grand que 180°. Mais si non-seulement la direction du mouvement, mais encore la nature de l'angle décrit autour du Soleil sont entièrement inconnus, il est évident qu'on ne pourra distinguer le nœud ascendant du nœud descendant.

On s'apercevra facilement que de même que $\cos i$ est le cosinus de l'inclinaison du plan de l'orbite sur le troisième plan, $\sin (N - \Omega) \sin i$, $\cos (N - \Omega) \sin i$ sont respectivement les cosinus des inclinaisons du plan de l'orbite sur le premier et le second plans; et aussi que $rr' \sin (u' - u)$ exprime le double de l'aire du triangle compris entre les deux rayons vecteurs, et $zy' - yz'$, $xz' - zx'$, $xy' - yx'$ le double de l'aire des projections du même triangle sur chacun des plans.

Il est enfin évident, qu'à la place de l'écliptique on peut choisir tout autre plan pour troisième plan, pourvu que toutes les quantités définies par leurs relations avec l'écliptique, soient également rapportées au troisième plan, quel qu'il soit.

112

Soient x'', y'', z'' les coordonnées de quelque troisième lieu, u'' son argument de la latitude et r'' son rayon vecteur. Nous désignerons les quantités $r'r'' \sin (u'' - u')$, $rr'' \sin (u'' - u)$, $rr' \sin (u' - u)$ qui sont les doubles des aires des triangles compris entre le second rayon vecteur et le troisième, le premier et le troisième, le premier et le second, respectivement par n, n', n''. On obtiendra donc pour x'', y'', z'' des relations semblables à celles que nous avons données pour x, y, z et x', y', z' dans l'article précédent; d'où, par le secours du lemme I, art. 78, on déduit facilement les équations suivantes :

$$0 = nx - n'x' + n''x'',$$
$$0 = ny - n'y' + n''y'',$$
$$0 = nz - n'z' + n''z''.$$

Soient maintenant α, α', α'' les longitudes géocentriques correspondant à ces trois positions du corps céleste; β, β', β'' leurs latitudes géocentriques; δ, δ', δ'' leurs distances à la Terre projetées sur l'écliptique; ensuite, L, L', L'' les longitudes héliocentriques correspondantes de la Terre; B, B', B'' ses latitudes que nous ne posons pas égales à zéro, pour qu'il soit permis non-seulement d'avoir égard à la parallaxe, mais aussi, si l'on veut, d'adopter tout autre plan à la place de l'écliptique; soient enfin, D, D', D'', les distances de la Terre au Soleil projetées sur l'écliptique.

Si, alors, x, y, z sont exprimées en fonction de L, B, D, α, β, δ, et qu'il en soit de même des coordonnées concernant le premier et le second lieu, les équations précédentes prendront la forme suivante :

[1] $$0 = n(\delta\cos\alpha + D\cos L) - n'(\delta'\cos\alpha' + D'\cos L') + n''(\delta''\cos\alpha'' + D''\cos L''),$$

[2] $$0 = n(\delta\sin\alpha + D\sin L) - n'(\delta'\sin\alpha' + D'\sin L') + n''(\delta''\sin\alpha'' + D''\sin L''),$$

[3] $$0 = n(\delta\,\mathrm{tang}\,\beta + D\,\mathrm{tang}\,B) - n'(\delta'\,\mathrm{tang}\,\beta' + D'\,\mathrm{tang}\,B') + n''(\delta''\,\mathrm{tang}\,\beta'' + D''\,\mathrm{tang}\,B'').$$

Si nous considérons ici α, β, D, L, B, et les quantités analogues pour les deux autres lieux comme connues, et que les équations soient divisées par n, par n' ou par n'', il reste cinq quantités inconnues, dont on pourra, par conséquent, éliminer deux ou déterminer trois, au moyen de deux quelconques d'entre elles. De cette manière ces trois équations ouvrent la route à plusieurs conclusions très-importantes, dont nous développerons ici quelques-unes particulièrement remarquables.

115

Pour que nous ne soyons pas trop embarrassés par la longueur des formules, nous trouvons bon d'employer les abréviations suivantes. D'abord nous désignons la quantité

$$\mathrm{tang}\,\beta\sin(\alpha''-\alpha') + \mathrm{tang}\,\beta'\sin(\alpha-\alpha'') + \mathrm{tang}\,\beta''\sin(\alpha'-\alpha)$$

par (0.1.2) ; si dans cette expression, à la place de la longitude et de la latitude correspondant à un lieu géocentrique quelconque, sont substituées la longitude et la latitude de n'importe lequel des trois lieux héliocentriques correspondants de la Terre, nous changeons, dans la notation (0, 1, 2), le chiffre qui correspond à cette position géocentrique, avec un chiffre romain qui devra répondre à cette position de la Terre. De telle sorte, par exemple, que la notation (0, 1, I), exprime la quantité

$$\mathrm{tang}\,\beta\sin(L'-\alpha') + \mathrm{tang}\,\beta'\sin(\alpha-L') + \mathrm{tang}\,B'\sin(\alpha'-\alpha)$$

et aussi (0, 0, 2), la suivante,

$$\mathrm{tang}\,\beta\sin(\alpha''-L) + \mathrm{tang}\,B\sin(\alpha-\alpha'') + \mathrm{tang}\,\beta''\sin(L-\alpha).$$

Nous changeons la notation de la même manière, si dans a première expression, nous substituons deux longitudes et latitudes quelconques héliocentriques de la Terre à la place de *deux* longitudes et latitudes géocentriques. Si deux des longitudes et latitudes contenues dans cette expression sont permutées entre elles, il conviendra aussi de permuter dans la notation les chiffres correspondants ; mais par là, la valeur elle-même de la quantité ne change pas, mais seulement, de positive devient négative, ou de négative positive. De telle sorte qu'on a par exemple,

$$(0.1.2)=-(0.2.1)=(1.2.0)=-(1.0.2)=(2.0.1)=-(2.1.0).$$

C'est pourquoi, toutes les quantités qui naissent de cette manière se réduisent aux dix-neuf suivantes :

(0.1.2)
(0.1.0), (0.1.I), (0.1.II.), (0.0.2), (0.I.2), (0.II.2), (0.1.2), (I.1.2), (II.1.2), (0.0.I.), (0.0.II.), (0.I.II.), (1.0.I.), (1.0.II.), (1.I.II.), (2.0.I.), (2.0.II.), (2.I.II.),

auxquelles il faut ajouter la vingtième (0.I.II).

Il est au reste facilement démontré que chacune de ces expressions multipliées par le produit des trois cosinus des latitudes qui y entrent, devient égale à six fois le volume de la pyramide dont le sommet est au Soleil, et qui a pour base le triangle formé par les trois points de la sphère céleste qui correspondent aux lieux entraut dans chaque expression, le rayon de la sphère étant supposé égal à 1.

C'est pourquoi, toutes les fois que ces trois lieux se trouvent sur un même grand cercle, la valeur de l'expression doit être égale à zéro ; et comme pour les trois positions héliocentriques de la Terre ceci a toujours lieu, toutes les fois que nous ne considérons pas les parallaxes et les latitudes de la Terre nées des perturbations, c'est-à-dire toutes les fois que nous plaçons la Terre dans le plan même de l'écliptique, on aura toujours, dans cette hypothèse, (0.I.II.) $=0$, qui devient, par le fait, une équation identique si l'écliptique lui-même est pris pour troisième plan. Enfin, toutes les fois que B, B′ et B″$=0$, toutes ces expressions, la première exceptée, deviennent beaucoup plus simples ; c'est-à-dire qu'à partir de la seconde jusqu'à la dixième, chacune d'elles sera composée de deux parties, mais que de la onzième jusqu'à la dix-neuvième elles ne contiendront qu'un seul terme.

114

En multipliant l'équation [1] par $\sin\alpha''\operatorname{tang}B'' - \sin L''\operatorname{tang}\beta''$, l'équation [2] par $\cos L''\operatorname{tang}\beta'' - \cos\alpha''\operatorname{tang}B''$, et l'équation [3] par $\sin(L''-\alpha'')$, et en ajoutant les produits, on trouve

$$[4] \quad 0 = n[(0.2.\text{II})\delta + (0.2.\text{II})D] - n'[(1.2.\text{II})\delta' + (1.2.\text{II}.)D']$$

et de la même manière, ou plus commodément par la seule permutation des lieux entre eux,

$$[5] \quad 0 = n[(0.1.\text{I})\delta + (0.1.\text{I})D] + n''[(2.1.\text{I})\delta'' + (\text{II}.1.\text{I})D''],$$
$$[6] \quad 0 = n'[(1.0.0)\delta' + (\text{I}.0.0)D'] - n''[(2.0.0)\delta'' + (\text{II}.0.0)D''].$$

Par conséquent, si le rapport des quantités n, n' est donné, on pourra au moyen de l'équation 4, déterminer δ' en fonction de δ, ou δ en fonction de δ'; et semblablement d'après les équations 5 et 6.

De la combinaison des équations 4, 5 et 6 naît la suivante,

$$[7] \frac{(0.2.\text{II})\delta + (0.2.\text{II})D}{(0.1.\text{I})\delta + (0.1.\text{I})D} \times \frac{(1.0.0)\delta' + (\text{I}.0.0)D'}{(1.2.\text{II})\delta' + (\text{I}.2.\text{II})D'} \times \frac{(2.1.\text{I})\delta'' + (\text{II}.1.\text{I})D''}{(2.0.0)\delta'' + (\text{II}.0.0)D''} = -1$$

au moyen de laquelle, d'après deux distances du corps céleste à la Terre, on peut déterminer la troisième. Mais il peut être démontré que cette équation 7 devient identique, et par suite impropre pour la détermination d'une distance en fonction des deux autres, toutes les fois que l'on aura $B = B' = B'' = 0$, et

$$\left.\begin{array}{l} \operatorname{tang}\beta'\operatorname{tang}\beta''\sin(L-\alpha)\sin(L''-L') \\ +\operatorname{tang}\beta''\operatorname{tang}\beta\sin(L'-\alpha')\sin(L-L'') \\ +\operatorname{tang}\beta\operatorname{tang}\beta'\sin(L''-\alpha'')\sin(L'-L) \end{array}\right\} = 0.$$

La formule suivante qui découle des équations 1, 2, 3 est affranchie de cet inconvénient :

$$[8] \quad (0.1.2)\delta\delta'\delta'' + (0.1.2)D\delta'\delta'' + (0.\text{I}.2)D'\delta\delta'' + (0.1.\text{II})D''\delta\delta'$$
$$+ (0.\text{I}.\text{II})D'D''\delta + (0.1.\text{II})DD''\delta' + (0.\text{I}.2)DD'\delta'' + (0.\text{I}.\text{II})DD'D'' = 0.$$

En multipliant l'équation 1 par $\sin\alpha'\operatorname{tang}\beta'' - \sin\alpha''\operatorname{tang}\beta'$, l'équation 2 par $\cos\alpha''\operatorname{tang}\beta' - \cos\alpha'\operatorname{tang}\beta''$, l'équation 3 par $\sin(\alpha''-\alpha')$, et ajoutant les produits, on trouve

$$[9] \quad 0 = n[(0.1.2)\delta + (0.1.2)D] - n'(\text{I}.1.2)D' + n''(\text{II}.1.2)D''$$

et de la même manière,

$$[10]\quad 0 = n(0\,.\,0\,.\,2)D - n'[(0\,.\,1\,.\,2)\delta' + (0\,.\,\mathrm{I}\,.\,2)D'] + n''(0\,.\,\mathrm{II}\,.\,2)D'',$$

$$[11]\quad 0 = n(0\,.\,1\,.\,0)D - n'(0\,.\,1\,.\,\mathrm{I})D' + n''[(0\,.\,1\,.\,2)\delta'' + (0\,.\,1\,.\,\mathrm{II})D''].$$

Au moyen de ces équations, les distances δ, δ', δ'' peuvent être déterminées en fonction du rapport entre les quantités n, n', n'', quand il est connu; mais cette conclusion n'est vraie que d'une manière générale, et souffre une exception toutes les fois que l'on a $(0\,.\,1\,.\,2) = 0$. Il peut, en effet, être démontré que, dans ce cas, on n'obtient des équations 8, 9 et 10 rien autre chose que la relation qui existe nécessairement entre les quantités n, n', n'', relation qu'on trouve réellement la même par chacune des trois. Des restrictions analogues relativement aux équations 4, 5, 6, s'offriront spontanément au lecteur expérimenté.

Au reste, toutes les conclusions développées ici ne sont d'aucun usage toutes les fois que le plan de l'orbite coïncide avec l'écliptique. Si, en effet, β, β', β'', B, B', B'' sont toutes $= 0$, l'équation 3 est identique, et par conséquent toutes les suivantes aussi.

LIVRE SECOND.

RECHERCHE DES ORBITES DES CORPS CÉLESTES D'APRÈS LES OBSERVATIONS GÉOCENTRIQUES.

PREMIÈRE SECTION.

DÉTERMINATION DE L'ORBITE D'APRÈS TROIS OBSERVATIONS COMPLÈTES.

115

Sept éléments sont exigés pour la connaissance complète du mouvement d'un corps céleste dans son orbite, nombre qui peut être diminué d'un, si la masse du corps céleste est connue ou négligée; on peut à peine éviter de négliger la masse dans la détermination d'une orbite entièrement inconnue, où il convient d'écarter, pour un moment, toutes les quantités de l'ordre des perturbations, jusqu'à ce que les masses dont elles dépendent aient été connues d'autre part. C'est pourquoi, la masse du corps céleste étant négligée dans la présente recherche, nous réduisons à six le nombre des éléments, et il est alors évident que, pour la détermination de l'orbite inconnue, il est nécessaire d'avoir un même nombre de quantités fonctions des éléments, mais indépendantes l'une de l'autre. Ces quantités ne peuvent être que les positions du corps céleste observé de la Terre; et comme chacune de ces positions fournit deux quantités, à savoir la longitude et la latitude ou l'ascension droite et la déclinaison, il sera certainement le plus simple d'adopter *trois lieux géocentriques*, qui, en général, suffiront à la détermination des six éléments inconnus. Ce problème doit être considéré comme le plus important de cet ouvrage, et, pour cette raison, sera traité avec le plus grand soin dans cette section.

Mais dans le cas spécial, où le plan de l'orbite coïncide avec l'écliptique, et par suite où toutes les latitudes, soit héliocentriques, soit géocentriques, s'évanouissent naturellement, il ne sera plus permis de considérer les trois latitudes géocentriques nulles, comme trois quantités données indépendantes l'une de l'autre; ce problème resterait alors indéterminé, et l'on pourrait satisfaire aux trois lieux géocentriques par un grand nombre d'orbites. C'est pourquoi, dans un pareil cas, il faudra nécessairement que quatre longitudes soient données, pour qu'on puisse déterminer les quatre autres éléments inconnus (l'inclinaison de l'orbite et la longitude du nœud étant écartées). Mais quoique, par un principe qu'on ne saurait discerner, on ne puisse pas s'attendre qu'un tel cas doive jamais s'offrir dans la nature des choses, néanmoins, on présumera facilement que le problème qui, pour une orbite coïncidant entièrement avec le plan de l'écliptique, devient absolument indéterminé, doit, à cause de la précision limitée des observations, rester presque indéterminé, *dans une orbite très-peu inclinée sur l'écliptique*, où même de très-légères erreurs d'observations doivent altérer entièrement la valeur des inconnues. C'est pourquoi, afin d'examiner aussi ce cas, il sera nécessaire de choisir six autres données; dans ce but, nous montrerons, dans la seconde section, comment déterminer une orbite inconnue au moyen de quatre observations, dont deux sont complètes, mais les deux autres incomplètes, les latitudes ou les déclinaisons manquant.

Enfin, puisque toutes nos observations, en raison de l'imperfection des instruments et de nos sens, ne sont que des approximations de la vérité, l'orbite établie seulement par les six données absolument nécessaires, pourra encore être sujette à des erreurs considérables. Afin de les affaiblir autant qu'il est réellement permis de le faire, et pour que nous puissions atteindre à toute la précision possible, on n'aura pas d'autres moyens que d'amasser le plus grand nombre d'observations parfaites, et de perfectionner les éléments de telle sorte, non pas qu'ils satisfassent à celles-ci ou à celles-là avec une précision absolue, mais qu'ils s'accordent le mieux possible avec toutes les observations. Nous ferons voir, dans la troisième section, de quelle manière on peut obtenir, d'après les règles du calcul des probabilités, un pareil accord, sinon absolu nulle part, du moins partout le plus étroit possible.

De cette manière donc, la détermination des orbites, en tant que les corps célestes s'y meuvent suivant les lois de Képler, sera portée à toute la perfection qui peut être désirée. On pourra alors enfin, réellement entreprendre un dernier perfectionnement en tenant compte des perturbations que les autres planètes produisent dans le mouvement. Nous indiquerons brièvement, dans la quatrième section, de quelle manière on peut en tenir compte, en tant, il est vrai, que cette question paraîtra se rattacher à notre plan.

116

Avant d'entreprendre la détermination d'une orbite quelconque à l'aide d'observations géocentriques, celles-ci devront subir quelques corrections relatives à la nutation, la précession, la parallaxe et l'aberration, si toutefois une grande précision est demandée; dans un calcul approché, il sera en effet permis de négliger ces petites quantités.

Les observations des planètes et des comètes sont habituellement effectuées par les ascensions droites et les déclinaisons apparentes, c'est-à-dire rapportées à la position apparente de l'équateur. Puisque cette position est variable à cause de la précession et de la nutation, et par suite différente pour les différentes observations, il conviendra avant tout, d'introduire quelque plan fixe à la place du plan variable; dans ce but, on pourra employer, ou l'équateur à sa position moyenne pour une époque déterminée, ou l'écliptique. On a coutume, le plus souvent, de choisir ce dernier plan, mais le premier se recommande par des avantages particuliers qui ne doivent pas être dédaignés.

Toutes les fois donc qu'il a plu de choisir le plan de l'équateur, les observations doivent d'abord être purgées de la nutation, et, après cela, la précession étant appliquée, elles devront être réduites à une époque quelconque arbitraire; cette opération s'accorde entièrement avec celle par laquelle, de la position observée d'une étoile fixe on passe à la position moyenne pour une époque donnée, et par conséquent ne demande aucune explication. Mais, si l'on est convenu d'adopter le plan de l'écliptique, une double méthode se présentera, à savoir : des ascensions droites et déclinaisons corrigées de la nutation et de la précession, on pourra déduire les longitudes et latitudes au moyen de l'obliquité moyenne, d'où seront obtenues les longitudes rapportées à l'équinoxe moyen; ou, plus facilement, d'après les ascensions droites et les déclinaisons apparentes seront calculées les longitudes et latitudes que l'on corrigera ensuite de la nutation et de la précession.

Les différentes positions de la Terre correspondant aux observations seront calculées par les tables solaires, mais il est évident qu'elles devront être rapportées au même plan auquel sont rapportées les observations du corps céleste. C'est pourquoi, dans le calcul de la longitude du Soleil, la nutation sera négligée, mais après cela, la précession étant appliquée, cette longitude sera réduite à une époque fixe, et augmentée de 180°; on attribuera à la latitude du Soleil un signe contraire, si l'on trouve utile d'en tenir compte; on aura ainsi la position héliocentrique de la Terre, qui, si l'équateur est choisi pour plan fondamental, pourra être transformée en ascension droite et déclinaison à l'aide de l'obliquité moyenne.

117

La position de la Terre calculée de cette manière à l'aide des tables se rapporte au centre de la Terre, mais la position observée du corps céleste concerne un point de la surface terrestre; on peut avoir égard à cette différence de trois manières :

Ou l'observation peut, en effet, être ramenée au centre de la Terre, c'est-à-dire corrigée de la parallaxe; ou le lieu héliocentrique de la Terre peut être réduit au lieu même de l'observation, ce qui se fait en appliquant convenablement la parallaxe à la position du Soleil déduite des tables; ou enfin, l'une et l'autre position peuvent être transportées à un troisième point quelconque, qui est déterminé le plus convenablement par l'intersection du rayon visuel avec le plan de l'écliptique; l'observation elle-même reste alors invariable, et nous avons enseigné dans l'art. 72 la réduction de la position de la Terre à ce point. La première méthode ne peut être employée, à moins que la distance du corps céleste à la Terre ne soit connue; mais alors elle est assez commode, surtout toutes les fois que l'observation est faite dans le méridien même, cas dans lequel la déclinaison seulement est affectée de la parallaxe. Il sera, en outre, préférable d'appliquer immédiatement cette correction à la position observée, avant de s'occuper des transformations de l'article précédent. Mais si la distance à la Terre est encore entièrement inconnue, on devra avoir recours à la seconde ou à la troisième méthode, et la seconde devra être employée toutes les fois que l'équateur est choisi pour plan fondamental; mais la troisième doit être préférée lorsqu'il convient de rapporter toutes les positions à l'écliptique.

118

Si la distance du corps céleste à la Terre correspondant à quelque observation est déjà approximativement connue, on peut affranchir cette observation de l'effet de l'aberration, de plusieurs manières, qui reposent sur les différentes méthodes enseignées dans l'art. 71. Soit t le temps vrai d'une observation; θ l'intervalle de temps que met la lumière à venir de l'astre à la Terre, ce qui s'obtient en multipliant la distance par 493^s; l le lieu observé, l' le même lieu réduit au temps $t+\theta$ au moyen du mouvement diurne géocentrique; l'' le lieu l corrigé de cette partie de l'aberration qui est commune aux planètes et aux étoiles; L le lieu vrai de la Terre correspondant à l'époque t (c'est-à-dire, le lieu déduit des tables augmenté de 20",25), et enfin, 'L le lieu vrai de la Terre correspondant à l'époque $t-\theta$. Ceci posé, on aura :

I. l lieu vrai du corps céleste vu de 'L à l'époque $t-\theta$.

II. l' lieu vrai du corps céleste vu de L à l'époque t.

III. l'' lieu vrai du corps céleste vu du lieu L à l'époque $t-\theta$.

Par la méthode I, le lieu observé ne change donc pas, mais à la place de l'époque vraie on substitue l'époque fictive $t-\theta$, pour laquelle est calculée la position de la Terre; la méthode II applique à l'observation seule une modification, mais, en outre de la distance, elle exige encore le mouvement diurne; dans la méthode III, l'observation subit une correction indépendante de la distance; à l'époque vraie est substituée l'époque fictive $t-\theta$, mais la position correspondante de la Terre est calculée pour l'époque vraie. De ces méthodes, la première est de beaucoup la plus commode, toutes les fois que la distance est déjà assez connue pour que la réduction du temps θ puisse être calculée avec une précision suffisante.

Mais si cette distance est encore entièrement inconnue, aucune de ces méthodes ne pourra être immédiatement appliquée. Dans la première, en effet, on connaît il est vrai la position géocentrique du corps céleste, mais on a besoin d'un intervalle et d'une position de la Terre dépendant tous deux d'une distance inconnue; dans la seconde, au contraire, celles-ci sont déterminées, celui-là manque; dans la troisième enfin, on connaît le lieu géocentrique du corps céleste et la position de la Terre; mais le temps auquel ces données sont liées manque.

Que faut-il donc faire dans notre problème si, dans ce cas, la solution est demandée exacte, même eu égard à l'aberration? Le plus simple est certainement de déterminer l'orbite en négligeant l'aberration, puisqu'elle ne peut jamais produire un effet considérable; les distances seront obtenues par là avec assez de précision pour corriger alors les observations, de l'aberration, par quelques-unes des méthodes exposées tout à l'heure, et pour qu'il soit permis de recommencer avec plus d'exactitude la détermination de l'orbite. Maintenant, dans ce travail, la troisième méthode devra de beaucoup être préférée; dans la première méthode, en effet, toutes les opérations relatives à la position de la Terre doivent être recommencées de nouveau, depuis le commencement; dans la seconde (qui n'est réellement applicable que si l'on possède un nombre suffisant d'observations pour pouvoir en déduire le mouvement diurne), il faut reprendre de nouveau toutes les opérations relatives à la position géocentrique du corps céleste; dans la troisième, au contraire (si à la vérité un premier calcul a été établi sur les lieux géocentriques affranchis de l'aberration des fixes), toutes les opérations préliminaires relatives à la position de la Terre et au lieu géocentrique du corps céleste pourront, dans le nouveau calcul, être conservées invariables. De plus, on pourra de cette manière comprendre aussitôt l'aberration dans le premier calcul, si la méthode employée pour la détermination de l'orbite est établie de manière, que les valeurs des distances soient obtenues avant qu'on ait besoin d'introduire dans le calcul les époques corrigées. Alors le double calcul, à cause de l'aberration, ne sera pas réellement nécessaire, ainsi que cela se verra plus clairement en traitant plus longuement notre problème.

119

Il ne serait pas difficile, d'après la liaison qui existe entre les données et les inconnues de notre problème, de réduire son établissement à six équations, ou même à un plus petit nombre, puisqu'il serait permis d'éliminer l'une ou l'autre inconnue assez facilement; mais puisque cette liaison est très-compliquée, ces équations deviendraient fort difficiles à résoudre; une séparation des inconnues telle que l'on puisse arriver à une équation contenant seulement une inconnue, peut, généralement parlant (*), être considérée comme

(*) Toutes les fois que les observations sont peu éloignées l'une de l'autre, de manière

impossible, et par conséquent, encore moins sera-t-il permis d'obtenir la solution complète du problème par les seules opérations directes.

Mais on peut certainement réduire notre problème, et même de plusieurs manières, à la solution de *deux* équations, $X = 0$, $Y = 0$, dans lesquelles deux inconnues seulement, x et y, se trouvent mêlées. Il n'est pas, à la vérité, nécessaire que x et y soient deux des éléments eux-mêmes; elles pourront être des quantités liées d'une manière quelconque avec les éléments, pourvu qu'une fois ces quantités trouvées, on puisse en déduire facilement les éléments. En outre, il n'est évidemment pas besoin que X et Y soient exprimées par des fonctions explicites de x et y, il suffit qu'elles soient liées avec celles-ci par un système d'équations tel, que des valeurs données de x et y il soit possible de passer aux valeurs correspondantes de X et Y.

120

Puisque la nature du problème ne permet pas une réduction ultérieure au système de deux équations contenant pêle-mêle deux inconnues, le point important consiste donc réellement d'abord dans le *choix* convenable de ces inconnues et dans la *disposition* des équations, afin que non-seulement X et Y soient des fonctions les plus simples de x et de y, mais aussi, que de leurs valeurs déterminées les éléments eux-mêmes s'en déduisent le plus facilement; mais, après cela, il faudra voir de quelle manière on pourra déterminer, sans opérations trop pénibles, les valeurs des inconnues satisfaisant aux équations. Si l'on n'y arrivait que par des tâtonnements aveugles, cela exigerait un travail considérable et à peine tolérable, qui, néanmoins, a souvent été à peu près entrepris par les astronomes qui ont déterminé les orbites des comètes par la méthode qu'ils nomment indirecte; dans une telle question, le travail est certainement grandement diminué par la raison que, dans les premiers essais, des calculs plus grossiers suffisent, jusqu'à ce qu'on soit parvenu à des valeurs approchées des inconnues. Mais aussitôt qu'on a obtenu une détermination déjà approchée, on peut terminer la solu-

que l'on puisse traiter les intervalles de temps comme des quantités infiniment petites, la séparation faite de cette manière réussit certainement, et le problème se réduit en entier à la solution d'une équation algébrique du septième ou du huitième degré.

tion par des méthodes toujours sûres et promptes que je crois devoir expliquer ici avant d'aller plus loin.

Si pour x et y, on a pris les véritables valeurs elles-mêmes, on satisfera immédiatement d'une manière exacte aux équations $X=0$, $Y=0$; si au contraire, à la place de x et y on substitue des valeurs différentes des véritables, les valeurs de X et Y qui s'en déduiront seront différentes de zéro. Mais, plus x et y approcheront près des véritables valeurs, plus les valeurs de X, Y devront aussi être moindres; et lorsque leurs différences avec les valeurs exactes seront très-petites, on pourra supposer que les variations des valeurs de X et Y sont à peu près proportionnelles aux variations de x, si y ne change pas, ou aux variations de y, si x ne change pas. C'est pourquoi, si les valeurs de x et y sont respectivement désignées par ξ, η, les valeurs de X et Y, correspondant à l'hypothèse $x=\xi+\lambda$, $y=\eta+\mu$, se présenteront sous la forme $X=\alpha\lambda+\beta\mu$, $Y=\lambda\gamma+\delta\mu$, dans lesquelles les coefficients α, β, γ, δ peuvent être considérés comme constants, tant que λ et μ restent très-petits. De là on conclut, que si pour trois systèmes de valeurs de x et y, peu différentes des véritables, les valeurs correspondantes de X et Y ont été déterminées, les vraies valeurs de x et y pourront s'en déduire, en tant qu'il soit réellement permis d'admettre l'hypothèse ci-dessus.

Admettons que

pour $x=a$, $y=b$ on ait $X=A$, $Y=B$,
$x=a'$, $y=b'$ $X=A'$, $Y=B'$,
$x=a''$, $y=b''$ $X=A''$, $Y=B''$,

et nous aurons

$$A=\alpha(a-\xi)+\beta(b-\eta),\qquad B=\gamma(a-\xi)+\delta(b-\eta),$$
$$A'=\alpha(a'-\xi)+\beta(b'-\eta),\qquad B'=\gamma(a'-\xi)+\delta(b'-\eta),$$
$$A''=\alpha(a''-\xi)+\beta(b''-\eta),\qquad B''=\gamma(a''-\xi)+\delta(b''-\eta).$$

De là on a, α, β, γ et δ étant éliminés,

$$\xi=\frac{a(A'B''-A''B')+a'(A''B-AB'')+a''(AB'-A'B)}{A'B''-A''B'+A''B-AB''+AB'-A'B}$$
$$\eta=\frac{b(A'B''-A''B')+b'(A''B-AB'')+b''(AB'-A'B)}{A'B''-A''B'+A''B-AB''+AB'-A'B}$$

ou, sous une forme plus commode pour le calcul,

$$\xi = a + \frac{(a'-a)(A''B-AB'')+(a''-a)(AB'-A'B)}{A'B''-A''B'+A''B-AB''+AB'-A'B}$$

$$\eta = b + \frac{(b'-b)(A''B-AB'')+(b''-b)(AB'-A'B)}{A'B''-A''B'+A''B-AB''+AB'-A'B}$$

Il est évident aussi, que l'on peut changer, dans ces formules, les quantités a, b, A, B avec a', b', A', B', ou avec a'', b'', A'', B''.

Au reste, le dénominateur commun de toutes ces expressions, que l'on peut aussi écrire sous la forme

$$(A'-A)(B''-B)-(A''-A)(B'-B)$$

devient égal à

$$(\alpha\delta-\beta\gamma)[(a'-a)(b''-b)-(a''-a)(b'-b)];$$

d'où il est évident, que a, a', a'', b, b', b'' doivent être pris de telle sorte que l'on n'ait pas

$$\frac{a''-a}{b''-b}=\frac{a'-a}{b'-b};$$

autrement, en effet, cette méthode ne serait pas applicable, mais fournirait pour ξ et η des valeurs fractionnaires, dont les numérateurs et les dénominateurs s'évanouiraient ensemble. De là, il est en même temps évident, que si par hasard on a

$$\alpha\delta-\beta\gamma=0,$$

la même défectuosité de la méthode en défend entièrement l'usage, de quelque manière que l'on choisisse a, a', a'', b, b', b''. Dans un tel cas, il faudrait supposer aux valeurs de X une forme telle que

$$\alpha\lambda+\beta\mu+\varepsilon\lambda^2+\zeta\lambda\mu+\theta\mu^2,$$

et de même pour les valeurs de Y; d'après quoi, l'analyse fournirait des méthodes analogues à la précédente pour trouver, au moyen des valeurs de X et Y calculées pour quatre systèmes de valeurs de x et y, les valeurs exactes de ces dernières. Mais, de cette manière, le calcul deviendrait très-pénible, et, en outre, on peut faire voir que dans un tel cas, la détermination de l'orbite, par la nature même de la question n'admet pas la précision nécessaire; puisque cet inconvénient ne peut être évité autrement qu'en obtenant de nouvelles observations plus convenables, nous ne nous arrêterons pas ici davantage à cette question.

121

Toutes les fois que l'on connaîtra les valeurs approchées des inconnues, on pourra donc en déduire les valeurs exactes, par la méthode que nous venons d'expliquer, avec toute la précision qu'on peut désirer. D'abord, en effet, seront calculées les valeurs de X et Y correspondant à ces valeurs approchées (a, b) ; à moins que X et Y ne s'évanouissent déjà immédiatement, on fera un second calcul avec deux autres valeurs (a', b') un peu différentes des premières, et ensuite, au moyen d'un troisième système (a'', b'') ; à moins que, par hasard, X et Y ne s'annulent par le second système. Alors, par les formules de l'article précédent, les véritables valeurs seront obtenues, en tant que l'hypothèse sur laquelle reposent ces formules ne s'éloigne pas sensiblement de la vérité. Afin de juger de cela avec plus de certitude, le calcul des valeurs de X, Y sera recommencé avec ces valeurs corrigées, qui, si elles ne satisfont pas encore aux équations $X=0$, $Y=0$, détermineront certainement des valeurs de X et Y beaucoup plus petites que par les trois premières hypothèses, et par suite, les éléments de l'orbite qui en résulteront seront beaucoup plus exacts que ceux qui correspondent aux premières hypothèses. Si nous ne voulons pas nous en tenir à ces éléments, le plus sage sera, après avoir négligé l'hypothèse qui avait produit les plus grandes différences, de joindre de nouveau les deux autres à la quatrième, et de former, suivant les principes de l'article précédent, un cinquième système de valeurs de x et y ; et de la même manière, lorsqu'on en verra l'utilité, on pourra déterminer une sixième hypothèse et ainsi de suite, jusqu'à ce que les équations $X=0$, $Y=0$ soient satisfaites aussi exactement que le permettent les tables trigonométriques et logarithmiques. Très-rarement cependant, on aura besoin d'aller plus loin que le quatrième système, à moins que les premières hypothèses ne soient encore trop écartées de la vérité.

122

Puisque les valeurs des inconnues, dans la seconde et la troisième hypothèse, sont en quelque sorte prises arbitrairement, pourvu seulement qu'elles ne diffèrent pas trop de la première hypothèse ; et qu'en outre on évite que le rapport $(a''-a):(b''-b)$ ne tende à devenir égal au rapport $(a'-b):(b'-b)$, on a généralement l'habitude de poser $a'=a$, $b''=b$.

De là on retire un double avantage; car, non-seulement les formules relatives à ξ, η deviennent encore un peu plus simples, mais aussi, une partie du premier calcul restera le même dans la seconde hypothèse, et une autre partie dans la troisième.

Il est cependant un cas où d'autres raisons engagent à s'écarter de cette manière de faire; supposons en effet, que X ait la forme $X'-x$, et Y celle $Y'-y$, et que les fonctions X', Y' soient établies, par la nature du problème, de telle sorte qu'elles soient très-peu affectées par des erreurs médiocres commises dans les valeurs de x et y, ou que $\left(\frac{dX'}{dx}\right)$, $\left(\frac{dX'}{dy}\right)$, $\left(\frac{dY'}{dx}\right)$, $\left(\frac{dY'}{dy}\right)$ soient des quantités excessivement petites, il est alors évident, que les différences entre les valeurs de ces fonctions correspondant au système $x=\xi$, $y=\eta$, et celles qui proviennent du système $x=a$, $y=b$, peuvent être considérées comme d'un ordre plus élevé que les différences $\xi-a$, $\eta-b$; mais ces valeurs-là sont $X'=\xi$, $Y'=\eta$, et celles-ci $X'=a+A$, $Y'=b+B$, d'où il suit, que $a+A$, $b+B$ sont des valeurs de x et y beaucoup plus exactes que a, b. Si la seconde hypothèse est établie sur ces valeurs, elle satisfait très-souvent, déjà si exactement aux équations $X=0$, $Y=0$, qu'il est inutile d'aller au delà; s'il en est autrement, on formera de la même manière la troisième hypothèse, au moyen de la seconde, en faisant

$$a''=a'+A'=a+A+A',\quad b''=b'+B'=b+B+B';$$

d'où enfin, si on ne la trouve pas encore assez précise, on formera la quatrième d'après la règle de l'art. 120.

123

Nous avons supposé, dans ce qui précède, qu'on avait déjà obtenu de quelque part les valeurs approchées des inconnues x, y. Toutes les fois, assurément, que l'on connaît les dimensions approchées de toute l'orbite (déduites peut-être d'autres observations, par des calculs antérieurs, et devant maintenant être corrigées par de nouvelles); on pourra, sans difficulté, satisfaire à cette condition, quelle que soit la signification que nous attribuions aux inconnues. Au contraire, dans la première détermination d'une orbite encore entièrement inconnue (problème qui est de beaucoup le plus difficile), il n'est nullement indifférent d'employer telles ou telles inconnues; elles doivent plutôt être choisies avec adresse de manière que de la nature du problème même, il soit permis de déduire les valeurs approchées. Ce qui réussit d'une manière très-satisfaisante toutes les fois que les trois observations employées pour la recherche de l'orbite n'embrassent pas un trop grand mouvement héliocentrique du corps céleste. On devra donc toujours choisir de cette manière les observations pour une première détermination, qu'il conviendra après cela de corriger, à son gré, par des observations plus écartées l'une de l'autre. On aperçoit en effet facilement, que les erreurs inévitables des observations affectent d'autant plus le résultat que les observations ont été prises plus rapprochées. De là nous concluons, que les observations relatives à une première détermination ne doivent pas être prises inconsidérément, mais qu'on doit prendre garde, *d'abord* qu'elles ne soient trop voisines l'une de l'autre, mais *ensuite* qu'elles ne soient pas non plus trop écartées. Dans le premier cas, en effet, le calcul des éléments devant satisfaire aux observations s'achève en vérité très-promptement, mais on devrait accorder peu de confiance à ces éléments eux-mêmes; bien plus, ils pourraient être altérés par des erreurs si considérables qu'ils ne pourraient même pas servir, à leur tour, d'approximation. Dans l'autre cas, nous abandonnerions les méthodes qui servent à la détermination approchée des inconnues, et nous ne pourrions en obtenir aucune autre détermination, si ce n'est une très-grossière, ou entièrement insuffisante, sans un bien plus grand nombre d'hypothèses, ou des tâtonnements les plus fastidieux. Mais on apprendra bien mieux à juger sûrement des limites de cette méthode par une pratique fréquente que par des règles; les exemples donnés ci-dessous montrent que les éléments déduits des observations de Junon embrassant seulement un espace de 22 jours, et comprenant un mouvement héliocentrique de 7° 35′, jouissent déjà d'une grande précision; et pareillement, que notre méthode peut aussi être appliquée avec un entier succès aux observations de Cérès qui embrassent un espace de 260 jours et comprennent un mouvement héliocentrique de 62° 55′; et peut fournir, avec l'emploi de quatre hypothèses, ou mieux, d'approximations successives, des éléments s'accordant parfaitement bien avec les observations.

124

Nous procédons maintenant à l'énumération des méthodes les plus convenables basées sur les principes précédents, dont nous avons, par le fait, exposé déjà, dans le premier livre, les parties principales, et qui doivent seulement ici être appliquées à notre but.

La méthode qui paraît la plus simple est de prendre pour x et y les distances du corps céleste à la Terre dans les deux observations, ou plutôt, les logarithmes de ces distances, ou les logarithmes de ces distances projetées sur l'écliptique ou sur l'équateur. De là, par l'art. 64, V, seront déduits les lieux héliocentriques et les distances au Soleil correspondant aux mêmes positions; de là encore, par l'art. 110, la position du plan de l'orbite et les longitudes héliocentriques dans ce plan; et de là, au moyen des rayons vecteurs et des intervalles de temps correspondants, suivant le problème traité longuement dans les art. 85-105, tous les autres éléments, par lesquels ces observations doivent évidemment être exactement représentées, quelles que soient les valeurs qui aient été attribuées à x et y. Si maintenant, on calcule, à l'aide de ces éléments, le lieu géocentrique pour l'époque de la troisième observation, l'accord ou le désaccord de cette position calculée avec la position observée déterminera si les valeurs supposées sont les vraies, ou en diffèrent : comme il en résultera une double comparaison, une différence (en longitude ou ascension droite) pourra être prise pour X, et l'autre (en latitude ou en déclinaison) pour Y. A moins donc que les valeurs de ces différences X, Y ne soient spontanément nulles, on pourra déterminer les véritables valeurs de x et y, par la méthode développée dans les art. 120 et suivants. Il est du reste par soi-même arbitraire, que nous partions de l'une ou de l'autre des trois observations; le plus souvent, cependant, il est préférable d'adopter la première et la dernière, excepté le cas spécial dont nous allons de suite parler.

Cette méthode doit être préférée à la plupart de celles expliquées ci-après, par la raison qu'elle admet une application plus générale. Il faut excepter le cas dans lequel les deux observations extrêmes embrassent un mouvement héliocentrique de 180, de 360 ou de 540 degrés; alors, en effet, la position du plan de l'orbite ne peut être déterminée d'après les deux positions héliocentriques (art. 110).

De même, il ne conviendra pas d'appliquer la méthode toutes les fois que le mouvement héliocentrique entre les deux observations extrêmes est peu différent de 180° ou 360°, etc., parce que, dans ce cas, la détermination exacte de la position de l'orbite ne peut être obtenue, ou plutôt, parce que de légères variations dans les valeurs supposées des inconnues produiraient des variations si grandes dans la position de l'orbite, et par conséquent aussi dans les valeurs de X et Y, que les variations de ces dernières quantités ne pourraient plus être considérées comme proportionnelles à celles des premières. Cependant un remède est ici en présence : c'est de ne pas partir, dans un tel cas, des deux observations extrêmes, mais de la première et de celle du milieu, ou de celle-ci et de la dernière, et par suite, de prendre pour X et Y, la différence entre le calcul et l'observation pour le troisième lieu ou pour le premier. Mais si le premier et le troisième lieux étaient tous deux distants du second d'à peu près 180°, cet inconvénient ne pourrait pas être écarté de cette manière; il vaut alors mieux ne pas employer, pour le calcul des éléments, des observations de ce genre, d'après lesquelles, par la nature même de la question, il est complétement impossible d'obtenir une détermination exacte de la position de l'orbite.

En outre, cette méthode se recommande aussi en ce que, sans travail, on peut estimer quelles variations subissent les éléments quand, les lieux extrêmes étant supposés invariables, le lieu intermédiaire éprouve un petit changement; on pourra donc juger, de cette manière, du degré de précision que l'on pourra attribuer aux éléments trouvés.

125

Par un léger changement apporté à la méthode précédente nous déduirons *la seconde*. Nous déterminerons, de même que dans celle-là, tous les éléments, en partant des distances dans deux observations. Cependant, d'après ces éléments, nous ne calculerons pas le lieu géocentrique pour la troisième observation, mais nous irons seulement jusqu'à la position héliocentrique dans l'orbite; d'un autre côté, nous déduirons le même lieu héliocentrique d'après le lieu géocentrique observé et la position du plan de l'orbite, à l'aide du problème traité dans les art. 74, 75; les différences entre ces deux déterminations (à moins, par hasard, que les valeurs supposées de x et y ne soient les vraies), nous fourniront X et Y elles-mêmes, en prenant pour X la différence entre les deux valeurs des longitudes dans l'orbite, et pour Y la différence entre les deux valeurs du rayon vecteur, ou mieux de son logarithme. Cette méthode est sujette aux mêmes conseils que ceux que nous avons touchés dans l'article précédent ; il convient d'en ajouter un autre, à savoir, que le lieu héliocentrique dans l'orbite ne peut être déduit du lieu géocentrique toutes les fois que la position de la Terre coïncide avec l'un ou l'autre des nœuds de l'orbite; alors donc, il n'est pas permis d'appliquer cette méthode. Mais dans le cas où la position de la Terre est très-peu éloignée de l'un ou l'autre nœud, il convient aussi de s'abstenir de cette méthode, puisque l'hypothèse qu'à de petites variations de x, y correspondent des variations proportionnelles de X, Y, deviendrait trop fautive, par une raison semblable à celle que nous avons indiquée dans l'article précédent. Mais ici aussi, on pourra y remédier en changeant le lieu moyen avec l'un des lieux extrêmes, auquel doit correspondre une position de la Terre plus écartée des nœuds, à moins que, par hasard, la Terre, dans les trois observations, ne soit placée dans le voisinage des nœuds.

126

La méthode précédente prépare immédiatement la voie à la troisième. De la même manière que précédemment, sont déterminés, d'après les distances de l'astre à la Terre dans les observations extrêmes, les longitudes dans l'orbite correspondantes ainsi que les rayons vecteurs. Avec la position du plan de l'orbite, que ce calcul aura fourni, on déduira de l'observation moyenne la longitude dans l'orbite et le rayon vecteur. Mais alors, à l'aide de ces trois lieux héliocentriques, les autres éléments seront calculés suivant le problème traité dans les art. 82, 83, opération qui sera indépendante des temps des observations. De cette manière, trois anomalies moyennes et le mouvement diurne seront alors connus; on pourra donc d'après cela, calculer les intervalles de temps eux-mêmes compris entre la première et la seconde observation et entre la seconde et la troisième. Les différences entre ces intervalles calculés et les intervalles vrais seront pris pour X et Y.

Cette méthode est moins convenable toutes les fois que le mouvement héliocentrique n'embrasse qu'un petit arc. Dans un tel cas, en effet, cette détermination de l'orbite (ainsi que nous l'avons déjà fait voir dans l'art. 82) dépend de quantités du troisième ordre et, par suite, n'admet pas une précision suffisante. Les plus légères variations dans les valeurs de x, y peuvent produire des variations très-grandes dans les éléments et, par conséquent, dans les valeurs de X et Y aussi, et l'on ne pourrait supposer ces dernières variations proportionnelles aux premières. Mais quand les trois lieux embrassent un mouvement héliocentrique considérable, l'emploi de la méthode réussit certainement le mieux, pourvu qu'elle ne soit pas troublée par les exceptions expliquées dans l'article précédent, exceptions auxquelles, dans cette méthode, on devra évidemment avoir aussi égard.

127

Après que les trois lieux héliocentriques auront été obtenus de la manière que nous venons de l'indiquer dans l'article précédent, on pourra continuer de la manière suivante : Les autres éléments devront être déterminés par le problème traité dans les art. 85-105, d'abord, d'après le premier et le second lieu avec l'intervalle correspondant, et ensuite, de la même manière, d'après le second et le troisième lieu et l'intervalle correspondant : on obtiendra ainsi deux valeurs pour chaque élément dont on pourra prendre deux différences quelconques pour X et Y. Un avantage qu'on ne doit pas dédaigner recommande beaucoup cette méthode ; c'est que dans les premières hypothèses on peut négliger entièrement, en dehors des deux éléments choisis pour déterminer X et Y, tous les autres, qui seront déterminés à la fin, dans le dernier calcul basé sur les valeurs corrigées de x, y, soit seulement par la première combinaison, soit seulement par la seconde, ou ce qui est le plus souvent préférable, par la combinaison du premier lieu avec le troisième.

Le choix de ces deux éléments qui, généralement parlant, est arbitraire, fournit une grande variété de solutions : on pourra adopter, par exemple, le logarithme du demi-paramètre avec le logarithme du demi grand axe, ou le premier avec l'excentricité, ou celle-ci avec le dernier, ou la longitude du périhélie avec l'un de ces eléments ; l'un ou l'autre de ces quatre éléments pourra aussi être combiné avec l'anomalie excentrique correspondante du lieu moyen, dans l'un ou l'autre calcul, si à la vérité l'orbite se trouve elliptique, cas dans lequel les formules 27-30, art. 96, fourniront un calcul très-rapide. Mais dans des cas spéciaux ce choix exige une certaine circonspection ; ainsi, par exemple, dans les orbites s'approchant de la parabole, le demi grand axe ou son logarithme serait moins convenable, car leurs trop grandes variations ne peuvent être considérées comme proportionnelles aux variations de x et y : dans un pareil cas il serait plus convenable de prendre $\frac{1}{a}$. Mais nous nous arrêtons d'autant moins à ces subtilités que la cinquième méthode expliquée dans l'article suivant l'emporte, dans presque tous les cas, sur les quatre exposées jusqu'à présent.

128

Désignons par r, r', r'' trois rayons vecteurs obtenus de la même manière que dans les art. 125, 126; le mouvement angulaire héliocentrique dans l'orbite, du second lieu au troisième par $2f$, du premier au troisième par $2f'$, du premier au second par $2f''$, de telle sorte que l'on ait

$$f' = f + f''.$$

Soient ensuite.

$$r'r''\sin 2f = n, \quad rr''\sin 2f' = n', \quad rr'\sin 2f'' = n'';$$

et enfin, soient respectivement θ, θ', θ'' le produit de la quantité constante k (art. 2) par les intervalles de temps de la seconde observation à la troisième, de la première à la troisième, de la première à la seconde. Le double calcul des éléments est commencé (de même que dans l'article précédent) d'après r, r', f'' et θ'' et d'après $r'r''f, \theta$; dans l'un et l'autre calcul on n'ira pas jusqu'à la détermination des éléments mêmes, mais on s'arrêtera aussitôt qu'on aura obtenu cette quantité qui exprime le rapport du secteur elliptique au triangle, et que nous avons désignée ci-dessus (art. 91) par y ou $-$Y. Soit η'' la valeur de cette quantité dans le premier calcul, et η dans le second. Nous aurons alors, au moyen de la formule 18, art. 95, pour le demi-paramètre p les deux valeurs :

$$\sqrt{p} = \frac{\eta'' n''}{\theta''}, \quad \text{et} \quad \sqrt{p} = \frac{\eta n}{\theta}.$$

Mais nous avons en outre, par l'art. 82, la troisième valeur

$$p = \frac{4rr'r''\sin f \sin f' \sin f''}{n - n' + n''};$$

ces trois valeurs devraient évidemment être identiques, si pour x

et y on avait pris, dès le commencement, leurs valeurs exactes. C'est pourquoi on devrait avoir

$$\frac{\theta''}{\theta}=\frac{\eta''n''}{\eta n},$$

$$n-n'+n''=\frac{4\theta\theta''rr'r''\sin f\sin f'\sin f''}{\eta\eta''nn''}=\frac{n'\theta\theta''}{2\eta\eta''rr'r''\cos f\cos f'\cos f''}.$$

A moins donc, que dans le premier calcul ces équations ne soient spontanément satisfaites, on pourra poser

$$X=\log\frac{\eta n\theta''}{\eta''n''\theta},$$

$$Y=n-n'+n''-\frac{n'\theta\theta''}{2\eta\eta''rr'r''\cos f\cos f'\cos f''}.$$

Cette méthode, comme la seconde expliquée dans l'art. 125, souffre aussi une application générale, mais c'est un grand avantage que dans cette cinquième méthode, les premières hypothèses n'exigent pas la détermination des éléments mêmes, mais s'arrêtent à peu près à moitié chemin. Du reste, aussitôt que dans cette opération, on est parvenu à ce point où l'on peut prévoir que la nouvelle hypothèse ne sera pas sensiblement différente de la vérité, il sera suffisant de déterminer dans cette hypothèse les éléments eux-mêmes, soit d'après r, r', f'', θ'' seulement, ou d'après r', r'', f, θ, ou, ce qui est préférable, d'après r, r'', f', θ'.

129

Les cinq méthodes exposées jusqu'ici mettent aussitôt sur la voie pour autant d'autres qui diffèrent seulement de celles-ci, en ce que, au lieu de prendre pour x et y les distances à la Terre, on prend l'inclinaison de l'orbite et la longitude du nœud. Ces nouvelles méthodes sont donc les suivantes :

I. Au moyen de x et y et des deux lieux géocentriques extrêmes sont déterminés, suivant les art. 74, 75, les longitudes héliocentriques dans l'orbite et les rayons vecteurs, et de là, au moyen des intervalles correspondants, tous les autres éléments ; de ceux-ci, enfin, le lieu géocentrique pour l'époque de l'observation moyenne, dont les différences en longitude et en latitude avec la position observée fourniront X et Y.

Les quatre autres méthodes ont cela de commun, que les trois longitudes héliocentriques dans l'orbite et les rayons vecteurs correspondants sont tous calculés au moyen de la position du plan de l'orbite et des lieux géocentriques. Mais après cela :

II. Les autres éléments sont déterminés au moyen des deux lieux extrêmes seulement, et des temps correspondants ; avec ces éléments, la longitude dans l'orbite et le rayon vecteur sont calculés pour l'époque de l'observation moyenne ; les différences de ces quantités avec celles trouvées précédemment, c'est-à-dire, déduites du lieu géocentrique, produiront X et Y ;

III. Ou, les autres dimensions de l'orbite sont déduites des trois lieux héliocentriques (art. 82, 83), calcul dans lequel n'entrent point les temps : après cela, on déduit les intervalles de temps qui, dans l'orbite ainsi trouvée, devraient s'être écoulés entre la première observation et la seconde, et entre celle-ci et la troisième ; leurs différences avec les vrais intervalles nous donneront X et Y ;

IV. Les autres éléments sont calculés de deux manières, à savoir : par la combinaison du premier lieu avec le second, et par la combinaison du second et du troisième, les intervalles de temps correspondants étant employés : deux différences quelconques de ces deux systèmes d'éléments comparés entre eux, pourront être prises pour X et Y ;

V. Ou enfin, le même double calcul est seulement prolongé jusqu'aux valeurs de la quantité désignée par y dans l'art. 91, et alors, les expressions données dans l'article précédent seront adoptées pour X et Y.

Pour qu'on puisse employer avec sûreté les quatre dernières de ces méthodes, les positions de la Terre dans les trois observations ne doivent pas être trop voisines des nœuds de l'orbite : d'un autre côté, l'emploi de la première méthode exige seulement que la même condition existe dans les deux observations extrêmes, ou plutôt (puisque le lieu moyen peut être substitué à l'un quelconque des lieux extrêmes) que, des trois positions de la Terre, il ne s'en trouve pas plus d'une dans le voisinage des nœuds.

130

Les dix méthodes expliquées depuis l'art. 124, reposent sur l'hypothèse que l'on connaît déjà des valeurs approchées des distances du corps céleste à la Terre, ou la position du plan de l'orbite.

Toutes les fois en vérité qu'il s'agit de corriger par des observations plus écartées l'une de l'autre, les dimensions d'une orbite dont les valeurs approchées ont déjà été obtenues, d'autre part, par exemple par un calcul antérieur reposant sur d'autres observations, cette hypothèse ne sera évidemment sujette à aucune difficulté. Mais on n'aperçoit pas encore, d'après cela, comment on peut entreprendre un premier calcul lorsque tous les éléments d'une orbite sont encore entièrement inconnus : ce cas de notre problème est de beaucoup le plus important et le plus difficile, ainsi qu'on peut déjà le prévoir, d'après le problème analogue dans la théorie des comètes, qui, cela est assez connu, a longtemps tourmenté les géomètres et a donné lieu à bien des essais infructueux. Pour que notre problème puisse être considéré comme convenablement résolu, il faut évidemment, si à la vérité la solution est donnée selon la règle expliquée depuis l'art. 119, satisfaire aux conditions suivantes : *Premièrement*, les quantités x et y doivent être choisies de telle sorte que l'on puisse trouver leurs valeurs approchées par la nature même du problème, du moins, tant que le mouvement héliocentrique de l'astre entre les observations n'est pas trop grand. *Secondement*, il est nécessaire qu'à de petites variations dans les quantités x, y, ne correspondent pas des variations trop grandes dans les quantités qui s'en déduisent, afin que les erreurs introduites accidentellement dans les valeurs supposées de ces premières quantités n'empêchent pas les dernières d'être considérées comme approchées. Et *troisièmement* enfin, nous demandons que les opérations par lesquelles on passe successivement des quantités x, y aux quantités X, Y, ne soient pas trop compliquées.

Ces conditions fourniront le critérium d'après lequel on pourra juger d'une méthode quelconque; ce qui se montrera encore plus clairement par de fréquentes applications. La méthode que nous nous préparons maintenant à exposer, et que l'on peut en quelque sorte considérer comme la partie la plus importante de cet ouvrage, satisfait tellement à ces conditions qu'elle semble ne rien laisser à désirer. Avant de commencer à l'expliquer dans la forme la plus convenable pour la pratique, nous développerons quelques considérations préliminaires, et nous éclairerons et lui ouvrirons, pour ainsi dire, la route qui, autrement, paraîtrait peut-être plus obscure et moins facile.

151

On a fait voir dans l'art. 114, que si l'on connaissait le rapport entre les quantités désignées en cet endroit et dans l'art. 128 par n, n', n'', on pourrait, par des formules très-simples, déterminer les distances de l'astre à la Terre. Si donc nous prenons pour x et y les quotients

$$\frac{n}{n'}, \quad \frac{n''}{n'},$$

les quantités

$$\frac{\theta}{\theta'}, \quad \frac{\theta''}{\theta'}$$

(en donnant aux lettres θ, θ', θ'' la même signification que dans l'article 128), s'offrent immédiatement comme une valeur approchée de ces quotients, dans le cas où le mouvement héliocentrique entre les observations n'est pas très-considérable; de là, on voit donc se dérouler une solution facile de notre problème, si deux distances à la Terre sont obtenues d'après x et y, et qu'après cela nous procédions d'après l'une quelconque des cinq méthodes des art. 124-128. En effet, les lettres η, η'' étant prises aussi avec la signification de l'art. 128 et, par analogie, en désignant par η' le quotient obtenu en divisant le secteur compris entre les deux rayons vecteurs par l'aire du triangle compris entre les mêmes rayons, nous aurons

$$\frac{n}{n'} = \frac{\theta}{\theta'} \cdot \frac{\eta'}{\eta}, \quad \frac{n''}{n'} = \frac{\theta''}{\theta'} \cdot \frac{\eta'}{\eta''},$$

et l'on voit facilement que si n, n', n'' sont considérées comme de petites quantités du premier ordre, $\eta - 1$, $\eta' - 1$, $\eta'' - 1$ seront, généralement parlant, des quantités du second ordre, et par suite, que $\frac{\theta}{\theta'}$, $\frac{\theta''}{\theta'}$, valeurs approchées de x et y, différeront seulement des véritables, de quantités du second ordre. Néanmoins, en considérant la chose de près, cette méthode-ci est trouvée complétement impropre, phénomène dont nous expliquerons la cause en peu de mots. On s'aperçoit en effet, facilement, que la quantité (0.1.2) par laquelle les distances sont multipliées dans les formules 9, 10, 11 de l'art. 114, se trouve au moins du troisième ordre, tandis que par exemple, dans l'équation 9, les quantités (0.1.2), (I.1.2), (II.1.2) sont du premier ordre; mais de là il suit facilement, qu'une erreur du second ordre commise dans les valeurs des quantités $\frac{n}{n'}$, $\frac{n''}{n'}$ produit une erreur de l'ordre zéro dans les valeurs des distances. C'est pourquoi, d'après la manière habituelle de s'exprimer, les distances se trouveraient alors affectées d'une erreur finie, même lorsque les intervalles seraient infiniment petits, et par conséquent, on ne pourrait réellement considérer ni ces distances ni les autres quantités qui s'en déduisent, comme étant approchées, et la méthode serait en opposition avec la seconde condition de l'article précédent.

132

En posant, pour abréger,

$$(0.1.2) = a,\ (0.\mathrm{I}.2)\,\mathrm{D}' = -b,\ (0.0.2)\,\mathrm{D} = +c,\ (0.\mathrm{II}.2)\,\mathrm{D}'' = +d,$$

de telle sorte que l'équation 10, art. 114, devienne

$$a\delta' = b + c\frac{n}{n'} + d\frac{n''}{n'},$$

les coefficients c et d seront réellement du premier ordre, mais on peut facilement démontrer que la différence $c-d$ doit se rapporter au second ordre. Or on déduit de là, que la valeur de la quantité

$$\frac{cn + dn''}{n + n''}$$

obtenue par la supposition approchée que $n : n'' = \theta : \theta''$ est seulement affectée d'une erreur du quatrième ordre, et même du cinquième seulement lorsque l'observation moyenne est faite à intervalles égaux des observations extrêmes. Cette erreur est en effet,

$$\frac{c\theta + d\theta''}{\theta + \theta''} - \frac{cn + dn''}{n + n''} = \frac{\theta\theta''(d-c)(\eta'' - \eta)}{(\theta + \theta'')(\eta''\theta + \eta\theta'')}$$

où le dénominateur est du second ordre, un des facteurs $\theta\theta''(d-c)$ du numérateur, du quatrième, l'autre $(\eta'' - \eta)$ du second, ou, dans ce cas spécial, du troisième ordre. C'est pourquoi la première équation étant mise sous cette forme,

$$a\delta' = b + \frac{cn + dn''}{n + n''} \cdot \frac{n + n''}{n'},$$

il est évident que le défaut de la méthode proposée dans l'article précédent ne vient pas de ce que les quantités n et n'' ont été supposées proportionnelles aux quantités θ et θ'', mais de ce que n' avait *en outre* été posée proportionnelle à θ'. Car, de cette manière, on introduit, à la place du facteur $\frac{n+n''}{n'}$, la valeur moins exacte $\frac{\theta+\theta''}{\theta'}=1$, de laquelle la véritable valeur

$$1+\frac{\theta\theta''}{2\eta\eta''rr'r''\cos f\cos f'\cos f''}$$

diffère d'une quantité du second ordre, (art. 128).

133

Puisque les cosinus des angles f, f', f'', de même que les quantités η, η'' diffèrent de l'unité d'une quantité du second ordre, il est évident, que si à la place de

$$\frac{n+n''}{n'}$$

on introduit la valeur approchée

$$1+\frac{\theta\theta''}{2rr'r''},$$

on commettra une erreur du quatrième ordre. Si donc, à la place de l'équation de l'art. 114, on prend la suivante

$$a\delta'=b+\frac{c\theta+d\theta''}{\theta'}\left(1+\frac{\theta\theta''}{2rr'r''}\right),$$

il rejaillira une erreur du second ordre dans la valeur de la distance δ' quand les observations extrêmes sont équidistantes de celles du milieu, ou du premier ordre dans les autres cas. Mais cette nouvelle forme de cette équation n'est pas propre à la détermination de δ' parce qu'elle contient les quantités r, r', r'' encore inconnues.

Maintenant, en parlant d'une manière générale, les quantités $\frac{r}{r'}$, $\frac{r''}{r'}$ diffèrent de l'unité d'une quantité du premier ordre; il en est de même du produit $\frac{rr''}{r'^2}$. On s'aperçoit facilement que dans le cas spécial mentionné fréquemment, ce produit diffère de l'unité d'une quantité du second ordre seulement. Et même, toutes les fois que l'orbite de l'ellipse est peu excentrique, de manière que l'excentricité puisse être considérée comme une quantité du premier ordre, la différence de $\frac{rr''}{r'^2}$ avec l'unité pourra être rapportée à un ordre encore plus élevé d'un degré. Il est donc évident que cette erreur reste du même ordre qu'auparavant si, dans notre équation, on substitue $\frac{\theta\theta''}{2r'^3}$ à la place de $\frac{\theta\theta''}{2rr'r''}$; on obtient de là, la forme suivante,

$$a\delta' = b + \frac{c\theta + d\theta''}{\theta'}\left(1 + \frac{\theta\theta''}{2r'^3}\right).$$

Cette équation contient encore, par le fait, la quantité inconnue r', qui néanmoins, peut évidemment être éliminée, puisqu'elle dépend seulement de δ' et de quantités connues. Si l'équation était ensuite ordonnée convenablement, elle monterait jusqu'au *huitième* degré.

134

D'après ce qui précède, on comprendra maintenant le motif pour lequel, dans notre méthode, nous allons prendre pour x et y, respectivement, les quantités

$$\frac{n''}{n} = \mathrm{P}, \quad \text{et} \quad 2\left(\frac{n + n''}{n'} - 1\right) r'^3 = \mathrm{Q}.$$

Car, *premièrement*, il est évident que si P et Q sont considérées comme des quantités connues, on pourra en déduire δ' au moyen de l'équation

$$a\delta' = b + \frac{c + d\mathrm{P}}{1 + \mathrm{P}}\left(1 + \frac{\mathrm{Q}}{2r'^3}\right),$$

et après cela, δ et δ'' par les équations 4 et 6 de l'art. 114, puisqu'on a

$$\frac{n}{n'} = \frac{1}{1 + \mathrm{P}}\left(1 + \frac{\mathrm{Q}}{2r'^3}\right), \quad \frac{n''}{n'} = \frac{\mathrm{P}}{1 + \mathrm{P}}\left(1 + \frac{\mathrm{Q}}{2r'^3}\right).$$

Secondement, il est évident que, dans une première hypothèse, à la place des quantités P et Q, dont les valeurs exactes sont

$$\frac{\theta''}{\theta} \cdot \frac{\eta}{\eta''}, \quad \frac{r'^2\,\theta\theta''}{rr''\eta\eta''\cos f \cos f' \cos f''},$$

se présentent aussitôt les valeurs approchées

$$\frac{\theta''}{\theta}, \quad \theta\theta'',$$

hypothèse de laquelle résulteront, dans la détermination de δ', et par suite aussi de δ et δ'', des erreurs du premier ordre, ou du second ordre dans le cas spécial plusieurs fois mentionné. Quoiqu'on puisse, généralement parlant, se fier en toute assurance à ces conclusions, elles peuvent cependant, dans un cas particulier, perdre de leur valeur; c'est toutes les fois que la quantité (0 . 1 . 2), qui, par sa nature, est du troisième ordre, devient accidentellement égale à zéro, ou si petite, qu'elle doit être reportée à un ordre plus élevé. Ceci se présente quand le mouvement géocentrique dans la sphère céleste contient un point d'inflexion près du lieu moyen. Enfin, il semble que pour que notre méthode puisse être employée pratiquement, il est nécessairement exigé que le mouvement héliocentrique, entre les trois observations, ne soit pas trop grand; mais cette restriction, par la nature du problème très-compliqué, ne peut en aucune manière être évitée, ni non plus, être considérée comme un désavantage, puisqu'on souhaitera toujours d'obtenir le plus tôt possible une première détermination de l'orbite inconnue d'un astre nouveau. En outre, cette restriction peut être prise dans un sens assez large, comme le feront voir les exemples donnés ci-dessous.

135

Les recherches précédentes ont été introduites afin que les principes sur lesquels repose notre méthode, et sa véritable force, pour ainsi dire, s'aperçoivent plus clairement; mais l'usage pratique présentera la méthode sous une forme entièrement différente, que nous pouvons recommander, après de très-nombreuses applications, comme la plus convenable entre plusieurs autres que nous avons essayées. Puisqu'en déterminant une orbite inconnue, d'après trois observations, toute la question se réduit toujours à quelques hypothèses, ou plutôt à des approximations successives, on devra considérer comme un grand avantage d'avoir réussi à disposer le calcul de telle sorte que, dès le principe, on puisse séparer de ces hypothèses le plus grand nombre possible des calculs qui dépendent, non de P et de Q, mais uniquement de la combinaison des quantités connues.

Évidemment, alors, il faut effectuer, une fois seulement, ces opérations préliminaires, communes à chaque hypothèse, et les hypothèses elles-mêmes sont réduites au plus petit nombre possible d'opérations. Ce sera également un grand avantage, s'il n'y a pas besoin, pour chaque hypothèse, d'aller jusqu'aux éléments mêmes, et si le calcul de ces éléments peut être réservé pour la dernière hypothèse. Sous ces deux points de vue, notre méthode, dont nous allons maintenant entreprendre l'exposition, semble ne rien laisser à désirer.

136

Il faut avant tout joindre par des arcs de grand cercle les trois lieux héliocentriques A, A', A'' (fig. 4) de la Terre dans la sphère céleste, avec les trois lieux géocentriques correspondants B, B', B'' du corps céleste, et calculer alors, non-seulement la position de ces grands cercles relativement à l'écliptique (si nous adoptons l'écliptique comme plan fondamental), mais encore la position des points B, B', B'' sur ces cercles.

Soient α, α', α'' les trois longitudes géocentriques du corps céleste, β, β', β'' les latitudes; l, l', l'' les longitudes héliocentriques de la Terre, dont nous supposerons les latitudes égales à zéro (art. 117, 72). Soient ensuite, γ, γ', γ'' les inclinaisons, sur l'écliptique, des grands cercles menés des points A, A', A'' respectivement aux points B, B' B''; afin de suivre toujours une règle fixe dans la détermination de ces combinaisons, nous les mesurerons toujours relativement à cette partie de l'écliptique qui, partant des points A, A', A'', est située suivant l'ordre des signes, de telle sorte que leur grandeur sera comptée de 0 à 360°, ou, ce qui revient au même, de 0 à 180° dans la partie boréale, et de 0 à —180° dans la partie australe. Nous désignons par δ, δ', δ'' les arcs AB, A'B', A''B'', que l'on peut toujours supposer compris entre 0° et 180°. Nous avons alors, pour la détermination de γ et δ, les formules

[1] $$\tang\gamma = \frac{\tang\beta}{\sin(\alpha - l)},$$

[2] $$\tang\delta = \frac{\tang(\alpha - l)}{\cos\gamma},$$

auxquelles, si on le désire pour la confirmation du calcul, pourront être ajoutées les suivantes :

$$\sin\delta = \frac{\sin\beta}{\sin\gamma},\quad \cos\delta = \cos\beta\cos(\alpha - l).$$

Pour la détermination de γ', δ', γ'', δ'' on aura évidemment, des formules entièrement analogues. Si maintenant, on avait en même temps $\beta = 0$, $\alpha - l = 0$ ou 180°, c'est-à-dire, si le corps céleste était en même temps en opposition ou en conjonction, et dans le plan de l'écliptique, γ serait indéterminé; mais nous supposons que ce cas ne se présente pour aucune des trois positions observées.

Si, à la place de l'écliptique, l'équateur est adopté comme plan fondamental, alors, pour déterminer les positions des trois grands cercles par rapport à l'équateur, il faudra, en outre des inclinaisons, les ascensions droites de leurs intersections avec l'équateur; et l'on devra aussi calculer, outre les distances des points B, B', B'' à ces intersections, les distances des points A, A', A'' à ces mêmes intersections. Puisque ces quantités dépendent du problème traité dans l'article 110, nous ne nous arrêterons pas ici au développement de ces formules.

137

Le *second* travail sera la détermination de la position relative de ces trois grands cercles entre eux, détermination qui dépendra de la position de leurs intersections mutuelles et de leurs inclinaisons.

Si nous désirons réduire, sans ambiguïté, cette détermination à des notions claires et générales, de manière qu'il n'y ait pas besoin, pour chaque cas différent, de recourir à des figures particulières, il conviendra de donner préalablement quelques éclaircissemests préliminaires. *Premièrement*, dans tout grand cercle, deux *directions* opposées doivent être distinguées d'une manière quelconque, ce qui se fera en considérant l'une comme directe ou positive, et l'autre comme rétrograde ou négative. Puisque ceci est par soi-même entièrement arbitraire, dans le but d'établir une règle certaine, nous considérerons comme positives les directions de A, A', A'' vers B, B', B''; ainsi, par exemple, si l'intersection du premier cercle avec le second est représentée par une distance positive comptée du point A, il sera compris que cette distance doit être prise de A vers B (comme D'' dans notre figure); mais si elle était négative, il faudrait la compter à partir du même point A, mais de l'autre côté. Et *secondement*, les deux hémisphères, suivant lesquels tout grand cercle divise la sphère, doivent aussi être distingués par des dénominations convenables; d'après cela, nous appellerons hémisphère *supérieur* celui qui est à droite pour qui marche sur la surface intérieure de la sphère, dans une direction positive, le long d'un grand cercle; l'autre sera l'*inférieur*. La région supérieure sera donc analogue à l'hémisphère boréal relativement à l'écliptique ou à l'équateur, la région inférieure sera analogue à l'hémisphère austral.

Ces définitions étant convenablement comprises, on pourra facilement distinguer l'une de l'autre, les *deux* intersections de deux grands cercles. Dans l'une, en effet, le premier cercle passe de l'hémisphère inférieur du second cercle vers le supérieur, ou, ce qui est la même chose, le second cercle passe de l'hémisphère supérieur du premier à l'hémisphère inférieur; à l'autre intersection, les choses se passent dans l'ordre inverse. Par soi-même, il est en vérité entièrement arbitraire, quelles intersections nous devons choisir dans notre problème; mais, pour que nous procédions ici également, d'après une règle invariable, nous adopterons toujours ceux (D, D', D'', fig. 4), où respectivement, le troisième cercle A''B'' passe dans la région supérieure du second A'B', le troisième dans la région supérieure du premier AB, et le second dans la région supérieure du premier. La position de ces intersections sera déterminée par leurs distances aux points A' et A'', A et A'', A et A', distances que nous désignerons simplement par A'D, A''D, AD', A''D', AD'', A'D''.

Ces choses étant posées, les inclinaisons mutuelles des cercles seront les angles qui, à ces points d'intersection D, D', D'', sont respectivement compris entre ces parties des cercles se coupant deux à deux, qui se trouvent suivant la direction positive; nous désignerons ces inclinaisons, toujours comprises entre 0 et 180°, par ε, ε', ε''. La détermination de ces neuf quantités au moyen des quantités connues dépend évidemment du problème que nous avons traité dans l'art. 55; nous avons donc les équations suivantes :

$$[3]\quad \sin\tfrac{1}{2}\varepsilon\sin\tfrac{1}{2}(A'D+A''D)=\sin\tfrac{1}{2}(l''-l')\sin\tfrac{1}{2}(\gamma''+\gamma'),$$

$$[4]\quad \sin\tfrac{1}{2}\varepsilon\cos\tfrac{1}{2}(A'D+A''D)=\cos\tfrac{1}{2}(l''-l')\sin\tfrac{1}{2}(\gamma''-\gamma'),$$

$$[5]\quad \cos\tfrac{1}{2}\varepsilon\sin\tfrac{1}{2}(A'D-A''D)=\sin\tfrac{1}{2}(l''-l')\cos\tfrac{1}{2}(\gamma''+\gamma'),$$

$$[6]\quad \cos\tfrac{1}{2}\varepsilon\cos\tfrac{1}{2}(A'D-A''D)=\cos\tfrac{1}{2}(l''-l')\cos\tfrac{1}{2}(\gamma''-\gamma').$$

A l'aide des équations 3 et 4, $\frac{1}{2}(A'D + A''D)$ et $\sin\frac{1}{2}\varepsilon$ seront déterminés, $\frac{1}{2}(A'D - A''D)$ et $\cos\frac{1}{2}\varepsilon$ le seront au moyen des deux autres; de là A'D, A''D et ε. L'ambiguïté dans la détermination des arcs $\frac{1}{2}(A'D + A''D)$ et $\frac{1}{2}(A'D - A''D)$ par le moyen des tangentes, sera écartée par la condition que $\sin\frac{1}{2}\varepsilon$ et $\cos\frac{1}{2}\varepsilon$ doivent être positifs, et l'accord entre $\sin\frac{1}{2}\varepsilon$ et $\cos\frac{1}{2}\varepsilon$ servira à confirmer tout le calcul.

La détermination des quantités AD', A''D', ε', AD'', A'D'', ε'' s'effectuera d'une manière entièrement semblable, et il n'y aura pas besoin de transcrire ici les huit équations employées dans ce calcul, puisqu'elles se déduisent immédiatement des équations 3 — 6, si l'on change respectivement,

A'D	A''D	ε	$l''-l'$	γ''	γ'
avec AD'	A''D'	ε'	$l''-l$	γ''	γ
ou avec AD''	A'D''	ε''	$l'-l$	γ'	γ

Une nouvelle vérification du calcul entier peut se déduire de la relation mutuelle qui existe entre les côtés et les angles du triangle sphérique formé entre les points D, D', D'', d'où dérivent les équations suivantes, vraies d'une manière générale, quelle que soit la position de ces points,

$$\frac{\sin(AD'-AD'')}{\sin\varepsilon} = \frac{\sin(A'D-A'D'')}{\sin\varepsilon'} = \frac{\sin(A''D-A''D')}{\sin\varepsilon''}.$$

Enfin, si, au lieu de l'écliptique, on choisit l'équateur comme plan fondamental, le calcul ne subit pas de changement, si ce n'est qu'à la place des lieux héliocentriques A, A', A'' de la Terre, il faut substituer ces points où l'équateur est coupé par les cercles AB, A'B', A''B''; par conséquent, les ascensions droites de ces intersections devront être prises à la place de l, l', l'', et, à la place de A'D, la distance du point D à la seconde intersection, etc.

138

Le *troisième* travail consiste maintenant à joindre les deux lieux géocentriques extrêmes du corps céleste, c'est-à-dire les points B et

B'', par un grand cercle, et à déterminer son intersection avec le grand cercle A'B. Soient B* cette intersection, et $\delta' - \sigma$ sa distance au point A; soient aussi α^* sa longitude, et β^* sa latitude. Nous avons alors, puisque les points B, B*, B'' sont situés sur le même grand cercle, l'équation bien connue

$$0 = \operatorname{tang}\beta \sin(\alpha'' - \alpha^*) - \operatorname{tang}\beta^* \sin(\alpha'' - \alpha) + \operatorname{tang}\beta'' \sin(\alpha^* - \alpha),$$

qui, en substituant $\operatorname{tang}\gamma' \sin(\alpha^* - l')$ à la place de $\operatorname{tang}\beta^*$, prend la forme suivante :

$$0 = \left\{ \begin{array}{l} \cos(\alpha^* - l')\,[\operatorname{tang}\beta \sin(\alpha'' - l') - \operatorname{tang}\beta'' \sin(\alpha - l')] \\ -\sin(\alpha^* - l')[\operatorname{tang}\beta \cos(\alpha'' - l') + \operatorname{tang}\gamma' \sin(\alpha'' - \alpha) - \operatorname{tang}\beta'' \cos(\alpha - l')]. \end{array} \right.$$

C'est pourquoi, puisque $\operatorname{tang}(\alpha^* - l') = \cos\gamma' \operatorname{tang}(\delta' - \sigma)$, nous aurons

$$\operatorname{tang}(\delta' - \sigma) = \frac{\operatorname{tang}\beta \sin(\alpha'' - l') - \operatorname{tang}\beta'' \sin(\alpha - l')}{\cos\gamma' [\operatorname{tang}\beta \cos(\alpha'' - l') - \operatorname{tang}\beta'' \cos(\alpha - l')] + \sin\gamma' \sin(\alpha'' - \alpha)}.$$

De là dérivent les formules suivantes, accommodées le mieux au calcul numérique. En posant

$$[7] \qquad \operatorname{tang}\beta \sin(\alpha'' - l') - \operatorname{tang}\beta'' \sin(\alpha - l') = S,$$

$$[8] \qquad \operatorname{tang}\beta \cos(\alpha'' - l') - \operatorname{tang}\beta'' \cos(\alpha - l') = T \sin t,$$

$$[9] \qquad \sin(\alpha'' - \alpha) = T \cos t,$$

on aura (art. 14, II),

$$[10] \qquad \operatorname{tang}(\delta' - \sigma) = \frac{S}{T \sin(t + \gamma')}.$$

L'ambiguïté dans la détermination de l'arc $(\delta' - \sigma)$ par la tangente provient de ce que les grands cercles A'B', BB'' se coupent en *deux* points; nous adopterons toujours pour B* l'intersection voisine du point B', de telle sorte que σ tombe toujours entre les limites $-90°$ et $+90°$, d'après quoi cette ambiguïté est écartée.

Le plus souvent alors, la valeur de l'arc σ (qui dépend de la *courbure* du mouvement géocentrique) sera une quantité assez petite, et même, généralement parlant, du second ordre, si les intervalles de temps sont considérés comme des quantités de premier ordre.

D'après la remarque de l'article précédent, on verra immédiatement quelles modifications devra subir le calcul si, à la place de l'écliptique, on choisit l'équateur comme plan fondamental.

Il est de plus évident que la situation du point B* resterait indéterminée si les cercles BB'', A'B' coïncidaient entièrement ; nous excluons de notre recherche ce cas où les quatre points A', B, B', B'' se trouveraient dans le même grand cercle. Mais il sera convenable d'éviter aussi, dans le choix des observations, ce cas où le lieu de ces quatre points est peu différent d'un grand cercle ; alors, en effet, la position du point B*, qui, dans les opérations suivantes, est d'une grande importance, serait trop affectée par les plus petites erreurs d'observation, et ne pourrait être déterminée avec la précision nécessaire. De même, il est évident que le point B* reste indéterminé toutes les fois que les points B, B'' se confondent en un seul (*), cas dans lequel la position du cercle BB'' lui-même deviendrait indéterminée. C'est pourquoi nous excluons aussi ce cas ; de même, par des raisons semblables aux précédentes, on devra aussi éviter les observations dans lesquelles le premier lieu géocentrique et le dernier tombent en des points de la sphère voisins l'un de l'autre.

139

Soient C, C', C'' les trois positions héliocentriques de l'astre dans la sphère céleste, positions qui se trouveront, respectivement, dans les grands cercles AB, A'B', A''B'', et même entre A et B, A' et B', A'' et B'' (art. 64, III) ; les points C, C', C'' se trouveront en outre dans le même grand cercle, c'est-à-dire dans celui qui est la projection de l'orbite sur la sphère céleste. Nous désignerons par r, r', r'' les trois distances de l'astre au Soleil ; par ρ, ρ', ρ'' ses distances à la Terre ; par R, R', R'' les distances de la Terre au Soleil. Posons ensuite les arcs C'C'', CC'', CC', respectivement égaux à $2f$, $2f'$, $2f''$, et

$$r'r''\sin 2f = n, \qquad rr''\sin 2f' = n', \qquad rr'\sin 2f'' = n''.$$

Nous avons donc

$$f' = f + f'', \quad AC + CB = \delta, \quad A'C' + C'B' = \delta' \quad A''C'' + C''B'' = \delta'';$$

et aussi,

$$\frac{\sin\delta}{r} = \frac{\sin AC}{\rho} = \frac{\sin CB}{R}$$

(*) Ou aussi toutes les fois qu'ils sont diamétralement opposés ; mais nous ne parlerons pas de ce cas, puisque notre méthode ne doit pas être étendue à des observations embrassant un si grand intervalle.

$$\frac{\sin\delta'}{r'} = \frac{\sin A'C'}{\rho'} = \frac{\sin C'B'}{R'}$$

$$\frac{\sin\delta''}{r''} = \frac{\sin A''C''}{\rho''} = \frac{\sin C''B''}{R''}.$$

De là il est évident, qu'aussitôt qu'on a obtenu la position des points C, C', C'', les quantités r, r', r'', ρ, ρ', ρ'' peuvent être déterminées. Nous ferons voir maintenant comment on peut déduire la première, d'après les quantités

$$\frac{n''}{n} = P, \quad 2\left(\frac{n+n''}{n'} - 1\right) r'^3 = Q,$$

sur lesquelles, ainsi que nous l'avons déjà dit, notre méthode est établie.

140

Nous observons d'abord, que si N est un point quelconque du grand cercle CC'C'', et que si les distances des points C, C', C'' au point N sont comptées suivant la même direction, qui va de C en C', de telle sorte que l'on ait, généralement,

$$NC'' - NC' = 2f, \quad NC'' - NC = 2f', \quad NC' - NC = 2f'',$$

on aura l'équation

$$0 = \sin 2f \sin NC - \sin 2f' \sin NC' + \sin 2f'' \sin NC'' \ldots. \quad (I).$$

Nous supposerons, maintenant, que N est pris à l'intersection des grands cercles BB'B'', CC'C'', comme au nœud ascendant du premier cercle sur le second.

Désignons par $\mathfrak{C}$, $\mathfrak{C}'$, $\mathfrak{C}''$, $\mathfrak{D}$, $\mathfrak{D}'$, $\mathfrak{D}''$, respectivement les distances des points C, C', C'', D, D', D'', au grand cercle BB'B'', prises positivement d'un côté de ce cercle et négativement de l'autre. Alors $\sin\mathfrak{C}$, $\sin\mathfrak{C}'$, $\sin\mathfrak{C}''$, seront respectivement proportionnels à $\sin NC$, $\sin NC'$, $\sin NC''$, d'où l'équation (I) prend la forme suivante :

$$0 = \sin 2f \sin\mathfrak{C} - \sin 2f' \sin\mathfrak{C}' + \sin 2f'' \sin\mathfrak{C}'',$$

ou, en multipliant par $rr'r''$,

$$0 = nr \sin\mathfrak{C} - n'r' \sin\mathfrak{C}' - n''r'' \sin\mathfrak{C}'' \ldots \quad (II).$$

Il est de plus évident, que $\sin\mathfrak{C}$ est à $\sin\mathfrak{D}'$ comme le sinus de la distance du point C au point B, est au sinus de la distance du point D' au point B, les deux distances étant comptées dans le même sens.

Nous avons donc

$$-\sin\mathfrak{E} = \frac{\sin\mathfrak{D}'\sin CB}{\sin(AD'-\delta)},$$

et l'on déduit, entièrement de la même manière,

$$-\sin\mathfrak{E} = \frac{\sin\mathfrak{D}''\sin CB}{\sin(AD''-\delta)}$$

$$-\sin\mathfrak{E}' = \frac{\sin\mathfrak{D}\sin C'B^*}{\sin(A'D-\delta'+\sigma)} = \frac{\sin\mathfrak{D}''\sin C'B^*}{\sin(A'D''-\delta'+\sigma)}$$

$$-\sin\mathfrak{E}'' = \frac{\sin\mathfrak{D}\sin C''B''}{\sin(A''D-\delta'')} = \frac{\sin\mathfrak{D}'\sin C''B''}{\sin(A''D'-\delta'')}.$$

En divisant donc l'équation (II) par $r''\sin\mathfrak{E}''$, il vient

$$0 = n.\frac{r\sin CB}{r''\sin C''B''}.\frac{\sin(A''D'-\delta'')}{\sin(AD'-\delta)} - n'.\frac{r'\sin C'B^*}{r''\sin C''B''}.\frac{\sin(A''D-\delta'')}{\sin(A'D-\delta'+\sigma)} + n''.$$

Si nous désignons l'arc C'B' par z, qu'à la place de r, r', r'' nous substituions leurs valeurs de l'article précédent, et que, pour abréger, nous posions

[11] $$\frac{R\sin\delta\sin(A''D'-\delta'')}{R''\sin\delta''\sin(AD'-\delta)} = a$$

[12] $$\frac{R'\sin\delta'\sin(A''D-\delta'')}{R''\sin\delta''\sin(A'D-\delta'+\sigma)} = b,$$

notre équation deviendra

$$0 = an - bn'.\frac{\sin(z-\sigma)}{\sin z} + n''\ldots \text{(III)}.$$

On pourra aussi calculer le coefficient b par la formule suivante, qui se déduit facilement des équations que nous venons d'introduire :

[13] $$a\times\frac{R'\sin\delta'\sin(AD''-\delta)}{R\sin\delta\sin(A'D''-\delta'+\sigma)} = b.$$

Pour vérifier le calcul, il ne sera pas inutile d'employer l'une et l'autre des formules 12 et 13. Quand $\sin(A'D''-\delta'+\sigma)$ est plus grand que $\sin(A'D-\delta'+\sigma)$, la dernière formule est moins affectée par les erreurs inévitables des tables que la première, et par suite devra lui être préférée, si une petite différence, expliquée par là, résulte dans les valeurs de b; on devra au contraire, accorder plus de confiance à la première formule toutes les fois que $\sin(A'D''-\delta'+\sigma)$ est moindre que $\sin(A'D-\delta'+\sigma)$; si on le préfère, on adoptera une moyenne convenable entre les deux valeurs.

Les formules suivantes peuvent servir à la vérification du calcul; pour être plus bref, nous supprimons cependant leur déduction, qui n'est pas assurément difficile :

$$0=\frac{a\sin(l''-l')}{R}-\frac{b\sin(l''-l)}{R'}\cdot\frac{\sin(\delta'-\sigma)}{\sin\delta'}+\frac{\sin(l'-l)}{R''}$$

$$b=\frac{R'\sin\delta'}{R''\sin\delta''}\cdot\frac{U\cos\beta\cos\beta''}{\sin(AD'-\delta)\sin\varepsilon'};$$

dans cette formule, U exprime le quotient

$$\frac{S}{\sin(\delta'-\sigma)}=\frac{T\sin(t+\gamma')}{\cos(\delta'-\sigma)};\quad \text{(art. 138, éq. 10)}.$$

141

De $P=\frac{n''}{n}$, et de l'équation III de l'article précédent, on déduit

$$(n+n'')\frac{P+a}{P+1}=bn'\frac{\sin(z-\sigma)}{\sin z};$$

mais de là, et au moyen de

$$Q=2\left(\frac{n+n''}{n'}-1\right)r'^3 \quad \text{et} \quad r'=\frac{R'\sin\delta'}{\sin z}$$

on trouve

$$\sin z+\frac{Q\sin^4 z}{2R'^3\sin^3\delta'}=b\,\frac{P+1}{P+a}\sin(z-\sigma),$$

ou

$$\frac{Q\sin^4 z}{2R'^3\sin^3\delta'}=\left(b\frac{P+1}{P+a}-\cos\sigma\right)\sin(z-\sigma)-\sin\sigma\cos(z-\sigma).$$

En posant donc, pour abréger,

$$[14]\qquad \frac{1}{2R'^3\sin^3\delta'\sin\sigma}=c,$$

et en introduisant l'angle auxiliaire ω, tel que l'on ait

$$\operatorname{tang}\omega = \frac{\sin\sigma}{b\dfrac{P+1}{P+a} - \cos\sigma},$$

il vient l'équation (IV)

$$cQ \sin\omega \sin^4 z = \sin(z - \omega - \sigma)$$

de laquelle il faudra tirer l'inconnue z. Afin de pouvoir calculer le plus commodément l'angle ω, il conviendra de présenter la formule précédente relative à $\operatorname{tang}\omega$, sous la forme

$$\operatorname{tang}\omega = \frac{(P+a)\operatorname{tang}\sigma}{P\left(\dfrac{b}{\cos\sigma} - 1\right) + \left(\dfrac{b}{\cos\sigma} - a\right)}.$$

C'est pourquoi, en posant

[15] $$\frac{\dfrac{b}{\cos\sigma} - a}{\dfrac{b}{\cos\sigma} - 1} = d,$$

[16] $$\frac{\operatorname{tang}\sigma}{\dfrac{b}{\cos\sigma} - 1} = e,$$

nous aurons, pour déterminer ω, la formule très-simple

$$\operatorname{tang}\omega = \frac{e(P+a)}{P+d}.$$

Nous considérerons comme le quatrième travail le calcul des quantités a, b, c, d, e à l'aide des formules 11-16, calcul qui ne dépend que des seules quantités données. Les quantités b, c, e ne seront pas elles-mêmes nécessaires, mais leurs logarithmes.

Il existe un cas spécial où ces principes demandent quelque changement. Toutes les fois, en effet, que le grand cercle BB″ coïncide avec A″B″, et par suite, les points B, B′ avec D′, D, respectivement, les quantités a et b acquièrent des valeurs infinies. En posant, dans ce cas,

$$\frac{R\sin\delta\sin(A''D' - \delta' + \sigma)}{R'\sin\delta'\sin(AD'' - \delta)} = \pi,$$

nous aurons, à la place de l'équation III,

$$0 = \pi n - \frac{n' \sin(z - \sigma)}{\sin z}$$

d'où, en faisant

$$\tan g\,\omega = \frac{\pi \sin \sigma}{P + (1 - \pi \cos \sigma)},$$

on retrouve la même équation IV.

De même, dans le cas spécial où $\sigma = 0$, c devient infini et $\omega = 0$, d'où le facteur $c \sin \omega$, dans l'équation IV, semble indéterminé; néanmoins, il est réellement déterminé, et avec un peu d'attention, on verra que sa valeur est

$$\frac{P + a}{2R'^3 \sin^3 \delta' (b - 1)(P + d)}.$$

Dans ce cas, il vient donc

$$\sin z = R' \sin \delta' \sqrt[3]{\frac{2(b - 1)(P + d)}{Q(P + a)}}.$$

142

L'équation IV, qui étant développée monterait au huitième degré, est très-promptement résolue, sans changer sa forme, à l'aide de tâtonnements. Au reste, d'après la théorie des équations, on peut facilement démontrer (ce que nous omettons cependant de développer ici plus longuement, afin d'être plus concis) que cette équation admet deux ou quatre solutions de valeurs réelles. Dans le premier cas, une valeur de $\sin z$ sera positive, l'autre négative devra être rejetée, parce que, par la nature du problème, r' ne peut être négatif. Dans le dernier cas, parmi les valeurs de $\sin z$, une sera positive et les trois autres négatives — il n'y aura donc pas alors d'incertitude pour savoir laquelle adopter — ou il y en aura trois positives avec une négative; dans ce cas, il faut aussi rejeter parmi ces valeurs positives celles, s'il s'en trouve, qui donnent z plus grand que δ', puisque, par une autre condition essentielle du problème, ρ', et par suite $\sin(\delta' - z)$ aussi, doit être une quantité positive.

Toutes les fois que les observations sont distantes l'une de l'autre d'intervalles de temps médiocres, le dernier cas où trois valeurs positives de $\sin z$ satisfont à l'équation se présentera le plus souvent.

Parmi ces solutions, on trouve habituellement, outre la vraie, une autre dans laquelle z diffère peu de δ', soit en excès, soit en défaut; ce phénomène est expliqué de la manière suivante. Le développement analytique de notre problème est basé sur cette seule condition que les trois positions du corps céleste dans l'espace, doivent se trouver *sur* les droites dont la situation est déterminée par le lieu absolu de la Terre et la position observée de l'astre. Maintenant, par la nature même de la question, ces positions doivent être évidemment situées *aux points* de ces droites, d'où la lumière arrive à la Terre. Mais les équations analytiques ne reconnaissent pas cette restriction, et elles doivent également embrasser tous les systèmes de lieux qui s'accordent réellement avec les lois de Képler, soit qu'ils se trouvent sur cette droite de ce côté-ci de la Terre, ou de celui-là, ou, enfin, qu'ils coïncident avec la Terre elle-même. Ce dernier cas satisfera déjà certainement notre problème puisque la Terre se meut d'après ces lois. De là il est évident, que les équations doivent comprendre la solution dans laquelle les points C, C', C'' coïncident avec les points A, A', A'' (en tant que nous négligions les très-petites variations du lieu elliptique de la Terre produites par les perturbations et les parallaxes). L'équation IV devra donc toujours admettre la solution $z = \delta'$, si les vraies valeurs correspondant aux positions de la Terre sont adoptées pour P et Q. Mais, tant que les valeurs de ces quantités se trouvent très-peu différentes de celles-ci (ce qu'il est toujours permis de supposer, quand les intervalles de temps sont petits), parmi les solutions de l'équation IV, on doit nécessairement en trouver une qui est voisine de la valeur $z = \delta'$.

Le plus souvent, en vérité, dans ce cas où l'équation IV admet trois solutions par le moyen de valeurs positives de $\sin z$, la troisième de ces valeurs (outre la vraie et celle dont nous venons à l'instant de parler) donne une valeur de z plus grande que δ', et par suite est seulement possible analytiquement, mais physiquement est impossible; il n'y aura donc alors aucune incertitude pour savoir laquelle adopter. Il peut cependant certainement arriver, que cette équation admette deux solutions convenables différentes, et par suite, qu'il soit permis de satisfaire à notre problème par deux orbites entièrement différentes. Mais, dans un tel cas, l'orbite véritable sera facilement distinguée de la fausse dès qu'il sera possible de soumettre à l'examen d'autres observations plus écartées.

143

Aussitôt que l'angle z est obtenu, on a immédiatement r' par l'équation

$$r' = \frac{R' \sin \delta'}{\sin z}.$$

De plus, au moyen de l'équation $P = \frac{n''}{n}$ et de l'équation III nous obtenons

$$\frac{n'r'}{n} = \frac{(P+a)R'\sin\delta'}{b\sin(z-\sigma)},$$

$$\frac{n'r'}{n''} = \frac{1}{P}\cdot\frac{n'r'}{n}.$$

Maintenant, pour que les formules, d'après lesquelles les positions des points C, C″ sont déterminées relativement à la position du point C′, soient traitées de manière que leur exactitude générale se montre immédiatement aussi relativement à ces cas que la figure 4 ne représente pas, nous observons que le sinus de la distance du point C′ au grand cercle CB (prise positivement dans la région supérieure, négativement dans l'inférieure) est égal au produit du sinus ε'' par le sinus de la distance du point C′ au point D″, distance mesurée suivant la direction directe, et par suite est égal à

$$-\sin\varepsilon''\sin C'D'' = -\sin\varepsilon''\sin(z + A'D'' - \delta');$$

de même, le sinus de la distance du point C″ au grand cercle $= -\sin\varepsilon'\sin C''D'$. Mais il est évident, que ces mêmes sinus sont entre eux comme $\sin CC'$ est à $\sin CC''$, ou comme $\frac{n''}{rr'}$ est à $\frac{n'}{rr''}$, ou comme $n''r''$ est à $n'r'$.

En posant donc $C''D' = \zeta''$, nous avons

V. $$r''\sin\zeta'' = \frac{n'r'}{n''}\cdot\frac{\sin\varepsilon''}{\sin\varepsilon'}\sin(z + A'D'' - \delta').$$

D'une manière entièrement semblable, on obtient, en posant $CD' = \zeta$,

VI. $$r\sin\zeta = \frac{n'r'}{n}\cdot\frac{\sin\varepsilon}{\sin\varepsilon'}\sin(z + A'D - \delta'),$$

VII. $$r \sin(\zeta + AD'' - AD') = r''P. \frac{\sin \varepsilon}{\sin \varepsilon''} \sin(\zeta'' + A''D - A''D').$$

En combinant les équations V et VI avec les équations suivantes transcrites de l'art. 139,

VIII. $$r'' \sin(\zeta'' - A''D' + \delta'') = R'' \sin \delta'',$$

IX. $$r \sin(\zeta - AD' + \delta) = R \sin \delta,$$

les quantités ζ, ζ'', r, r'' s'en déduiront d'après la méthode de l'art. 78. Pour effectuer ce calcul plus commodément, il ne sera pas désagréable de rapporter ici les formules elles-mêmes. Posons

[17] $$\frac{R \sin \delta}{\sin(AD' - \delta)} = \varkappa,$$

[18] $$\frac{R'' \sin \delta''}{\sin(A''D' - \delta'')} = \varkappa'',$$

[19] $$\frac{\cos(AD' - \delta)}{R \sin \delta} = \lambda,$$

[20] $$\frac{\cos(A''D' - \delta'')}{R'' \sin \delta''} = \lambda''.$$

Le calcul de ces quantités, ou plutôt de leurs logarithmes, encore indépendantes de P et Q, est considéré comme le *cinquième* et dernier travail des opérations quasi-préliminaires, et s'effectue en même temps facilement avec le calcul de a, b, ou avec le quatrième travail dans lequel a devient égal à $\frac{\varkappa}{\varkappa''}$.

En faisant ensuite,

$$\frac{n'r'}{n} \cdot \frac{\sin \varepsilon}{\sin \varepsilon'} \sin(z + A'D - \delta') = p,$$

$$\frac{n'r'}{n''} \cdot \frac{\sin \varepsilon''}{\sin \varepsilon'} \sin(z + A'D'' - \delta') = p'',$$

$$\varkappa(\lambda p - 1) = q,$$

$$\varkappa(\lambda'' p'' - 1) = q'',$$

nous obtenons ζ et r de

$$r \sin \zeta = p, \quad r \cos \zeta = q;$$

puis, ζ'' et r'', de

$$r'' \sin \zeta'' = p'', \quad r'' \cos \zeta'' = q''.$$

Il ne peut exister ici d'ambiguïté dans la détermination de ζ et ζ'', parce que r et r'' doivent être nécessairement des quantités positives. Le calcul entier pourra, si l'on veut, être confirmé par l'équation VII.

Il existe cependant deux cas où il faut suivre une autre méthode. Toutes les fois, en effet, que le point D' coïncide avec B ou lui est diamétralement opposé sur la sphère, ou bien lorsque $AD' - \delta = 0$ ou $180°$, les équations VI et IX doivent nécessairement être identiques, et l'on aurait $\varkappa = \infty$, $\lambda p - 1 = 0$, et par suite, q indéterminé. Dans ce cas, ζ'' et r'' seront déterminés de la manière que nous l'avons enseignée, mais ensuite il faudra obtenir ζ et r par la combinaison de l'équation VII avec VI ou IX. Nous nous dispensons d'écrire ici les formules mêmes, que l'on peut tirer de l'art. 78; nous observons simplement, que dans le cas aussi où $AD' - \delta$ n'est pas réellement égal à 0 ni à $180°$, mais est, cependant, un arc très-petit, il est préférable de suivre la même méthode, puisque la première méthode n'admettrait pas alors une précision suffisante. Et l'on adoptera même la combinaison de l'équation VII avec VI, ou avec IX, selon que $\sin(AD'' - AD')$ est plus grand ou plus petit que $\sin(AD' - \delta)$.

De même, dans le cas où le point D', ou son opposé, coïncide avec B'' ou en est peu écarté, la détermination de ζ'' et r'' par la méthode précédente serait ou impossible ou peu sûre. C'est pourquoi ζ et r seront alors déterminés par cette méthode, mais ensuite ζ'' et r'' le seront par la combinaison de l'équation VII avec V ou avec VIII, suivant que $\sin(A''D - A''D')$ est plus grand ou plus petit que $\sin(A''D' - \delta'')$. Au reste, on ne doit pas craindre que le point D' coïncide *en même temps* avec les points B et B'' ou avec les points opposés, ou en soit peu distant, car nous avons déjà, dans l'article 138, exclu de notre recherche le cas dans lequel B coïncide avec B''.

144

Les arcs ζ et ζ'' étant trouvés, la position des points C et C'' sera donnée, et l'on pourra obtenir la distance $CC'' = 2f'$, au moyen de ζ, ζ'' et ε'.

Soient u, u'' les inclinaisons des grands cercles AB, A''B'' sur le grand cercle CC'' (qui, dans la figure 4, seront respectivement les angles C''CD' et $180° - CC''D'$), et nous aurons alors les équations suivantes, entièrement analogues aux équations 3—6 (art. 137) :

$$\sin f' \sin \frac{1}{2}(u''+u) = \sin \frac{1}{2}\varepsilon' \sin \frac{1}{2}(\zeta+\zeta''),$$

$$\sin f' \cos \frac{1}{2}(u''+u) = \cos \frac{1}{2}\varepsilon' \sin \frac{1}{2}(\zeta-\zeta''),$$

$$\cos f' \sin \frac{1}{2}(u''-u) = \sin \frac{1}{2}\varepsilon' \cos \frac{1}{2}(\zeta+\zeta''),$$

$$\cos f' \cos \frac{1}{2}(u''-u) = \cos \frac{1}{2}\varepsilon' \cos \frac{1}{2}(\zeta-\zeta'').$$

Les deux premières donneront $\frac{1}{2}(u''+u)$ et $\sin f'$, les deux dernières $\frac{1}{2}(u''-u)$ et $\cos f'$; de $\sin f'$ et $\cos f'$ on aura f'. On pourra négliger dans les premières hypothèses les angles $\frac{1}{2}(u''+u)$ et $\frac{1}{2}(u''-u)$, qui seront seulement employés, dans la dernière hypothèse, pour déterminer la situation du plan de l'orbite.

Exactement de la même manière, f pourra se déduire de ε, C'D et C''D; et aussi f'' de ε'', CD'' et C'D''; mais à ce sujet, il sera beaucoup plus commode d'employer les formules suivantes :

$$\sin 2f = r \sin 2f' . \frac{n}{n'r'},$$

$$\sin 2f'' = r'' \sin 2f' . \frac{n''}{n'r'},$$

dans lesquelles les logarithmes des quantités $\frac{n}{n'r'}$, $\frac{n''}{n'r'}$ sont déjà donnés par les calculs précédents.

Enfin, le calcul entier trouve une nouvelle confirmation par cette considération que l'on doit avoir

$$2f + 2f'' = 2f';$$

si par hasard il existe quelque différence, elle ne sera certainement d'aucune importance, si toutes les opérations ont été faites avec le plus de soin possible. Quelquefois, cependant, le calcul étant effectué partout avec sept figures décimales, cette différence pourra s'élever à quelques dixièmes de seconde, que nous distribuerons le plus facilement, si l'on trouve la chose utile, entre $2f$ et $2f''$, de manière que les logarithmes des sinus soient augmentés ou diminués également; par ce fait, on satisfera à l'équation

$$P = \frac{r \sin 2f''}{r'' \sin 2f} = \frac{n''}{n}$$

avec toute la précision que permettent les tables.

Quand f et f'' diffèrent peu, il sera suffisant de distribuer cette différence également entre $2f$ et $2f''$.

145

Après que les positions du corps céleste dans l'orbite auront été déterminées de cette manière, le double calcul des éléments sera commencé non-seulement par la combinaison du second lieu avec le troisième, mais encore par la combinaison du premier avec le second, avec les intervalles de temps correspondants.

Mais avant d'entreprendre cette opération, les intervalles de temps eux-mêmes réclament une correction, si l'on a décidé de tenir compte de l'aberration suivant la troisième méthode de l'art. 118. Dans ce cas, en effet, il faut substituer aux véritables époques, des époques qui leur sont antérieures, respectivement de $493^s.\rho$, $493^s.\rho'$, $493^s.\rho''$. Pour le calcul des distances ρ, ρ', ρ'', nous avons les formules

$$\rho = \frac{R \sin(AD' - \zeta)}{\sin(\zeta - AD' + \delta)} = \frac{r \sin(AD' - \zeta)}{\sin \delta},$$

$$\rho' = \frac{R' \sin(\delta' - z)}{\sin z} = \frac{r' \sin(\delta' - z)}{\sin \delta'},$$

$$\rho'' = \frac{R'' \sin(A''D' - \zeta'')}{\sin(\zeta'' - A''D' + \delta'')} = \frac{r'' \sin(A''D' - \zeta'')}{\sin \delta''}$$

Au reste, si dès le commencement les observations avaient été corrigées de l'aberration par la première ou par la seconde méthode de l'art. 118, ce calcul-ci devant être omis, il ne serait pas alors nécessaire d'obtenir les valeurs des distances ρ, ρ', ρ'', à moins que ce ne soit peut-être pour s'assurer que celles d'après lesquelles le calcul d'aberration a été effectué, étaient suffisamment exactes. Enfin, il est évident de soi-même que tout ce calcul doit aussi être supprimé, quand on trouve préférable de négliger entièrement l'aberration.

146

Le calcul des éléments — d'une part au moyen de r', r'', $2f$ et de l'intervalle de temps corrigé entre la seconde observation et la troisième, dont nous avons désigné par θ le produit par la quantité k (art. 1), d'autre part, au moyen de r, r', $2f''$ et de l'intervalle de temps entre la première et la seconde observation, dont le produit par k sera égal à θ'' — sera effectué, d'après la méthode exposée dans les art. 88-105, seulement jusqu'à la quantité désignée en cet endroit par y, dont nous désignerons la valeur, par η dans la première combinaison, par η'' dans la seconde. Que l'on fasse ensuite,

$$\frac{\theta''\eta}{\theta\eta''}=P', \qquad \frac{r'^2\,\theta\theta''}{rr''\eta\eta''\cos f.\cos f'.\cos f''}=Q',$$

et il est évident que si les valeurs des quantités P et Q, sur lesquelles tout le calcul jusque-là est établi, étaient les véritables, on devrait avoir $P'=P$, et $Q'=Q$. Réciproquement, on aperçoit facilement que si l'on trouve que $P'=P$, et $Q'=Q$, le double calcul des éléments, conduit de part et d'autre jusqu'au bout, doit fournir des nombres entièrement égaux, par lesquels les trois observations seront donc exactement représentées, et le problème sera alors exactement résolu. Mais lorsque l'on n'a pas $P'=P$, $Q'=Q$, on prendra $P'-P$, $Q'-Q$ pour X et Y, pourvu que P et Q aient été pris pour x et y; il sera encore plus convenable de poser

$$\log P=x, \quad \log Q=y, \quad \log P'-\log P=X, \quad \log Q'-\log Q=Y.$$

Le calcul sera ensuite répété avec d'autres valeurs de x et y.

147

A proprement parler, il serait ici, de même que dans les dix méthodes données précédemment, réellement arbitraire de supposer telles ou telles valeurs pour x et y, dans la seconde hypothèse, pourvu qu'elles ne soient pas opposées aux conditions générales développées ci-dessus; cependant, puisqu'il est évident que l'on doit considérer comme un grand avantage de pouvoir partir de valeurs plus exactes, on agirait, dans cette méthode, d'une manière peu prudente, si l'on adoptait presque inconsidérément les secondes valeurs, puisqu'on voit facilement, d'après la nature de la question, que si les premières valeurs de P et Q étaient affectées de légères erreurs, les valeurs de P′ et Q′ représenteraient des valeurs beaucoup plus exactes, pourvu que le mouvement héliocentrique soit peu considérable. C'est pourquoi, nous adopterons toujours P′ et Q′ elles-mêmes pour secondes valeurs de P et Q, ou log P′, log Q′ pour secondes valeurs de x, y, si log P et log Q sont supposés représenter les premières valeurs.

Maintenant, dans cette seconde hypothèse, où toutes les opérations préliminaires effectuées d'après la formule 1 — 20 sont conservées sans modification, le calcul sera répété d'une manière entièrement semblable, c'est-à-dire que, d'abord, l'angle ω sera déterminé; après cela, z, r', $\frac{n'r'}{n}$, $\frac{n'r'}{n''}$, ζ, r, ζ'', r'', f', f, f''. De la différence, plus ou moins considérable, entre les nouvelles valeurs de ces quantités et les premières, on estimera facilement s'il est utile ou non de calculer la correction du temps relative à l'aberration: dans le dernier cas, les intervalles de temps et par suite aussi les quantités θ, θ'' resteront les mêmes qu'auparavant. Enfin, de f, r', r'', de f'', r, r' et des intervalles de temps seront obtenus η et η'', et de là les nouvelles valeurs de P′ et Q′, qui le plus souvent diffèrent beaucoup moins de celles fournies par la première hypothèse que celles-ci ne diffèrent elles-mêmes des premières valeurs de P et Q. Les secondes valeurs de X et Y seront donc beaucoup plus petites que les premières, et les secondes valeurs de P′ et Q′ seront adoptées comme des troisièmes valeurs de P et Q, et avec elles le calcul sera de nouveau recommencé.

De cette manière donc, de même que de la seconde hypothèse il était résulté des nombres plus exacts que de la première, ainsi de la troisième résulteront des nombres plus exacts que de la seconde, et les valeurs de P′ et Q′ de la troisième hypothèse pourront être adoptées comme une quatrième valeur de P et Q, et le calcul sera ainsi recommencé jusqu'à ce qu'on arrive à une hypothèse dans laquelle on puisse considérer les valeurs de X et Y comme insignifiantes; mais lorsque la troisième hypothèse paraît encore insuffisante, il sera préférable de déduire des trois premières hypothèses les valeurs de P et Q à adopter pour la quatrième, d'après la méthode expliquée dans les art. 120, 121; de cette manière, on obtiendra une approximation plus rapide, et l'on aura rarement besoin de recourir à une cinquième hypothèse.

148

Quand les éléments, devant se déduire des trois observations, sont encore entièrement inconnus (cas auquel s'applique particulièrement notre méthode), on doit prendre, dans la première hypothèse, ainsi que nous l'avons déjà dit, $\frac{\theta''}{\theta}$ et $\theta\theta''$ pour valeurs approchées de P et Q; dans ces valeurs, θ et θ'' sont, pour le moment, déduits des intervalles de temps non corrigés. En exprimant respectivement par $\mu : 1$ et $\mu'' : 1$, le rapport de ces intervalles aux intervalles corrigés, nous aurons, dans la première hypothèse,

$$X = \log \mu - \log \mu'' + \log \eta - \log \eta'',$$
$$Y = \log \mu + \log \mu'' - \log \eta - \log \eta'' + \text{comp}^t. \log\cos f + \text{comp}^t. \log\cos f' + \text{comp}^t. \log\cos f'' + 2\log r' - \log r - \log r''.$$

Les logarithmes des quantités μ, μ'', ne sont, relativement aux autres termes, d'aucune importance; log η et log η'', qui sont tous deux positifs, se détruisent en quelque sorte dans X, surtout quand les intervalles de temps sont presque égaux, d'où l'on obtient pour X une valeur peu considérable, tantôt positive, tantôt négative; d'un autre côté, dans Y il peut en réalité s'établir une compensation entre les quantités positives comp^t. log cos f, comp^t. log cos f', comp^t. log cos f'' et les quantités négatives log η, log η'', mais moins parfaite, car le plus souvent les premières surpassent considérablement les dernières. En général, on ne pourra rien déterminer concernant le signe de log $\frac{r'^2}{rr''}$.

Maintenant, toutes les fois que le mouvement héliocentrique entre les observations est peu considérable, il sera rarement nécessaire de recourir à la quatrième hypothèse; le plus souvent la troisième, souvent la seconde, fourniront une précision suffisante, et quelquefois il sera même permis de se contenter des nombres résultant de la première hypothèse. Il sera toujours avantageux de considérer le degré de précision plus ou moins grand suivant lequel les observations sont satisfaites; ce serait un travail stérile de chercher une précision cent ou mille fois plus grande que celle que permettent les observations. Mais, dans ces questions, le jugement est mieux ouvert par une pratique fréquente que par des règles, et les savants acquerront facilement la faculté particulière de bien juger où il convient de s'arrêter.

140

Enfin, dans la dernière hypothèse, les éléments seront calculés, soit au moyen de f, r', r'', soit au moyen de f'', r, r', en conduisant jusqu'à la fin l'un ou l'autre calcul, qui, dans les hypothèses précédentes, n'avait été conduit que jusqu'à η ou η''; si l'on trouvait plus convenable d'achever l'un et l'autre, l'accord des résultats fournirait une nouvelle confirmation de tout le travail. Il vaut cependant mieux, aussitôt que f, f', f'' sont obtenus, déterminer les éléments par la seule combinaison du premier intervalle avec le troisième, c'est-à-dire au moyen de f', r, r'' et de l'intervalle de temps, et enfin, pour la meilleure confirmation du calcul, déterminer le lieu moyen dans l'orbite, d'après les éléments trouvés.

De cette manière donc, les dimensions de la section conique sont déterminées, à savoir : l'excentricité, le demi grand axe ou le demi-paramètre, la position du périhélie relativement aux lieux héliocentriques C, C', C'', le mouvement moyen, et l'anomalie moyenne pour une époque arbitraire, si l'orbite est elliptique, ou l'époque du passage au périhélie, si l'orbite est hyperbolique ou parabolique. Il reste donc seulement à déterminer la position des lieux héliocentriques relativement au nœud ascendant, la position de ce nœud par rapport au point équinoxial, et l'inclinaison de l'orbite sur l'écliptique (ou l'équateur). Toutes ces quantités peuvent être obtenues par la solution d'un triangle sphérique. Soit ☊ la longitude du nœud ascendant ; i l'inclinaison de l'orbite; g et g'' les arguments de la latitude dans la première et la troisième observations; et enfin $(l - ☊) = h$, $(l'' - ☊) = h''$. En représentant, dans la figure 4, le nœud ascendant par ☊, les côtés du triangle ☊AC seront $AD' - \zeta$, g, h, et les angles qui leur sont respectivement opposés, i, $180 - \gamma$, u. Nous aurons donc

$$\sin \frac{1}{2} i \sin \frac{1}{2} (g + h) = \sin \frac{1}{2} (AD' - \zeta) \sin \frac{1}{2} (\gamma + u)$$

$$\sin \frac{1}{2} i \cos \frac{1}{2} (g + h) = \cos \frac{1}{2} (AD' - \zeta) \sin \frac{1}{2} (\gamma - u)$$

$$\cos \frac{1}{2} i \sin \frac{1}{2} (g - h) = \sin \frac{1}{2} (AD' - \zeta) \cos \frac{1}{2} (\gamma + u)$$

$$\cos\frac{1}{2}i\cos\frac{1}{2}(g-h)=\cos\frac{1}{2}(\mathrm{AD'}-\zeta)\cos\frac{1}{2}(\gamma-u).$$

Les deux premières équations donneront $\frac{1}{2}(g+h)$ et $\sin\frac{1}{2}i$, les deux autres, $\frac{1}{2}(g-h)$ et $\cos\frac{1}{2}i$; au moyen de g on connaîtra la situation du périhélie relativement au nœud ascendant, et au moyen de h la position du nœud dans l'écliptique; enfin i sera déterminé, le sinus et le cosinus se vérifiant mutuellement. Nous pouvons atteindre le même but, à l'aide du triangle ☊A″C″ pour lequel il faut seulement changer, dans les formules précédentes, les lettres g, h, A, ζ, γ, u, en g'', h'', A″, ζ'', γ'', u''. Pour acquérir encore une autre confirmation du calcul entier, il ne sera pas inutile d'achever le calcul de deux manières; alors, si quelques légères différences entre les valeurs de i, de ☊ et de la longitude du périhélie se produisent, il sera convenable d'adopter les valeurs moyennes. Rarement cependant, ces différences montent jusqu'à 0″,1 ou 0″,2, si toutefois les calculs ont été effectués soigneusement avec sept figures décimales.

Lorsqu'à la place de l'écliptique, on adopte l'équateur comme plan fondamental, il n'en résulte pour le calcul aucun changement, si ce n'est qu'à la place des points, A, A″ on devra prendre les intersections de l'équateur avec les grands cercles AB, A″B″.

150

Nous procédons maintenant à l'éclaircissement de cette méthode par quelques exemples largement expliqués, qui montreront en même temps, de la manière la plus évidente, quelle généralité elle admet, et combien elle conduit toujours facilement et promptement au résultat désiré (*).

La nouvelle planète Junon nous fournira un *premier* exemple, pour lequel nous choisissons les observations suivantes, faites à Greenwich, et qui nous ont été communiquées par le célèbre Maskelyne.

(*) C'est improprement que l'on déclare telle méthode *plus ou moins exacte* qu'une autre. Elle peut seule passer pour avoir résolu le problème, la méthode par laquelle on peut au moins atteindre un certain degré de précision. C'est pourquoi, une méthode surpasse une autre par la considération seule, que le même degré de précision peut être atteint avec l'une plus promptement, et avec moins de travail, qu'avec l'autre.

TEMPS MOYEN DE GREENWICH.	ASCENSION DROITE apparente.	DÉCLINAISON Australe apparente.
1804, Oct. 5 . . 10h 51m 6s	357° 10′ 22″,35	6° 40′ 8″
17. . . 9 58 10	355 43 45 ,30	8 47 25
27. . . 9 16 41	355 11 10 ,95	10 2 28

A l'aide des tables, on trouve pour les mêmes époques :

	LONGITUDE du Soleil de l'équinoxe apparent.	NUTATION.	DISTANCE de la Terre.	LATITUDE du Soleil.	OBLIQUITÉ apparente de l'écliptique.
Oct. 5	192°28′53″,72	+ 15″,43	0,9988839	— 0″,49	23° 27′ 59″,48
17	204 20 21 ,54	+ 15 ,51	0,9953968	+ 0 ,79	59 ,26
27	214 16 52 ,21	+ 15 ,60	0,9928340	— 0 ,15	59 ,06

Nous établirons le calcul comme si l'orbite était encore complétement inconnue ; c'est pourquoi l'on ne pourra pas corriger de la parallaxe les lieux de Junon, mais il faudra transporter cette correction aux positions de la Terre. Nous réduisons donc d'abord les positions observées, de l'équateur à l'écliptique, en employant l'obliquité apparente ; il en résulte :

	LONGITUDE apparente de Junon.	LATITUDE apparente de Junon.
Oct. 5	354° 44′ 54″,27	— 4° 59′ 31″,59
17	352 34 44 ,51	— 6 21 56 ,25
27	351 34 51 ,57	— 7 47 52 ,70

Nous joignons aussitôt à ce calcul la détermination de la longitude et de la latitude du zénith du lieu de l'observation dans les trois observations ; l'ascension droite s'accorde, par le fait, avec l'ascension droite de Junon (parce que les observations ont été faites dans le méridien), mais la déclinaison est égale à l'élévation du pôle = 51°28′39″. Nous obtenons ainsi :

	LONGITUDE du zénith.	LATITUDE du zénith.
Oct. 5	24° 29′	46° 53′
17	23 25	47 24
27	23 1	47 36

Maintenant, d'après les principes établis dans l'art. 72, nous déterminerons les lieux fictifs de la Terre dans le plan même de l'écliptique, d'où le corps céleste apparaîtrait de la même manière que des lieux vrais des observations. De cette manière, on trouve, en supposant la parallaxe moyenne du Soleil = 8″,6

	RÉDUCTION de la longitude.	RÉDUCTION de la distance.	RÉDUCTION du temps.
Oct. 5	— 22″,39	+ 0,0003856	— 0ˢ,19
17	— 27 ,21	+ 0,0002329	— 0 ,12
27	— 35 ,82	+ 0,0002085	— 0 ,12

La réduction du temps est seulement ajoutée pour qu'on voie qu'elle est entièrement insensible.

Après ceci, toutes les longitudes, tant de la planète que de la Terre, sont réduites à l'équinoxe vernal moyen pour quelque époque, pour laquelle nous adopterons le commencement de l'année 1805; c'est pourquoi, la nutation étant retranchée, la précession doit encore être ajoutée, laquelle est, pour les trois observations, respectivement 11″.87, 10″.23, 8″.86; de manière qu'il faut ajouter — 3″,56 pour la première observation, — 5″,28 pour la seconde, — 6″,74 pour la troisième.

Enfin, les longitudes et latitudes de Junon doivent être corrigées de l'aberration des étoiles; on trouve ainsi, d'après les principes connus, que l'on doit retrancher des longitudes, respectivement 19″.12, 17″.11, 14″.82, et ajouter aux latitudes 0″.53, 1″.18, 1″.75.

Par cette addition les valeurs absolues éprouvent une diminution, puisque les latitudes australes sont considérées comme négatives.

151

Toutes ces réductions étant convenablement appliquées, les véritables données du problème sont alors :

Époques des observations réduites au méridien de Paris.	Oct. 5,458644	17,421885	27,393077
Longitudes de Junon, $\alpha, \alpha', \alpha''$.	354° 44′ 31″,60	352° 34′ 22″,12	351° 34′ 30″,01
Latitudes, β, β', β''........	—4 59 31 ,06	—6 21 55 ,07	—7 17 50 ,95
Longitudes de la Terre l, l', l''.	12 28 27 ,76	24 19 49 ,05	34 16 9 ,65
Logarithmes des distances R, R′, R″...............	9,9996826	9,9980979	9,9969678

De là, les calculs des art. 136, 137 produisent les nombres suivants :

$\gamma, \gamma', \gamma''$..............	196° 0′ 8″,36	191° 58′ 0″,33	190° 41′ 40″,17
$\delta, \delta', \delta''$..............	18 23 59 ,20	32 19 24 ,93	43 11 42 ,05
logarithmes des sinus...	9,4991995	9,7281105	9,8353631
A′D, AD′, AD″.........	232° 6′ 26″,44	213° 12′ 29″,82	209° 43′ 7″,47
A″D, A″D′, A′D″.......	241 51 15 ,22	234 27 0 ,90	221 13 57 ,87
$\varepsilon, \varepsilon', \varepsilon''$..............	2 19 34 ,00	7 13 37 ,70	4 55 46 ,19
logarithmes des sinus...	8,6083885	9,0996915	8,9341440
log sin $\frac{1}{2}\varepsilon'$...........		8,7995259	
log cos $\frac{1}{2}\varepsilon'$...........		9,9991357	

De plus, d'après l'art. 138, nous avons :

log tang β.......	8,9412494 n	log tang β''......	9,1074080 n
log sin $(\alpha''-l')$....	9,7332391 n	log sin $(\alpha-l')$....	9,6935181 n
log cos $(\alpha''-l')$...	9,9247904	log cos $(\alpha-l')$...	9,9393180

De là

log [tang β cos $(\alpha''-l')$ — tang β'' cos $(\alpha-l')$] = log T sin t.. 8,5786513

log sin $(\alpha''-\alpha)$ = log T cos t.......................... 8,7423191 n

d'où $t = 145° 32' 57'',78$ log T............ 8,8260683

$t+\gamma' = 337\ 30\ 58\ ,11$ log sin $(t+\gamma')$..... 9,5825441 n

Enfin, $\log[\tan\beta\sin(\alpha''-l')-\tan\beta''\sin(\alpha-l')]=\log S.$ $8{,}2033319\,n$

$\log T\sin(t+\gamma)\dots\dots\dots\dots\dots\dots$ $8{,}4086124\,n$

d'où $\log\tan(\delta'-\sigma)\dots\dots\dots\dots\dots\dots$ $9{,}7947195$

$\delta'-\sigma=31°56'11'',81,$ et par suite $\sigma=0°23'43'',12$

Suivant l'art. 140, nous avons

$A''D'-\delta''=191°15'18'',85$	$\log\sin$	$9{,}2904352\,n$	$\log\cos$	$9{,}9915661\,n$
$AD'-\delta=194\ 48\ 30\ ,62$	» »	$9{,}4075427\,n$	» »	$9{,}9853301\,n$
$A''D-\delta''=198\ 39\ 33\ ,17$	» »	$9{,}5050667\,n$		
$A'D-\delta'+\sigma=200\ 10\ 14\ ,63$	» »	$9{,}5375909\,n$		
$AD''-\delta=191\ 19\ \ 8\ ,27$	» »	$9{,}2928554\,n$		
$A'D''-\delta'+\sigma=189\ 17\ 46\ ,06$	» »	$9{,}2082723\,n$		

De là, on trouve

$\log a\dots\dots\dots\dots$ $9{,}5494437,$ $a=+0{,}3543592$

$\log b\dots\dots\dots\dots$ $9{,}8613533.$

La formule 13 donnerait $\log b=9{,}8613531$, mais nous avons préféré la première valeur, parce que $\sin(A'D-\delta'+\sigma)$ est plus grand que $\sin(A'D''-\delta'+\sigma)$.

Il vient ensuite, d'après l'art. 141,

$3\log R'\sin\delta'\dots\dots$ $9{,}1786252$

$\log 2\dots\dots\dots\dots$ $0{,}3010300$

$\log\sin\sigma\dots\dots\dots$ $7{,}8295601$

$7{,}3092153$ et par suite $\log c=2{,}6907847$

$\log b\dots\dots\dots\dots$ $9{,}8613533$

$\log\cos\sigma\dots\dots\dots$ $9{,}9999901$

$9{,}8613632$

d'où

$$\frac{b}{\cos\sigma}=0{,}7267135.$$

On déduit de là

$d=-1{,}3625052,$ $\log e=8{,}3929518\,n.$

On trouve enfin, au moyen des formules de l'art. 143,

$\log\varkappa\dots\dots\dots\dots\dots$ $0{,}0913394\,n$

$\log\varkappa''\dots\dots\dots\dots\dots$ $0{,}5418957\,n$

$\log\lambda\dots\dots\dots\dots\dots$ $0{,}4864480\,n$

$\log\lambda''\dots\dots\dots\dots\dots$ $0{,}1592352\,n.$

152

Les calculs préliminaires étant résolus de cette manière, nous passons à la première hypothèse. L'intervalle de temps (non corrigé) entre la seconde et la troisième observations est de 9,971192 jours, et entre la première et la seconde de 11,963241. Les logarithmes de ces nombres sont 0,9987471, et 1,0778489, d'où

$$\log \theta = 9{,}2343285, \qquad \log \theta'' = 9{,}3134303.$$

Nous poserons donc, pour la *première hypothèse*,

$$x = \log P = 0{,}0791018$$
$$y = \log Q = 8{,}5477588.$$

De là, nous avons

$P = 1{,}1997804$, $\quad P + a = 1{,}5541396$, $\quad P + d = -0{,}1627248$;

$\log e$	$8{,}3929518\,n$
$\log(P+a)$.	$0{,}1914900$
$c'\log(P+d)$.	$0{,}7885463\,n$
$\log \tan \omega$. .	$9{,}3729881$, d'où $\omega = +13°16'31''.89$, $\omega + \sigma = +13°40'5'',01$
$\log Q$.	$8{,}5477588$
$\log c$.	$2{,}6907847$
$\log \sin \omega$. . .	$9{,}3612147$
$\log Qc \sin \omega$.	$0{,}5997582$

Après quelques tâtonnements, on trouve qu'on satisfait à l'équation

$$Qc \sin\omega \sin^4 z = \sin(z - 13°\,40'\,5'',01)$$

par la valeur $z = 14°\,35'\,4'',90$, d'où l'on a $\log \sin z = 9{,}4010744$, $\log r' = 0{,}3251340$. Cette équation admet, en outre, trois autres solutions, à savoir

$$z = 32°\;\;2'\,28''$$
$$z = 137\;\;27\;\;59$$
$$z = 193\;\;\;4\;\;18\,.$$

La troisième doit être rejetée parce que sin z est négatif; la seconde parce que z est plus grand que δ'; la première répond approximativement à l'orbite de la Terre. Nous avons parlé de cette solution dans l'art. 142.

Nous avons ensuite, d'après l'art. 143,

$\log \frac{R' \sin \delta'}{b}$	9,8648551
$\log (P + a)$	0,1914900
$c' \log \sin (z - \sigma)$	0,6103578
$\log \frac{n' r'}{n}$	0,6667029
$\log P$	0,0791018
$\log \frac{n' r'}{n''}$	0,5876011

$z + A'D - \delta' = z + 199^\circ 47' \ 1'',51 = 214^\circ 22' \ 6'',41$; $\log \sin = 9,7516736\, n$
$z + A'D'' - \delta' = z + 188 \ 54 \ 32,94 = 203 \ 29 \ 37,84$; $\log \sin = 9,6005923\, n$
De là, nous avons

$$\log p = 9,9270735\, n, \quad \log p'' = 0,0226459\, n,$$

et alors

$$\log q = 0,2930977\, n, \quad \log q'' = 0,2580086\, n,$$

d'où l'on déduit

$$\zeta = 203^\circ 17' 31'',22 \qquad \log r = 0,3300178$$
$$\zeta'' = 210 \ 10 \ 58,88 \qquad \log r'' = 0,3212819.$$

Enfin, d'après l'art. 144, nous obtenons

$$\tfrac{1}{2}(u'' + u) = 205^\circ 18' 10'',53$$
$$\tfrac{1}{2}(u'' - u) = -3 \ 14 \ 2,02$$
$$f' = 3 \ 48 \ 14,66.$$

$\log \sin 2f'$	9,1218791	$\log \sin 2f'$	9,1218791
$\log r$	0,3300178	$\log r''$	0,3212819
$c' \log \frac{n' r'}{n}$	0,3332971	$c' \log \frac{n' r'}{n''}$	9,4123989
$\log \sin 2f$	8,7851940	$\log \sin 2f''$	8,8555599
$2f =$	$3^\circ 29' 46'',03$	$2f'' =$	$4^\circ \ 6' 43'',28$

La somme $2f + 2f''$ ne diffère ici de $2f'$ que de $0'',01$.

Maintenant, pour que les temps soient corrigés de l'aberration, il faut calculer les distances ρ, ρ', ρ'' par les formules de l'art. 145, et ensuite les multiplier par le temps 493^s, ou 0^j,005706. Voici ce calcul :

log r	0,33002	log r'	0,32513	log r''	0,32128
logsin(AD′—ζ)	9,23606	logsin (δ'—z).	9,48384	logsin(A″D′—ζ″)	9,61384
c^t log sin δ....	0,50080	c^t log sin δ'....	0,27189	c^t logsinδ''....	0,16464
log ρ........	0,06688	log ρ'..........	0,08086	log ρ''.......	0,09976
log const.....	7,75633		7,75633		7,75633
logdelaréduct.	7,82321		7,83719		7,85609
réduction =	0,006656		0,006874		0,007479

Observations.	Époques corrigées.	Intervalles.	Logarithmes.
I.	Oct. 5.451988		
II.	17.415011	11^j,963023	1,0778409
III.	27.385898	9,970887	0.9987339

Les logarithmes corrigés des quantités θ, θ'' deviennent donc 9,2343153 et 9,3134223. En commençant maintenant la détermination des éléments d'après f, r', r'', θ, on trouve log $\eta = 0{,}0002285$, et de la même manière, au moyen de f'', r, r', θ'', on a log $\eta'' =$ 0,0003191. Nous négligeons d'ajouter ici ce calcul longuement expliqué dans le premier livre, section III.

Nous avons enfin, par l'art. 146,

log θ''.........	9,3134223	2 log r'.........	0,6502680
c^t log θ........	0,7656847	c^t log rr''.......	9,3487003
log η...........	0,0002285	log $\theta\theta''$..........	8,5477376
c^t log η''........	9,9996809	c^{t}log $\eta\eta''$.......	9,9994524
log P′.........	0,0790164	c^t log cos f.	0,0002022
		c^t log cos f'.	0,0009579
		c^t log cos f''.....	0,0002797
		log Q′..........	8,5475981

De la première hypothèse résulte donc, X = —0,0000854 et Y = —0,0001607.

153

Dans la *seconde hypothèse*, nous attribuerons à P et Q les valeurs mêmes que nous avons trouvées pour P′ et Q′ dans la première. Nous poserons donc

$$x = \log P = 0{,}0790164$$
$$y = \log Q = 8{,}5475981$$

Puisque le calcul doit être traité entièrement de la même manière que dans la première hypothèse, il suffira de placer ici ses principaux résultats :

ω	13° 15′ 38″,13	ζ''	210° 8′ 24″,98
$\omega + \sigma$	13 38 51 ,25	$\log r$	0,3307676
$\log Qc \sin\omega$	0,5989389	$\log r''$	0,3222280
z	14° 33′ 19″,00	$\frac{1}{2}(u''+u)$	205° 22′ 15″,58
$\log r'$	0,3259918	$\frac{1}{2}(u''-u)$	—3 14 4 ,79
$\log \frac{n'r'}{n}$	0,6675193	$2f'$	7 34 53 ,32
$\log \frac{n'r'}{n''}$	0,5885029	$2f$	3 29 0 ,18
ζ	203° 16′ 38″,16	$2f''$	4 5 53 ,12

Il ne serait d'aucune utilité de calculer de nouveau les réductions du temps relatives à l'aberration, car elles diffèrent à peine d'une seconde de celles que nous avons trouvées dans la première hypothèse.

Les calculs ultérieurs fournissent $\log \eta = 0{,}0002270$, $\log \eta'' = 0{,}0003173$, d'où l'on déduit

$$\log P' = 0{,}0790167 \qquad X = +0{,}0000003$$
$$\log Q' = 8{,}5476110 \qquad Y = +0{,}0000129$$

De là ressort combien la seconde hypothèse est encore plus exacte que la première.

154

Pour qu'il ne reste rien à désirer, nous établirons encore *la troisième hypothèse*, dans laquelle nous adopterons pour P et Q, les valeurs de P′ et Q′ trouvées dans la seconde hypothèse. En posant donc

$$x = \log P = 0{,}0790167$$
$$y = \log Q = 8{,}5476110$$

on trouve pour les principaux résultats du calcul :

ω	$13°15'38'',39$	ζ''	$210°\ 8'\ 25'',65$
$\omega+\sigma$	$13\ 38\ 51,51$	$\log r$	$0,3307640$
$\log Qc\sin\omega$	$0,5989542$	$\log r''$	$0,3222239$
z	$14°33'19'',50$	$\frac{1}{2}(u''+u)$	$205°22'14'',57$
$\log r'$	$0,3259878$	$\frac{1}{2}(u''-u)$	$-3\ 14\ 4,78$
$\log\frac{n'r'}{n}$	$0,6675154$	$2f'$	$7\ 34\ 53,73$
$\log\frac{n'r'}{n''}$	$0,5884987$	$2f$	$3\ 29\ 0,39$
ζ	$203°16'38'',41$	$2f''$	$4\ 5\ 53,34$

Tous ces nombres diffèrent si peu de ceux fournis par la seconde hypothèse, qu'il est certainement permis de conclure que la troisième n'exige plus aucune correction (*). C'est pourquoi l'on peut procéder à la détermination même des éléments, au moyen de $2f'$, r, r'', θ', détermination que nous nous dispensons de transcrire ici, puisqu'elle a été déjà développée en détail dans l'exemple de l'art. 97. Il ne reste donc plus rien à calculer que la position du plan de l'orbite par la méthode de l'art. 149, et à transporter l'époque au commencement de l'année 1805. Ce calcul doit être établi sur les nombres suivants :

$$AD'-\zeta = 9°55'51'',41$$
$$\tfrac{1}{2}(\gamma+u) = 202\ 18\ 13,855$$
$$\tfrac{1}{2}(\gamma-u) = -6\ 18\ 5,495$$

d'où nous déduisons

$$\tfrac{1}{2}(g+h) = 196°43'14'',62$$
$$\tfrac{1}{2}(g-h) = -4\ 37\ 24,41$$
$$\tfrac{1}{2}i = 6\ 33\ 22,05.$$

Nous avons donc, $h = 201°\ 20'\ 39'',03$, et par suite, ☊ $= l - h = 171°\ 7'\ 48'',73$; ensuite, $g = 192°\ 5'\ 50'',21$, et par conséquent, puisque l'anomalie vraie pour la première observation a été trouvée, dans l'art. 97, égale à $310°\ 55'\ 29'',64$, la distance du périhélie au nœud ascendant dans l'orbite $= 241°\ 10'\ 20'',57$, la longitude du pé-

(*) Si le calcul était exécuté jusqu'au bout de la même manière que dans les hypothèses précédentes, on obtiendrait $X=0$, et $Y=0,0000003$, valeur qui peut être considérée comme nulle, et qui, par le fait, s'élève à peine au-dessus de l'incertitude inhérente à la dernière figure décimale.

rihélie $= 52° \, 18' \, 9'',30$; enfin, l'inclinaison de l'orbite $= 13° \, 6' \, 44'',10$.

Si, pour le même calcul, nous aimons mieux employer le troisième lieu, nous avons

$$A''D' - \zeta'' = 24° \, 18' \, 35'',25$$
$$\tfrac{1}{2}(\gamma'' + u'') = 196 \; 24 \; 54,98$$
$$\tfrac{1}{2}(\gamma'' - u'') = -5 \; 43 \; 14,81$$

De là on déduit

$$\tfrac{1}{2}(g'' + h'') = 211° \, 24' \, 32'',45$$
$$\tfrac{1}{2}(g'' - h'') = -11 \; 43 \; 48,48$$
$$\tfrac{1}{2}i = 6 \; 33 \; 22,05$$

et de là, la longitude du nœud ascendant $l'' - h'' = 171° \, 7' \, 48'',72$, la longitude du périhélie $52° \, 18' \, 9'',30$, l'inclinaison de l'orbite $13° \, 6' \, 44'',10$, entièrement la même qu'auparavant.

L'intervalle de temps compris entre la dernière observation et le commencement de l'année 1805 est de $64^j,614102$; le mouvement moyen héliocentrique qui lui correspond est de $53293'',66 = 14° \, 48' \, 13'',66$; d'après cela, l'anomalie moyenne, pour le commencement de l'année 1805 et pour le méridien de Paris est $349° \, 34' \, 12'',38$, et la longitude moyenne de l'époquè est $41° \, 52' \, 21'',68$.

155

Pour faire voir plus clairement de quelle précision jouissent les éléments que nous venons de trouver, nous calculerons d'après eux le lieu moyen. Pour le 17,415011 Octobre, l'anomalie moyenne est trouvée $= 332° \, 28' \, 54'',77$: de là, l'anomalie vraie est $315° \, 1' \, 23'',02$ et $\log r' = 0,3259877$ (voyez les exemples des art. 13 et 14); cette anomalie vraie devrait être égale à l'anomalie vraie dans la première observation augmentée de l'angle $2f''$, ou à l'anomalie vraie dans la troisième diminuée de l'angle $2f$, c'est-à-dire égale à $315° \, 1' \, 22'',98$; et le logarithme du rayon vecteur serait 0,3259878 : les différences doivent être considérées comme insignifiantes. Si le calcul, pour l'observation moyenne, est continué jusqu'au lieu géocentrique, les résultats diffèrent de l'observation, seulement de quelques centièmes de seconde (art. 63). Ces différences sont presque confondues avec les erreurs inévitables qui naissent de la précision limitée des tables.

Nous avons traité l'exemple précédent avec la plus grande précision, pour faire voir combien par notre méthode on peut obtenir facilement la solution la plus exacte possible. Dans la pratique on aura rarement besoin de suivre strictement ce type : le plus souvent, il suffira d'employer partout *six* figures décimales; et dans notre exemple, la seconde hypothèse eût déjà fourni une précision non inférieure, et la première une précision largement suffisante. Nous pensons qu'il ne sera pas désagréable à nos lecteurs d'établir la comparaison des éléments obtenus d'après la troisième hypothèse, avec ceux que l'on eût obtenus si la seconde hypothèse ou même la première avait été employée pour le même objet.

Nous montrons ces trois systèmes d'éléments dans le tableau suivant :

	DE L'HYPOTHÈSE III.	DE L'HYPOTHÈSE II.	DE L'HYPOTHÈSE I.
Longitude moyenne de l'époque 1805.	41°52' 21",68	41°52' 18",40	42°12' 37",83
Mouvement moyen diurne. . . .	824",7989	824",7983	823,5025
Périhélie.	52°18' 9",30	52°18' 6",66	52°41' 9",81
φ	14 12 1,87	14 11 59,94	14 24 27,49
Logarithme du demi grand axe.	0,4224389	0,4224392	0,4228944
Nœud ascendant.	171° 7' 48",73	171° 7' 49",15	171° 5' 48",86
Inclinaison de l'orbite.	13 6 44,10	13 6 45,12	13 2 37,50

En calculant le lieu héliocentrique dans l'orbite pour l'observation moyenne, à l'aide du second système d'éléments, on trouve que l'erreur du logarithme du rayon vecteur est égale à zéro, et l'erreur de la longitude dans l'orbite à 0",03 ; mais en calculant ce lieu par le système déduit de la première hypothèse, l'erreur du logarithme du rayon vecteur est 0,0000002, et l'erreur de la longitude dans l'orbite, 1".31. En continuant le calcul jusqu'au lieu géocentrique on trouve :

	DE L'HYPOTHÈSE II.	DE L'HYPOTHÈSE I.
Longitude géocentrique.	352° 34' 22", 26	352° 34' 19", 97
Erreur.	0, 14	2, 15
Latitude géocentrique.	6 21 55, 06	6 21 54, 47
Erreur.	0, 01	0, 60

156

Nous prendrons le *second* exemple de Pallas, dont nous extrayons les observations suivantes, faites à Milan, de la « *Correspondance astronomique* du célèbre DE ZACH, vol. XIV, p. 90. »

TEMPS MOYEN DE MILAN.	ASCENSION DROITE apparente.	DÉCLINAISON apparente.
1805, Novembre. . 5ʲ 14ʰ 14ᵐ 4ˢ	78° 20′ 37″, 8	27°16′ 56″,7 sud.
Décembre. . 6 11 51 27	73 8 48, 8	32 52 44,3
1806, Janvier. . . . 15 8 50 36	67 14 11, 1	28 38 8, 1

Nous prendrons ici, à la place de l'écliptique, l'équateur comme plan fondamental, et nous exécuterons le calcul comme si l'orbite était encore entièrement inconnue. Nous extrayons, d'abord, des tables du Soleil, les quantités suivantes pour les époques données :

	LONGITUDE DU SOLEIL comptée de l'équinoxe moyen.	DISTANCE A LA TERRE.	LATITUDE DU SOLEIL.
Novembre. . . 5	223° 14′ 7″, 61	0,9804311	+ 0″, 59
Décembre. . . 6	254 28 42, 59	0,9846753	+ 0, 12
Janvier. . . . 15	295 5 47, 62	0,9838153	— 0, 19

En ajoutant les précessions + 7″.50, + 3″.36, —2″.11, nous réduisons les longitudes du Soleil au commencement de l'année 1806, et ensuite, en prenant pour obliquité moyenne 23° 27′ 53″,53 et en tenant compte des latitudes, nous déduisons les ascensions droites et les déclinaisons. De cette manière nous trouvons :

	ASCENSION DROITE du Soleil.	DÉCLINAISON du Soleil.
Novembre. 5	220° 46′ 44″, 65	15° 49′ 43″, 94
Décembre. 6	253 9 23, 26	22 33 39, 45
Janvier. 15	297 2 51, 11	21 8 12, 98

Ces positions sont rapportées au centre de la Terre et doivent par suite, au moyen de la parallaxe, être réduites au lieu de l'observation, puisqu'il n'est pas permis de corriger de la parallaxe les positions de la planète. Les ascensions droites du zénith qui doivent être employées dans ce calcul, s'accordent avec les ascensions droites de la planète (puisque les observations ont été faites dans le méridien), mais la déclinaison sera partout l'élévation du pôle, 45°28'. De là s'obtiennent les nombres suivants :

	ASCENSION DROITE de la Terre.	DÉCLINAISON de la Terre.	LOGARITHME de la distance du Soleil.
Novembre.. . 5	40° 46' 48",51	15°49' 48",59 nord	9,9958575
Décembre.. . 6	73 9 23, 26	22 33 42,83	9,9933099
Janvier. . . . 15	117 2 46, 09	21 8 17,29	9,9929259

Les positions observées de Pallas doivent être corrigées de la nutation et de l'aberration des fixes, et ensuite réduites au commencement de l'année 1806, en appliquant la précession. D'après ces raisons, il faudra faire subir les corrections suivantes aux positions observées :

	OBSERVATION I.		OBSERVATION II.		OBSERVATION III.	
	Ascension droite.	Déclinaison.	Ascension droite.	Déclinaison.	Ascension droite.	Déclinaison.
Nutation. . . .	−12",86	− 3",08	−13",68	− 3",42	−13",06	−3",75
Aberration. . .	−18, 13	− 9, 89	−21, 51	− 1, 63	−15, 60	+9, 76
Précession. . .	+ 5, 43	+ 0, 62	+ 2, 55	+ 0, 39	− 1, 51	−0, 33
Somme. . . .	−25, 56	−12, 35	−32, 64	− 4, 66	−30, 17	+5, 68

De là résultent les positions suivantes de Pallas, qui doivent servir de base au calcul :

TEMPS MOYEN DE PARIS.		ASCENSION DROITE.	DÉCLINAISON.
Novembre.	5,574074	78° 20′ 12″,24	— 27° 17′ 9″,05
	36,475035	73 8 16, 16	— 32 52 48, 96
	76,349444	67 13 40, 93	— 28 38 2, 42

157

Maintenant, nous déterminerons d'abord, la position des grands cercles menés des lieux héliocentriques de la Terre aux positions géocentriques de la planète. Nous concevons les lettres $\mathfrak{A}, \mathfrak{A}', \mathfrak{A}''$, marquées aux intersections de ces cercles avec l'équateur, ou, si l'on aime mieux, à leurs nœuds ascendants, et nous désignons par $\Delta, \Delta', \Delta''$ les distances des points B, B', B'' à ces points. Dans la plus grande partie du calcul il faudra alors substituer les lettres $\mathfrak{A}, \mathfrak{A}', \mathfrak{A}''$, aux lettres A, A', A'', et aussi $\Delta, \Delta', \Delta''$ à la place de $\delta, \delta', \delta''$; mais le lecteur attentif comprendra facilement, même sans l'indiquer, en quel endroit il faudra conserver A, A', A'', $\delta, \delta', \delta''$.

Le calcul étant fait, nous trouvons

Ascensions droites des points $\mathfrak{A}, \mathfrak{A}', \mathfrak{A}''$. . . .	233°54′57″,10	253° 8′57″,01	276°40′25″,87
$\gamma, \gamma', \gamma''$.	51 17 15 ,74	90 1 3 ,19	131 59 58 ,03
$\Delta, \Delta', \Delta''$.	215 58 49 ,27	212 52 48 ,96	220 9 12 ,96
$\delta, \delta', \delta''$.	56 26 34 ,19	55 26 31 ,79	69 10 57 ,84
$\mathfrak{A}'D, \mathfrak{A}D', \mathfrak{A}D''$.	23 54 52 ,13	30 18 3 ,25	29 8 43 ,32
$\mathfrak{A}''D$, "$\mathfrak{A}D'$, $\mathfrak{A}'D''$	33 3 26 ,35	31 59 21 ,14	22 20 6 ,91
$\varepsilon, \varepsilon', \varepsilon''$.	47 1 54 ,69	89 34 57 ,17	42 33 41 ,17
Logarithmes des sinus.	9,8643525	9,9999885	9,8301910
$\log \sin \frac{1}{2}\varepsilon'$.		9,8478971	
$\log \cos \frac{1}{2}\varepsilon'$.		9,8510614	

Dans le calcul de l'art. 138 on emploiera, à la place de l', l'ascension droite du point $\mathfrak{A}'$. On trouve ainsi,

$$\log T \sin t \ldots\ldots\ldots \quad 8{,}4868236\, n$$
$$\log T \cos t \ldots\ldots\ldots \quad 9{,}2848162\, n.$$

De là,

$t = 189°\,2'\,48'',83$, $\log T = 9{,}2902527$; ensuite $t + \gamma' = 279°\,3'\,52'',02$

$$\log S \ldots\ldots\ldots\ldots \quad 9{,}0110566\,n$$
$$\log T \sin(t+\gamma) \ldots\ldots\ldots \quad 9{,}2847950\,n$$

d'où

$$\Delta' - \sigma = 208^\circ\, 1'\, 55'',64, \quad \text{et} \quad \sigma = 4^\circ 50' 53'',32.$$

Dans les formules de l'art. 140, il faudra conserver $\sin\delta$, $\sin\delta'$, $\sin\delta''$ dans les expressions de a, b et $\frac{b}{a}$; il en sera de même dans celles de l'art. 143. Pour ces calculs nous avons

$\mathfrak{A}''D' - \Delta'' =$	$171^\circ 50'\ 8'',18$	log sin	9,1523306	log cos	9,9955759 n
$\mathfrak{A}D' - \Delta =$	174 19 13 ,98	»	8,9954722	»	9,9978629 n
$\mathfrak{A}''D - \Delta'' =$	172 54 13 ,39	»	9,0917972		
$\mathfrak{A}'D - \Delta' + \sigma =$	175 52 56 ,49	»	8,8561520		
$\mathfrak{A}D'' - \Delta =$	173 9 54 ,05	»	9,0755844		
$\mathfrak{A}'D'' - \Delta'' + \sigma =$	174 18 11 ,27	»	8,9967978.		

De là nous déduisons

$$\log \varkappa = 0{,}9211850 \qquad \log \lambda = 0{,}0812057\,n$$
$$\log \varkappa'' = 0{,}8112762 \qquad \log \lambda'' = 0{,}0319691\,n$$
$$\log a = 0{,}1099088 \qquad a = +1{,}2879790$$
$$\log b = 0{,}1810404$$
$$\log \frac{b}{a} = 0{,}0711314, \text{ d'où } \log b = 0{,}1810402.$$

De ces deux valeurs, presque égales, nous adopterons la moyenne $\log b = 0{,}1810403$. Il vient enfin,

$$\log c = 1{,}0450295$$
$$d = +0{,}4489906$$
$$\log e = 9{,}2102894$$

ce qui complète les calculs préliminaires.

L'intervalle de temps entre la seconde observation et la troisième est de $39^j{,}874409$, et entre la première et la seconde de $30^j{,}900961$; on déduit de là, $\log\theta = 9{,}8362757$, $\log\theta'' = 9{,}7255533$.

Nous posons donc, pour *première hypothèse*,

$$x = \log P = 9{,}8892776$$
$$y = \log Q = 9{,}5618290.$$

Les principaux résultats du calcul sont ceux-ci :

$$\omega + \sigma = 20^\circ 8' 46'',72$$
$$\log Qc \sin\omega = 0{,}0282028.$$

D'après cela, la valeur exacte de z est $21°\,11'\,24'',30$, et $\log r' = 0{,}3509379$. Les trois autres valeurs de z, satisfaisant à l'équation IV, sont, dans ce cas,

$$z = 63°\,41'\,12''$$
$$z = 101\ 12\ 58$$
$$z = 199\ 24\ 7$$

La première de ces valeurs doit être considérée comme une approximation de celle relative à l'orbite terrestre, dont l'écart est cependant ici, à cause du trop grand intervalle de temps, beaucoup plus considérable que dans l'exemple précédent. Les nombres suivants résultent de la suite du calcul :

ζ	195° 12′ 2″,48
ζ''	196 57 50 ,78
$\log r$	0,3647022
$\log r''$	0,3355758
$\frac{1}{2}(u''+u)$	266° 47′ 50″,47
$\frac{1}{2}(u''-u)$	—43 39 5 ,33
$2f'$	22 32 40 ,86
$2f$	13 5 41 ,17
$2f''$	9 27 0 ,05

Nous distribuerons la différence entre $2f'$ et $2f + 2f''$, qui est ici de $0'',36$, entre $2f$ et $2f''$ de telle sorte que nous ayons $2f = 13°\,5'\,40''.96$, $2f'' = 9°\,26'\,59'',90$.

Les temps doivent maintenant être corrigés de l'aberration, à cet effet, nous poserons dans les formules de l'art. 145,

$$AD' - \zeta = \mathfrak{A}D' - \Delta + \delta - \zeta, \quad A''D' - \zeta'' = \mathfrak{A}''D' - \Delta'' + \delta'' - \zeta''.$$

Nous avons alors,

$\log r$	0,36470	$\log r'$	0,35094	$\log r''$	0,33557
$\log\sin(AD'-\zeta)$.	9,76462	$\log\sin(\delta'-z)$..	9,75038	$\log\sin(A''D'-\zeta'')$	9,84220
c' $\log\sin\delta$.....	0,07918	c' $\log\sin\delta'$....	0,08431	c' $\log\sin\delta''$....	0,02932
log const......	7,75633	log const......	7,75633	log const......	7,75633
	7,96483		7,94196		7,96342
Réduction du temps.	0,009222		0,008749		0,009192

Il suit de là,

Temps corrigés	Intervalles.	Logarithmes.
Nov. 5,564852		
36,466286	30^{jours},901434	1,4899785
76,340252	39 ,873966	1,6006894

d'où dérivent les logarithmes corrigés des intervalles θ, θ'', respectivement 9,8362708 et 9,7255599. En commençant alors le calcul des éléments, au moyen de r', r'', $2f$, θ, nous obtenons $\log \eta = 0{,}0031921$, et de même, au moyen de r, r', $2f''$, θ'' nous avons $\log \eta'' = 0{,}0017300$. On conclut de là

$$\log P' = 9{,}8907512, \qquad \log Q' = 9{,}5712864,$$

et, par suite,

$$X = +0{,}0014736, \qquad Y = +0{,}0094574.$$

Les principaux résultats de la *seconde hypothèse*, pour laquelle nous posons

$$x = \log P = 9{,}8907512$$
$$y = \log Q = 9{,}5712864$$

sont les suivants :

$\omega + \sigma$..........	20° 8′ 0″,87
$\log Qc \sin \omega$........	0,0373071
z..............	21° 12′ 6″,09
$\log r'$..........	0,3507110
ζ..............	195° 16′ 59″,90
ζ''.............	196 52 40 ,63
$\log r$...........	0,3630642
$\log r''$..........	0,3369708
$\frac{1}{2}(u'' + u)$.......	267° 6′ 10″,75
$\frac{1}{2}(u'' - u)$.......	—43 39 4 ,00
$2f'$.............	22 32 8 ,69
$2f$.............	13 1 54 ,65
$2f''$............	9 30 14 ,38

La différence 0″,34, entre $2f'$ et $2f + 2f''$, doit être distribuée de manière que l'on ait $2f = 13°1'54'',45$ et $2f'' = 9°30'14'',24$.

Si l'on trouve avantageux de calculer ici de nouveau les corrections des temps, on trouvera pour la première observation 0,009169, pour la seconde 0,008742, pour la troisième 0,009236, et alors pour les époques corrigées, Novembre $5^j,564905$, Novembre $36,466293$, Novembre $76,340280$. De là, nous avons

$\log\theta$	9,8362703
$\log\theta''$	9,7255594
$\log\eta$	0,0031790
$\log\eta''$	0,0017413
$\log P'$	9,8907268
$\log Q'$	9,5710593

De cette manière, il résulte donc de la seconde hypothèse,

$$X = -0{,}0000244, \qquad Y = -0{,}0002271.$$

Enfin, *dans la troisième hypothèse*, pour laquelle nous posons

$$x = \log P = 9{,}8907268$$
$$y = \log Q = 9{,}5710593$$

les principaux résultats du calcul sont les suivants :

$\omega+\sigma$	20° 8′ 1″,62	$\log r''$	0,3369536
$\log Qc\sin\omega$	0,0370857	$\frac{1}{2}(u''+u)$	267° 5′ 53″,09
z	21° 12′ 4″,60	$\frac{1}{2}(u''-u)$	−43 39 4,19
$\log r'$	0,3507191	$2f'$	22 32 7,67
ζ	195° 16′ 54″,08	$2f$	13 1 57,42
ζ''	196 52 44,45	$2f''$	9 30 10,63
$\log r$	0,3630960		

La différence 0″,38 se distribuera ici de manière que l'on ait $2f = 13°\,1'\,57'',20$ et $2f'' = 9°\,30'\,10'',47$ (*).

Puisque les différences de tous ces nombres avec ceux fournis par la seconde hypothèse sont très-légères, on pourra déjà conclure, en toute sûreté, que la troisième hypothèse n'exige plus aucune correction et par suite, qu'une nouvelle hypothèse serait superflue. C'est pourquoi on pourra maintenant procéder au calcul des éléments d'après $2f'$, θ', r, r'' ; et puisque les procédés que comporte ce calcul ont déjà été amplement expliqués ci-dessus, il suffira de donner ici, pour

(*) Cette différence, en quelque sorte augmentée, et à peu près la même dans toutes les hypothèses, s'est élevée principalement de ce que σ a été pris trop petit de presque deux centièmes de seconde, et que le logarithme de b était juste trop grand de quelques unités.

l'avantage particulier de ceux qui désirent exécuter ce calcul, les éléments qui en résultent :

Ascension droite du nœud ascendant sur l'équateur.	158°	40′	38″,93
Inclinaison de l'orbite sur l'équateur...........	11	42	49 ,13
Distance du périhélie au nœud ascendant.......	323	14	56 ,92
Anomalie moyenne pour l'époque 1806..........	335	4	13 ,05
Moyen mouvement (sidéral) diurne............			770″,2662
φ..	14	9	3 ,91
Logarithme du demi-grand axe...............	0,4422438		

158

Les deux exemples précédents n'ont pas encore fourni l'occasion d'appliquer la méthode de l'art. 120; car les hypothèses successives convergent si rapidement que nous eussions pu déjà nous arrêter à la seconde, et que la troisième diffère de la vérité à peine d'une manière sensible. Nous jouirons toujours, en effet, de cet avantage, et nous pourrons nous dispenser d'une quatrième hypothèse, toutes les fois que le mouvement héliocentrique est médiocre et que les trois rayons vecteurs ne sont pas trop inégaux, surtout si, outre cela, les intervalles de temps ont peu de différence entre eux. Mais plus les conditions du problème s'écartent de là, plus les valeurs supposées des quantités P et Q différeront des valeurs vraies, et le moins rapidement les valeurs subséquentes s'approcheront de la vérité. C'est pourquoi, dans un pareil cas, les trois premières hypothèses doivent être terminées de la manière que le montrent les deux exemples précédents (avec cette différence seulement que dans la troisième hypothèse il ne faut pas calculer les éléments eux-mêmes, mais, ainsi que dans la première et la seconde hypothèse, les quantités η, η'', P′, Q′, X, Y); mais ensuite, dans la quatrième hypothèse, il ne faudra pas prendre les dernières valeurs de P′ et Q′ comme des valeurs nouvelles des quantités P et Q, mais on devra prendre celles qui se déduisent, d'après la méthode de l'art. 120, de la combinaison des trois premières hypothèses. Rarement alors on aura besoin de recourir à une cinquième hypothèse, selon les règles de l'art. 121. Maintenant, nous éclaircirons aussi ces calculs par un exemple, qui montrera en même temps quelle étendue souffre notre méthode.

159

Pour le *troisième* exemple, nous choisissons les observations suivantes de Cérès, dont la première a été obtenue à Brême par l'illustre Olbers, la seconde à Gœttingue, par le célèbre Harding, et la troisième à Lilienthal, par l'illustre Bessel.

TEMPS MOYEN DU LIEU DE L'OBSERVATION.	ASCENSION DROITE.	DÉCLINAISON BORÉALE.
1805, Septembre.. 5^j 13^h 8^m 54^s	95° 59′ 25″	22° 21′ 25″
1806, Janvier.... 17 10 58 51	101 18 40 ,6	30 21 22 ,3
1806, Mai..... 23 10 23 53	121 56 7	28 2 45

Puisque les méthodes par lesquelles on peut tenir compte de la parallaxe et de l'aberration, lorsque les distances à la Terre sont considérées comme entièrement connues, ont déjà été suffisamment éclaircies dans les deux exemples précédents, nous renoncerons, dans ce troisième exemple, à cette augmentation superflue de travail, et, dans ce but, nous prendrons les distances approchées dans la « *Correspondance astronomique du baron de Zach* » (vol. XI, page 284), afin de dégager les observations de l'effet de la parallaxe et de l'aberration. Le tableau suivant montre ces distances avec les réductions qui en dérivent :

Distance de Cérès à la Terre....	2,899	1,638	2,964
Temps que met la lumière à venir à la Terre.............	23^m 49^s	13^m 28^s	24^m 21^s
Temps réduit de l'observation..	12^h 45^m 5^s	10^h 45^m 23^s	9^h 59^m 32^s
Temps sidéral en degrés......	355° 55′	97° 59′	210° 41′
Parallaxe d'ascension droite....	+1″,90	+0″,22	−1″,97
Parallaxe de déclinaison......	−2 ,08	−1,90	−2 ,04

D'après cela, les données du problème, après avoir été corrigées de la parallaxe et de l'aberration, et après que les époques ont été réduites au méridien de Paris, sont les suivantes :

ÉPOQUE DE L'OBSERVATION.	ASCENSION DROITE.	DÉCLINAISON.
1805, Septembre.. 5j 12h 19m 14s	95° 59' 23",10	22° 21' 27",08
1806, Janvier. . . 17 10 15 2	101 18 40 ,38	30 21 24 ,20
1806, Mai. 23 9 33 18	121 56 8 ,97	28 2 47 ,04

De ces ascensions droites et déclinaisons ont été déduites les latitudes et les longitudes, en employant pour obliquité de l'écliptique 23° 27′ 55″.90, 23° 27′ 54″.59, 23° 27′ 53″.27; les longitudes ont après cela été corrigées de la nutation qui était respectivement, + 17″.31, + 17″.88, + 18″.00, et elles ont ensuite été réduites au commencement de l'année 1806, en appliquant la précession + 15″.98, — 2″.39, — 19″.68. Enfin, les positions du Soleil, pour les époques réduites, ont été déduites des tables, positions dans lesquelles on a omis la nutation relative aux longitudes; mais la précession a été ajoutée de la même manière que pour les longitudes de Cérès. La latitude du Soleil a été entièrement négligée. De cette manière ont été obtenus les nombres suivants, que l'on doit employer dans le calcul :

Époques, 1805, Septembre.	5,51336	139,42711	265,39813
$\alpha, \alpha', \alpha''$	95°32′18″,56	99°49′ 5″,87	118° 5′28″,85
β, β', β''	−0 59 34 ,06	+7 16 36 ,80	+7 38 49 ,39
l, l', l''	342 54 56 ,00	117 12 43 ,25	241 58 50 ,71
$\log R, \log R', \log R''$	0,0031514	9,9929861	0,0056974

Maintenant, les calculs préliminaires expliqués dans les art. 136-140 fournissent les nombres suivants :

$\gamma, \gamma', \gamma''$	358° 55′ 28″,09	156° 52′ 11″,49	170° 48′ 44″,79
$\delta, \delta', \delta''$	112 37 9 ,66	18 48 39 ,81	123 32 52 .13
A′D, AD′, AD″	15 32 41 ,40	252 42 19 ,14	136 2 22 ,38
A″D, A″D′, A′D″	138 45 4 ,60	6 26 41 ,10	358 5 57 ,00
$\varepsilon, \varepsilon', \varepsilon''$	29 18 8 ,21	170 32 59 ,08	156 6 25 ,25

$\sigma = 8° 52' 4'',05$
$\log a = 0,1840193n,\ a = -1,5276340$
$\log b = 0,0040987$
$\log c = 2,0066735$
$d = 117,50873$

$\log e = 0,8568244$
$\log \varkappa = 0,1611012$
$\log \varkappa'' = 9,9770819n$
$\log \lambda = 9,9164090n$
$\log \lambda'' = 9,7320127n$

L'intervalle de temps entre la première et la seconde observation est de 133^j,91375, entre la seconde et la troisième de 125^j,97102 ; de là, on a

$$\log\theta = 0{,}3358520,\ \log\theta'' = 0{,}3624066,\ \log\frac{\theta''}{\theta} = 0{,}0265546,$$
$$\log\theta\theta'' = 0{,}6982586.$$

Nous mettons actuellement en regard, dans le tableau suivant, les principaux résultats déduits des trois premières hypothèses :

	I.	II.	III.
$\log P = x$.	0,0265546	0,0256968	0,0256275
$\log Q = y$.	0,6982586	0,7390190	0,7481055
$\omega + \sigma$.	7°15′13″,523	7°14′47″,139	7°14′45″,071
$\log Qc \sin\omega$.	1,1546650 *n*	1,1973925 *n*	1,2066327 *n*
z.	7° 3′59″,018	7° 2′32″,870	7° 2′16″,900
$\log r'$.	0,4114726	0,4129371	0,4132107
ζ.	160°10′46″,74	160°20′ 7″,82	160°22′ 9″,42
ζ''.	262 6 1 ,03	262 12 18 ,26	262 14 19 ,49
$\log r$.	0,4323934	0,4291773	0,4281841
$\log r''$.	0,4094712	0,4071975	0,4064697
$\frac{1}{2}(u''+u)$.	262°55′23″,22	262°57′ 6″,83	262°57′31″,17
$\frac{1}{2}(u''-u)$.	273 28 50 ,95	273 29 15 ,06	273 29 19 ,56
$2f'$.	62 34 28 ,40	62 49 56 ,5	62 53 57 ,06
$2f$.	31 8 30 ,03	31 15 59 ,09	31 18 13 ,83
$2f''$.	31 25 58 ,43	31 33 57 ,32	31 35 43 ,32
$\log\eta$.	0,0202496	0,0203158	0,0203494
$\log\eta''$.	0,0211074	0,0212429	0,0212751
$\log P'$.	0,0256968	0,0256275	0,0256289
$\log Q'$.	0,7390190	0,7481055	0,7502337
X.	−0,0008578	−0,0000693	+0,0000014
Y.	+0,0407604	+0,0090865	+0,0021282

En désignant maintenant les trois valeurs de X par A, A′, A″; les trois valeurs de Y par B, B′, B″; les quotients qui résultent de la division des quantités A′B″ — A″B′, A″B — AB″, AB′ — A′B, par la somme de ces quantités, respectivement par k, k', k'', de manière que l'on ait $k + k' + k'' = 1$; et enfin, les valeurs de log P′ et log Q′, dans la troisième hypothèse, par M et N (quantités qui seraient les nouvelles valeurs de x, y s'il convenait de déduire la quatrième hypothèse de la troisième, de la même manière que la troisième s'est déduite de la seconde); on établit facilement, d'après les formules de l'art. 120, que la valeur corrigée de $x = M - k(A' + A'') - k'A''$, et que la valeur corrigée de $y = N - k(B' + B'') - k'B''$. Le calcul étant fait, on trouve la première $= 0,0256331$, la dernière $= 0,7509143$.

Au moyen de ces valeurs corrigées nous établissons la *quatrième hypothèse*, dont les principaux résultats sont les suivants :

$\omega + \sigma$.	7° 14′ 45″,247	$\log r''$.	0,4062033
$\log Qc \sin\omega$. .	1,2094284n	$\frac{1}{2}(u'' + u)$.	262° 57′ 38″,78
z.	7° 2′ 12″,736	$\frac{1}{2}(u'' - u)$.	273 29 20 ,73
$\log r'$.	0,4132817	$2f'$.	62 55 16 ,64
ζ.	160° 22′ 45″,38	$2f$.	31 19 1 ,49
ζ''.	262 15 3 ,90	$2f''$.	31 36 15 ,20
$\log r$.	0,4282792		

La différence entre $2f'$ et $2f + 2f''$ se trouve $= 0'',05$, différence que nous distribuerons de manière que l'on ait $2f = 31° 19' 1'',47$, $2f'' = 31° 36' 15'',17$.

Si maintenant, les éléments sont déterminés au moyen des deux lieux extrêmes, il en résulte les nombres suivants :

Anomalie vraie pour le premier lieu.	289° 7′ 39″,75
Anomalie vraie pour le troisième lieu.	352 2 56 ,39
Anomalie moyenne pour le premier lieu.	297 41 35 ,65
Anomalie moyenne pour le troisième lieu.	353 15 22 ,49
Moyen mouvement diurne sidéral.	769″,6755
Anomalie moyenne pour le commencement de l'année 1806.	322 35 52 ,51
Angle φ.	4 37 57 ,78
Logarithme du demi-grand axe.	0,4424661

En calculant, au moyen de ces éléments, le lieu héliocentrique pour l'époque de l'observation moyenne, on trouve que l'anomalie moyenne est de 326° 19′ 25″,72, le logarithme du rayon vecteur 0,4132825, l'anomalie vraie 320° 43′ 54″,87; cette dernière devrait différer de l'anomalie vraie pour le premier lieu, de la quantité $2f''$, ou de l'anomalie vraie pour le troisième lieu, de la quantité $2f$, et par suite, devrait être 320° 43′ 54″,92, et aussi le logarithme du rayon vecteur, 0,4132817; la différence 0″,05 dans l'anomalie vraie, et les huit unités dans le logarithme peuvent être considérées comme de nulle importance.

Si la quatrième hypothèse était conduite jusqu'à la fin, de la même manière que les trois précédentes, on trouverait $X=0$, $Y=-0,0000168$, d'où seraient obtenues les valeurs corrigées suivantes de x et y :

$$x=\log P=0,0256331 \text{ (la même que dans la quatrième hypothèse)},$$
$$y=\log Q=0,7508917.$$

Si la cinquième hypothèse était établie sur ces valeurs, la solution serait obtenue avec la plus grande précision que permettent les tables; mais les éléments résultant de là ne différeraient pas sensiblement de ceux fournis par la quatrième hypothèse.

Pour obtenir complétement les éléments, il ne reste plus maintenant à calculer que la position du plan de l'orbite. En suivant les règles de l'article 149, on trouve ici,

	Par le premier lieu.		Par le troisième lieu.
g	354° 9′ 44″,22	g''	57° 5′ 0″,91
h	261 56 6 ,94	h''	161 0 1 ,61
i	10 37 33 ,02		10 37 33 ,00
☊	80 58 49 ,06		80 58 49 ,10
Distance du périhélie au nœud ascendant	65 2 4 ,47		65 2 4 ,52
Longitude du périhélie	146 0 53 ,53		146 0 53 ,62

En prenant la moyenne, on obtiendra $i=10°\,37'\,33''.01$, ☊ $=80°\,58'\,49'',08$, longitude du périhélie $=146°\,0'\,53'',57$. Enfin, la longitude moyenne pour le commencement de l'année 1806 sera $108°\,36'\,46'',08$.

160

Dans l'exposition de la méthode à laquelle les précédentes recherches ont été consacrées, nous avons rencontré quelques cas spéciaux auxquels elle ne s'applique point, pas au moins dans la forme sous laquelle nous l'avons exposée. Nous avons vu que ce défaut se présente *premièrement*, quand l'un des trois lieux géocentriques coïncide ou avec le lieu héliocentrique correspondant de la Terre ou avec le point opposé (le dernier cas peut évidemment se présenter seulement lorsque le corps céleste passe entre le Soleil et la Terre); *secondement*, toutes les fois que le premier lieu géocentrique de l'astre coïncide avec le troisième; *troisièmement*, quand les trois lieux géocentriques et aussi le second lieu héliocentrique de la Terre sont situés dans le même grand cercle.

Dans le premier cas, la position de l'un des grands cercles AB, A'B', A"B", dans le second et le troisième la position du point B' resteront indéterminées. Dans ces cas-là, les méthodes exposées ci-dessus, par lesquelles, en considérant les quantités P et Q comme connues, nous avons appris à déterminer les lieux héliocentriques d'après les lieux géocentriques, perdent de leur efficacité; on doit cependant faire ici une distinction essentielle qui est, que dans le premier cas ce défaut doit être attribué à la méthode seule, mais dans le second et le troisième à la nature même du problème; dans le premier cas, cette détermination pourra donc certainement être effectuée, si l'on modifie convenablement la méthode, mais dans le second et le troisième elle sera absolument impossible, et les lieux héliocentriques resteront indéterminés. Il ne sera pas sans intérêt de développer en peu de mots ces relations; mais il serait moins utile d'épuiser toutes les questions qui touchent à ce sujet, parce que la détermination exacte de l'orbite est impossible dans tous ces cas spéciaux où elle serait considérablement affectée par les plus petites erreurs d'observation. Le même défaut existera aussi toutes les fois que les observations se rapporteront, non en vérité exactement, mais de très-près à l'un de ces cas; c'est pourquoi, il faut y avoir égard dans le choix des observations, et bien prendre garde de n'employer aucun lieu où l'astre se trouve en même temps dans le voisinage du nœud et de l'opposition ou de la conjonction, ni des observations telles que le corps céleste soit revenu, dans la dernière observation, à peu près dans la même position géocentrique qu'il avait occupée dans la première; ni, enfin, les observations dans lesquelles le grand cercle mené du lieu héliocentrique moyen de la Terre au lieu géocentrique moyen du corps céleste forme un angle très-aigu avec la direction du mouvement géocentrique, et effleure presque le premier et le troisième lieu.

161

Nous ferons trois subdivisions *du premier cas :*

I. Si le point B coïncide avec le point A ou avec le point opposé, δ sera égal à zéro ou à $180°$; γ, ϵ', ϵ'' et les points D', D" seront indéterminés; au contraire, γ', γ'', ϵ et les points D, B' seront déterminés; le point C coïncidera nécessairement avec A. Par des raisonnements semblables à ceux développés dans l'art. 140, on obtiendra facilement l'équation suivante :

$$0 = n' \frac{\sin(z-\sigma)}{\sin z} \cdot \frac{R' \sin \delta'}{R'' \sin \delta''} \cdot \frac{\sin(A''D - \delta'')}{\sin(A'D - \delta' + \sigma)} - n''.$$

Il sera donc permis de transporter ici tout ce qui a été exposé dans les art. 141, 142, pourvu que l'on pose $a = 0$, et que b soit déterminé par l'équation 12, art. 140, et les quantités z, r', $\frac{n'r'}{n}$, $\frac{n'r'}{n''}$ seront calculées comme précédemment. Maintenant, aussitôt que z et par suite la position du point C' seront connues, on pourra assigner la position du grand cercle CC', son intersection avec le grand cercle A''B'', c'est-à-dire le point C'', et par conséquent les arcs CC', CC'', C'C'' ou $2f''$, $2f'$, $2f$; et de là enfin, on aura

$$r = \frac{n'r'}{n} \cdot \frac{\sin 2f}{\sin 2f'}, \quad r'' = \frac{n'r'}{n''} \cdot \frac{\sin 2f''}{\sin 2f'}.$$

II. Tout ce que nous venons de dire pourra s'appliquer au cas dans lequel B'' coïncide avec A'' ou avec le point opposé, si l'on change seulement toutes les quantités qui concernent le premier lieu avec celles qui se rapportent au troisième.

III. Mais il est nécessaire de traiter un peu différemment le cas où B' coïncide avec A' ou avec le point opposé. Ici le point C' coïncidera avec le point A'; γ', ε, ε'' et les points D, D'', B* seront indéterminés; on pourra au contraire déterminer l'intersection du grand cercle BB'' avec l'écliptique (*), dont la longitude est posée $= l' + \pi$.

Par des raisonnements semblables à ceux développés dans l'art. 140, on obtiendra l'équation

$$0 = n \frac{R \sin \delta \sin(A''D' - \delta'')}{R'' \sin \delta'' \sin(AD' - \delta)} + n'r' \frac{\sin \pi}{R'' \sin(l'' - l' - \pi)} + n''.$$

Désignons le coefficient de n, qui s'accorde avec a de l'art. 140, par la même lettre a, et le coefficient de $n'r'$ par β; a peut aussi être ici déterminé par la formule

$$a = -\frac{R \sin(l' + \pi - l)}{R'' \sin(l'' - l' - \pi)}.$$

(*) Plus généralement, avec le grand cercle AA''; mais pour être plus bref, nous considérons ici le cas seulement dans lequel l'écliptique est pris comme plan fondamental.

Nous avons donc

$$0 = \alpha n + \beta n'r' + n'',$$

équation qui, combinée avec celles-ci,

$$P = \frac{n''}{n}, \quad Q = 2\left(\frac{n+n''}{n'} - 1\right) r'^3,$$

produit

$$\frac{\beta(P+1)}{P+a} r'^4 + r'^3 + \frac{1}{2} Q = 0,$$

d'où nous pourrions obtenir la distance r', pourvu qu'on n'ait pas $\beta = 0$, cas dans lequel on ne tire de là rien autre chose que $P = -a$. Au reste, quoiqu'on n'ait pas $\beta = 0$ (car nous tomberions dans le troisième cas que l'on doit considérer dans l'article suivant), cependant β sera toujours une quantité très-petite, et par conséquent P devra nécessairement différer peu de $-a$; mais de là il est évident que la détermination du coefficient $\frac{\beta(P+1)}{P+a}$ est très-incertaine, et par suite, que la détermination de r' ne sera d'aucune précision.

De plus, nous aurons

$$\frac{n'r'}{n} = -\frac{P+a}{\beta}, \quad \frac{n'r'}{n''} = -\frac{P+a}{\beta P}:$$

après cela, de la même manière que dans l'art. 143, sont facilement développées les équations

$$r \sin \zeta = \frac{n'r'}{n} \cdot \frac{\sin \gamma''}{\sin \varepsilon'} \sin(l'' - l'),$$

$$r'' \sin \zeta'' = -\frac{n'r'}{n''} \cdot \frac{\sin \gamma}{\sin \varepsilon'} \sin(l' - l);$$

$$r \sin(\zeta - AD') = r'' P \frac{\sin \gamma''}{\sin \gamma} \sin(\zeta'' - A''D');$$

dont la combinaison avec les équations VIII et IX de l'art. 143 permettra de déterminer les quantités r, ζ, r'', ζ''. Les autres opérations du calcul s'accordent avec celles décrites auparavant.

162

Dans le *second* cas, où B″ coïncide avec B, D′ coïncidera aussi avec le même point ou avec son opposé. On aura donc $AD' - \delta$ et $A''D' - \delta''$

égaux à zéro ou à 180; de là nous obtenons, d'après les équations de l'art. 143,

$$\frac{n'r'}{n} = \pm \frac{\sin \varepsilon'}{\sin \varepsilon} \cdot \frac{R \sin \delta}{\sin(z + A'D - \delta')},$$

$$\frac{n'r'}{n''} = \pm \frac{\sin \varepsilon'}{\sin \varepsilon''} \cdot \frac{R'' \sin \delta''}{\sin(z + A'D'' - \delta')},$$

$$R \sin \delta \sin \varepsilon'' \sin(z + A'D'' - \delta') = PR'' \sin \delta'' \sin \varepsilon \sin(z + A'D - \delta').$$

Il est d'après cela évident que z peut être déterminé d'après P seul, indépendamment de Q (à moins qu'on n'ait, par hasard, AD'' = A'D ou = A'D ± 180°, ce qui nous ferait retomber dans le troisième cas); mais z étant trouvé, r' sera aussi connu, et par conséquent aussi les quantités $\frac{n}{n'}$, et $\frac{n''}{n'}$, au moyen des quantités $\frac{n'r'}{n}$, $\frac{n'r'}{n''}$; et enfin, de là aussi,

$$Q = 2\left(\frac{n}{n'} + \frac{n''}{n'} - 1\right) r'^3.$$

Il est donc évident que P et Q ne peuvent être considérés comme des données indépendantes l'une de l'autre, mais représenteront ou une seule donnée ou des données incompatibles. La position des points C, C'' restera dans ce cas arbitraire, pourvu qu'ils soient pris dans le même grand cercle avec C'.

Dans le *troisième* cas, où A', B, B', B'' se trouvent sur le même grand cercle, D et D'' coïncideront respectivement avec les points B'', B ou avec les points opposés; on obtient de là, par la combinaison des équations VII, VIII, IX, art. 143,

$$P = \frac{R \sin \delta \sin \varepsilon''}{R'' \sin \delta'' \sin \varepsilon} = \frac{R \sin(l' - l)}{R'' \sin(l'' - l')}.$$

Dans ce cas, la valeur de P s'obtient donc par les données mêmes du problème, et par conséquent la position des points C, C', C'' restera indéterminée.

163

La méthode que nous avons exposée depuis l'art. 136, est en réalité principalement destinée à la détermination d'une orbite encore entièrement inconnue; elle peut cependant être employée, également avec un grand succès, quand il s'agit de corriger une orbite déjà approximativement connue, à l'aide de trois observations distantes autant qu'on voudra l'une de l'autre. Mais, dans un pareil cas, il sera convenable de faire quelques modifications. Quand, en effet, les observations embrasseront un grand mouvement héliocentrique, il ne sera plus permis de considérer $\frac{\theta''}{\theta}$ et $\theta\theta''$ comme des valeurs approchées de P et Q; mais des valeurs beaucoup plus exactes pourront être obtenues au moyen des éléments approximativement connus. D'après cela, on calculera d'un trait de plume, à l'aide de ces éléments, les lieux héliocentriques dans l'orbite pour les trois époques des observations, d'où, en désignant les anomalies vraies par v, v', v'', les rayons vecteurs par r, r', r'', le demi-paramètre par p, on obtiendra les valeurs approchées suivantes :

$$P=\frac{r\sin(v'-v)}{r''\sin(v''-v')},\qquad Q=\frac{4r'^4\sin\frac{1}{2}(v'-v)\sin\frac{1}{2}(v''-v')}{p\cos\frac{1}{2}(v''-v)}.$$

Avec ces valeurs, sera donc établie la première hypothèse, et, en les faisant varier un peu à volonté, la seconde et la troisième; il n'y aurait, en effet, aucun avantage à adopter ici P' et Q' pour les nouvelles valeurs (comme nous l'avons fait ci-dessus), puisqu'il n'est plus permis de supposer que ces valeurs s'obtiennent plus exactes. Par cette raison, les trois hypothèses pourront être résolues en *même temps;* la quatrième sera ensuite formée d'après les règles de l'art. 120. Au reste, nous n'objecterons rien, si quelqu'un pense que quelqu'une des dix méthodes expliquées dans les art. 124-129, est, sinon plus, au moins presque également prompte, et préfère par suite s'en servir.

DEUXIÈME SECTION.

DÉTERMINATION D'UNE ORBITE D'APRÈS QUATRE OBSERVATIONS, DONT DEUX SEULEMENT SONT COMPLÈTES.

164

Nous avons déjà établi, au commencement du second livre (art. 115), que l'usage du problème longuement traité dans la section précédente, est limité aux orbites dont l'inclinaison n'est ni nulle, ni très-petite, et que la détermination des orbites peu inclinées doit nécessairement être basée sur quatre observations. Mais quatre observations, puisqu'elles équivalent à huit équations, et que le nombre d'inconnues monte seulement à six, rendraient le problème indéterminé; c'est pourquoi il faudra mettre de côté, dans deux observations, les latitudes (ou les déclinaisons), pour qu'on puisse satisfaire exactement aux autres données. Ainsi se présente le problème auquel cette section sera consacrée; mais la solution que nous donnerons ici ne s'étendra pas seulement aux orbites peu inclinées, mais pourra aussi être appliquée avec succès aux orbites d'une inclinaison de grandeur quelconque. Ici aussi, de même que dans le problème de la section précédente, il convient de séparer le cas dans lequel on possède déjà les dimensions approchées de l'orbite, de celui relatif à une première détermination d'une orbite encore entièrement inconnue : nous commencerons par le premier cas.

165

La méthode la plus simple pour ajuster une orbite, déjà approximativement connue, à quatre observations, paraît être celle-ci. Soient x et y les distances approchées de l'astre à la Terre dans deux observations complètes; au moyen de ces distances on calculera les lieux héliocentriques correspondants, et de là les éléments; après cela, on calculera, d'après ces éléments, les longitudes géocentriques ou les ascensions droites pour les deux autres observations. Si ces quantités s'accordent par hasard avec les observations, les éléments n'auront besoin d'aucune correction; s'il n'en est pas ainsi, les différences X, Y seront notées, et l'on refera le même calcul une seconde fois en faisant varier un peu les valeurs de x et y. On déterminera ainsi trois systèmes de valeurs des quantités x, y et des différences X, Y, d'où l'on obtiendra, d'après les principes de l'art. 120, les valeurs corrigées des quantités x, y auxquelles correspondront les valeurs $X = 0$, $Y = 0$. Par un calcul semblable établi sur ce quatrième système, on déterminera les éléments d'après lesquels les quatre observations seront toutes exactement représentées.

Enfin, si l'on a le pouvoir de choisir, il sera plus convenable de prendre pour observations complètes, celles qui permettent d'obtenir la position de l'orbite avec la plus grande précision, et par conséquent les deux observations extrêmes, toutes les fois qu'elles embrassent un mouvement héliocentrique de 90° ou moins. Mais si elles ne jouissent pas d'une égale précision, on mettra de côté les latitudes ou les déclinaisons de celles que l'on soupçonnera être les moins exactes.

166

Pour la première détermination d'une orbite entièrement inconnue, d'après quatre observations, on emploiera nécessairement des positions n'embrassant pas un mouvement héliocentrique trop grand; sans cela, en effet, nos moyens seraient insuffisants pour obtenir facilement la première approximation. Cependant la méthode que nous allons immédiatement donner, jouit d'une si grande extension, que l'on pourra, sans hésitation, faire usage d'observations embrassant un mouvement héliocentrique de 30 ou 40°, pourvu que les distances au Soleil ne soient pas trop inégales : lorsque l'on pourra choisir, il sera plus avantageux de prendre, à peu près égaux, les intervalles de temps compris entre la première et la seconde observation, entre la seconde et la troisième, entre la troisième et la quatrième. Mais il n'y aura pas besoin de trop s'en préoccuper, ainsi que le montrera l'exemple ci-joint, dans lequel les intervalles de temps sont 48, 55 et 59 jours, et le mouvement héliocentrique plus grand que 50°.

Notre solution demande, en outre, que la seconde et la troisième observation soient complètes, et par suite, que les latitudes ou déclinaisons soient négligées dans les observations extrêmes. Nous avons, en vérité, averti ci-dessus, que eu égard à la précision, il sera le plus souvent préférable que les éléments soient adaptés aux deux observations complètes extrêmes, et aux longitudes ou ascensions droites intermédiaires; cependant, dans une première détermination de l'orbite, on ne regrettera pas d'avoir renoncé à cet avantage, puisqu'une prompte approximation est de beaucoup le plus important, et qu'on peut facilement après cela réparer ce dommage qui, principalement, tombe seulement sur la longitude du nœud et l'inclinaison de l'orbite, et affecte à peine sensiblement les autres éléments.

Pour être plus bref, nous établirons l'exposition de la méthode, de manière à rapporter tous les lieux à l'écliptique, et par suite, nous supposerons que quatre longitudes et deux latitudes sont données; cependant puisque nous tenons compte, dans nos formules, de la latitude de la Terre, elles pourront facilement se rapporter au cas où l'équateur est pris comme plan fondamental, pourvu que les ascensions droites et les déclinaisons soient substituées aux longitudes et aux latitudes.

Enfin, tout ce que nous avons exposé dans la section précédente, concernant la nutation, la précession et la parallaxe, et aussi l'aberration, s'applique aussi bien ici; à moins donc, que les distances approchées à la Terre ne soient déjà connues d'autre part, de manière qu'on puisse employer, relativement à l'aberration, la méthode I de l'art. 118, les lieux observés seront d'abord seulement délivrés de l'aberration des étoiles, et les époques seront corrigées, aussitôt que l'on aura obtenu, dans le cours du calcul, une détermination approchée des distances, ainsi qu'on le verra plus clairement dans ce qui suit.

167

Nous faisons précéder l'exposition de la méthode de la liste des principaux signes qui y sont employés. Nous aurons :

t, t', t'', t''', époques des quatre observations;

$\alpha, \alpha', \alpha'', \alpha'''$, longitudes géocentriques de l'astre;

$\beta, \beta', \beta'', \beta'''$, leurs latitudes;

r, r', r'', r''', distances au Soleil;

$\rho, \rho', \rho'', \rho'''$, distances à la Terre;

l, l', l'', l''', longitudes héliocentriques de la Terre;

B, B', B'', B''', latitudes héliocentriques de la Terre;

R, R', R'', R''', distances de la Terre au Soleil;

(n 01), (n 12), (n 23), (n 02), (n 13), le double des aires des triangles qui sont respectivement compris entre le Soleil, la première et la seconde position de l'astre, la seconde et la troisième, la troisième et la quatrième, la première et la troisième, la seconde et la quatrième; (η 01), (η 12), (η 23) les quotients obtenus par la division des aires $\frac{1}{2}$ (n 01), $\frac{1}{2}$ (n 12), $\frac{1}{2}$ (n 23), par les aires des secteurs correspondants;

$$P' = \frac{(n12)}{(n01)}, \quad P'' = \frac{(n12)}{(n23)},$$

$$Q' = \left[\frac{(n01)+(n12)}{(n02)} - 1\right] r'^2, \quad Q'' = \left[\frac{(n12)+(n23)}{n13} - 1\right] r''^2,$$

v, v', v'', v''', les longitudes de la planète, dans l'orbite, comptées d'un point arbitraire. Désignons enfin par A', A'', les positions héliocentriques de la Terre sur la sphère céleste dans la seconde et la troisième observation, par B', B'' les lieux géocentriques de l'astre et par C', C'' ses positions héliocentriques.

Ceci étant compris, le premier travail consistera, de même que dans le problème de la section précédente (art. 136), dans la détermination de la position des grands cercles A'C'B', A''C''B'' dont nous désignons les inclinaisons sur l'écliptique par γ', γ''; nous joindrons en même temps à ce calcul la détermination des arcs $A'B' = \delta'$, $A''B'' = \delta''$.

De là, nous aurons évidemment,

$$r' = \sqrt{\rho'^2 + 2\rho' R' \cos\delta' + R'^2}$$
$$r'' = \sqrt{\rho''^2 + 2\rho'' R'' \cos\delta'' + R''^2},$$

ou, en posant

$$\rho' + R'\cos\delta' = x', \quad \rho'' + R''\cos\delta'' = x'', \quad R'\sin\delta' = a', \quad R''\sin\delta'' = a'',$$

$$r' = \sqrt{x'^2 + a'^2},$$
$$r'' = \sqrt{x''^2 + a''^2}.$$

168

En combinant les équations 1 et 2, art. 112, on obtient les équations suivantes, exprimées d'après les symboles relatifs à la présente recherche :

$$0=(n12)R\cos B\sin(l-\alpha)-(n02)[\rho'\cos\beta'\sin(\alpha'-\alpha)+R'\cos B'\sin(l'-\alpha)]$$
$$+(n01)[\rho''\cos\beta''\sin(\alpha''-\alpha)+R''\cos B''\sin(l''-\alpha)],$$

$$0=(n23)[\rho'\cos\beta'\sin(\alpha'''-\alpha')+R'\cos B'\sin(\alpha'''-l')]$$
$$-(n13)[\rho''\cos\beta''\sin(\alpha'''-\alpha'')+R''\cos B''\sin(\alpha'''-l'')]$$
$$+(n12)R'''\cos B'''\sin(\alpha'''-l''').$$

Ces équations, en posant,

$$\frac{R'\cos B'\sin(l'-\alpha)}{\cos\beta'\sin(\alpha'-\alpha)}-R'\cos\delta'=b',$$
$$\frac{R''\cos B''\sin(\alpha'''-l'')}{\cos\beta''\sin(\alpha'''-\alpha'')}-R''\cos\delta''=b'',$$
$$\frac{R'\cos B'\sin(\alpha'''-l')}{\cos\beta'\sin(\alpha'''-\alpha')}-R'\cos\delta'=\varkappa',$$
$$\frac{R''\cos B''\sin(l''-\alpha)}{\cos\beta''\sin(\alpha''-\alpha)}-R''\cos\delta''=\varkappa'',$$
$$\frac{R\cos B\sin(l-\alpha)}{\cos\beta''\sin(\alpha''-\alpha)}=\lambda,$$
$$\frac{R'''\cos B'''\sin(\alpha'''-l''')}{\cos\beta'\sin(\alpha'''-\alpha')}=\lambda''',$$
$$\frac{\cos\beta'\sin(\alpha'-\alpha)}{\cos\beta''\sin(\alpha''-\alpha)}=\mu',$$
$$\frac{\cos\beta''\sin(\alpha'''-\alpha'')}{\cos\beta'\sin(\alpha'''-\alpha')}=\mu'',$$

et toutes les réductions étant convenablement faites, se changent en les équations suivantes :

$$\frac{\mu'(1+P')(x'+b')}{1+\dfrac{Q'}{(x'^2+a'^2)^{\frac{3}{2}}}}=x''+\varkappa''+\lambda P',$$
$$\frac{\mu''(1+P'')(x''+b'')}{1+\dfrac{Q''}{(x''^2+a''^2)^{\frac{3}{2}}}}=x'+\varkappa'+\lambda'''P'';$$

ou, en posant en outre,

$$-\varkappa''-\lambda P'=c',\quad \mu'(1+P')=d'$$
$$-\varkappa'-\lambda'''P''=c'',\quad \mu''(1+P'')=d'',$$

en celles-ci,

I. $$x'' = c' + \frac{d'(x'+b')}{1+\frac{Q'}{(x'^2+a'^2)^{\frac{3}{2}}}},$$

II. $$x' = c'' + \frac{d''(x''+b'')}{1+\frac{Q''}{(x''^2+a''^2)^{\frac{3}{2}}}}.$$

Au moyen de ces deux équations x' et x'' pourront être déterminées d'après a', b', c', d', Q', a'', b'', c'', d'', Q''. Si, en vérité, on devait éliminer de ces équations, x' ou x'', nous tomberions sur une équation d'un ordre très-élevé; mais par des méthodes indirectes, les valeurs des inconnues x', x'' seront obtenues assez promptement au moyen de ces équations, sans changer leur forme. Le plus souvent les valeurs approchées des inconnues sont déjà obtenues si l'on néglige d'abord Q' et Q''; à savoir :

$$x' = \frac{c'' + d''(b''+c') + d'd''b'}{1-d'd''},$$

$$x'' = \frac{c' + d'(b'+c'') + d'd''b''}{1-d'd''}.$$

Mais dès que la valeur approchée de l'une ou l'autre des inconnues est obtenue, les valeurs satisfaisant exactement aux équations s'obtiennent facilement. Soit, en effet, ξ' la valeur approchée de x' qui, substituée dans l'équation I, donne $x'' = \xi''$; de même en substituant $x'' = \xi''$ dans l'équation II, on en déduit $x' = X'$; les mêmes opérations sont répétées en substituant pour x' dans I une autre valeur $\xi' + \nu'$, d'où l'on obtient $x'' = \xi'' + \nu''$; cette valeur étant substituée dans II, donne $x' = X' + N'$. Alors, la valeur corrigée de x' sera

$$\xi' + \frac{(\xi'-X')\nu'}{N'-\nu'} = \frac{\xi' N' - X'\nu'}{X'-\nu'}$$

et la valeur corrigée de x'',

$$\xi'' + \frac{(\xi'-X')\nu''}{N'-\nu'}.$$

Si on le juge nécessaire, le même calcul sera recommencé avec la valeur corrigée de x et une autre légèrement différente, jusqu'à ce que l'on trouve des valeurs de x', x'' satisfaisant exactement aux équations I, II. Au reste, les moyens ne manqueront pas, même à l'analyste médiocrement exercé, pour abréger le calcul.

Dans ces opérations les quantités irrationnelles $(x'^2 + a'^2)^{\frac{3}{2}}$, $(x''^2 + a''^2)^{\frac{3}{2}}$ sont facilement calculées, en introduisant les arcs z', z'' dont les tangentes sont respectivement $\frac{a'}{x'}$, $\frac{a''}{x''}$; de là, il vient

$$\sqrt{x'^2 + a'^2} = r' = \frac{a'}{\sin z'} = \frac{x'}{\cos z'},$$

$$\sqrt{x''^2 + a''^2} = r'' = \frac{a''}{\sin z''} = \frac{x''}{\cos z''}.$$

Ces arcs auxiliaires, qui doivent être pris entre 0 et 180° pour que r' et r'' deviennent positifs, seront évidemment identiques avec les arcs $C'B'$, $C''B''$, d'où il est clair que de cette manière on connaîtra non-seulement r' et r'', mais aussi la position des points C' et C''.

Cette détermination des quantités x', x'' exige que a', a'', b', b'', c', c'', d', d'', Q', Q'' soient connues; les quatre premières de ces quantités s'obtiennent, par le fait, des données du problème, mais les quatre suivantes dépendent de P' et P''. Les quantités P', P'', Q', Q'' ne pourront pas encore être exactement déterminées; cependant puisque l'on a

$$\text{III.} \qquad P' = \frac{t'' - t'}{t' - t} \cdot \frac{(\eta 01)}{(\eta 12)},$$

$$\text{IV.} \qquad P'' = \frac{t'' - t'}{t''' - t''} \cdot \frac{(\eta 23)}{(\eta 12)},$$

$$\text{V.}\ Q' = \frac{1}{2}k^2(t'-t)(t''-t')\frac{r'^3}{rr''} \cdot \frac{1}{(\eta 01)(\eta 12)\cos\frac{1}{2}(v'-v)\cos\frac{1}{2}(v''-v)\cos\frac{1}{2}(v''-v')},$$

$$\text{VI.}\ Q'' = \frac{1}{2}k^2(t''-t')(t'''-t'')\frac{r''^3}{r'r'''} \cdot \frac{1}{(\eta 12)(\eta 23)\cos\frac{1}{2}(v''-v')\cos\frac{1}{2}(v'''-v')\cos\frac{1}{2}(v'''-v'')},$$

aussitôt se présentent les valeurs approchées,

$$P' = \frac{t'' - t'}{t' - t}, \quad P'' = \frac{t'' - t'}{t''' - t''},$$

$$Q' = \frac{1}{2}k^2(t' - t)(t'' - t'), \quad Q'' = \frac{1}{2}k^2(t'' - t')(t''' - t''),$$

sur lesquelles sera basé le premier calcul.

169

Le calcul de l'article précédent étant achevé, il faudra avant tout déterminer l'arc $C'C''$. Ceci se fera de la manière la plus commode, si auparavant, de même que dans l'art. 137, on a obtenu l'intersection D des grands cercles $A'C'B'$, $A''C''B''$, et leur inclinaison mutuelle ε: après celà, on trouvera, au moyen de ε, de $C'D=z'+B'D$, et de $C''D=z''+B''D$, par les mêmes formules que nous avons données dans l'art. 144, non-seulement $C'C''=v''-v'$, mais aussi les angles (u', u''), suivant lesquels les grands cercles $A'B'$, $A''B''$ coupent le grand cercle $C'C''$. Après que l'arc $v''-v'$ aura été trouvé, $v'-v$ et r s'obtiendront par la combinaison des équations

$$r\sin(v'-v)=\frac{r''\sin(v''-v')}{P'}$$

$$r\sin(v'-v+v''-v')=\frac{1+P'}{P'}\cdot\frac{r'\sin(v''-v')}{1+\frac{Q'}{r'^3}}$$

et de la même manière, r'' et $v'''-v''$, par la combinaison des équations

$$r'''\sin(v'''-v'')=\frac{r'\sin(v''-v')}{P''},$$

$$r'''\sin(v'''-v''+v''-v')=\frac{1+P''}{P''}\cdot\frac{r''\sin(v''-v')}{1+\frac{Q''}{r''^3}}.$$

Tous les nombres trouvés de cette manière seraient exacts si dès le commencement on eût pu partir des valeurs vraies de P', P'', Q', Q''; et alors, on pourrait déterminer la position du plan de l'orbite, de la même manière que dans l'art. 149, soit d'après $A'C'$, u' et γ', soit d'après $A''C''$, u'' et γ''; et les dimensions de l'orbite au moyen de r', r'', t', t'', et $v''-v$, ou, ce qui est plus exact, au moyen de r, r''', t, t''', et $v'''-v$. Mais dans le premier calcul, nous négligerons toutes ces quantités, et nous nous attacherons principalement à obtenir les valeurs le plus approchées des quantités P', P'', Q', Q''. Nous atteindrons ce but, si d'après la méthode exposée art. 88 et suivants,

de	r, r', $v'-v$,	$t'-t$	nous obtenons	$(\eta 01)$;
»	r', r'', $v''-v'$,	$t''-t'$	»	$(\eta 12)$;
»	r'', r''', $v'''-v''$,	$t'''-t''$	»	$(\eta 23)$.

Nous substituerons ces quantités et aussi les valeurs de r, r', r'', r''', $\cos\frac{1}{2}(v'-v)$,... etc., dans les formules III-VI, d'où les valeurs de P', Q', P'', Q'' résulteront beaucoup plus exactes que celles sur laquelle la première hypothèse a été établie. Avec ces valeurs, on formera alors la seconde hypothèse, qui, si elle est conduite jusqu'au bout exactement de la même manière que la première, fournira des valeurs beaucoup plus exactes de P', Q', P'', Q'', et on obtiendra ainsi la troisième hypothèse. Ces opérations seront répétées jusqu'à ce que les valeurs de P', Q', P'', Q'' paraissent ne plus exiger de correction, ce qu'une pratique fréquente apprendra bientôt à juger sainement. Lorsque le mouvement héliocentrique est petit, la première hypothèse fournit généralement ces valeurs déjà assez exactement; mais si le mouvement embrasse un arc assez considérable, si de plus les intervalles de temps sont notablement inégaux, il faudra avoir recours à plusieurs hypothèses; mais, dans ce cas, les premières hypothèses n'exigent pas une grande précision de calcul. Enfin, dans la dernière hypothèse, les éléments eux-mêmes seront déterminés de la manière que nous venons de l'indiquer.

170

Dans la première hypothèse, il faudra évidemment se servir des temps non corrigés t, t', t'', t''' puisque les distances à la Terre ne peuvent pas encore être calculées; mais aussitôt que nous aurons obtenu les valeurs approchées des quantités x', x'', nous pourrons aussi déterminer approximativement les distances. Cependant, puisque les formules relatives à ρ et ρ''' se présentent ici un peu plus compliquées, il sera convenable de retarder le calcul de la correction des temps jusqu'au moment où les valeurs des distances s'obtiendront assez exactement pour qu'il soit inutile de recommencer le calcul. C'est pourquoi il sera avantageux d'établir cette opération sur ces valeurs de x', x'' auxquelles conduit l'avant-dernière hypothèse, de manière à procéder enfin à la dernière hypothèse avec les valeurs corrigées des temps et des quantités P', P'', Q', Q''. Voici les formules que l'on devra employer à cet effet :

VII. $$\rho' = x' - R'\cos\delta',$$

VIII. $$\rho'' = x'' - R''\cos\delta'',$$

IX. $$\rho\cos\beta = -R\cos B\cos(\alpha - l)$$
$$+\frac{1+P'}{P'\left(1+\frac{Q'}{r'^3}\right)}[\rho'\cos\beta'\cos(\alpha'-\alpha)+R'\cos B'\cos(l'-\alpha)]$$
$$-\frac{1}{P'}[\rho''\cos\beta''\cos(\alpha''-\alpha]+R''\cos B''\cos(l''-\alpha)],$$

X. $$\rho\sin\beta = -R\sin B + \frac{1+P'}{P'\left(1+\frac{Q'}{r'^3}\right)}(\rho'\sin\beta'+R'\sin B')$$
$$-\frac{1}{P'}(\rho''\sin\beta''+R''\sin B''),$$

XI. $$\rho'''\cos\beta''' = -R'''\cos B'''\cos(\alpha'''-l''')$$
$$+\frac{1+P''}{P''\left(1+\frac{Q''}{r''^3}\right)}[\rho''\cos\beta''\cos(\alpha'''-\alpha'')+R''\cos B''\cos(\alpha'''-l'')]$$
$$-\frac{1}{P''}[\rho'\cos\beta'\cos(\alpha'''-\alpha')+R'\cos B'\cos(\alpha'''-l')],$$

XII. $$\rho'''\sin\beta''' = -R'''\sin B''' + \frac{1+P''}{P''\left(1+\frac{Q''}{r''^3}\right)}(\rho''\sin\beta''+R''\sin B'')$$
$$-\frac{1}{P''}(\rho'\sin\beta'+R'\sin B').$$

Les formules IX-XII se déduisent sans difficulté des équations 1, 2, 3, art. 112, pourvu que les symboles employés dans ces équations soient convenablement remplacés par ceux dont nous nous servons ici. Il est évident que les formules deviendront beaucoup plus simples, si B, B′, B″ s'évanouissent. Par la combinaison des formules IX et X, on obtiendra non-seulement ρ mais aussi β, et de la même manière, non-seulement ρ''' mais aussi β''', au moyen des équations XI et XII : les valeurs de ces latitudes comparées à celles fournies par l'observation (qui n'entrent pas dans le calcul), si elles sont données, montreront avec quel degré de précision les latitudes extrêmes peuvent être représentées au moyen des éléments qui s'adaptent aux six autres données.

171

Un exemple convenable pour éclaircir cette recherche s'obtient d'après *Vesta*, qui, parmi toutes les planètes récemment découvertes

vertes, jouit de la plus petite inclinaison sur l'écliptique (*). Nous choisissons les observations suivantes obtenues à Brême, Paris, Lilienthal et Milan, par les célèbres astronomes OLBERS, BOUVARD, BESSEL et ORIANI :

TEMPS MOYEN du lieu de l'observation.	ASCENSION DROITE.	DÉCLINAISON.
1807, Mars. . . . 30ʲ 12ʰ 33ᵐ 17ˢ	183° 52′ 40″ 8	11° 54′ 27″,0 Nord.
Mai. 17 8 46 5	178 36 42 3	11 39 46,8 —
Juillet. . . 11 10 30 19	189 49 7 7	3 9 10,1 —
Septembre. . 8 7 22 16	212 50 3 4	8 38 17,0 Sud.

Nous trouvons pour les mêmes époques, d'après les tables du Soleil,

	LONGITUDE du Soleil de l'équinoxe apparent.	NUTATION.	DISTANCE à la Terre.	LATITUDE du Soleil.	OBLIQUITÉ apparente de l'écliptique.
Mars. . . 30	9° 21′ 59″,5	+ 16,8	0,9996448	+ 0″,23	23° 27′ 50″,82
Mai. . . . 17	55 56 20 ,0	+ 16,2	1,0119789	— 0 ,63	49 ,83
Juillet. . 11	108 34 53 ,3	+ 17,3	1,0165795	— 0 ,46	49 ,19
Sept. . . 8	165 8 57 ,1	+ 16,7	1,0067421	+ 0 ,29	49 ,26

Maintenant, les lieux observés de la planète, en employant l'obliquité apparente de l'écliptique, ont été convertis en longitudes et latitudes, purgés de la nutation et de l'aberration des fixes, et enfin, en retranchant la précession, réduits au commencement de l'année 1807; les positions fictives de la Terre ont alors été déduites des lieux du Soleil, d'après les principes de l'art. 72 (afin d'avoir égard

(*) Néanmoins cette inclinaison est encore assez considérable pour établir assez sûrement et exactement une détermination de l'orbite sur *trois* observations; les premiers éléments, en effet, qui ont été déduits de cette manière d'après trois observations distantes l'une de l'autre de 19 jours seulement, (voyez VON ZACH's, *Monatliche correspondenz*, vol. XV, p. 595) approchent déjà de près de ceux qui ont ici été déduits de quatre observations, embrassant un intervalle de 162 jours.

à la parallaxe), et les longitudes transportées à la même époque en retranchant la nutation et la précession ; enfin, les époques ont été comptées du commencement de l'année et réduites au méridien de Paris. De cette manière ont été obtenus les nombres suivants :

t, t', t'', t'''	89,505162	137,344502	192,419502	251,288102
$\alpha, \alpha', \alpha'', \alpha'''$	178°43'38'',87	174° 1'30'',08	187°45'42'',23	213°34'15'',63
$\beta, \beta', \beta'', \beta'''$	12 27 6 ,16	10 8 7 ,80	6 47 25 ,51	4 20 21 ,63
l, l', l'', l'''	189 21 33 ,71	235 56 0 ,63	288 35 20 ,32	345 9 18 ,69
$\log R, R', R'', R'''$	9,9997990	0,0051376	0,0071739	0,0030625

De là nous déduisons

$$\gamma' = 168^\circ\, 32'\, 41''.34, \quad \delta' = 62^\circ\, 23'\, 4''.88, \quad \log a' = 9{,}9526104,$$
$$\gamma'' = 173\;\; 5\;\; 15\,.68, \quad \delta'' = 100\;\; 45\;\; 1\,.40, \quad \log a'' = 9{,}9994839,$$

$$b' = -11{,}009449,\ x' = -1{,}083306,\ \log\lambda = 0{,}0728800,\ \log\mu' = 9{,}7139702n$$
$$b'' = -\ 2{,}082036,\ x'' = +6{,}322006,\ \log\lambda'' = 0{,}0798512n,\ \log\mu'' = 9{,}8387061$$

$$A'D = \quad 37^\circ\, 17'\, 51'',50 \qquad A''D = \quad 89^\circ\, 24'\, 11'',84$$
$$B'D = -25\;\; 5\;\; 13\,,38 \qquad B''D = -11\;\; 20\;\; 49\,,56$$

Ces calculs préliminaires étant résolus, nous abordons la *première hypothèse*. D'après les intervalles de temps nous avons

$$\log k\,(t' - t) = 9{,}9153666$$
$$\log k\,(t'' - t') = 9{,}9765359$$
$$\log k\,(t''' - t'') = 0{,}0054651,$$

et de là, les premières valeurs approchées

$$\log P' = 0{,}06117, \quad \log(1 + P') = 0{,}33269, \quad \log Q' = 9{,}59087,$$
$$\log P'' = 9{,}97107, \quad \log(1 + P'') = 0{,}28681, \quad \log Q'' = 9{,}67997,$$

de là ensuite,

$$c' = -7{,}68361 \qquad \log d' = 0{,}04666\,n$$
$$c'' = +\,2{,}20771 \qquad \log d'' = 0{,}12552.$$

Au moyen de ces valeurs, on obtient, après quelques essais, la solution suivante des équations I, II :

$$x' = 2{,}01856, \quad z' = 23^\circ\, 38'\, 17'', \quad \log r' = 0{,}34951$$
$$x'' = 1{,}95745, \quad z'' = 27\;\; 2\;\; 0\;, \quad \log r'' = 0{,}34194.$$

De z', z'' et ε, nous obtenons

$$C'C'' = v'' - v' = 17^\circ\, 7'\, 5'';$$

de là, $v'-v$, r, $v'''-v''$, r''' pourront être déterminées par les équations suivantes :

$$\log r \sin(v'-v) = 9{,}74942, \quad \log r \sin(v'-v+17^\circ\,7'\,5'') = 0{,}07500$$
$$\log r''' \sin(v'''-v'') = 9{,}84729, \quad \log r''' \sin(v'''-v''+17\ \ 7\ \ 5\ ) = 0{,}10733;$$

d'où nous obtenons

$$v'-v = 14^\circ\,14'\,32'', \quad \log r = 0{,}35865,$$
$$v'''-v'' = 18\ \ 48\ \ 33\ , \quad \log r''' = 0{,}33887.$$

Enfin, on trouve

$$\log(n01) = 0{,}00426, \quad \log(n12) = 0{,}00590, \quad \log(n23) = 0{,}00711,$$

et de là les valeurs corrigées de P', P'', Q', Q'',

$$\log P' = 0{,}05944, \quad \log Q' = 9{,}60374,$$
$$\log P'' = 9{,}97219, \quad \log Q'' = 9{,}69581,$$

sur lesquelles la *seconde hypothèse* sera établie. Ses principaux résultats sont les suivants :

$$c' = -7{,}67820, \quad \log d' = 0{,}045736\,n,$$
$$c'' = +2{,}21061, \quad \log d'' = 0{,}126054,$$
$$x' = 2{,}03308, \quad z' = 23^\circ\,47'\,54'', \quad \log r' = 0{,}346747,$$
$$x'' = 1{,}94290, \quad z'' = 27\ \ 12\ \ 25\ , \quad \log r'' = 0{,}339373,$$
$$C'C'' = v''-v' = 17^\circ\,8'\,0'',$$
$$v'-v = 14^\circ\,21'\,36'', \quad \log r = 0{,}354687,$$
$$v'''-v'' = 18\ \ 50\ \ 43\ , \quad \log r''' = 0{,}334564,$$
$$\log(n01) = 0{,}004359, \quad \log(n12) = 0{,}006102, \quad \log(n23) = 0{,}007280.$$

De là se déduisent de nouveau les valeurs corrigées de P', P'', Q', Q''

$$\log P' = 0{,}059426, \quad \log Q' = 9{,}604749,$$
$$\log P'' = 9{,}972249, \quad \log Q'' = 9{,}697564,$$

au moyen desquelles, si nous procédons à la *troisième hypothèse*, résultent les nombres suivants :

$$c' = -7{,}67815, \quad \log d' = 0{,}045729\,n$$
$$c'' = +2{,}21076, \quad \log d'' = 0{,}126082$$
$$x' = 2{,}03255, \quad z' = 23^\circ\,48'\,14'', \quad \log r' = 0{,}346653$$
$$x'' = 1{,}94235, \quad z'' = 27\ \ 12\ \ 49\ , \quad \log r'' = 0{,}339276$$
$$C'C'' = v''-v' = 17^\circ\,8'\,4''$$

$$v' - v = 14°21'49'', \quad \log r = 0{,}354522$$
$$v''' - v'' = 18\ 51\ \ 7, \quad \log r''' = 0{,}334290$$
$$\log(n01) = 0{,}004363, \quad \log(n12) = 0{,}006106, \quad \log(n23) = 0{,}007290.$$

Si maintenant les distances à la Terre sont calculées d'après les principes de l'article précédent, on obtient

$$\rho' = 1{,}5635, \qquad \rho'' = 2{,}1319$$
$$\log \rho \cos \beta = 0{,}09876 \qquad \log \rho''' \cos \beta''' = 0{,}42842$$
$$\log \rho \sin \beta = 9{,}44252 \qquad \log \rho''' \sin \beta''' = 9{,}30905$$
$$\beta = 12°26'40'' \qquad \beta''' = 4°20'39''$$
$$\log \rho = 0{,}10909 \qquad \log \rho''' = 0{,}42967.$$

De là sont obtenus

	Corrections des temps.	Époques corrigées.
I.	0,007335	89,497827
II.	0,008921	135,335581
III.	0,012165	192,407337
IV.	0,015346	251,272756

d'où se déduisent les valeurs des quantités P', P'', Q', Q'', corrigées de nouveau,

$$\log P' = 0{,}059415, \qquad \log Q' = 9{,}604782,$$
$$\log P'' = 9{,}972253, \qquad \log Q'' = 9{,}697687.$$

Enfin, si à l'aide de ces nouvelles valeurs la *quatrième hypothèse* est formée, les nombres suivants s'en déduisent :

$$c' = -7{,}678116, \qquad \log d' = 0{,}045723$$
$$c'' = +2{,}210773, \qquad \log d'' = 0{,}126084$$
$$x' = 2{,}032473, \quad z' = 23°48'16'',7, \quad \log r' = 0{,}346638$$
$$x'' = 1{,}942281, \quad z'' = 27\ 12\ 51\ ,7, \quad \log r'' = 0{,}339263$$
$$v'' - v' = 17°\ 8'\ 5''.1, \quad \tfrac{1}{2}(u'' + u') = 176°7'50''.5, \quad \tfrac{1}{2}(u'' - u') = 4°33'23'',6$$
$$v' - v = 14\ 21\ 51\ .9, \quad \log r = 0{,}354503$$
$$v''' - v'' = 18\ 51\ \ 9\ .5, \quad \log r''' = 0{,}334263.$$

Ces nombres diffèrent si peu de ceux fournis par la troisième hypothèse, que nous pouvons maintenant procéder en toute sûreté à la détermination des éléments. Nous déterminerons d'abord la position du plan de l'orbite. D'après les règles de l'art. 149, on trouve, au moyen de γ', u', et $A'C' = \delta' - z'$, l'inclinaison de l'orbite $= 7°\ 8'\ 14'',8$, la longitude du nœud ascendant 103° 16′ 37″.2, l'argument de la latitude dans la seconde observation 94° 36′ 4″.9, et par suite, la longitude dans l'orbite 197° 52′ 42″,1 ; de la même manière, au moyen de γ'', u'' et $A''C'' = \delta'' - z''$, on déduit pour l'inclinaison de l'orbite $= 7° 8′ 14″,8$ la longitude du nœud ascendant 103° 16′ 37″.5, l'argument de la latitude dans la troisième observation 111° 44′ 9″.7, et par suite, la longitude dans l'orbite 215° 0′ 47″,2. D'après cela, la longitude dans l'orbite pour la première observation sera 183° 30′ 50″.2, pour la quatrième 233° 51′ 56″,7. Si maintenant les dimensions de l'orbite sont déterminées d'après $t''' - t$, r, r''', et $v''' - v = 50° 21′ 6″.5$, on trouve

Anomalie vraie pour le premier lieu...........	293° 33′ 43″,7
Anomalie vraie pour le quatrième lieu..........	343 54 50 ,2
De là, la longitude du périhélie.	249 57 6 ,5
Anomalie moyenne pour le premier lieu........	302 33 32 ,6
Anomalie moyenne pour le quatrième lieu.......	346 32 25 ,2
Mouvement moyen diurne sidéral...............	978″,7216
Anomalie moyenne pour le commencement de l'année 1807.........................	278° 13′ 39″,1
Longitude moyenne pour la même époque......	168 10 45 ,6
Angle φ..................................	5 2 58 ,1
Logarithme du demi grand axe..............	0,372898

Si les positions géocentriques de la planète sont calculées d'après ces éléments, pour les temps corrigés t, t', t'', t''', les quatre longitudes s'accordent avec α, α', α'', α''', et les deux latitudes intermédiaires avec β', β'', à un dixième de seconde, mais les latitudes extrêmes sont 12° 26′ 43″,7 et 4° 20′ 40″,1; la première en défaut de 22″.4, et la seconde en excès de 18″,5. Cependant si, sans changer les autres éléments, on augmente seulement l'inclinaison de l'orbite de 6″, et si l'on diminue de 4′40″ la longitude du nœud, les erreurs distribuées entre toutes les latitudes s'abaissent à quelques secondes, et les longitudes sont seulement affectées d'erreurs très-légères, qui se trouvent même réduites à presque rien, si, en outre, on diminue de 2″ la longitude de l'époque.

TROISIÈME SECTION.

DÉTERMINATION D'UNE ORBITE SATISFAISANT LE PLUS PRÈS POSSIBLE A UN NOMBRE QUELCONQUE D'OBSERVATIONS.

172

Si les observations astronomiques et les autres quantités, sur lesquelles s'appuie le calcul des orbites, jouissaient d'une précision absolue, les éléments aussi, qu'ils soient basés sur trois ou sur quatre observations, s'obtiendraient aussitôt absolument exacts (en tant que le mouvement soit à la vérité supposé rigoureusement soumis aux lois de Képler), et, par suite, pourraient être confirmés par d'autres observations, mais non corrigés. Mais puisque toutes nos mesures et nos observations ne sont que des approximations de la vérité, et qu'il doit en être de même de tous les calculs qui reposent sur ces quantités, il faudra viser à ce but important que tous les calculs relatifs au phénomène concret s'approchent autant que faire se peut de la vérité. Mais ceci ne peut avoir lieu autrement que par une combinaison convenable d'un plus grand nombre d'observations que celui qui est rigoureusement nécessaire pour la détermination des quantités inconnues. On ne peut donc entreprendre enfin ce travail que lorsqu'on a déjà obtenu une connaissance approchée de l'orbite, qui doit après cela être corrigée de manière à satisfaire *le plus exactement possible* à toutes les observations. Quoique cette expression paraisse impliquer quelque chose de vague, cependant nous donnons ci-dessous les principes suivant lesquels le problème est soumis à une solution légitime et méthodique.

Il ne peut être avantageux de viser à la plus grande précision, que lorsque la dernière main doit être mise à l'orbite que l'on veut déterminer; au contraire, tant qu'on aura l'espoir que de nouvelles observations donneront bientôt lieu à de nouvelles corrections, il sera convenable de se relâcher plus ou moins, suivant le cas, d'une extrême précision, si l'on peut de cette manière diminuer notablement la longueur des calculs. Nous nous attacherons à considérer l'un et l'autre cas.

173

Il est d'abord de la plus grande importance que chacune des positions géocentriques du corps céleste sur lesquelles on se propose de baser l'orbite, ne soit pas déduite de simples observations, mais, si c'est possible, de plusieurs observations combinées de telle sorte que les erreurs accidentelles se détruisent mutuellement, autant que faire se peut. C'est-à-dire, que les observations qui ne sont distantes l'une de l'autre que d'un intervalle de peu de jours, — ou même, suivant le cas, d'un intervalle de 15 ou 20 jours, — ne devront pas être employées dans le calcul comme autant de positions différentes; mais il sera préférable d'en déduire une position unique, qui est une sorte de moyenne entre elles toutes, et qui admet alors une bien plus grande précision que chaque observation considérée séparément. Ce travail repose sur les principes suivants :

Les positions géocentriques de l'astre calculées à l'aide des éléments approchés doivent différer peu des véritables positions, et les différences entre les premières et les dernières doivent varier si lentement que, pendant un intervalle de temps de peu de jours, on peut les considérer comme à peu près constantes, ou, au moins, les variations peuvent être considérées comme proportionnelles au temps. Si donc, les observations étaient exemptes de toute erreur, les différences entre les lieux observés correspondant aux époques t, t', t'', t''', etc., et ceux qui ont été calculés d'après les éléments, c'est-à-dire, les différences entre les longitudes et les latitudes observées et calculées, ou les ascensions droites et les déclinaisons, seraient des quantités sensiblement égales, ou au moins croissantes ou décroissantes uniformément et très-lentement. Soient, par exemple, α, α', α'', α''', etc., les ascensions droites observées qui correspondent à ces époques, et soient $\alpha+\delta$, $\alpha'+\delta'$, $\alpha''+\delta''$, $\alpha'''+\delta'''$, etc., les ascensions droites calculées; alors, les différences δ, δ', δ'', δ''', etc., différeront des véritables déviations des éléments en tant seulement que les observations elles-mêmes sont erronées. Si donc ces déviations peuvent être considérées comme constantes pour toutes ces observations, les quantités δ, δ', δ'', δ''', etc., fourniront autant de déterminations différentes de la même quantité, pour la valeur exacte de laquelle il sera convenable de prendre la moyenne arithmétique entre ces déterminations, en tant qu'il n'y ait réellement aucune raison de préférer l'une à l'autre. Mais si l'on trouve que l'on ne peut pas attribuer le même degré de précision à chaque observation, supposons que le degré de précision, dans chacune d'elles, soit considéré comme respectivement proportionnel aux nombres e, e', e'', e''', etc., c'est-à-dire, que des erreurs réciproquement proportionnelles à ces nombres aient pu être commises dans les observations avec une égale facilité; alors, d'après les principes donnés plus bas, la valeur moyenne la plus probable ne sera plus la simple moyenne arithmétique, mais

$$\frac{e^2\delta + e'^2\delta' + e''^2\delta'' + e'''^2\delta''' + \text{etc.}}{e^2 + e'^2 + e''^2 + e'''^2 + \text{etc.}}.$$

En posant maintenant, cette valeur moyenne égale à Δ, on pourra prendre respectivement pour les ascensions droites vraies, $\alpha + \delta - \Delta$, $\alpha' + \delta' - \Delta$, $\alpha'' + \delta'' - \Delta$, $\alpha''' + \delta''' - \Delta$,.... et alors il sera arbitraire, laquelle nous emploierons dans le calcul. Mais si les observations sont distantes l'une de l'autre d'un trop grand intervalle de temps, ou si les éléments de l'orbite ne sont pas encore connus d'une manière suffisamment approchée, de manière qu'il ne soit plus permis de considérer leurs déviations comme constantes pour toutes les observations, on s'apercevra facilement, qu'il n'en résultera aucune modification, si ce n'est que la déviation moyenne ainsi trouvée ne peut pas être regardée comme commune à toutes les observations, mais doit plutôt se rapporter à quelque époque intermédiaire, qui doit être déduite des époques individuelles de la même manière que Δ s'obtient des déviations correspondantes, et par conséquent généralement à l'époque

$$\frac{e^2t + e'^2t' + e''^2t'' + e'''^2t''' + \text{etc.}}{e^2 + e'^2 + e''^2 + e'''^2 + \text{etc.}}.$$

C'est pourquoi, s'il plaît de rechercher une grande précision, il faudra calculer, d'après les éléments, la position géocentrique pour la même époque, et ensuite la corriger de l'erreur moyenne Δ, pour que la position soit obtenue avec le plus d'exactitude; le plus souvent cependant il suffira largement de rapporter l'erreur moyenne à l'observation la plus voisine de l'époque moyenne. Ce que nous avons dit ici des ascensions droites s'applique également aux déclinaisons, ou, si on le désire, aux longitudes et aux latitudes; cependant il sera toujours préférable de comparer immédiatement les ascensions droites et les déclinaisons calculées, à l'aide des éléments, avec celles observées : par là, en effet, non-seulement nous rendrons le calcul plus court, particulièrement si nous employons les méthodes enseignées dans les art. 53-60, mais cette méthode se recommandera en outre par cet avantage, que l'on peut aussi faire usage des observations incomplètes; et, qu'aussi, il serait à craindre, si tout était rapporté aux longitudes et latitudes, qu'une observation bien effectuée en ascension droite, mais mal en déclinaison (ou *vice versa*), ne fut défigurée des deux côtés, et ne devienne ainsi entièrement inutile. Enfin, le degré de la précision devant être attribuée à la moyenne obtenue ci-dessus, sera, d'après les principes qui seront bientôt expliqués,

$$\sqrt{e^2 + e'^2 + e''^2 + e'''^2 + \ldots \text{etc.}},$$

de manière que quatre ou neuf observations, également exactes, seront demandées, si la moyenne doit jouir d'une précision double ou triple, et ainsi de suite.

174

Si l'orbite d'un corps céleste a été déterminée selon les méthodes enseignées dans les sections précédentes, d'après trois ou quatre positions géocentriques telles que chacune d'elles ait été déduite, d'après la règle de l'article précédent, d'un grand nombre d'observations, cette orbite tiendra comme le milieu entre toutes ces observations, et il ne restera dans les différences entre les lieux observés et calculés aucune trace d'ordre qu'il soit possible de faire disparaître ou de diminuer sensiblement par une correction des éléments. Maintenant, toutes les fois que l'ensemble de toutes les observations n'embrasse pas un trop grand intervalle de temps, on pourra obtenir de cette manière l'accord si désiré des éléments avec toutes les observations, pourvu que les trois ou quatre positions normales soient judicieusement choisies. Pour déterminer les orbites des comètes ou des planètes nouvelles, dont les observations n'embrassent pas encore une année, nous réussirons le plus souvent par ce procédé, autant que le permet la nature du cas. Toutes les fois donc, qu'une orbite devant être déterminée, est inclinée sur l'écliptique d'un angle considérable, elle sera, en général, établie sur trois observations que nous choisirons aussi écartées que possible; mais, si en agissant ainsi, nous tombions fortuitement sur l'un des cas exclus ci-dessus (art. 160-162), ou si l'inclinaison de l'orbite semble trop petite, nous préférerons la détermination par quatre positions que nous prendrons aussi, le plus distantes l'une de l'autre.

Mais quand on possède déjà une plus longue série d'observations embrassant plusieurs années, on peut en déduire plusieurs positions normales; c'est pourquoi, nous n'assurerions pas la plus grande précision, si, pour la détermination de l'orbite, nous choisissions seulement trois ou quatre positions, en négligeant toutes les autres. Dans un pareil cas, au contraire, si nous nous proposons d'atteindre la plus grande exactitude, nous ferons en sorte de recueillir le plus grand nombre possible de bonnes positions, et nous en ferons usage. Nous aurons donc alors plus de données qu'il n'en faut pour la détermination des quantités inconnues; mais toutes ces données seront sujettes à des erreurs, petites toutefois, de manière qu'il sera généralement impossible de satisfaire à toutes exactement. Maintenant, comme il n'y a pas de raison pour que, parmi ces données, nous en considérions six quelconques comme parfaitement exactes, que plutôt, suivant toutes les probabilités, nous devons supposer que des erreurs plus ou moins grandes sont également possibles dans toutes indistinctement; puisque en outre, généralement parlant, les petites erreurs sont plus souvent commises que les grandes, il est évident qu'une orbite qui, tandis qu'elle satisfait exactement aux six données, s'écarte plus ou moins des autres, doit, d'après les principes du calcul des probabilités, être considérée comme moins exacte qu'une autre qui, tout en différant aussi légèrement avec ces six données, présente un accord d'autant meilleur avec les autres. La recherche d'une orbite ayant, dans un sens rigoureux, la *plus grande* probabilité, dépendra de la connaissance de la loi suivant laquelle la probabilité des erreurs diminue quand les erreurs augmentent; mais ceci dépend de tant de considérations vagues et douteuses, — physiologiques aussi, — qui ne peuvent être soumises au calcul, qu'il est à peine, et même moins qu'à peine, possible d'assigner convenablement une loi de ce genre dans aucun cas d'astronomie pratique. Néanmoins, la recherche de la liaison entre cette loi et l'orbite la plus probable, que nous entreprendrons maintenant dans sa plus grande généralité, ne doit en aucune façon être considérée comme une stérile spéculation.

175

Dans ce but, de notre problème spécial nous nous élèverons à une recherche beaucoup plus générale et des plus fécondes dans toute application du calcul à la philosophie naturelle. Soient V, V', V'' des fonctions des quantités inconnues $p, q, r, s, \ldots$ etc, μ le nombre de ces fonctions, ν le nombre des inconnues, et supposons que par des observations directes on ait trouvé pour valeurs de ces fonctions $V = M$, $V' = M'$, $V'' = M''$,... etc. En parlant d'une manière générale, la détermination des valeurs des inconnues constituera donc un problème indéterminé, déterminé ou plus que déterminé, selon que l'on aura $\mu < \nu$, $\mu = \nu$, ou $\mu > \nu$ (*).

Nous nous occuperons ici du dernier cas seulement, dans lequel, évidemment, la représentation exacte de toutes les observations serait seulement possible, dans le cas où toutes les observations seraient absolument exemptes d'erreur. Puisque par la nature des choses ceci ne peut avoir lieu, on devra regarder comme possible tout système de valeurs des quantités inconnues p, q, r, $s, \ldots$ etc., par lequel s'obtiendront les valeurs des fonctions $V-M$, $V'-M'$, $V''-M''$,... etc., renfermées dans les limites des erreurs qui peuvent être commises dans les observations, ce qui, cependant, ne doit nullement être compris comme impliquant que chacun de ces systèmes possibles doit jouir d'un égal degré de probabilité.

Supposons d'abord, dans toutes les observations, un état de choses tel qu'il n'y ait aucune raison pour supposer l'une moins exacte que l'autre, ou tel qu'on doive supposer des erreurs de même grandeur comme également probables dans chaque observation. La probabilité devant être attribuée à toute erreur Δ sera donc exprimée par une fonction de Δ, que nous désignerons par $\varphi\Delta$. Maintenant, quoiqu'il ne soit pas permis d'assigner d'une manière précise la forme de cette fonction, nous pouvons au moins affirmer que sa valeur doit devenir maximum pour $\Delta = 0$, avoir généralement la même valeur pour des

(*) Si, dans le troisième cas, les fonctions V, V', V'', etc., étaient établies de telle sorte que $\mu + 1 - \nu$ de ces fonctions, ou un plus grand nombre, puissent être considérées comme fonctions des autres, le problème, relativement à ces fonctions, serait encore plus que déterminé, mais indéterminé relativement aux quantités p, q, r, s, etc.; c'est-à-dire, qu'il ne serait réellement pas possible de déterminer alors les valeurs de ces dernières quantités, quand même les valeurs des fonctions V, V', V'', etc., seraient données absolument exactes; mais nous écarterons ce cas de notre recherche.

valeurs de Δ égales et de signes contraires, et enfin, s'évanouir si l'on prend pour Δ l'erreur maximum ou une valeur plus grande. $\varphi\Delta$ doit donc particulièrement se rapporter à la classe des fonctions discontinues, et si nous nous permettons, pour nos besoins pratiques, de lui substituer quelque fonction analytique, celle-ci devra être établie de telle sorte que pour des valeurs de Δ, de part et d'autre de zéro, elle converge asymptotiquement vers zéro, de façon qu'au delà de cette limite elle puisse être considérée comme véritablement nulle. De plus, la probabilité que l'erreur doit tomber entre les limites Δ et $\Delta + d\Delta$, distantes l'une de l'autre de la différence infiniment petite $d\Delta$, sera exprimée par $\varphi\Delta . d\Delta$; par conséquent, la probabilité, en général, que l'erreur tombera entre D et D', sera exprimée par l'intégrale $\int \varphi\Delta . d\Delta$ considérée depuis $\Delta = D$ jusqu'à $\Delta = D'$. Cette intégrale prise depuis la plus grande valeur négative de Δ jusqu'à sa plus grande valeur positive, ou, plus généralement, depuis $\Delta = -\infty$ jusqu'à $\Delta = +\infty$, doit nécessairement être égale à l'unité.

En supposant donc qu'il existe quelque système déterminé de valeurs des quantités $p, q, r, s,\ldots$ etc., la probabilité que l'observation donnera pour V la valeur M, sera exprimée par $\varphi\,(M - V)$, les valeurs de $p, q, r, s,\ldots$ etc., étant substituées dans V; de la même manière, $\varphi\,(M' - V')$, $\varphi\,(M'' - V'')$,... etc., exprimeront les probabilités que les observations doivent fournir les valeurs M', M'',... etc., des fonctions V, V',... etc. C'est pourquoi, puisqu'il est permis de considérer toutes les observations comme des événements indépendants les uns des autres, le produit

$$\varphi(M - V)\,\varphi(M' - V')\,\varphi(M'' - V'')\ \ldots\ \text{etc.} = \Omega$$

exprimera l'attente ou la probabilité que toutes ces valeurs résulteront en même temps des observations.

176

Maintenant, de même que lorsque des valeurs déterminées quelconques des inconnues sont adoptées, une probabilité déterminée correspond, avant l'observation effectuée, à un système quelconque de valeurs des fonctions V, V', V'',... etc., de même, réciproquement, après que les observations auront fourni des valeurs déterminées des fonctions, une probabilité déterminée appartiendra à chaque système de valeurs des inconnues, dont les valeurs des fonctions auraient pu découler; il est en effet évident, que les systèmes dans lesquels il avait existé la plus grande attente de l'événement qui se produit, devront être considérés comme les plus probables. L'estimation de cette probabilité repose sur le théorème suivant :

Si, en faisant une hypothèse quelconque H, *la probabilité de quelque événement déterminé* E *est* h, *mais qu'en faisant une autre hypothèse* H' *exclusive de la première, et par soi-même également probable, la probabilité de l'événement soit* h' : *je dis alors, que quand l'événement* E *arrivera en effet, la probabilité que* H *soit la véritable hypothèse, est à la probabilité que* H' *soit la vraie, comme* h *est à* h'.

Pour le démontrer, supposons que, pour distinguer toutes les circonstances dont dépendra, avec H, H' ou quelque autre hypothèse, que l'événement E ou un autre doive se produire, nous formions un système des différents cas qui, par eux-mêmes, peuvent être considérés comme également probables (c'est-à-dire, tant qu'il est incertain que l'événement E ou un autre se produira), et que ces cas soient ainsi distribués,

Que parmi eux il s'en trouve	dans lesquels on doit avoir l'hypothèse	pour que d'après ces modifications, il se produise l'événement
m	H	E
n	H	différent de E
m'	H'	E
n'	H'	différent de E
m''	différente de H et H'	E
n''	différente de H et H'	différent de E

On aura alors

$$h = \frac{m}{m+n}, \qquad h' = \frac{m'}{m'+n'};$$

de plus, avant que l'événement fût connu la probabilité de l'hypothèse H était

$$\frac{m+n}{m+n+m'+n'+m''+n''};$$

mais après que l'événement aura été connu, quand les cas n, n', n'

disparaissent du nombre des cas possibles, la probabilité de la même hypothèse sera

$$\frac{m}{m+m'+m''};$$

de la même manière, la probabilité de l'hypothèse H' avant et après l'événement, sera respectivement exprimée par

$$\frac{m'+n'}{m+n+m'+n'+m''+n''} \quad \text{et} \quad \frac{m'}{m+m'+m''};$$

par conséquent, puisqu'on a supposé, avant l'événement connu, la même probabilité aux hypothèses H et H', on aura

$$m+n=m'+n',$$

d'où l'on conclut immédiatement la vérité du théorème.

Maintenant, puisque nous supposons qu'en dehors des observations $V=M$, $V'=M'$, $V''=M''$, on n'a aucune autre donnée pour la détermination des quantités inconnues, et, par suite, que tous les systèmes de valeurs de ces inconnues étaient également probables avant les observations, la probabilité d'un système quelconque établi après ces observations sera proportionnelle à Ω. On doit comprendre que ceci veut dire que la probabilité que les valeurs des inconnues tombent, respectivement, entre les limites infiniment voisines p et $p+dp$, q et $q+dq$, r et $r+dr$, s et $s+ds$,... etc., est exprimée par

$$\lambda\Omega dp\, dq\, dr\, ds \ldots\ldots \text{etc.},$$

où λ sera une quantité constante indépendante de p, q, r, s,... etc.; et $\frac{1}{\lambda}$ sera evidemment, la valeur de l'intégrale multiple d'ordre ν,

$$\int^{\nu} \Omega dp dq\, dr\, ds \ldots\ldots \text{etc.},$$

s'étendant, pour chaque variable p, q, r, s,... etc., depuis la valeur $-\infty$ jusqu'à la valeur $+\infty$.

177

Il suit immédiatement de là, que le système le plus probable de valeurs des quantités p, q, r, s doit être celui dans lequel Ω obtient une valeur maximum, et, par suite, qui découle des ν équations

$$\frac{d\Omega}{dp}=0, \quad \frac{d\Omega}{dq}=0, \quad \frac{d\Omega}{dr}=0, \quad \frac{d\Omega}{ds}=0, \quad \text{etc.}$$

En posant,

$$V-M=v, \quad V'-M'=v', \quad V''-M''=v'', \quad \text{etc.}$$

et

$$\frac{d\varphi\Delta}{\varphi\Delta d\Delta}=\varphi'\Delta,$$

ces équations prennent la forme suivante :

$$\frac{dv}{dp}\varphi'v+\frac{dv'}{dp}\varphi'v'+\frac{dv''}{dp}\varphi'v''+\text{etc.}=0,$$
$$\frac{dv}{dq}\varphi'v+\frac{dv'}{dq}\varphi'v'+\frac{dv''}{dq}\varphi'v''+\text{etc.}=0,$$
$$\frac{dv}{dr}\varphi'v+\frac{dv'}{dr}\varphi'v'+\frac{dv''}{dr}\varphi'v''+\text{etc.}=0,$$
$$\frac{dv}{ds}\varphi'v+\frac{dv'}{ds}\varphi'v'+\frac{dv''}{ds}\varphi'v''+\text{etc.}=0.$$

De là, par conséquent, on peut obtenir, par élimination, une solution complétement déterminée du problème, aussitôt qu'on connaît la nature de la fonction φ'. Puisque nous ne pouvons définir cette fonction *a priori*, nous chercherons, en envisageant la question sous un autre point de vue, sur quelle fonction, tacitement acceptée pour base, peut convenablement s'appuyer un principe vulgaire dont l'excellence est généralement reconnue. On regarde en effet comme un axiome, l'hypothèse que si une quantité a été déterminée par plusieurs observations immédiates, effectuées dans les mêmes circonstances et avec un même soin, la moyenne arithmétique entre toutes les valeurs observées donne la valeur la plus problable de cette quantité, sinon en toute rigueur, au moins cependant d'une manière très-approchée, de telle sorte que le plus sûr est toujours de s'y tenir.

En posant donc

$$V=V'=V''\ldots\ldots \text{etc.}=p,$$

on devra généralement avoir

$$\varphi'(M-p)+\varphi'(M'-p)+\varphi'(M''-p)+\ldots\ldots\text{etc.}=0,$$

si à p on substitue la valeur

$$\frac{1}{\mu}(M + M' + M'' + \text{etc}),$$

quelle que soit la valeur entière positive que μ exprime.

En supposant donc

$$M' = M'' = \ldots \text{etc.} = M - \mu N,$$

on aura généralement, c'est-à-dire pour toute valeur entière positi de μ,

$$\varphi'(\mu - 1)N = (1 - \mu)\varphi'(-N),$$

d'où l'on déduit facilement que $\frac{\varphi'\Delta}{\Delta}$ doit être une quantité constante, que nous désignerons par k. De là nous avons

$$\log \varphi\Delta = \frac{1}{2} k\Delta^2 + \text{constante},$$

ou

$$\varphi\Delta = \varkappa e^{\frac{1}{2}k\Delta^2}$$

en désignant par e la base des logarithmes hyperboliques, et en supposant la constante égale à $\log \varkappa$.

De plus, on voit facilement que k doit nécessairement être négatif pour que Ω puisse réellement devenir maximum; posons donc

$$\frac{1}{2} k = -h^2;$$

et puisque, par un élégant théorème découvert par l'illustre LAPLACE, l'intégrale

$$\int e^{-h^2\Delta^2} d\Delta$$

prise depuis $\Delta = -\infty$ jusqu'à $\Delta = +\infty$, est $\frac{\sqrt{\pi}}{h}$, (en désignant par π la demi-circonférence du cercle dont le rayon est l'unité), notre fonction devient

$$\varphi\Delta = \frac{h}{\sqrt{\pi}} e^{-h^2\Delta^2}.$$

178

La fonction que nous venons de trouver ne peut certainement exprimer, en toute rigueur, les probabilités des erreurs : puisque, en effet, les erreurs possibles sont dans tous les cas renfermées entre certaines limites, la probabilité d'erreurs dépassant ces limites devrait toujours être égale à zéro, tandis que notre formule donne toujours une valeur finie. Cependant, ce défaut, que doit, par sa nature, présenter toute fonction analytique, n'est d'aucune importance dans la pratique, parce que la valeur de notre fonction décroît si rapidement, dès que $h\Delta$ atteint une valeur considérable, qu'elle peut sûrement être considérée comme équivalente à zéro. En outre, la nature du sujet ne permettra jamais d'assigner avec une rigueur absolue les limites mêmes des erreurs.

Enfin, la constante h pourra être considérée comme une mesure de la précision des observations. Si, en effet, la probabilité de l'erreur Δ, dans un système quelconque d'observations, est supposée devoir être exprimée par

$$\frac{h}{\sqrt{\pi}}\, e^{-h^2\Delta^2},$$

et dans un autre système d'observations plus ou moins exactes, par

$$\frac{h'}{\sqrt{\pi}}\, e^{-h'^2\Delta^2},$$

la probabilité, que dans une observation quelconque du premier système, l'erreur soit contenue entre les limites $-\delta$ et $+\delta$, sera exprimée par l'intégrale

$$\int \frac{h}{\sqrt{\pi}}\, e^{-h^2\Delta^2} d\Delta$$

prise depuis $\Delta = -\delta$ jusqu'à $\Delta = +\delta$; et de la même manière, la probabilité que l'erreur d'une observation quelconque dans le second système, ne dépasse pas les limites $-\delta'$ et $+\delta'$ sera exprimée par l'intégrale

$$\int \frac{h'}{\sqrt{\pi}}\, e^{-h'^2\Delta^2} d\Delta$$

prise depuis $\Delta = -\delta'$ jusqu'à $\Delta = +\delta'$; mais il est évident que ces deux intégrales deviennent égales toutes les fois qu'on a $h\delta = h'\delta'$. Si donc on a, par exemple, $h' = 2h$, une erreur double pourra être commise dans le premier système aussi facilement qu'une erreur simple dans le second; dans ce cas on attribue, selon la manière ordinaire de parler, une précision double aux dernières observations.

179

Nous développerons maintenant les conséquences de cette loi. Il est évident que pour que le produit

$$\Omega = h^{\mu}\pi^{-\frac{1}{2}\mu}e^{-h^2(v^2+v'^2+v''^2+\ldots..)}$$

devienne maximum, la somme $v^2 + v'^2 + v''^2 \ldots$ doit devenir minimum. *C'est pourquoi, le système le plus probable des valeurs des inconnues* p, q, r, s... *sera celui dans lequel la somme des carrés des différences entre les valeurs observées et calculées des fonctions* V, V', V'' *est un minimum*, pourvu qu'on suppose dans toutes les observations le même degré de précision. Ce principe, qui promet d'être d'un usage très-fréquent dans toutes les applications des mathématiques à la philosophie naturelle, doit être considéré comme un axiome, du même droit que la moyenne arithmétique entre plusieurs valeurs observées d'une même quantité est adoptée comme la valeur la plus probable.

On peut maintenant étendre sans peine ce principe aux observations d'une précision *inégale*. Si, par exemple, la mesure de la précision des observations par lesquelles on a trouvé $V = M$, $V' = M'$, $V'' = M''$ est respectivement exprimée par h, h', h'', c'est-à-dire, si l'on suppose que les erreurs que l'on a pu commettre avec la même facilité, dans ces observations, sont réciproquement proportionnelles à ces quantités, ceci sera évidemment la même chose que si, par des observations d'une précision égale (dont la mesure $= 1$), les valeurs des fonctions hV, $h'V'$, $h''V''$,... etc., avaient été directement trouvées égales à hM, $h'M'$, $h''M''$,... etc.; c'est pourquoi, le système le plus probable de valeurs des quantités p, q, r, s,... etc., sera celui dans lequel la somme $h^2v^2 + h'^2v'^2 + h''^2v''^2 + \ldots$ etc., c'est-à-dire *dans lequel la somme des carrés des différences entre les valeurs actuellement observées et calculées, multipliées par les carrés des nombres qui marquent le degré de précision, est minimum.* De cette manière, il n'est même pas nécessaire que les fonctions V, V′, V″,... se rapportent à des quantités homogènes, mais elles pourront aussi représenter des quantités hétérogènes (par exemple des secondes d'arc et de temps), pourvu qu'on puisse estimer le rapport des erreurs qui ont pu avoir été commises, avec une égale facilité, dans chacune d'elles.

180

Le principe exposé dans l'article précédent se recommande aussi par cette raison que la détermination numérique des inconnues se réduit à un algorithme très-prompt, toutes les fois que les fonctions V, V′, V″,... etc., sont linéaires. Supposons qu'on ait

$$\begin{aligned} V - M &= v = -m + ap + bq + cr + ds + \ldots\ldots \text{ etc.} \\ V' - M' &= v' = -m' + a'p + b'q + c'r + d's + \ldots\ldots \text{ etc.} \\ V'' - M'' &= v'' = -m'' + a''p + b''q + c''r + d''s + \ldots\ldots \text{ etc.} \end{aligned}$$

et posons

$$\begin{aligned} av + a'v' + a''v'' + \ldots\ldots \text{ etc.} &= P \\ bv + b'v' + b''v'' + \ldots\ldots \text{ etc.} &= Q \\ cv + c'v' + c''v'' + \ldots\ldots \text{ etc.} &= R \\ dv + d'v' + d''v'' + \ldots\ldots \text{ etc.} &= S, \\ \text{etc.}\ldots \end{aligned}$$

Alors les ν équations de l'art. 177, d'après lesquelles doivent être déterminées les valeurs des quantités inconnues, seront les suivantes :

$$P = 0, \quad Q = 0, \quad R = 0, \quad S = 0, \ \ldots\ldots \text{ etc.},$$

pourvu que nous supposions les observations également bonnes ; cas auquel nous avons appris, dans l'article précédent, à ramener tous les autres. On a donc, autant d'équations linéaires qu'il y a d'inconnues à trouver ; les valeurs de ces inconnues seront obtenues par l'élimination ordinaire.

Voyons maintenant, si cette élimination est toujours possible, ou si la solution peut quelquefois devenir indéterminée, ou même impossible. On sait, d'après la théorie de l'élimination, que le second ou le troisième cas doit se présenter, quand une des équations

$$P = 0, \quad Q = 0, \quad R = 0, \quad S = 0, \ \ldots\ldots \text{ etc.},$$

étant omise, on peut, avec celles qui restent, en former une autre identique avec celle omise, ou qui lui soit contradictoire; ou bien, ce qui revient au même, quand on peut assigner une fonction linéaire

$$\alpha P + \beta Q + \gamma R + \delta S \ldots + \text{etc.},$$

qui soit identiquement nulle, ou au moins libre de toutes les inconnues $p, q, r, s \ldots$ etc. Supposons donc qu'on ait

$$\alpha P + \beta Q + \gamma R + \delta S + \ldots\ldots \text{etc.} = \varkappa.$$

On a spontanément l'équation identique

$$(v+m)v + (v'+m')v' + (v''+m'')v'' + \ldots \text{etc.} = pP + qQ + rR + sS + \ldots \text{etc.}$$

Si donc, par les substitutions

$$p = \alpha x, \quad q = \beta x, \quad r = \gamma x, \quad s = \delta x, \ldots\ldots \text{etc.},$$

nous supposons que les fonctions $v, v', v'' \ldots$ deviennent respectivement

$$-m + \lambda x, \quad -m' + \lambda' x, \quad -m'' + \lambda'' x, \ldots\ldots \text{etc.},$$

on aura évidemment l'équation identique

$$(\lambda^2 + \lambda'^2 + \lambda''^2 + \ldots\ldots)x^2 - (\lambda m + \lambda' m' + \lambda'' m'' \ldots\ldots)x = \varkappa x,$$

c'est-à-dire que l'on aura

$$\lambda^2 + \lambda'^2 + \lambda''^2 + \ldots\ldots \text{etc.} = 0, \quad \varkappa + \lambda m + \lambda' m' + \lambda'' m'' + \ldots\ldots \text{etc.} = 0;$$

mais de là, on doit nécessairement avoir

$$\lambda = 0, \quad \lambda' = 0, \quad \lambda'' = 0 \ldots\ldots \text{etc.}, \quad \text{et aussi} \quad \varkappa = 0,$$

Il est, d'après cela, évident que toutes les fonctions V, V', V'' doivent être constituées de manière que leurs valeurs ne changent pas quand les quantités $p, q, r, s, \ldots$ etc., acquièrent des accroissements ou des diminutions quelconques proportionnels aux nombres α, β, γ, δ,... etc.; mais nous avons déjà prévenu ci-dessus, que les cas de ce genre, dans lesquels il est évident que la détermination des inconnues ne serait plus alors possible, même si les véritables valeurs des fonctions V, V', V'' étaient données, n'appartiennent pas à ce sujet.

Enfin, nous pouvons facilement réduire au cas que nous venons de considérer, tous ceux dans lesquels les fonctions V, V', V'',... etc., ne sont pas linéaires. En désignant en effet, par π, χ, ρ, σ,... etc., les valeurs approchées des inconnues p, q, r, s,... etc. (que nous obtenons facilement si parmi les μ équations $V = M$, $V' = M'$, $V'' = M''$,... etc., nous en prenons seulement ν), nous introduirons à la place des inconnues d'autres p', q', r', s',... en posant $p = \pi + p'$, $q = \chi + q'$, $r = \rho + r'$, $s = \sigma + s' + ...$, etc.; il est évident que les valeurs de ces nouvelles inconnues seront si petites, que l'on pourra négliger leurs carrés et leurs produits, ce qui rendra les équations spontanément linéaires. Si, après le calcul achevé, les valeurs des inconnues p', q', r', s', paraissaient, contre l'attente, assez grandes pour qu'il semblât peu sûr d'avoir négligé leurs carrés et leurs produits, la répétition de la même opération (en prenant à la place de π, χ, ρ, σ,... etc., les valeurs corrigées de p, q, r, s,... etc.) apporterait un prompt remède.

181

Toutes les fois qu'on a seulement une inconnue unique p, pour la détermination de laquelle les valeurs des fonctions $ap + n$, $a'p + n'$, $a''p + n''$,... etc., ont été, à l'aide d'observations également exactes, trouvées respectivement égales à M, M', M'',... etc., la valeur la plus probable de p sera

$$\frac{am + a'm' + a''m'', \text{ ..... etc.}}{a^2 + a'^2 + a''^2 + \text{ ..... etc.}} = A,$$

en écrivant m, m', m'',... respectivement pour $M - n$, $M' - n'$, $M'' - n''$,... etc.

Pour estimer actuellement le degré de précision que l'on doit attribuer à cette valeur, supposons que la probabilité de l'erreur Δ, dans les observations, soit exprimée par

$$\frac{h}{\sqrt{\pi}} e^{-h^2\Delta^2}.$$

De là, la probabilité que la véritable valeur de p doit être $A + p'$ sera proportionnelle à la fonction

$$e^{-h^2[(ap-m)^2+(a'p-m')^2+(a''p-m'')^2+\text{.....}]}$$

si $A + p'$ est substitué à p. L'exposant de cette fonction peut être ramené à la forme

$$-h^2(a^2 + a'^2 + a''^2 + \text{ ..... etc.})(p^2 - 2pA + B),$$

dans laquelle B est indépendant de p; par conséquent, la fonction elle-même sera proportionnelle à

$$e^{-h^2(a^2+a'^2+a''^2+\ldots\text{etc.})p'^2}.$$

Il est donc évident, que le degré de précision qui doit être attribué à la valeur A est le même que si cette valeur eût été directement trouvée par une observation dont la précision serait à la précision des observations primitives, comme $h\sqrt{a^2+a'^2+a''^2+\text{etc.}}$, est à h, ou comme $\sqrt{a^2+a'^2+a''^2-\text{etc.}}$, est à l'unité.

182

Pour la recherche du degré de précision à attribuer aux valeurs des inconnues, il faudra, dans le cas où il y en a plusieurs, faire précéder cette recherche d'un examen attentif de la fonction $v^2+v'^2+v''^2+\ldots$ etc., que nous désignerons par W.

I. Posons

$$\frac{1}{2}\frac{dW}{dp}=p'=\lambda+\alpha p+\beta q+\gamma r+\delta s+\ldots\text{etc.},$$

et

$$W-\frac{p'^2}{\alpha}=W',$$

il est évident que l'on a $p'=P$, et, puisque

$$\frac{dW'}{dp}=\frac{dW}{dp}-\frac{2p'}{\alpha}\cdot\frac{dp'}{dp}=0,$$

que la fonction W' doit être indépendante de p. Le coefficient $\alpha=a^2+a'^2+a''^2+\ldots$ etc., sera toujours, évidemment, une quantité positive.

II. Nous poserons de la même manière

$$\frac{1}{2}\frac{dW'}{dq}=q'=\lambda'+\beta'q+\gamma'r+\delta's+\ldots\text{etc.},$$

et

$$W'-\frac{q'^2}{\beta'}=W'',$$

et l'on aura

$$q'=\frac{1}{2}\frac{dW}{dq}-\frac{p'dp'}{\alpha dq}=Q-\frac{\beta}{\alpha}p',\quad\text{et}\quad\frac{dW''}{dq}=0,$$

d'où il est clair que la fonction W″ est indépendante à la fois de p et de q. Ceci n'aurait pas lieu si β' pouvait devenir égal à zéro. Mais il est évident que W′ se déduit de $v^2 + v'^2 + v''^2 + \dots$ etc., en faisant disparaître, au moyen de l'équation $p' = 0$, la quantité p des expressions $v, v', v'', \dots$; par là, β' sera la somme des coefficients de q^2 dans $v^2, v'^2, v''^2 \dots$ etc., après cette élimination; mais chacun de ces coefficients est au carré, et ils ne peuvent tous s'évanouir à la fois, si ce n'est dans le cas exclu ci-dessus, dans lequel les inconnues restent indéterminées. Il est donc évident que β' doit être une quantité positive.

III. En posant encore

$$\frac{1}{2}\frac{dW''}{dr} = r' = \lambda'' + \gamma'' r + \delta'' s + \dots \text{etc.}, \quad \text{et} \quad W'' - \frac{r'^2}{\gamma''} = W''',$$

nous aurons

$$r' = R - \frac{\gamma}{\alpha} p' - \frac{\gamma'}{\beta} q',$$

et W‴ indépendant de p, de q et de r. On prouverait au reste, de la même manière que dans II, que le coefficient γ'' doit être nécessairement positif. On voit en effet facilement, que γ'' est la somme des coefficients de r^2 dans $v^2, v'^2, v''^2, \dots$ etc., après qu'on a fait disparaître p et q de $v, v', v'', \dots$ etc., au moyen des équations $p' = 0$, $q' = 0$.

IV. En posant de la même manière

$$\frac{1}{2}\frac{dW'''}{ds} = s' = \lambda''' + \delta''' s + \dots\dots \text{etc.}, \quad W^{\text{IV}} = W''' - \frac{s'^2}{\delta'''},$$

on aura

$$s' = S - \frac{\delta}{\alpha} p' - \frac{\delta'}{\beta'} q' - \frac{\delta''}{\gamma'} r',$$

W^IV indépendant de p, q, r, s, et δ''' une quantité positive.

V. De cette manière, si en outre de p, q, r, s, il y a encore d'autres inconnues, on pourra continuer ainsi, de telle sorte qu'on ait enfin,

$$W = \frac{1}{\alpha} p'^2 + \frac{1}{\beta'} q'^2 + \frac{1}{\gamma''} r'^2 + \frac{1}{\delta'''} s'^2 + \dots\dots \text{etc.} + \text{constante},$$

expression dans laquelle tous les coefficients seront des quantités positives.

VI. Maintenant, la probabilité d'un système quelconque des valeurs déterminées des quantités p, q, r, s est proportionnelle à la fonction e^{-h^2W}; c'est pourquoi, la valeur de la quantité p restant indéterminée, la probabilité d'un système de valeurs déterminées des autres, sera proportionnelle à l'intégrale

$$\int e^{-h^2W}dp$$

prise depuis $p = -\infty$ jusqu'à $p = +\infty$, intégrale qui, par le théorème de l'illustre LAPLACE, est

$$h^{-1}\alpha^{-\frac{1}{2}}\pi^{\frac{1}{2}}e^{-h^2\left(\frac{1}{\beta'}q'^2+\frac{1}{\gamma''}r''^2+\frac{1}{\delta'''}s'^2+\ldots\right)};$$

cette probabilité sera donc proportionnelle à la fonction $e^{-h^2W'}$. De même si, en outre, q est traité comme une indéterminée, la probabilité d'un système de valeurs déterminées de r, s,... etc., sera proportionnelle à l'intégrale

$$\int e^{-h^2W'}dq,$$

prise depuis $q = -\infty$ jusqu'à $q = +\infty$, laquelle est

$$h^{-1}\beta'^{-\frac{1}{2}}\pi^{\frac{1}{2}}e^{-h^2\left(\frac{1}{\gamma''}r''^2+\frac{1}{\delta'''}s'^2+\ldots\right)},$$

c'est-à-dire proportionnelle à la fonction $e^{-h^2W''}$.

D'une manière entièrement semblable, si r est aussi regardé comme indéterminé, la probabilité d'un système de valeurs déterminées des autres s, ... etc., sera proportionnelle à la fonction $e^{-h^2W'''}$, et ainsi de suite. Supposons le nombre des inconnues porté à quatre; la même conclusion s'appliquera aussi à un plus ou moins grand nombre d'inconnues. La valeur la plus probable de s sera ici $-\frac{\lambda'''}{\delta'''}$, et la probabilité qu'elle différera de la véritable valeur de la quantité σ, sera proportionnelle à la fonction $e^{\frac{-h^2\sigma^2}{\delta'''}}$; d'où nous concluons que la mesure de la précision relative à attribuer à cette détermination est exprimée par $\sqrt{\delta'''}$, si la mesure de la précision à attribuer aux observations primitives est supposée égale à l'unité.

185

Par la méthode de l'article précédent, la mesure de la précision a été convenablement exprimée pour cette seule quantité inconnue, à laquelle la dernière place a été donnée dans le travail d'élimination; pour faire disparaître ce désavantage, il sera convenable d'exprimer le coefficient δ''' d'une autre manière. Des équations

$$\begin{aligned}
P &= p' \\
Q &= q' + \frac{\beta}{\alpha} p', \\
R &= r' + \frac{\gamma'}{\beta'} q' + \frac{\gamma}{\alpha} p', \\
S &= s' + \frac{\delta''}{\gamma''} r'' + \frac{\delta'}{\beta'} q' + \frac{\delta}{\alpha} p',
\end{aligned}$$

il suit que p', q', r', s', peuvent aussi être exprimées en fonction de P, Q, R, S,

$$\begin{aligned}
p' &= P, \\
q' &= Q + \mathfrak{A} P, \\
r' &= R + \mathfrak{B}' Q + \mathfrak{A}' P, \\
s' &= S + \mathfrak{C}'' R + \mathfrak{B}'' Q + \mathfrak{A}'' P,
\end{aligned}$$

de telle sorte que $\mathfrak{A}, \mathfrak{A}', \mathfrak{B}', \mathfrak{A}'', \mathfrak{B}'', \mathfrak{C}''$, soient des quantités déterminées. Nous aurons donc (en restreignant à quatre le nombre des inconnues)

$$s = -\frac{\lambda'''}{\delta'''} + \frac{\mathfrak{A}''}{\delta'''} P + \frac{\mathfrak{B}''}{\delta'''} Q + \frac{\mathfrak{C}''}{\delta'''} R + \frac{1}{\delta'''} S.$$

De là nous tirons la conséquence suivante : les valeurs les plus probables des inconnues $p, q, r, s, \ldots$ etc., que l'on déduira par élimination des équations

$$P = 0, \quad Q = 0, \quad R = 0, \quad S = 0 \ldots\ldots \text{etc.},$$

seront, si l'on considère pendant un instant les quantités P, Q, R, S,... etc., comme indéterminées, évidemment exprimées, d'après le même mode d'élimination, par des fonctions linéaires de P, Q, R, S,... etc., de telle sorte qu'on ait

$$\begin{aligned}
p &= L + A \cdot P + B\, Q + C\, R + D\, S + \ldots\ldots \text{etc.} \\
q &= L' + A' P + B' Q + C' R + D' S + \ldots\ldots \text{etc.}
\end{aligned}$$

$$r = L'' + A''P + B''Q + C''R + D''S + \text{.....} \text{ etc.}$$
$$s = L''' + A'''P + B'''Q + C'''R + D'''S + \text{.....} \text{ etc.}$$

Ceci étant fait, les valeurs les plus probables de p, q, r, s,... etc., seront évidemment L, L', L'', L''',... etc., respectivement, et la mesure de la précision à attribuer à ces déterminations sera exprimée respectivement par

$$\frac{1}{\sqrt{A}}, \frac{1}{\sqrt{B'}}, \frac{1}{\sqrt{C''}}, \frac{1}{\sqrt{D'''}}, \text{ ..... etc.,}$$

en supposant que la précision des observations primitives soit égale à l'unité. Ce que nous avons démontré précédemment, relativement à l'inconnue s $\left(\text{pour laquelle } D''' \text{ répond à } \frac{1}{\delta'''}\right)$, peut être appliqué à toutes les autres par une simple permutation des quantités inconnues.

184

Pour éclaircir par un exemple les recherches précédentes, supposons que, par des observations dans lesquelles la précision est supposée la même, on ait trouvé

$$\begin{aligned} p - q + 2r &= 3 \\ 3p + 2q - 5r &= 5 \\ 4p + q + 4r &= 21, \end{aligned}$$

mais que par une quatrième observation, à laquelle on doit attribuer une précision de moitié moins grande, on ait trouvé

$$-2p + 6q + 6r = 28.$$

Nous substituerons à la place de cette dernière équation, la suivante :

$$-p + 3q + 3r = 14,$$

et nous supposerons que celle-ci provient d'une observation jouissant d'une précision égale aux premières. De là nous avons

$$\begin{aligned} P &= 27p + 6q - 88, \\ Q &= 6p + 15q + r - 70, \\ R &= q + 54r - 107, \end{aligned}$$

et de là, par élimination,

$$19899p = 49154 + 809P - 324Q + 6R,$$
$$737q = 2617 - 12P + 54Q - R,$$
$$6633r = 12707 + 2P - 9Q + 123R.$$

Les valeurs les plus probables des inconnues seront donc

$$p = 2,470$$
$$q = 3,551$$
$$r = 1,916$$

et la précision relative à attribuer à ces déterminations, la précision des observations primitives étant représentée par l'unité, sera

$$\text{pour } p \ldots\ldots \sqrt{\frac{19899}{809}} = 4,96$$
$$\text{pour } q \ldots\ldots \sqrt{\frac{737}{54}} = 3,69$$
$$\text{pour } r \ldots\ldots \sqrt{\frac{2211}{41}} = 7,34.$$

185

Le sujet traité jusqu'ici pourrait donner lieu à plusieurs élégantes recherches analytiques, auxquelles cependant nous ne nous arrêterons pas, pour ne pas trop nous écarter de notre but. Par la même raison, nous devons réserver pour une autre occasion l'exposition des moyens par lesquels le calcul numérique peut être réduit à l'algorithme le plus expéditif. Qu'il soit permis d'ajouter ici une seule observation. Quand le nombre des fonctions ou des équations proposées est considérable, le calcul devient un peu plus incommode, par cette raison principalement, que les coefficients par lesquels les équations primitives doivent être multipliées pour obtenir P, Q, R, S,... etc., renferment le plus souvent des fractions décimales compliquées. Si, dans ce cas, on ne trouve pas qu'il soit utile d'effectuer très-soigneusement ces multiplications à l'aide des tables de logarithmes, il suffira généralement d'employer à la place de ces multiplicateurs d'autres plus convenables pour le calcul et qui en diffèrent peu. Cette licence ne pourra pas produire d'erreurs sensibles, excepté dans le cas seulement où la mesure de la précision dans la détermination des inconnues, se trouve beaucoup moindre que ne l'était la précision des observations primitives.

186

Le principe que les carrés des différences entre les quantités observées et calculées doivent produire une somme minimum, pourra du reste être aussi considéré, indépendamment du calcul des probabilités, de la manière suivante.

Quand le nombre des inconnues est égal au nombre des quantités observées qui en dépendent, on peut déterminer les premières de manière qu'elles satisfassent exactement aux dernières. Mais quand le nombre des premières est moindre que celui des dernières, cet accord ne peut être exactement obtenu, en tant que les observations ne jouissent pas d'une précision rigoureuse. Dans ce cas, il faut donc faire en sorte que l'accord soit le meilleur possible, c'est-à-dire que les différences soient atténuées autant que faire se peut. Mais ce principe a par lui-même quelque chose de vague. En effet, quoiqu'un système de valeurs des inconnues qui rend *toutes* les différences respectivement moindres qu'un autre, doive sans aucun doute être préféré à celui-ci, néanmoins le choix entre deux systèmes dans lesquels l'un offre un meilleur accord pour certaines observations, mais moins satisfaisant pour d'autres, est en quelque sorte arbitraire, et il est évident qu'un très-grand nombre de principes peuvent être proposés, d'après lesquels la première condition soit remplie. En désignant par Δ, Δ', Δ'',... etc., les différences entre les observations et le calcul, on satisfera à la première condition non-seulement si $\Delta^2 + \Delta'^2 + \Delta''^2 + \ldots$ etc., est un minimum (ce qui est notre principe), mais aussi si $\Delta^4 + \Delta'^4 + \Delta''^4 + \ldots$ etc., ou $\Delta^6 + \Delta'^6 + \Delta''^6 + \ldots$ etc., ou, généralement, si la somme des puissances quelconques paires est un minimum. Mais, de tous ces principes, le nôtre est le plus simple, tandis que dans les autres on est conduit à des calculs très-compliqués. Au reste notre principe, dont nous nous servons déjà depuis l'année 1795, a été récemment donné par le célèbre LEGENDRE dans l'ouvrage *Nouvelles méthodes pour la détermination des orbites des comètes*, Paris, 1806, ouvrage dans lequel sont exposées plusieurs autres propriétés de ce principe, que nous supprimons pour être plus bref.

Si nous adoptions pour exposant de la puissance paire, l'infini, nous serions conduits au système dans lequel les plus grandes différences sont plus petites que dans tout autre.

Laplace fait usage, pour la solution des équations linéaires, dont le nombre est plus grand que le nombre des inconnues, d'un autre principe qui avait déjà été proposé par le célèbre Boscovich, et qui est que les différences mêmes, mais toutes prises positivement, donnent une somme minimum. On peut facilement démontrer que le système des valeurs des inconnues qui est déduit de ce seul principe, doit nécessairement (*) satisfaire exactement à un nombre d'équations des proposées égal à celui des inconnues, de manière que les autres équations doivent seulement être considérées en tant qu'elles peuvent aider *à déterminer le choix* : si donc l'équation $V = M$, par exemple, est au nombre de celles qui ne sont pas satisfaites, il n'y aurait rien à changer au système des valeurs trouvées d'après ce principe, quoiqu'on eût observé à la place de M une tout autre valeur N, pourvu qu'en désignant par n la valeur calculée, les différences $M - n$, et $N - n$, soient affectées du même signe. Au reste, l'illustre Laplace tempère en quelque sorte ce principe par l'adjonction d'une nouvelle condition; il demande, en effet, que la somme même des différences, prises avec leurs signes, soit nulle. Il suit de là, que le nombre des équations exactement satisfaites est moindre d'une unité que le nombre des inconnues; mais ce que nous venons de faire observer aura encore lieu pourvu qu'il y ait au moins deux inconnues.

187

Revenons de ces recherches générales à notre but particulier, relativement auquel elles ont été entreprises. Avant qu'il soit permis de commencer la détermination la plus exacte de l'orbite d'après un plus grand nombre d'observations que celui qui est rigoureusement nécessaire, on doit déjà avoir une détermination approchée qui ne doit pas beaucoup s'écarter de toutes les observations données. Nous considérerons comme l'objet du problème, la détermination des corrections qu'il faut encore appliquer à ces éléments pour que l'accord soit obtenu le plus exactement. Puisqu'on peut supposer que ces corrections sont tellement petites qu'il est permis de négliger leurs carrés et leurs produits, les variations qu'en éprouvent les positions géocentriques calculées de l'astre pourront être déterminées par les

(*) Excepté dans les cas spéciaux où la solution reste de quelque manière indéterminée.

formules différentielles données dans la seconde Section du premier Livre. Les lieux calculés d'après les éléments corrigés que nous cherchons seront donc exprimés suivant des fonctions linéaires des corrections des éléments, et leur comparaison avec les lieux observés, d'après les principes exposés ci-dessus, conduira à la détermination de leurs valeurs les plus probables. Ces opérations sont tellement simples qu'elles n'exigent aucun éclaircissement ultérieur, et il est de soi-même évident que l'on peut faire usage d'un nombre quelconque d'observations, à une distance quelconque l'une de l'autre. La même méthode peut aussi être employée pour corriger les orbites *paraboliques* des comètes, si l'on a par hasard une longue série d'observations et qu'on demande la plus grande exactitude.

188

La méthode précédente s'applique principalement au cas où l'on désire la plus grande précision; mais il se présente très-souvent des cas où l'on peut sans hésitation laisser un peu de côté cette précision, si par ce moyen il est possible d'abréger considérablement la longueur du calcul, surtout quand les observations n'embrassent pas encore un grand intervalle de temps, et par suite quand il s'agit de la détermination d'une orbite qu'on peut dire non définitive. Dans de semblables cas, la méthode suivante pourra être appliquée avec un avantage notable.

Que deux positions complètes de l'astre L et L' soient choisies parmi tout l'ensemble des observations, et, qu'au moyen des éléments approchés, on calcule pour les temps correspondants les distances du corps céleste à la Terre. Qu'on forme ensuite, relativement à ces distances, trois hypothèses, en conservant dans la première les valeurs calculées, en changeant dans la seconde hypothèse la première distance, et la seconde dans la troisième hypothèse; on pourra choisir à volonté l'une et l'autre variation proportionnellement à l'incertitude que l'on présume devoir exister dans ces distances. Au moyen de ces trois hypothèses, que nous indiquons dans le tableau suivant,

	HYP. I.	HYP. II.	HYP. III.
Distance(*) correspondante au premier lieu.	D	$D+\delta$	D
Distance correspondante au second lieu. . . .	D'	D'	$D'+\delta'$

que l'on calcule, d'après les deux lieux L, L', et à l'aide des méthodes exposées dans le premier livre, trois systèmes d'éléments, et après cela, pour chacun de ces systèmes, les lieux géocentriques de l'astre correspondant aux époques de toutes les autres observations. Soient ces lieux (chaque longitude et latitude, ou ascension droite et déclinaison étant désignée séparément)

Dans le premier système.	M,	M',	M'',	..... etc.,
Dans le deuxième.	$M+\alpha$,	$M'+\alpha'$,	$M''+\alpha''$,	..... etc.,
Dans le troisième.	$M+\beta$,	$M'+\beta'$,	$M''+\beta''$,	..... etc.
Soient ensuite les lieux observés, respectivement. . . .	N,	N',	N''	..... etc.,

Maintenant, en tant qu'aux petites variations des distances D, D' correspondent des variations proportionnelles de chacun des éléments, aussi bien que des lieux géocentriques calculés d'après eux, on pourra supposer que les lieux géocentriques calculés d'après un quatrième système d'éléments, établi d'après les distances à la Terre $D+x\delta$, $D'+y\delta'$, sont respectivement $M+\alpha x+\beta y$, $M'x+\alpha' x+\beta' y$, $M''+\alpha'' x+\beta'' y$..., etc. De là, conformément aux recherches précédentes, x, y seront déterminés de manière (en tenant compte de la précision relative des observations), que ces quantités s'accordent autant que possible avec N, N', N'',... etc., respectivement. On pourra déduire par une simple interpolation le système corrigé des éléments, soit d'après L, L' et les distances $D+x\delta$, $D'+x\delta'$, soit d'après les règles connues, à l'aide des trois premiers systèmes d'éléments.

189

Cette méthode diffère de la précédente à cet égard seulement, qu'on satisfait exactement aux deux lieux géocentriques, et ensuite le

(*) Il sera encore plus commode d'employer, à la place de ces distances, les logarithmes de leurs distances raccourcies.

plus exactement possible aux autres lieux; tandis que suivant l'autre méthode aucune observation ne l'emporte sur les autres, mais les erreurs sont, autant que faire se peut, distribuées entre toutes. La méthode de l'article précédent ne passera donc avant la première, que lorsque, accordant quelque partie des erreurs aux lieux L, L', il est permis de diminuer notablement les erreurs dans les autres lieux; le plus souvent cependant, par un choix convenable des observations L et L', on peut facilement éviter que cette différence ne prenne une trop grande importance. Il faudra, en effet, avoir soin d'adopter pour L et L' des observations telles que non-seulement elles jouissent de la plus grande précision, mais aussi que les éléments qui en dérivent, ainsi que les distances, ne soient pas trop affectés par de petites variations dans les positions géocentriques elles-mêmes. On agirait par conséquent d'une manière peu prudente en choisissant des observations distantes l'une de l'autre d'un petit intervalle de temps, ou celles qui correspondraient à des lieux héliocentriques à peu près opposés ou coïncidants.

QUATRIÈME SECTION.

DE LA DÉTERMINATION DES ORBITES, EN AYANT ÉGARD AUX PERTURBATIONS.

190

Les perturbations déterminées dans le mouvement des planètes par l'action des autres planètes sont tellement petites et si lentes, qu'elles ne deviennent seulement sensibles qu'après un long intervalle de temps : dans un petit intervalle, ou même, suivant les circonstances, après une ou plusieurs révolutions entières, le mouvement diffère si peu du mouvement elliptique, exactement décrit d'après les lois de Képler, que les observations ne peuvent constater les déviations. Tant que les choses se passent ainsi, il ne servirait à rien d'entreprendre prématurément un calcul des perturbations, et il suffira d'adapter aux observations une section conique qu'on peut appeler osculatrice; mais, après cela, quand la planète a été soigneusement observée pendant un temps plus long, l'effet des perturbations se manifestera enfin de telle sorte qu'il ne sera plus possible de satisfaire exactement plus longtemps à toutes les observations par un mouvement purement elliptique; on ne pourra donc établir une harmonie complète et durable, qu'en joignant d'une manière convenable les perturbations au mouvement elliptique.

Puisque la détermination des éléments elliptiques avec lesquelles doivent être combinées les perturbations, pour que les observations soient exactement représentées, suppose une connaissance de ces perturbations, et que réciproquement, la théorie des perturbations ne peut être soigneusement établie, à moins que les éléments ne soient déjà très-approximativement connus, la nature du sujet ne permet pas d'accomplir ce travail difficile avec un succès complet par un premier effort ; mais les perturbations et les éléments pourront, par des corrections alternatives et plusieurs fois répétées, être portées au plus haut degré de précision. La première théorie des perturbations sera donc établie sur les éléments purement elliptiques, qui ont été adaptés le plus près aux observations; on cherchera après cela une nouvelle orbite qui, jointe à ces perturbations, doit satisfaire le plus possible aux observations. Si cette orbite diffère considérablement de la première, une seconde détermination des perturbations sera établie sur cette orbite, et ces corrections seront répétées alternativement, jusqu'à ce que les observations, les éléments et les perturbations s'accordent le plus étroitement possible.

191

Puisque le développement de la théorie des perturbations d'après des éléments donnés est étranger à notre sujet, nous montrerons seulement ici de quelle manière on peut corriger une orbite approchée pour que, jointe à des perturbations données, elle satisfasse le plus possible aux observations. Ce travail s'accomplit de la manière la plus simple par une méthode analogue à celle que nous avons exposée dans les art. 124, 165, 188.

Pour les époques de toutes les observations que l'on se propose d'employer à ce but et qui, selon les circonstances, pourront être trois, quatre ou un plus grand nombre, les valeurs numériques des perturbations seront calculées, d'après les équations, pour les longitudes dans l'orbite, les rayons vecteurs et aussi pour les latitudes héliocentriques. Pour ce calcul, les arguments seront tirés des éléments elliptiques approchés, sur lesquels a été établie la théorie des perturbations. Parmi toutes les observations, on en choisira ensuite deux pour lesquelles on calculera les distances à la Terre d'après les mêmes éléments approchés; ces distances constitueront la première hypothèse; la seconde et la troisième seront formées en altérant un peu ces distances. Dans chaque hypothèse, on déterminera ensuite, au moyen des deux lieux géocentriques, les positions héliocentriques et les distances au Soleil; de celles-ci, après que les latitudes auront été corrigées des perturbations, on déduira la longitude du nœud ascendant, l'inclinaison de l'orbite et les longitudes dans l'orbite. Pour ce calcul la méthode de l'art. 110 a besoin de quelque modification, si l'on trouve qu'il y a lieu d'avoir égard à la variation séculaire de la longitude du nœud et de l'inclinaison. En désignant par β, β' les latitudes héliocentriques corrigées des perturbations périodiques; par λ, λ' les longitudes héliocentriques; par Ω, $\Omega + \Delta$, les longitudes du nœud ascendant; par i, $i + \delta$, l'inclinaison de l'orbite; il conviendra de prendre les équations dans la forme suivante :

$$\tang \beta = \tang i \sin(\lambda - \Omega),$$

$$\frac{\tang i}{\tang(i+\delta)} \tang \beta' = \tang i \sin(\lambda' - \Delta - \Omega).$$

La valeur de $\frac{\tang i}{\tang(i+\delta)}$ est obtenue ici avec toute la précision nécessaire, en prenant, à la place de i, sa valeur approchée; i et Ω pourront ensuite être déterminées par les méthodes ordinaires.

De plus, l'ensemble des perturbations sera retranché des deux longitudes dans l'orbite et aussi des deux rayons vecteurs, afin de produire des valeurs purement elliptiques. Mais ici, l'effet que déterminent dans la longitude dans l'orbite et sur le rayon vecteur les variations séculaires de la position du périhélie et de l'excentricité, et qui doit être déterminé par les formules différentielles de la Section I du premier Livre, doit aussi être immédiatement combiné avec les perturbations périodiques, pourvu que les observations soient assez distantes l'une de l'autre pour qu'on juge nécessaire d'en tenir compte. Les autres éléments seront déterminés au moyen de ces longitudes dans l'orbite et des rayons vecteurs corrigés, et aussi des époques correspondantes; et enfin, à l'aide de ces éléments, les positions géocentriques, pour toutes les autres observations, seront calculées. En comparant ces positions avec celles observées, de la manière que nous l'avons expliqué dans l'art. 188, on obtiendra le système de distances d'après lequel se déduiront les éléments satisfaisant le mieux possible à toutes les autres observations.

192

La méthode exposée dans l'article précédent a été principalement ajustée à la détermination d'une *première* orbite renfermant des perturbations; mais aussitôt que les éléments moyens elliptiques, et aussi les équations des perturbations sont déjà approximativement connus, on obtiendra très-commodément la plus exacte détermination au moyen du plus grand nombre possible d'observations, par la méthode de l'art. 187, qui n'exige pas ici d'explication particulière. Si le nombre des meilleures observations est ici assez grand, et qu'un grand intervalle de temps soit embrassé, cette méthode pourra aussi servir, dans plusieurs cas, à la détermination la plus précise des masses des planètes perturbatrices, au moins des plus grandes.

En effet, si la masse de quelque planète perturbatrice adoptée dans le calcul des perturbations ne semble pas encore assez certaine, on introduira, en outre des six inconnues qui dépendent de la correction des éléments, une autre inconnue μ, en admettant que la masse corrigée soit à la masse supposée comme $1 + \mu$ est à 1 ; on pourra alors supposer que les perturbations elles-mêmes changent dans le même rapport, d'où, évidemment, il se produira dans chacune des positions calculées un nouveau terme linéaire, contenant μ, dont le développement ne sera sujet à aucune difficulté. La comparaison des positions calculées avec les positions observées, suivant les principes exposés ci-dessus, fournira en même temps et la correction des éléments et la correction μ. De cette manière, les masses de *plusieurs* planètes, même de celles qui exercent des perturbations assez considérables, pourront être déterminées plus exactement. Sans aucun doute, le mouvement des nouvelles planètes, surtout Pallas et Junon, qui éprouvent de si grandes perturbations dues à Jupiter, devra fournir, après quelques dizaines d'années, une détermination très-exacte de la masse de Jupiter; et il sera peut-être même permis de connaître un jour la masse de l'une ou de l'autre de ces nouvelles planètes, d'après les perturbations qu'elles exercent sur les autres.

	ELLIPSE.			HYPERBOLE.		
A	log B	C	T	log B	C	T
0,000	0	0	0,00000	0	0	0,0000
0,001	0	0	100	0	0	100
0,002	0	2	200	0	2	200
0,003	1	4	301	1	4	299
0,004	1	7	401	1	7	399
0,005	2	11	502	2	11	498
0,006	3	16	603	3	16	597
0,007	4	22	704	4	22	696
0,008	5	29	805	5	29	795
0,009	6	37	0,00907	6	37	894
0,010	7	46	0,01008	7	46	0,00992
0,011	9	56	110	9	55	0,01090
0,012	11	66	212	11	66	189
0,013	13	78	314	13	77	287
0,014	15	90	416	15	89	384
0,015	17	103	518	17	102	482
0,016	19	118	621	19	116	580
0,017	22	133	723	21	131	677
0,018	24	149	826	24	147	774
0,019	27	166	0,01929	27	164	872
0,020	30	184	0,02032	30	182	0,01968
0,021	33	203	136	33	200	0,02065
0,022	36	223	239	36	220	162
0.023	40	244	343	39	240	258
0,024	43	265	447	43	261	355
0,025	47	288	551	46	283	451
0,026	51	312	655	50	306	547
0,027	55	336	760	54	330	643
0,028	59	362	864	58	355	739
0,929	63	388	0,02969	62	381	834
0,030	67	416	0,03074	67	407	0,02930
0,031	72	444	179	71	435	0,03025
0,032	77	473	284	76	463	120
0,033	82	503	389	80	492	215
0,034	87	535	495	85	523	310
0,035	92	577	601	91	554	404
0,036	97	600	707	96	585	499
0,037	103	634	813	101	618	593
0,038	108	669	0,03919	107	652	688
0,039	114	704	0,04025	112	686	782
0,040	120	744	132	118	722	876

TABLE I.

	ELLIPSE.			HYPERBOLE.		
A	log B	C	T	log B	C	T
0,040	120	741	0,041319	118	722	0,038757
0,041	126	779	2387	124	758	0,039695
0,042	133	818	3457	130	759	0,040632
0,043	139	858	4528	136	833	1567
0,044	146	898	5601	143	872	2500
0,045	152	940	6676	149	912	3432
0,046	159	982	7753	156	953	4363
0,047	166	1026	8831	163	994	5292
0,048	173	1070	0,049911	170	1037	6220
0,049	181	1116	0,050993	177	1080	7147
0,050	188	1162	2077	184	1124	8072
0,051	196	1210	3163	191	1169	8995
0,052	204	1258	4250	199	1215	0,049917
0,053	212	1307	5339	207	1262	0,050838
0,054	220	1358	6430	215	1310	1757
0,055	228	1409	7523	223	1358	2675
0,056	236	1461	8618	231	1407	3592
0,057	245	1514	0,059714	239	1458	4507
0,058	254	1568	0,060812	247	1509	5420
0,059	263	1623	1912	256	1561	6332
0,060	272	1679	3014	265	1614	7243
0,061	281	1736	4118	273	1667	8152
0,062	290	1794	5223	282	1722	9060
0,063	300	1853	6331	291	1777	0,059967
0,064	309	1913	7440	301	1833	0,060872
0,065	319	1974	8551	310	1891	1776
0,066	329	2036	0,069664	320	1949	2678
0,067	339	2099	0,070779	329	2007	3579
0,068	350	2163	1896	339	2067	4479
0,069	360	2228	3014	349	2128	5377
0,070	371	2294	4135	359	2189	6274
0,071	381	2360	5257	370	2251	7170
0,072	392	2428	6381	382	2314	8064
0,073	403	2497	7507	390	2378	8957
0,074	415	2567	8635	401	2443	0,069848
0,075	426	2638	0,079765	412	2509	0,070738
0,076	437	2709	0,080897	423	2575	1627
0,077	449	2782	2030	434	2643	2514
0,078	461	2856	3166	445	2711	3400
0,079	473	2930	4303	457	2780	4285
0,080	485	3006	5443	468	2850	5168

	ELLIPSE.			HYPERBOLE.		
A	log B	C	T	log B	C	T
0,080	485	3006	0,085443	468	2850	0,075168
0,081	498	3083	6584	480	2921	6050
0,082	510	3160	7727	492	2992	6930
0,083	523	3239	0,088872	504	3065	7810
0,084	535	3319	0,090019	516	3138	8688
0,085	548	3399	1168	528	3212	0,079564
0,086	561	3481	2319	540	3287	0,080439
0,087	575	3564	3472	553	3363	1313
0,088	588	3647	4627	566	3440	2186
0,089	602	3732	5784	578	3517	3057
0,090	615	3818	6943	591	3595	3927
0,091	629	3904	8104	604	3674	4796
0,092	643	3992	0,099266	618	3754	5663
0,093	658	4081	0,100431	631	3835	6529
0,094	672	4170	1598	645	3917	7394
0,095	687	4261	2766	658	3999	8257
0,096	701	4353	3937	672	4083	9119
0,097	716	4446	5110	686	4167	0,089980
0,098	731	4539	6284	700	4252	0,090840
0,099	746	4634	7461	714	4338	1698
0,100	762	4730	8640	728	4424	2555
0,101	777	4826	0,109820	743	4512	3410
0,102	793	4924	0,111003	758	4600	4265
0,103	809	5023	2188	772	4689	5118
0,104	825	5123	3375	787	4779	5969
0,105	841	5224	4563	802	4820	6820
0,106	857	5325	5754	817	4962	7669
0,107	873	5428	6947	833	5054	8517
0,108	890	5532	8142	848	5148	0,099364
0,109	907	5637	0,119339	864	5242	0,100209
0,110	924	5743	0,120538	880	5337	1053
0,111	941	5850	1739	895	5432	1896
0,112	958	5958	2942	914	5529	2738
0,113	975	6067	4148	928	5626	3578
0,114	993	6177	5355	944	5724	4417
0,115	1011	6288	6564	960	5823	5255
0,116	1029	6400	7776	977	5923	6092
0,117	1047	6513	0,128989	994	6024	6927
0,118	1065	6627	0,130205	1010	6125	7761
0,119	1083	6742	1423	1027	6228	8594
0,120	1102	6858	2643	1045	6331	9426

	ELLIPSE.			HYPERBOLE.		
A	log B	C	T	log B	C	T
0,120	1102	6858	0,132643	1045	6331	0,109426
0,121	1121	6976	3865	1062	6435	0,110256
0,122	1139	7094	5089	1079	6539	1085
0,123	1158	7213	6315	1097	6645	1913
0,124	1178	7334	7543	1114	6751	2740
0,125	1197	7455	0,138774	1132	6858	3566
0,126	1217	7577	0,140007	1150	6966	4390
0,127	1236	7701	1241	1168	7075	5213
0,128	1256	7825	2478	1186	7185	6035
0,129	1276	7951	3717	1205	7295	6855
0,130	1296	8077	4959	1223	7406	7675
0,131	1317	8205	6202	1242	7518	8493
0,132	1337	8334	7448	1261	7631	0,119310
0,133	1358	8463	8695	1280	7745	0,120126
0,134	1378	8594	0,149945	1299	7859	0940
0,135	1399	8726	0,151197	1318	7974	1754
0,136	1421	8859	2452	1337	8090	2566
0,137	1442	8993	3708	1357	8207	3377
0,138	1463	9128	4967	1376	8325	4186
0,139	1485	9264	6228	1396	8443	4995
0,140	1507	9401	7491	1416	8562	5802
0,141	1529	9539	0,158756	1436	8682	6609
0,142	1551	9678	0,160024	1456	8803	7414
0,143	1573	9819	1294	1476	8925	8217
0,144	1596	9960	2566	1497	9047	9020
0,145	1618	10102	3840	1517	9170	0,129822
0,146	1641	10246	5116	1538	9294	0,130622
0,147	1664	10390	6395	1559	9419	1421
0,148	1687	10536	7676	1580	9545	2219
0,149	1710	10683	0,168959	1601	9671	3016
0,150	1734	10830	0,170245	1622	9798	3812
0,151	1757	10979	1533	1643	9926	4606
0,152	1781	11129	2823	1665	10055	5399
0,153	1805	11280	4115	1686	10185	6191
0,154	1829	11432	5410	1708	10315	6982
0,155	1854	11585	6707	1730	10446	7772
0,156	1878	11739	8006	1752	10578	8561
0,157	1903	11894	0,179308	1774	10711	0,139349
0,158	1927	12051	0,180612	1797	10844	0,140135
0,159	1952	12208	1918	1819	10978	0920
0,160	1977	12366	3226	1842	11113	1704

	ELLIPSE.			HYPERBOLE.		
A	log B	C	T	log B	C	T
0,160	1977	12366	0,183226	1842	11113	0,141704
0,161	2003	12526	4537	1864	11249	2487
0,162	2028	12686	5850	1887	11386	3269
0,163	2054	12848	7166	1910	11523	4050
0,164	2080	13011	8484	1933	11661	4829
0,165	2106	13175	0,189804	1956	11800	5608
0,166	2132	13340	0,191127	1980	11940	6385
0,167	2158	13506	2452	2003	12081	7161
0,168	2184	13673	3779	2027	12222	7937
0,169	2211	13841	5109	2051	12364	8710
0,170	2238	14010	6441	2075	12507	0,149483
0,171	2265	14181	7775	2099	12651	9,150255
0,172	2292	14352	0,199112	2123	12795	1026
0,173	2319	14525	0,200451	2147	12940	1795
0,174	2347	14699	1793	2172	13086	2564
0,175	2374	14873	3137	2196	13233	3331
0,176	2402	15049	4484	2221	13380	4097
0,177	2430	15226	5832	2246	13529	4862
0,178	2458	15404	7184	2271	13678	5626
0,179	2486	15583	8538	2296	13827	6389
0,180	2515	15764	0,209694	2321	13978	7151
0,181	2543	15945	0,211253	2346	14129	7911
0,182	2572	16128	2614	2372	14281	8671
0,183	2601	16311	3977	2398	14434	0,159429
0,184	2630	16496	5343	2423	14588	0,160187
0,185	2660	16682	6712	2449	14742	0943
0,186	2689	16868	8083	2475	14898	1698
0,187	2719	17057	0,219456	2502	15054	2453
0,188	2749	17246	0,220832	2528	15210	3206
0,189	2779	17436	2211	2554	15368	3958
0,190	2809	17627	3592	2581	15526	4709
0,191	2839	17820	4975	2608	15685	5458
0,192	2870	18013	6361	2634	15845	6207
0,193	2900	18208	7730	2661	16005	6955
0,194	2931	18404	0,229141	2688	16167	7702
0,195	2962	18601	0,230535	2716	16329	8447
0,196	2993	18799	1931	2743	16491	9192
0,197	3025	18998	3329	2771	16655	0,169935
0,198	3056	19198	4731	2798	16819	0,170678
0,199	3088	19400	6135	2826	16984	1419
0,200	3120	19602	7541	2854	17150	2159

A	ELLIPSE. log B	ELLIPSE. C	ELLIPSE. T	HYPERBOLE. log B	HYPERBOLE. C	HYPERBOLE. T
0,200	3120	19602	0,237541	2854	17150	0,172159
0,201	3152	19806	0,238950	2882	17317	2899
0,202	3184	20011	0,240361	2910	17484	3637
0,203	3216	20217	1776	2938	17652	4374
0,204	3249	20424	3192	2967	17821	5110
0,205	3282	20632	4612	2995	17991	5845
0,206	3315	20842	6034	3024	18161	6579
0,207	3348	21052	7458	3053	18332	7312
0,208	3381	21264	0,248885	3082	18504	8044
0,209	3414	21477	0,250315	3111	18677	8775
0,210	3448	21690	1748	3140	18850	0,179505
0,211	3482	21905	3183	3169	19024	0,180234
0,212	3516	22122	4620	3199	19199	0962
0,213	3550	22339	6061	3228	19375	1688
0,214	3584	22557	7504	3258	19551	2414
0,215	3618	22777	0,258950	3288	19728	3139
0,216	3653	22998	0,260398	3318	19906	3863
0,217	3688	23220	1849	3348	20084	4585
0,218	3723	23443	3303	3378	20264	5307
0,219	3758	23667	4759	3409	20444	6028
0,220	3793	23892	6218	3439	20625	6747
0,221	3829	24119	7680	3470	20806	7466
0,222	3865	24347	0,269145	3500	20988	8184
0,223	3900	24576	0,270612	3531	21172	8900
0,224	3936	24806	2082	3562	21355	0,189616
0,225	3973	25037	3555	3594	21540	0,190331
0,226	4009	25269	5031	3625	21725	1044
0,227	4046	25502	6509	3656	21911	1757
0,228	4082	25737	7990	3688	22098	2468
0,229	4119	25973	0,279474	3719	22285	3179
0,230	4156	26210	0,280960	3751	22473	3889
0,231	4194	26448	2450	3783	22662	4597
0,232	4231	36687	3942	3815	22852	5305
0,233	4269	26928	5437	3847	23042	6012
0,234	4306	27169	6935	3880	23234	6717
0,235	4344	27412	8435	3912	23425	7422
0,236	4382	27656	0,289939	3945	23618	8126
0,237	4421	27901	0,291445	3977	23811	8829
0,238	4459	28148	2954	4010	24005	0,199530
0,239	4498	28395	4466	4043	24200	0,200231
0,240	4537	28644	5980	4076	24396	0931

	ELLIPSE.			HYPERBOLE.		
A	log B	C	T	log B	C	T
0,240	4537	28644	0,295980	4076	24396	0,200931
0,241	4576	28894	7498	4110	24592	1630
0,242	4615	29145	0,299018	4143	24789	2328
0,243	4654	29397	0,300542	4176	24987	3025
0,244	4694	29651	2068	4210	25185	3721
0,245	4734	29905	3597	4244	25384	4416
0,246	4774	30161	5129	4277	25584	5110
0,247	4814	30418	6664	4311	25785	5803
0,248	4854	30676	8202	4346	25986	6495
0,249	4894	30935	0,309743	4380	26188	7186
0,250	4935	31196	0,311286	4414	26391	7876
0,251	4976	31458	2833	4449	26594	8565
0,252	5017	31721	4382	4483	26799	9254
0,253	5058	31985	5935	4518	27004	0,209941
0,254	5099	32250	7490	4553	27209	0,210627
0,255	5141	32517	0,319048	4588	27416	1313
0,256	5182	32784	0,320610	4623	27623	1997
0,257	5224	33053	2174	4658	27830	2681
0,258	5266	33323	3741	4694	28039	3364
0,259	5309	33595	5312	4729	28248	4045
0,260	5351	33867	6885	4765	28458	4726
0,261	5394	34141	0,328461	4801	28669	5406
0,262	5436	34416	0,330041	4838	28880	6085
0,263	5479	34692	1623	4873	29092	6763
0,264	5522	34970	3208	4909	29305	7440
0,265	5566	35248	4797	4945	29519	8116
0,266	5609	35528	6388	4981	29733	8791
0,267	5653	35809	7983	5018	29948	0,219465
0,268	5697	36091	0,339580	5055	30164	0,220138
0,269	5741	36375	0,341181	5091	30380	0811
0,270	5785	36659	2785	5128	30597	1482
0,271	5829	36945	4392	5165	30815	2153
0,272	5874	37232	6002	5202	31033	2822
0,273	5919	37521	7615	5240	31253	3491
0,274	5964	37810	0,349231	5277	31473	4159
0,275	6009	38101	0,350850	5315	31693	4826
0,276	6054	38393	2473	5352	31915	5492
0,277	6100	38686	4098	5390	32137	6157
0,278	6145	38981	5727	5428	32359	6821
0,279	6191	39277	7359	5466	32583	7484
0,280	6237	37573	8994	5504	32807	8147

	ELLIPSE.			HYPERBOLE.		
A	log B	C	T	log B	C	T
0,280	6237	39573	0,358994	5504	32807	0,228147
0,281	6283	39872	0,360632	5542	33032	8808
0,282	6330	40171	2274	5581	33257	0,229469
0,283	6376	40472	3918	5619	33484	0,230128
0,284	6423	40774	5566	5658	33711	0787
6,285	6470	41077	7217	5697	33938	1445
0,286	6517	41381	0,368871	5736	34167	2102
0,287	6564	41687	0,370529	5775	34396	2758
0,288	6612	41994	2189	5814	34626	3413
0,289	6660	42302	3853	5853	34856	4068
0,290	6708	42611	5521	5893	35087	4721
0,291	6756	42922	7191	5932	35319	5374
0,292	6804	43233	0,378865	5972	35552	6025
0,293	6852	43547	0,380542	6012	35785	6676
0,294	6901	43861	2222	6052	36019	7326
0,295	6950	44177	3906	6092	36253	7975
0,296	6999	44493	5593	6132	36489	8623
0,297	7048	44812	7283	6172	36725	9271
0,298	7097	45131	0,388977	6213	36961	0,239917
0,299	7147	45452	0,390673	6253	37199	0,240563
0,300	7196	45774	2374	6294	37437	4207

h	$\log y^2$	h	$\log y^2$	h	$\log y^2$
0,0000	0,0000000	0,0040	0,0038332	0,0080	0,0076133
01	0965	41	0,0039284	81	7071
02	1930	42	0,0040235	82	8009
03	2894	43	1186	83	8947
04	3858	44	2136	84	0,0079884
05	4821	45	3086	85	0,0080821
06	5784	46	4036	86	1758
07	6747	47	4985	87	2694
08	7710	48	5934	88	3630
09	8672	49	6883	89	4566
10	0,0009634	50	7832	90	5502
11	0,0010595	51	8780	91	6437
12	1557	52	0,0049728	92	7372
13	2517	53	0,0050675	93	8306
14	3478	54	1622	94	0,0089240
15	4438	55	2569	95	0,0090174
16	5398	56	3515	96	1108
17	6357	57	4462	97	2041
18	7316	58	5407	98	2974
19	8275	59	6353	0,0099	3906
20	0,0019234	60	7298	0,0100	4839
21	0,0020192	61	8243	01	5770
22	1150	62	0,0059187	02	6702
23	2107	63	0,0060131	03	7633
24	3064	64	1075	04	8564
25	4021	65	2019	05	0,0099495
26	4977	66	2962	06	0,0100425
27	5933	67	3905	07	1356
28	6889	68	4847	08	2285
29	7845	69	5790	09	3215
30	8800	70	6732	10	4144
31	0,0029755	71	7673	11	5073
32	0,0030709	72	8614	12	6001
33	1663	73	0,0069555	13	6929
34	2617	74	0,0070496	14	7857
35	3570	75	1436	15	8785
36	4523	76	2376	16	0,0109712
37	5476	77	3316	17	0,0110639
38	6428	78	4255	18	1565
39	7381	79	5194	19	2491
0,0040	0,0038332	0,0080	0,0076133	0,0120	0,0113417

h	$\log y^2$	h	$\log y^2$	h	$\log y^2$
0,0120	0,0113417	0,0160	0,0150202	0,0200	0,0186501
21	4343	61	1115	01	7403
22	5268	62	2028	02	8304
23	6193	63	2941	03	0,0189205
24	7118	64	3854	04	0,0190105
25	8043	65	4766	05	1005
26	8967	66	5678	06	1905
27	0,0119890	67	6589	07	2805
28	0,0120814	68	7500	08	3704
29	1737	69	8411	09	4603
30	2660	70	0,0159322	10	5502
31	3582	71	0,0160232	11	6401
32	4505	72	1142	12	7299
33	5427	73	2052	13	8197
34	6348	74	2961	14	9094
35	7269	75	3870	15	0,0199992
36	8190	76	4779	16	0,0200889
37	0,0129111	77	5688	17	1785
38	0,0130032	78	6596	18	2682
39	0952	79	7504	19	3578
40	1871	80	8412	20	4474
41	2791	81	0,0169319	21	5369
42	3710	82	0,0170226	22	6264
43	4629	83	1133	23	7159
44	5547	84	2039	24	8054
45	6466	85	2945	25	8948
46	7383	86	3851	26	0,0209843
47	8301	87	4757	27	0,0210736
48	0,0139218	88	5662	28	1630
49	0,0140135	89	6567	29	2523
50	1052	90	7471	30	3416
51	1968	91	8376	31	4309
52	2884	92	0,0179280	32	5201
53	3800	93	0,0180183	33	6093
54	4716	94	1087	34	6985
55	5631	95	1990	35	7876
56	6546	96	2893	36	8768
57	7460	97	3796	37	0,0219659
58	8375	98	4698	38	0,0220549
59	0,0149288	0,0199	5600	39	1440
0,0160	0,0150202	0,0200	0,0186501	0,0240	0,0222330

h	log y^2	h	log y^2	h	log y^2
0,0240	0,0222330	0,0280	0,0257700	0,0320	0,0292626
41	3220	81	8579	21	3494
42	4109	82	0,0259457	22	4361
43	4998	83	0,0260335	23	5228
44	5887	84	1213	24	6095
45	6776	85	2090	25	6961
46	7664	86	2967	26	7827
47	8552	87	3844	27	8693
48	0,0229440	88	4721	28	0,0299559
49	0,0230328	89	5597	29	0,0300424
50	1215	90	6473	30	1290
51	2102	91	7349	31	2154
52	2988	92	8224	32	3019
53	3875	93	9099	33	3883
54	4761	94	0,0269974	34	4747
55	5647	95	0,0270849	35	5611
56	6532	96	1723	36	6475
57	7417	97	2597	37	7338
58	8302	98	3471	38	8201
59	0,0239187	0,0299	4345	39	9064
60	0,0240071	0,0300	5218	40	0,0309926
61	0956	01	6091	41	0,0310788
62	1839	02	6964	42	1650
63	2723	03	7836	43	2512
64	3606	04	8708	44	3373
65	4489	05	0,0279580	45	4234
66	5372	06	0,0280452	46	5095
67	6254	07	1323	47	5956
68	7136	08	2194	48	6816
69	8018	09	3065	49	7676
70	8900	10	3936	50	8536
71	0,0249781	11	4806	51	0,0319396
72	0,0250662	12	5676	52	0,0320255
73	1543	13	6546	53	1114
74	2423	14	7415	54	1973
75	3304	15	8284	55	2831
76	4183	16	0,0289153	56	3689
77	5063	17	0,0290022	57	4547
78	5942	18	0890	58	5405
79	6822	19	1758	59	6262
0,0280	0,0257700	0,0320	0,0292626	0,0360	0,0327120

h	$\log y^2$	h	$\log y^2$	h	$\log y^2$
0,0360	0,0327120	0,040	0,0361192	0,080	0,0681057
61	7976	0,041	69646	0,081	88612
62	8833	0,042	78075	0,082	0,0696146
63	0,0329689	0,043	86478	0,083	0,0703661
64	0,0330546	0,044	0,0394856	0,084	11157
65	1401	0,045	0,0403209	0,085	18633
66	2257	0,046	11537	0,086	26090
67	3112	0,047	19841	0,087	33527
68	3967	0,048	28121	0,088	40945
69	4822	0,049	36376	0,089	48345
70	5677	0,050	44607	0,090	55725
71	6531	0,051	52814	0,091	63087
72	7385	0,052	60998	0,092	70430
73	8239	0,053	69157	0,093	77754
74	9092	0,054	77294	0,094	85060
75	0,0339946	0,055	85407	0,095	92348
76	0,0340799	0,056	0,0493496	0,096	0,0799617
77	1651	0,057	0,0501563	0,097	0,0806868
78	2504	0,058	09607	0,098	14101
79	3356	0,059	17628	0,099	21316
80	4208	0,060	25626	0,100	28513
81	5059	0,061	33602	0,101	35693
82	5911	0,062	41556	0,102	42854
83	6762	0,063	49488	0,103	49999
84	7613	0,064	57397	0,104	57125
85	8464	0,065	65285	0,105	64235
86	0,0349314	0,066	73150	0,106	71327
87	0,0350164	0,067	80994	0,107	78401
88	1014	0,068	88817	0,108	85459
89	1864	0,069	0,0596618	0,109	92500
90	2713	0,070	0,0604398	0,110	0,0899523
91	3562	0,071	12157	0,111	0,0906530
92	4411	0,072	19895	0,112	13520
93	5259	0,073	27612	0,113	20494
94	6108	0,074	35308	0,114	27451
95	6956	0,075	42984	0,115	34391
96	7804	0,076	50639	0,116	41315
97	8651	0,077	58274	0,117	48223
98	0,0359499	0,078	65888	0,118	55114
0,0399	0,0360346	0,079	73483	0,119	61990
0,0400	0,0361192	0,080	0,0681057	0,120	0,0968849

h	$\log y^2$	h	$\log y^2$	h	$\log y^2$
0,120	0,0968849	0,160	0,1230927	0,200	0,1471869
0,121	75692	0,161	37192	0,201	77653
0,122	82520	0,162	43444	0,202	83427
0,123	89331	0,163	49682	0,203	89189
0,124	0,0996127	0,164	55908	0,204	0,1494940
0,125	0,1002907	0,165	62121	0,205	0,1500681
0,126	09672	0,166	68321	0,206	06411
0,127	16421	0,167	74508	0,207	12130
0,128	23154	0,168	80683	0,208	17838
0,129	29873	0,169	86845	0,209	23535
0,130	36576	0,170	92994	0,210	29222
0,131	43264	0,171	0,1299131	0,211	34899
0,132	49936	0,172	0,1305255	0,212	40564
0,133	56594	0,173	11367	0,213	46220
0,134	63237	0,174	17466	0,214	51865
0,135	69865	0,175	23553	0,215	57499
0,136	76478	0,176	29628	0,216	63123
0,137	83076	0,177	35690	0,217	68737
0,138	89660	0,178	41740	0,218	74340
0,139	0,1096229	0,179	47778	0,219	79933
0,140	0,1102783	0,180	53804	0,220	85516
0,141	09323	0,181	59818	0,221	91089
0,142	15849	0,182	65821	0,222	0,1596652
0,143	22360	0,183	71811	0,223	0,1602204
0,144	28857	0,184	77789	0,224	07747
0,145	35340	0,185	83755	0,225	13279
0,146	41809	0,186	89710	0,226	18802
0,147	48264	0,187	0,1395653	0,227	24315
0,148	54704	0,188	0,1401585	0,228	29817
0,149	61131	0,189	07504	0,229	35310
0,150	67544	0,190	13412	0,230	40793
0,151	73943	0,191	19309	0,231	46267
0,152	80329	0,192	25194	0,232	51730
0,153	86701	0,193	31068	0,233	57184
0,154	93059	0,194	36931	0,234	62628
0,155	0,1199404	0,195	42782	0,235	68063
0,156	0,1205735	0,196	48622	0,236	73488
0,157	12053	0,197	54450	0,237	78903
0,158	18357	0,198	60268	0,238	84309
0,159	24649	0,199	66074	0,239	89705
0,160	0,1230927	0,200	0,1471869	0,240	0,1695092

h	log y^2	h	log y^2	h	log y^2
0,240	0,1695092	0,280	0,1903220	0,320	0,2098315
0,241	0,1700470	0,281	08249	0,321	0,2103040
0,242	05838	0,282	13269	0,322	07759
0,243	11197	0,283	18281	0,323	12470
0,244	16547	0,284	23286	0,324	17174
0,245	21887	0,285	28282	0,325	21871
0,246	27218	0,286	33271	0,326	26562
0,247	32540	0,287	38251	0,327	31245
0,248	37853	0,288	43224	0,328	35921
0,249	43156	0,289	48188	0,329	40591
0,250	48451	0,290	53145	0,330	45253
0,251	53736	0,291	58049	0,331	49909
0,252	59013	0,292	63035	0,332	54558
0,253	64280	0,293	67968	0,333	59200
0,254	69538	0,294	72894	0,334	63835
0,255	74788	0,295	77811	0,335	68464
0,256	80029	0,296	82721	0,336	73085
0,257	85261	0,297	87624	0,337	77700
0,258	90483	0,298	92518	0,338	82308
0,259	0,1795698	0,299	0,1997406	0,339	86910
0,260	0,1800903	0,300	0,2002285	0,340	91505
0,261	06100	0,301	07157	0,341	0,2196093
0,262	11288	0,302	12021	0,342	0,2200675
0,263	16467	0,303	16878	0,343	05250
0,264	21638	0,304	21727	0,344	09818
0,265	26800	0,305	26569	0,345	14380
0,266	31953	0,306	31403	0,346	18935
0,267	37098	0,307	36230	0,347	23483
0,268	42235	0,308	41050	0,348	28026
0,269	47363	0,309	45862	0,349	32561
0,270	52483	0,310	50667	0,350	37091
0,271	57594	0,311	55464	0,351	41613
0,272	62696	0,312	60254	0,352	46130
0,273	67791	0,313	65037	0,353	50640
0,274	72877	0,314	69813	0,354	55143
0,275	77955	0,315	74581	0,355	59640
0,276	83024	0,316	79342	0,356	64131
0,277	88085	0,317	84096	0,357	68615
0,278	93138	0,318	88843	0,358	73094
0,279	0,1898183	0,319	93582	0,359	77565
0,280	0,1903220	0,320	0,2098315	0,360	0,2282031

h	$\log y^2$	h	$\log y^2$	h	$\log y^2$
0,360	0,2282031	0,400	0,2455716	0,440	0,2620486
0,361	86490	0,401	59940	0,441	24499
0,362	90943	0,402	64158	0,442	28507
0,363	95390	0,403	68371	0,443	32511
0,364	0,2299831	0,404	72578	0,444	36509
0,365	0,2304265	0,405	76779	0,445	40503
0,366	08694	0,406	80975	0,446	44492
0,367	13116	0,407	85166	0,447	48475
0,368	17532	0,408	89351	0,448	52454
0,369	21942	0,409	93531	0,449	56428
0,370	26346	0,410	0,2497705	0,450	60397
0,371	30743	0,411	0,2501874	0,451	64362
0,372	35135	0,412	06038	0,452	68321
0,373	39521	0,413	10196	0,453	72276
0,374	43900	0,414	14349	0,454	76226
0,375	48274	0,415	18496	0,455	80171
0,376	52642	0,416	22638	0,456	84111
0,377	57003	0,417	26775	0,457	88046
0,378	61359	0,418	30906	0,458	91977
0,379	65709	0,419	35032	0,459	95903
0,380	70053	0,420	39153	0,460	0,2699824
0,381	74391	0,421	43269	0,461	0,2703741
0,382	78723	0,422	47379	0,462	07652
0,383	83050	0,423	51485	0,463	11559
0,384	87370	0,424	55584	0,464	15462
0,385	91685	0,425	59679	0,465	19360
0,386	0,2395993	0,426	63769	0,466	23253
0,387	0,2400296	0,427	67853	0,467	27141
0,388	04594	0,428	71932	0,468	31025
0,389	08885	0,429	76006	0,469	34904
0,390	13171	0,430	80075	0,470	38778
0,391	17451	0,431	84139	0,471	42648
0,392	21725	0,432	88198	0,472	46513
0,393	25994	0,433	92252	0,473	50374
0,394	30257	0,434	0,2596300	0,474	54230
0,395	34514	0,435	0,2600344	0,475	58082
0,396	38766	0,436	04382	0,476	61929
0,397	43012	0,437	08415	0,477	65771
0,398	47252	0,438	12444	0,478	69609
0,399	51487	0,439	16467	0,479	73443
0,400	0,2455716	0,440	0,2620486	0,480	0,2777272

h	$\log y^2$	h	$\log y^2$	h	$\log y^2$
0,480	0,2777272	0,520	0,2926864	0,560	0,3069938
0,481	81096	0,521	30518	0,561	73437
0,482	84916	0,522	34168	0,562	76931
0,483	88732	0,523	37813	0,563	80422
0,484	92543	0,524	41455	0,564	83910
0,485	0,2796349	0,525	45092	0,565	87394
0,486	0,2800152	0,526	48726	0,566	90874
0,487	03949	0,527	52855	0,567	94350
0,488	07743	0,528	55981	0,568	0,3097823
0,489	11532	0,529	59602	0,569	0,3101292
0,490	15316	0,530	63220	0,570	04758
0,491	19096	0,531	66833	0,571	08220
0,492	22872	0,532	70443	0,572	11678
0,493	26644	0,533	74049	0,573	15133
0,494	30411	0,534	77650	0,574	18584
0,495	34173	0,535	81248	0,575	22031
0,496	37932	0,536	84842	0,576	25475
0,497	41686	0,537	88432	0,577	28915
0,498	45436	0,538	92018	0,578	32352
0,499	49181	0,539	95600	0,579	35785
0,500	52923	0,540	0,2999178	0,580	39215
0,501	56660	0,541	0,3002752	0,581	42641
0,502	60392	0,542	06323	0,582	46064
0,503	64121	0,543	09888	0,583	49483
0,504	67845	0,544	13452	0,584	52898
0,505	71565	0,545	17014	0,585	56310
0,506	75281	0,546	20566	0,586	59719
0,507	78992	0,547	24117	0,587	63124
0,508	82700	0,548	27664	0,588	66525
0,509	86403	0,549	31208	0,589	69923
0,510	90102	0,550	34748	0,590	73318
0,511	93797	0,551	38284	0,591	76709
0,512	0.2897487	0,552	41816	0,592	80096
0,513	0,2901174	0,553	45344	0,593	83481
0,514	04856	0,554	48869	0,594	86861
0,515	08535	0,555	52390	0,595	90239
0,516	12209	0,556	55907	0,596	93612
0,517	15879	0,557	59420	0,597	0,3196983
0,518	19545	0,558	62930	0,598	0,3200350
0,519	23207	0,559	66436	0,599	03714
0,520	0,2926864	0,560	0,3069938	0,600	0,3207074

x ou z	ξ	ζ	x ou z	ξ	ζ
0,000	0,0000000	0,0000000	0,040	0,0000936	0,0000894
0,001	001	001	0,041	0984	0938
0,002	002	002	0,042	1033	0984
0,003	005	005	0,043	1084	1031
0,004	009	009	0,044	1135	1079
0,005	014	014	0,045	1188	1128
0,006	021	020	0,046	1242	1178
0,007	028	028	0,047	1298	1229
0,008	037	036	0,048	1354	1281
0,009	047	046	0,049	1412	1334
0,010	057	057	0,050	1471	1389
0,011	070	069	0,051	1532	1444
0,012	083	082	0,052	1593	1500
0,013	097	096	0,053	1656	1558
0,014	113	111	0,054	1720	1616
0,015	130	127	0,055	1785	1675
0,016	148	145	0,056	1852	1736
0,017	167	164	0,057	1920	1798
0,018	187	183	0,058	1989	1860
0,019	209	204	0,059	2060	1924
0,020	231	226	0,060	2131	1988
0,021	255	249	0,061	2204	2054
0,022	280	273	0,062	2278	2121
0,023	306	298	0,063	2354	2189
0,024	334	325	0,064	2431	2257
0,025	362	352	0,065	2509	2327
0,026	392	381	0,066	2588	2398
0,027	423	410	0,067	2669	2470
0,028	455	441	0,068	2751	2543
0,029	489	473	0,069	2834	2617
0,030	523	506	0,070	2918	2691
0,031	559	539	0,071	3004	2767
0,032	596	575	0,072	3091	2844
0,033	634	611	0,073	3180	2922
0,034	674	648	0,074	3269	3001
0,035	714	686	0,075	3360	3081
0,036	756	726	0,076	3453	3162
0,037	799	766	0,077	3546	3244
0,038	844	807	0,078	3641	3327
0,039	889	850	0,079	3738	3411
0,040	0,0000936	0,0000894	0,080	0,0003835	0,0003496

x ou z	ξ	ζ	x ou z	ξ	ζ
0,080	0,0003835	0,0003496	0,120	0,0008845	0,0007698
0,081	3934	3582	0,121	8999	7822
0,082	4034	3669	0,122	9154	7948
0,083	4136	3757	0,123	9311	8074
0,084	4239	3846	0,124	9469	8202
0,085	4343	3936	0,125	9628	8330
0,086	4448	4027	0,126	9789	8459
0,087	4555	4119	0,127	0,0009951	8590
0,088	4663	4212	0,128	0,0010115	8721
0,089	4773	4306	0,129	0280	8853
0,090	4884	4401	6,130	0447	8986
0,091	4996	4496	0,131	0615	9120
0,092	5109	4593	0,132	0784	9255
0,093	5224	4691	0,133	0955	9390
0,094	5341	4790	0,134	1128	9527
0,095	5458	4890	0,135	1301	9665
0,096	5577	4991	0,136	1477	9803
0,097	5697	5092	0,137	1654	0,0009943
0,098	5819	5195	0,138	1832	0,0010083
0,099	5942	5299	0,139	2012	0224
0,100	6066	5403	0,140	2193	0366
0,101	6192	5509	0,141	2376	0509
0,102	6319	5616	0,142	2560	0653
0,103	6448	5723	0,143	2745	0798
0,104	6578	5832	0,144	2933	0944
0,105	6709	5941	0,145	3121	1091
0,106	6842	6052	0,146	3311	1238
0,107	6976	6163	0,147	3503	1387
0,108	7111	6275	0,148	3696	1536
0,109	7248	6389	0,149	3791	1689
0,110	7386	6503	0,150	4087	1838
0,111	7526	6618	0,151	4285	1990
0,112	7667	6734	0,152	4484	2143
0,113	7809	6851	0,153	4684	2296
0,114	7953	6969	0,154	4886	2451
0,115	8098	7088	0,155	5090	2607
0,116	8245	7208	0,156	5295	2763
0,117	8393	7329	0,157	5502	2921
0,118	8542	7451	0,158	5710	3079
0,119	8693	7574	0,159	5920	3238
0,120	0,0008845	0,0007698	0,160	0,0016131	0,0013398

x ou z	ξ	ζ	x ou z	ξ	ζ
0,160	0,0016131	0,0013398	0,200	0,0025877	0,0020507
0,161	6344	3559	0,201	6154	0702
0,162	6559	3721	0,202	6433	0897
0,163	6775	3883	0,203	6713	1094
0,164	6992	4047	0,204	6995	1292
0,165	7211	4211	0,205	7278	1490
0,166	7432	4377	0,206	7564	1689
0,167	7654	4543	0,207	7851	1889
0,168	7878	4710	0,208	8139	2090
0,169	8103	4878	0,209	8429	2291
0,170	8330	5047	0,210	8722	2494
0,171	8558	5216	0,211	9015	2697
0,172	8788	5387	0,212	9311	2901
0,173	9020	5558	0,213	9608	3106
0,174	9253	5730	0,214	0,0029907	3311
0,175	9487	5903	0,215	0,0030207	3518
0,176	9724	6077	0,216	0509	3725
0,177	0,0019961	6252	0,217	0814	3932
0,178	0,0020201	6428	0,218	1119	4142
0,179	0442	6604	0,219	1427	4352
0,180	0685	6782	0,220	1736	4562
0,181	0929	6960	0,221	2047	4774
0,182	1175	7139	0,222	2359	4986
0,183	1422	7319	0,223	2674	5199
0,184	1671	7500	0,224	2990	5412
0,185	1922	7681	0,225	3308	5627
0,186	2174	7864	0,226	3627	5842
0,187	2428	8047	0,227	3949	6058
0,188	2683	8231	0,228	4272	6275
0,189	2941	8416	0,229	4597	6493
0,190	3199	8602	0,230	4924	6711
0,191	3460	8789	0,231	5252	6931
0,192	3722	8976	0,232	5582	7151
0,193	3985	9165	0,233	5914	7371
0,194	4251	9354	0,234	6248	7593
0,195	4518	9544	0,235	6584	7816
0,196	4786	9735	0,236	6921	8039
0,197	5056	0,0019926	0,237	7260	8263
0,198	5328	0,0020119	0,238	7601	8487
0,199	5602	0312	0,239	7944	8713
0,200	0,0025877	0,0020507	0,240	0,0038289	0,0028939

x ou z	ξ	ζ	x ou z	ξ	ζ
0,240	0,0038289	0,0028939	0,270	0,0049485	0,0036087
0,241	8635	9166	0,271	0,0049888	6337
0,242	8983	9394	0,272	0,0059292	6587
0,243	9333	9623	0,273	0699	6839
0,244	0,0039685	0,0029852	0,274	1107	7091
0,245	0,0040039	0,0030083	0,275	1517	7344
0,246	0394	0314	0,276	1930	7598
0,247	0752	0545	0,277	2344	7852
0,248	1111	0778	0,278	2760	8107
0,249	1472	1001	0,279	3188	8363
0,250	1835	1245	0,280	3598	8620
0,251	2199	1480	0,281	4020	8877
0,252	2566	1716	0,282	4444	9135
0,253	2934	1952	0,283	4870	9394
0,254	3305	2189	0,284	5298	9654
0,255	3677	2427	0,285	5728	0,0039914
0,256	4051	2666	0,286	6160	0,0040175
0,257	4427	2905	0,287	6594	0437
0,258	4804	3146	0,288	7030	0700
0,259	5184	3387	0,289	7468	0963
0,260	5566	3628	0,290	7908	1227
0,261	5949	3871	0,291	8350	1491
0,262	6334	4114	0,292	8795	1757
0,263	6721	4358	0,293	9241	2023
0,264	7111	4603	0,294	0,0059689	2290
0,265	7502	4848	0,295	0,0060139	2557
0,266	7894	5094	0,296	0591	2826
0,267	8289	5341	0,297	1045	3095
0,268	8686	5589	0,298	1502	3364
0,269	9085	5838	0,299	1960	3635
0,270	0,0049485	0,0036087	0,300	0,0062421	0,0043906

Fig. 1.

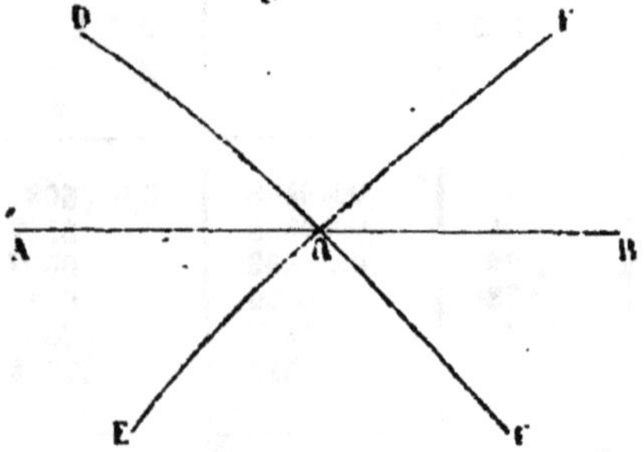

Fig. 2.

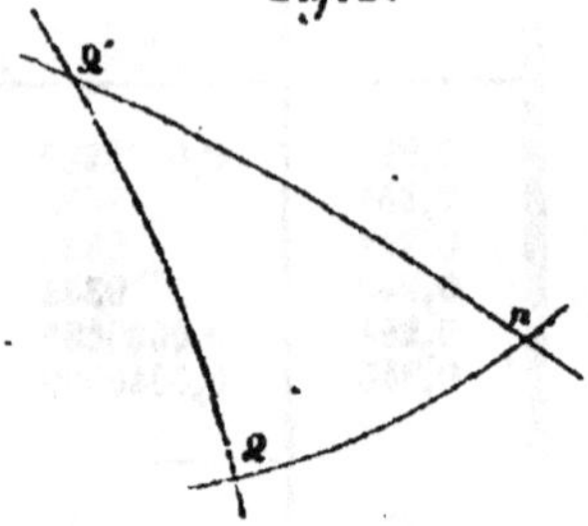

Fig. 3.

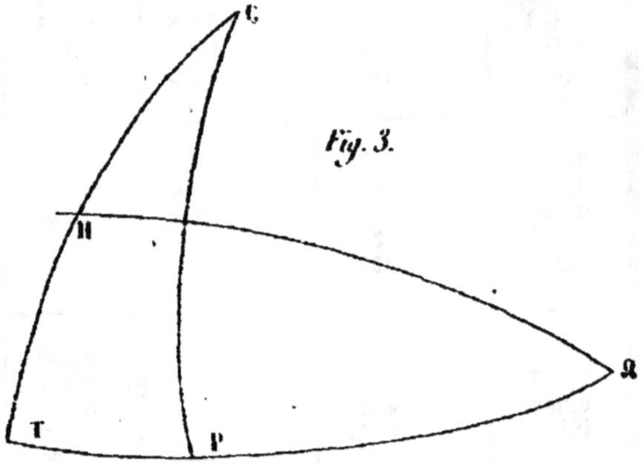

Fig. 4.

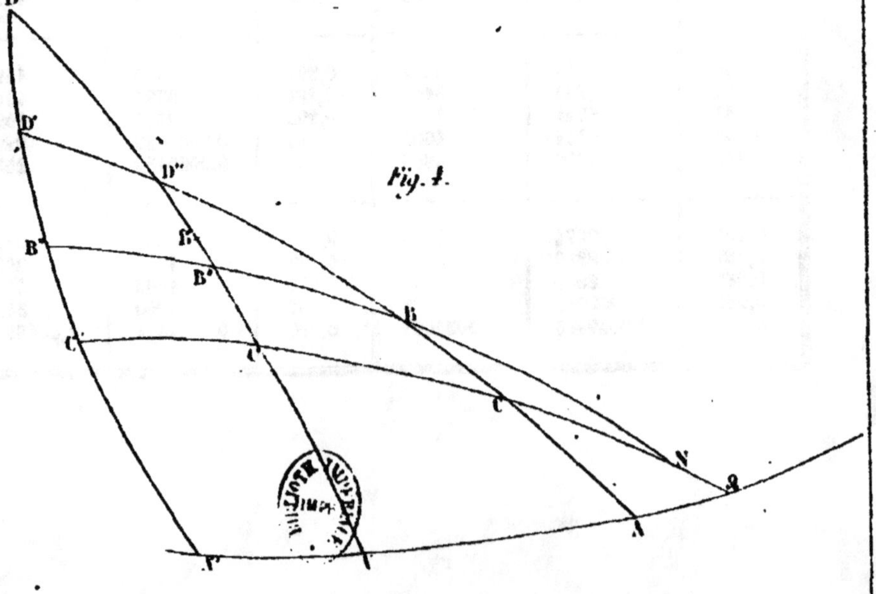

Paris-Imp. Becquet.

NOTES

DU

TRADUCTEUR.

Note I (art. 1) (*).

Le nombre constant

$$k = \frac{g}{t\sqrt{p}\sqrt{1+\mu}}$$

n'a été considéré par l'illustre GAUSS qu'au point de vue géométrique, qui est le seul sous lequel il a voulu considérer le mouvement des planètes autour du Soleil.

Ainsi envisagé, ce nombre représente le rapport constant qui existe entre l'*aire* décrite par le rayon vecteur de la planète, dans le temps t, et ce *même temps* multiplié par une constante $\frac{1}{2}\sqrt{p}\sqrt{1+\mu}$ propre à chaque planète.

Dans la détermination numérique de ce nombre, GAUSS a pris pour unité de distance, la *distance moyenne* de la Terre au Soleil, pour unité de temps le jour solaire moyen.

Le nombre

$$k = 0{,}1720209895$$

qu'il a obtenu, a aussi une signification *dynamique* qu'il est utile de connaître, pour être bien certain que la détermination de cette constante, qui est établie dans l'hypothèse que les planètes de notre système n'exercent aucune action perturbatrice les unes sur les autres, n'est nullement altérée par la substitution, dans l'expression de k, de la valeur de l'année sidérale fournie par l'observation.

Rappelons succinctement la marche que l'on suit pour déduire du principe d'attraction le mouvement elliptique d'une planète autour du Soleil.

On sait que si l'on désigne par f *l'intensité de l'attraction exercée par l'unité de masse* (la masse du Soleil) à l'*unité de distance*, par μ la masse d'une planète, par r sa distance au Soleil à un moment donné, et par x, y, z, ses trois coordonnées par rapport à trois axes rectangulaires passant par le Soleil, les équations différentielles du

(*) L'article indiqué est celui du texte de GAUSS, auquel se rapporte la note.

mouvement de la planète (en n'ayant pas égard aux actions perturbatrices des autres planètes) sont :

$$(1)\qquad \begin{aligned} &\frac{d^2x}{dt^2}+f(1+\mu)\frac{x}{r^3}=0,\\ &\frac{d^2y}{dt^2}+f(1+\mu)\frac{y}{r^3}=0,\\ &\frac{d^2z}{dt^2}+f(1+\mu)\frac{z}{r^3}=0. \end{aligned}$$

De ces équations on déduit facilement :

1° Que l'orbite est entièrement située dans un plan passant par le Soleil ;

2° Que les aires décrites par le rayon vecteur et projetées sur l'un quelconque des plans de coordonnées sont proportionnelles aux temps employés à les décrire. On en conclut la *loi des aires* pour le rayon vecteur même parcourant l'orbite.

En désignant par K le double de l'aire décrite dans le plan de l'orbite, dans l'unité de temps, on trouve, en combinant le principe des forces vives avec les équations (1), les deux équations suivantes :

$$(2)\qquad dv=\pm\frac{\mathrm{K}\dfrac{dr}{r^2}}{\sqrt{2\mathrm{H}+\dfrac{2f(1+\mu)}{r}-\dfrac{\mathrm{K}^2}{r^2}}},$$

$$(3)\qquad dt=\pm\frac{dr}{\sqrt{2\mathrm{H}+\dfrac{2f(1+\mu)}{r}-\dfrac{\mathrm{K}^2}{r^2}}},$$

dans lesquelles v est la longitude de la planète dans l'orbite, et H une constante introduite par l'intégration de l'équation des forces vives.

En intégrant l'équation (2), on obtient

$$(4)\qquad r=\frac{\dfrac{\mathrm{K}^2}{f(1+\mu)}}{1+\sqrt{1+\dfrac{2\mathrm{HK}^2}{f^2(1+\mu)^2}}\cdot\cos(v-\pi)},$$

π étant une constante arbitraire.

Si l'on pose

(5) $$\frac{K^2}{f(1+\mu)} = a(1-e^2),$$

et

(6) $$\frac{2H.K^2}{f^2(1+\mu)^2} = e^2 - 1,$$

a et e étant de nouvelles constantes arbitraires, substituées à K et H, l'équation du rayon vecteur devient

$$r = \frac{a(1-e^2)}{1+e\cos(v-\pi)} = \frac{p}{1+e\cos(v-\pi)},$$

qui, comme on le sait, est l'équation polaire d'une ellipse dans le cas où e n'est ni égal à 1 ni plus grand que 1.

D'après la relation (5), et en remarquant que le g de Gauss est égal à Kt, c'est-à-dire que

$$K^2 = \frac{g^2}{t^2},$$

on en déduit,

$$\frac{g^2}{t^2 f(1+\mu)} = p;$$

d'où

$$f = \frac{g^2}{t^2 p(1+\mu)},$$

et enfin,

$$\sqrt{f} = \frac{g}{t.\sqrt{p}\sqrt{1+\mu}}.$$

Ainsi $\sqrt{f} = k$; c'est-à-dire, qu'au point de vue *dynamique*, la constante k de Gauss n'est autre chose que la *racine carrée de l'intensité de l'attraction exercée par l'unité de masse, à l'unité de distance.*

En remplaçant dans l'équation (3) les constantes H et K par leurs expressions en fonction de a et e, on a

$$dt = \pm \frac{1}{\sqrt{af(1+\mu)}} \cdot \frac{r\,dr}{\sqrt{e^2 - \left(1-\frac{r}{a}\right)^2}};$$

pour intégrer cette expression, on introduit une quantité auxiliaire u, telle que l'on ait

$$e\cos u = 1 - \frac{r}{a}, \quad \text{ou} \quad r = a(1-e\cos u),$$

et il vient ensuite, en intégrant,

$$(7) \qquad \sqrt{\frac{f(1+\mu)}{a^3}}(t-\tau) = u - e \sin u.$$

τ étant une nouvelle constante arbitraire qui est l'époque du passage de la planète au périhélie. On reconnaît, dans la formule (7), la relation entre l'anomalie moyenne et l'anomalie excentrique.

En désignant donc par n le mouvement moyen diurne de la planète, on a la relation

$$(8) \qquad a^3 n^2 = f(1+\mu),$$

qui contient la troisième loi de Képler sous sa véritable forme, et qui peut aussi servir à trouver la valeur de f, si on l'applique, par exemple, au mouvement de la Terre.

Remarquons que a est le demi-grand axe de l'ellipse, et n le mouvement moyen, tels qu'ils existeraient si la Terre et le Soleil étaient seuls en présence. Mais, sous l'action perturbatrice des autres planètes, le mouvement moyen *observé* n_0 est différent de n. Si l'on désigne, ainsi que l'a fait M. Leverrier, par $6''$ la quantité dont se modifie séculairement le mouvement moyen diurne de la Terre, sous l'action perturbatrice des autres planètes, on doit avoir la relation

$$n_0 = n + 6'',$$

d'où

$$n = n_0 - 6''.$$

En substituant cette expression de n dans la relation (8), elle peut se mettre sous la forme

$$a = \sqrt[3]{\frac{f(1+\mu)}{n_0^2}}\left(1 - \frac{6''}{n_0}\right)^{-\frac{2}{3}}.$$

Si l'on prend maintenant, pour unité de distance, la quantité

$$a_1 = \sqrt[3]{\frac{f(1+\mu)}{n_0^2}},$$

c'est-à-dire, si l'on pose

$$(9) \qquad \sqrt[3]{\frac{f(1+\mu)}{n_0^2}} = 1, \qquad \text{d'où} \qquad (10) \qquad \sqrt{f} = \frac{n_0}{\sqrt{1+\mu}},$$

on aperçoit que l'*unité linéaire* n'est pas le demi-grand axe a de l'orbite terrestre considérée elliptiquement, mais en diffère d'une quantité représentée par

$$a\left(-\frac{2}{3}\frac{6''}{n_0}-\frac{1}{9}\frac{6''^2}{n^2_0}-\text{etc.}\dots\right)$$

ou par

$$-\frac{2}{3}a\frac{6''}{n_0},$$

en négligeant les termes du second ordre et au delà.

D'après les valeurs trouvées pour $6''$ et n_0, le demi-grand axe de l'ellipse terrestre est non pas égal à 1, mais à

$$1{,}00000129.$$

Si dans la relation (10) on met pour n_0 la valeur

$$\frac{2\pi}{365{,}256}$$

afin de rapporter la valeur de $\sqrt{f}$ au rayon, et si l'on fait $\mu = \frac{1}{354936}$, valeur donnée par Laplace dans son «*Système du monde*», on trouve

$$\sqrt{f}=k=0{,}017202099,$$

qui ne diffère du nombre donné par Gauss qu'en raison de la valeur différente qu'il a attribuée à μ.

On voit donc que la constante k est tout à fait arbitraire, pourvu qu'elle soit la même pour toutes les planètes. Sa valeur numérique dépend complétement des unités adoptées.

Dans le n° 1341 des *Astronomische Nachrichten*, M. Lehmann a donné une nouvelle valeur de la constante k, obtenue en corrigeant de la variation séculaire de la longitude de l'époque le mouvement moyen n_0, déduit de l'observation.

Ainsi que M. Simon Newcomb l'a fait remarquer, (*Ast. Nach.*, n° 1349), cette correction est complétement inutile, et ne produit qu'un changement dans l'*unité linéaire*.

Si dans l'équation

$$a^3=\frac{k^2(1+\mu)}{n^2}$$

on met pour k la valeur de Gauss et pour n le mouvement moyen déduit de l'observation, on trouve $a=1$; si l'on met la valeur de k proposée par M. LEHMANN, et pour n le mouvement moyen (n_0-6''), c'est-à-dire, le mouvement moyen observé, corrigé de sa variation séculaire, on obtient encore 1; mais si l'on emploie la valeur de k donnée par GAUSS, et la valeur corrigée (n_0-6''), on obtient

$$a=1,00000129.$$

Ainsi, *avec les unités adoptées*, le nombre

$$k=0,017202099$$

représente bien la *racine carrée* de l'intensité de l'attraction de la *masse solaire* à l'unité *de distance*.

Note II (art. 11).

Plusieurs méthodes ont été proposées pour la résolution la plus prompte du *Problème de* KÉPLER, c'est-à-dire de la solution de l'équation transcendante

$$(1)\qquad nt=u-\frac{e}{\sin 1''}\sin u.$$

La méthode généralement adoptée est celle de M. ENCKE qui rentre, par le fait, dans celle donnée par GAUSS dans l'art. 11.

Soit u_1 une valeur approchée de u; on peut poser

$$u=u_1+x.$$

En substituant cette valeur dans l'équation (1), on a

$$nt=(u_1+x)-\frac{e}{\sin 1''}\sin(u_1+x),$$

ou, si x est suffisamment petit,

$$nt=u_1-\frac{e}{\sin 1''}\sin u_1+x-e\cos u_1 x$$

ou

$$nt-\left(u_1-\frac{e}{\sin 1''}\sin u_1\right)=x(1-e\cos u_1);$$

d'où, en désignant par φ la différence

$$nt - \left(u_1 - \frac{e}{\sin 1''}\sin u_1\right),$$

on a

$$x = \frac{\varphi}{1 - e\cos u_1}.$$

Pour que cette valeur de x n'ait plus besoin de correction, il faut que u_1 soit déjà suffisamment approché, autrement on recommence le même calcul avec la valeur $u_2 = u_1 + x$.

Nous croyons inutile de développer les solutions proposées, dans ces derniers temps, par MM. Grunert, Wolfers, Karlinski, Annibal de Gasparis, etc. Le problème tel qu'il a été résolu par Gauss, n'offre pas assez de longueur dans les calculs à effectuer, pour qu'il me semble nécessaire de rappeler toutes ces ingénieuses solutions; je me bornerai donc à présenter ici une méthode que j'ai donnée pour résoudre graphiquement la question; cette méthode a été insérée dans le n° 1404 des *astronomische Nachrichten*.

L'équation

$$nt = u - e\sin u, \tag{1}$$

dans laquelle nous rapportons tout au rayon, peut être considérée comme résultant des deux équations

$$y = \sin u, \tag{2}$$

$$y = (u - nt)\frac{1}{e}. \tag{3}$$

Posons $\frac{1}{e} = \operatorname{tang}\psi$; ψ sera toujours plus grand que 45° et plus petit que 90.

L'équation (2) est celle d'une *sinusoïde;* l'équation (3) est celle d'une droite coupant l'axe des x en un point distant de l'origine de la quantité nt, et inclinée sur cet axe de l'angle ψ, *constant pour chaque planète*, et qui dépend de l'excentricité.

Solution. — D'après cela, on construira, une fois pour toutes, la sinusoïde OMK (fig. 1), planche I, sur une grande feuille de papier divisée en millimètres. L'axe des x sera gradué de 0 à 180° ou moins, et ces graduations seront écrites aussi sur la courbe aux extrémités des ordonnées correspondantes.

On mènera au point B de l'axe des x, tel que

$$OB = nt,$$

une droite BM faisant avec l'axe des x, l'angle ψ relatif à la planète considérée ; l'abscisse du point M, intersection de la droite BM avec la sinusoïde, donnera l'anomalie excentrique u.

Pour une autre anomalie moyenne $OB' = nt'$, on mènera B'M' parallèle à BM et on lira au point M' même la seconde anomalie excentrique u', et ainsi de suite.

Si, par le point 90° de l'axe des x on mène une droite inclinée de 45° sur cet axe, il est clair que pour des anomalies moyennes $< 90°$, l'intersection des droites telles que BM donnera toujours une abscisse plus petite que l'abscisse du point N (les excentricités étant toujours plus petites que 1, et, par conséquent ψ étant toujours plus grand que 45°), il est donc inutile, pour avoir les anomalies excentriques qui correspondent aux anomalies moyennes plus petites que 90°, de construire la courbe au delà du point N.

Or, pour le point N, on a évidemment

$$y = (x - 90) = \sin x,$$

ou, en posant $x - 90° = x'$,

$$x' = \cos x'. \qquad (4)$$

En résolvant l'équation (4) par tâtonnements, on trouve

$$x' = 42°20'48'',4.$$

Mais si l'on fait attention que les excentricités de toutes les planètes connues sont inférieures à 0,4, on trouve facilement que pour les anomalies moyennes $< 90°$, on peut encore réduire la sinusoïde puisque, dans ce cas, l'anomalie excentrique relative à une anomalie moyenne de 90° n'atteint jamais 111° 21'.

Pour résoudre graphiquement le problème, pour toutes les anomalies moyennes comprises de 0° à 180°, on tracera deux portions de la sinusoïde sur deux feuilles de papier différentes ; sur la première, l'abscisse OQ (fig. 2) ira jusqu'à 111°30', et sur l'autre (fig. 3), l'abscisse OD ira de 90° à 180°.

La même construction pourra servir aux anomalies moyennes plus grandes que 180°, en remarquant que si nt et nt' sont des anomalies dont la somme est égale à 360°, la somme des anomalies excentriques correspondantes u et u' sera aussi égale à 360°. Dans le cas où l'on a $nt > 180°$, on appliquera la construction que nous venons d'indiquer à l'anomalie moyenne $(360° - nt)$ et l'anomalie excentrique qui en résultera, retranchée de 360°, donnera l'anomalie excentrique cherchée.

En employant les papiers divisés dont se servent les ingénieurs, et en prenant le millimètre pour représenter 24' sur l'axe des x, on pourra, par la construction précédente, avoir l'anomalie excentrique à 6' près.

On obtiendra ensuite cette quantité avec la plus grande exactitude, soit par la méthode de Gauss, soit par une autre méthode.

Note III (art. 18).

Si dans l'équation

$$\text{tang}\,\frac{1}{2}v + \frac{1}{3}\,\text{tang}^3\frac{1}{2}v = \frac{2tk\sqrt{1+\mu}}{p^{\frac{3}{2}}}$$

nous introduisons la distance périhélie $q = \frac{p}{2}$, nous aurons, en négligeant la masse de la comète,

$$(1) \qquad t = \frac{2^{\frac{1}{2}} q^{\frac{3}{2}}}{k}\left(\text{tang}\,\frac{1}{2}v + \frac{1}{3}\,\text{tang}^3\frac{1}{2}v\right).$$

Cette formule donne l'intervalle de temps que met le rayon vecteur d'une comète, dont la distance périhélie est q, à décrire le secteur dont l'angle est v.

Si nous considérons une comète dont la distance périhélie serait égale à l'unité de distance, c'est-à-dire égale à la distance moyenne de la Terre au Soleil (voir note 1), on trouvera

$$(2) \qquad t' = \frac{2^{\frac{1}{2}}}{k}\left(\text{tang}\,\frac{1}{2}v + \frac{1}{3}\,\text{tang}^3\frac{1}{2}v\right);$$

donc, entre les temps t et t' que mettent deux comètes, dont l'une a une distance périhélie égale à 1 et l'autre égale à q, pour décrire la même anomalie vraie v, il existe la relation

$$t = t'.q^{\frac{3}{2}}.$$

Si dans la relation (2) nous supposons $v = 90°$, nous aurons le temps que la Comète, dont la distance périhélie est 1, met à décrire le secteur dont l'angle est droit; on a ainsi

$$t' = \frac{\sqrt{2}}{k}\left(1 + \frac{1}{3}\right) = \frac{4}{3}\frac{\sqrt{2}}{k};$$

mais

$$k = \frac{2\pi}{365,2564},$$

on a donc,

$$t' = \frac{4\sqrt{2}}{6.\pi}\,365^j,2564 = 109^j,615581.$$

On a donné le nom de *Comète de 109 jours* à cette comète dont la distance périhélie serait 1; cet intervalle de temps t' est celui pendant lequel le rayon vecteur de cette comète décrirait une aire égale à $\frac{4}{3}$, ainsi qu'on le voit facilement en faisant dans l'expression du secteur parabolique, $\frac{2}{3}xy$,

$$x = 1 \quad \text{et} \quad y = 2.$$

De la relation

$$109^j,615581 = \frac{4}{3}\frac{\sqrt{2}}{k}$$

on déduit

$$k = \frac{4\sqrt{2}}{3.109,615581}.$$

En substituant cette expression dans la formule (1), on trouve, toutes réductions faites,

$$(3) \qquad t = 27^j,403895.q^{\frac{3}{2}}\left(\text{tang}^3 \frac{1}{2}v + 3\,\text{tang}\,\frac{1}{2}v\right).$$

Quand l'anomalie vraie sera connue, on aura le temps écoulé depuis le passage au périhélie jusqu'au moment considéré, au moyen de la relation (3).

Si, au contraire, c'est le temps écoulé t qui est connu, on aura l'anomalie vraie v au moyen de l'équation du 3ᵉ degré

$$\text{tang}^3 \frac{1}{2} v + 3 \,\text{tang} \frac{1}{2} v = \frac{t}{27{,}403895 \,.\, q^{\frac{3}{2}}}.$$

Posons

$$\text{tang} \frac{1}{2} v = 2 \,\text{cotang}\, 2A;$$

mais comme

$$\text{cotang}\, 2A = \frac{\cos^2 A - \sin^2 A}{2 \sin A \cos A} = \frac{\text{cotang}\, A - \text{tang}\, A}{2},$$

on a donc aussi,

$$\text{tang} \frac{1}{2} v = \text{cotang}\, A - \text{tang}\, A,$$

ou, en élevant au cube,

$$\begin{aligned} \text{tang}^3 \frac{1}{2} v &= \text{cotang}^3 A - 3 \,\text{cotang}^2 A \,\text{tang}\, A + 3 \,\text{cotang}\, A \,\text{tang}^2 A - \text{tang}^3 A \\ &= -3 \,\text{cotang}\, A \,\text{tang}\, A (\text{cotang}\, A - \text{tang}\, A) + \text{cotang}^3 A - \text{tang}^3 A. \end{aligned}$$

Mais $\text{cotang}\, A \,\text{tang}\, A = 1$, et $\text{cotang}\, A - \text{tang}\, A = \text{tang} \frac{1}{2} v$; on a donc,

$$\text{tang}^3 \frac{1}{2} v + 3 \,\text{tang} \frac{1}{2} v = \text{cotang}^3 A - \text{tang}^3 A,$$

équation qui devient identique avec la proposée en posant

$$\text{cotang}^3 A - \text{tang}^3 A = \frac{t}{27{,}403895 \,.\, q^{\frac{3}{2}}};$$

mais en posant aussi

$$\text{cotang}\, A = \sqrt[3]{\text{cotang} \frac{1}{2} B};$$

B étant un autre arc auxiliaire, on déduit

$$\text{cotang}^3 A = \text{cotang} \frac{1}{2} B; \quad \text{et} \quad \text{tang}^3 A = \text{tang} \frac{1}{2} B;$$

et par suite;

$$\text{cotang}^3 A - \text{tang}^3 A = 2 \,\text{cotang}\, B;$$

on a donc

$$2\operatorname{cotang} B = \frac{t}{27,403895 \cdot q^{\frac{3}{2}}};$$

d'où

$$\operatorname{tang} B = \frac{54,80779 \cdot q^{\frac{3}{2}}}{t}.$$

On conclut de là que pour résoudre l'équation

$$\operatorname{tang}^3 \frac{1}{2}v + 3\operatorname{tang}\frac{1}{2}v = \frac{t}{27,403895 \cdot q^{\frac{3}{2}}}.$$

il suffira d'employer les deux arcs auxiliaires A et B, et l'on aura v au moyen des relations

$$\left.\begin{aligned} \operatorname{tang} B &= \frac{54,80779 \cdot q^{\frac{3}{2}}}{t} \\ \operatorname{tang} A &= \sqrt[3]{\operatorname{tang}\frac{1}{2}B} \\ \operatorname{tang}\frac{1}{2}v &= 2\operatorname{cotang} 2A \end{aligned}\right\} \qquad (4)$$

En dehors de la Table de Barker, indiquée par Gauss, on pourrait se servir, pour résoudre plus simplement ce problème, de la table générale du mouvement des comètes dans une orbite parabolique, table publiée d'abord par Halley dans sa Cométographie, et que l'on trouve dans l'Astronomie de Delambre ; ou mieux, de celle insérée par M. Leverrier dans le premier volume des *Annales de l'Observatoire impérial*, page 226, table qui ne diffère de celle de Delambre que par les intervalles de l'argument, la valeur de la constante k, et les coefficients relatifs à l'interpolation.

On peut encore se servir de la table de Burckardt qui a pour argument $\log t \frac{\sqrt{1+\mu}}{q^{\frac{3}{2}}}$; elle se trouve dans les notes de Bowditch, au troisième volume de la *Mécanique céleste*.

Comme application des formules (4), calculons l'exemple donné par M. Leverrier (*Annales de l'Observatoire impérial*, p. 225, t. Ier).

Soient $q = 0,1$ la distance périhélie d'une comète, et $t = 6^j,590997$ le temps écoulé depuis le passage au périhélie, on demande l'anomalie vraie v.

On a

$$
\begin{array}{rl}
\log 54{,}80779 & = 1{,}7388423 \\
\text{c}'\log 6{,}590097 & = \bar{1}{,}1810489 \\
\text{c}'\tfrac{3}{2}\log 10 & = \bar{2}{,}5000000 \\
\hline
\log\text{tang}\,B & = \bar{1}{,}4198912 \\
B & = 14^\circ 43' 58'',82 \\
\tfrac{1}{2}B & = 7\ 21\ 59\ ,41 \\
\log\text{tang}\,\tfrac{1}{2}B & = \bar{1}{,}1115410 \\
\log\text{tang}\,A & = \bar{1}{,}7038470 \\
A & = 26^\circ 49' 23'',82 \\
2A & = 53\ 38\ 47\ ,64 \\
\log\text{cotang}\,2A & = \bar{1}{,}8668836 \\
\log 2 & = 0{,}301030 \\
\hline
\log\text{tang}\,\tfrac{1}{2}v & = 0{,}1679136 \\
\tfrac{1}{2}v & = 55^\circ 48' 36'',755
\end{array}
$$

d'où

$$v = 111\ 37\ 13\ ,51.$$

Note IV (art. 24).

En posant $\text{tang}\,\frac{1}{2}v = \theta$, on a

$$dv = \frac{2d\theta}{1+\theta^2}, \quad \text{et} \quad \cos v = \frac{1-\theta^2}{1+\theta^2};$$

d'où

$$\int \frac{(1+e)^{\frac{3}{2}}dv}{(1+e\cos v)^2\sqrt{2}} = \int \frac{(1+e)^{\frac{3}{2}}2d\theta(1+\theta^2)}{(1+\theta^2)^2\sqrt{2}\left(1+\dfrac{e(1-\theta^2)}{1+\theta^2}\right)^2}$$

$$= \int \frac{(1+e)^{\frac{3}{2}}2d\theta(1+\theta^2)}{(1+e)^2\sqrt{2}\left(1+\dfrac{(1-e)}{(1+e)}\theta^2\right)^2}$$

$$= \int \frac{(1+e)^{-\frac{1}{2}}\sqrt{2}d\theta(1+\theta^2)}{\left(1+\dfrac{(1-e)}{(1+e)}\theta^2\right)^2},$$

en posant aussi

$$\frac{1-e}{1+e}=\alpha, \quad \text{d'où} \quad (1+e)^{-\frac{1}{2}}=\frac{\sqrt{1+\alpha}}{\sqrt{2}},$$

il vient

$$\int \frac{(1+e)^{\frac{3}{2}}dv}{(1+e\cos v)^2\sqrt{2}} = \sqrt{1+\alpha}\int \frac{d\theta(1+\theta^2)}{(1+\alpha\theta^2)^2}.$$

En effectuant la division $\frac{1+\theta^2}{1+2\alpha\theta^2+\alpha^2\theta^4}$ et intégrant par série, on trouve le développement donné par Gauss.

Note V (art. 40).

Le développement de E en fonction du sinus est

$$(1) \qquad E=\sin E+\frac{1}{2.3}\sin^3 E+\frac{1.3}{2.4.5}\sin^5 E+\frac{1.3.5}{2.4.6.7}\sin^7 E$$
$$+\frac{1.3.5.7}{2.4.6.8.9}\sin^9 E+\text{etc.};$$

d'où l'on déduit

$$(2) \qquad 15(E-\sin E)=\frac{5}{2}\sin^3 E+\frac{45}{40}\sin^5 E+\frac{75}{112}\sin^7 E$$
$$+\frac{525}{1152}\sin^9 E+\ldots..$$

on a aussi

$$\sin E=\frac{2\tang\frac{1}{2}E}{1+\tang^2\frac{1}{2}E}=\frac{2T^{\frac{1}{2}}}{(1+T)},$$

et par suite

$$2\,T^{\frac{1}{2}}(1+T)^{-1}=\sin E$$
$$2^3T^{\frac{3}{2}}(1+T)^{-3}=\sin^3 E.$$
$$\vdots \qquad \vdots$$

En développant par le binôme de Newton et en substituant dans (2), on a le numérateur de l'expression de GAUSS, multiplié par 20 $T^{\frac{3}{2}}$; en agissant de la même manière pour le dénominateur (9E + sin E), on trouve

$$9E+\sin E = 10\sin E + \frac{9}{2.3}\sin^3 E + \frac{9.3}{2.4.5}\sin^5 E + \frac{9.3.5}{2.4.6.7}\sin^7 E + \text{etc.};$$

mais 10 sin E = 20 $T^{\frac{1}{2}}(1 + T)^{-1}$, et les autres termes sont ceux calculés pour le numérateur, multipliés par 9.

En s'arrêtant aux termes en T^5 on trouve, en divisant haut et bas par 20 $T^{\frac{1}{2}}$, l'expression de A.

NICOLAI a donné (*Von Zach's, Monatliche correspondenz*, vol. XXVII, p. 212) les formules exprimant les différentielles de l'anomalie vraie et du rayon vecteur, dans une ellipse très-excentrique, en fonction des différentielles de l'époque du passage de l'astre au périhélie, de la distance périhélie et de l'excentricité. Ces formules s'obtiennent à l'aide des équations de l'art. 40.

Si nous posons B = 1, C = 0, nous avons, d'après l'art. 39,

$$(1) \qquad \operatorname{tang}\frac{1}{2}w + \frac{1}{3}\operatorname{tang}^3\frac{1}{2}w = \frac{\alpha t}{75}$$

et

$$\alpha = \frac{75k\sqrt{\frac{1}{5}+\frac{9}{5}e}}{2q^{\frac{3}{2}}}$$

en différentiant l'équation (1) par rapport à w, α et t, et en remarquant que l'on a

$$d\alpha = \frac{d\alpha}{dq}dq + \frac{d\alpha}{de}de,$$

il vient

$$\frac{dw}{2\cos^4\frac{1}{2}w} = \frac{\alpha}{75}dt - \frac{3\alpha t}{2.q.75}dq + \frac{9\alpha}{2(1+9e)}\times\frac{t}{75}de$$

de la relation (art. 40),

$$\operatorname{tang}\frac{1}{2}v = \frac{\gamma\operatorname{tang}\frac{1}{2}w}{\sqrt{1-\frac{4}{5}A+C}},$$

en faisant $C = 0$, et prenant les logarithmes, nous avons

$$\log \operatorname{tang} \frac{1}{2} v = \log \operatorname{tang} \frac{1}{2} w - \frac{1}{2} \log \left(1 - \frac{4}{5} \beta \operatorname{tang}^2 \frac{1}{2} w\right) + \log \gamma ;$$

d'où, en différentiant,

$$\frac{dv}{\sin v} = \frac{dw}{2 \sin \frac{1}{2} w \cos \frac{1}{2} w \left(1 - \frac{4}{5} A\right)} + \frac{d\gamma}{\gamma} + \frac{\frac{2}{5} A}{\left(1 - \frac{4}{5} A\right)} \frac{d\beta}{\beta}$$

ou,

$$\frac{dv}{\sin v} = \frac{dw}{2 \cos^4 \frac{1}{2} w} \times \frac{\cos^2 \frac{1}{2} w}{\operatorname{tang} \frac{1}{2} w \left(1 - \frac{4}{5} A\right)} + \frac{d\gamma}{\gamma} + \frac{\frac{2}{5} A}{\left(1 - \frac{4}{5} A\right)} \frac{d\beta}{\beta}.$$

Mais comme on a

$$\gamma = \sqrt{\frac{5 + 5e}{1 + 9e}}, \quad \beta = \frac{5 - 5e}{1 + 9e},$$

on en déduit

$$\frac{d\gamma}{\gamma} = \frac{-2}{(1 + e)(1 + 9e)} de, \quad \frac{d\beta}{\beta} = \frac{-10}{(1 + 9e)(1 - e)} de.$$

Il vient donc, en substituant ces valeurs dans $\frac{dv}{\sin v}$, et aussi l'expression trouvée pour $\frac{dw}{2 \cos^4 \frac{1}{2} w}$;

$$\frac{dv}{\sin v} = \frac{a \cos^2 \frac{1}{2} w}{75 \operatorname{tang} \frac{1}{2} w \left(1 - \frac{4}{5} A\right)} dt - \frac{3 a t \cos^2 \frac{1}{2} w}{2 . q . 75 \operatorname{tang} \frac{1}{2} w \left(1 - \frac{4}{5} A\right)} dq$$

$$+ \frac{t \cos^2 \frac{1}{2} w . 9a}{75 \operatorname{tang} \frac{1}{2} w \left(1 - \frac{4}{5} A\right) 2(1 + 9e)} de - \frac{4}{(1 + e)(1 + 9e)} de$$

$$- \frac{\frac{2}{5} A}{1 - \frac{4}{5} A} \cdot \frac{10}{(1 + 9e)(1 - e)} de$$

ou, en posant

$$K = \frac{a\cos^2\frac{1}{2}w}{75\,\mathrm{tang}\,\frac{1}{2}w\left(1-\frac{4}{5}A\right)},$$

$$L = \frac{3}{2q},$$

$$M = \frac{9}{2(1+9e)},$$

$$N = \frac{4}{(1+e)(1+9e)},$$

$$O = \frac{\frac{2}{5}A}{1-\frac{4}{5}A},$$

$$P = \frac{10}{(1+9e)(1-e)},$$

il vient

$$\frac{dv}{\sin v} = K\,dt - KLt\,dq + (KMt - N - OP)\,de,$$

ou, en appelant T l'époque du passage de l'astre au périhélie,

$$\frac{dv}{\sin v} = -K\,dT - KLt\,dq + (KMt - N - OP)\,de.$$

Si l'on différentie l'équation

$$r = \frac{q(1+e)}{1+e\cos v},$$

on trouve

$$dr = \frac{r}{q}\,dq + \frac{2r^2\sin^2\frac{1}{2}v}{q(1+e)^2}\,de + \frac{r^2 e\sin v}{q(1+e)}\,dv.$$

Note VI (art. 57).

Pour trouver les équations différentielles données dans ce paragraphe, considérons le triangle ☊n☊′ (fig. 2 du texte), dans ce triangle on a

$$\cos i' = \cos\varepsilon\cos i + \sin\varepsilon\sin i\cos(☊ - n),$$

d'où en différentiant,

$$-\sin i' d i' = -\sin\varepsilon\cos i d\varepsilon + \cos\varepsilon\sin i\cos(☊ - n)d\varepsilon$$
$$-\sin\varepsilon\sin i\sin(☊ - n)d(☊ - n),$$

ou

$$di' = d\varepsilon\left(\frac{\sin\varepsilon\cos i}{\sin i'} - \frac{\cos\varepsilon\sin i\cos(☊ - n)}{\sin i'}\right) + \frac{\sin\varepsilon\sin i\sin(☊ - n)}{\sin i'}d(☊ - n)$$

mais on a

$$(m) \qquad \frac{\sin i}{\sin i'} = \frac{\sin ☊'}{\sin(☊ - n)}, \quad \text{et} \quad \frac{\sin\Delta}{\sin(☊ - n)} = \frac{\sin\varepsilon}{\sin i'}; \qquad (n)$$

on a aussi

$$\cos ☊' = \cos\Delta\cos(☊ - n) - \sin\Delta\sin(☊ - n)\cos i,$$
$$\cos\Delta = \cos ☊'\cos(☊ - n) + \sin ☊'\sin(☊ - n)\cos\varepsilon,$$

d'où

$$\cos ☊'\sin^2(☊ - n) = \sin ☊'\sin(☊ - n)\cos(☊ - n)\cos\varepsilon - \sin\Delta\sin(☊ - n)\cos i$$

ou

$$\cos ☊' = \frac{\sin ☊'\cos(☊ - n)\cos\varepsilon}{\sin(☊ - n)} - \frac{\sin\Delta}{\sin(☊ - n)}\cos i,$$

ou, en ayant égard aux relations (m) et (n)

$$\cos ☊' = \frac{\sin i\cos(☊ - n)\cos\varepsilon}{\sin i'} - \frac{\sin\varepsilon\cos i}{\sin i'};$$

l'équation différentielle précédente devient donc, en ayant égard, pour son second terme, à l'équation (m)

$$di' = -\cos ☊' d\varepsilon + \sin\varepsilon\sin ☊' d(☊ - n).$$

Telle est la première équation de l'art. 57. Pour avoir les deux autres, le même triangle donne

$$\sin ☊'\sin i' = \sin i\sin(☊ - n),$$

d'où, par différentiation,

$$d\Omega' = d\varepsilon \frac{\sin \Omega'}{\operatorname{tang} i'} + \left(\frac{\sin i \cos(\Omega - n) - \sin \Omega' \cos i' \sin \varepsilon \sin \Omega'}{\cos \Omega' \sin i'} \right) d(\Omega - n)$$

$$= \frac{d\varepsilon . \sin \Omega'}{\operatorname{tang} i'} + \frac{\sin i}{\sin i'} \left(\frac{\cos(\Omega - n) - \sin \Omega' \cos i' \dfrac{\sin \varepsilon}{\sin i} \sin \Omega'}{\cos \Omega'} \right) d(\Omega - n)$$

mais

$$\frac{\sin \varepsilon}{\sin i} = \frac{\sin \Delta}{\sin \Omega'}$$

et le même triangle donne

$$\cos(\Omega - n) - \sin \Delta \sin \Omega' \cos i' = \cos \Delta \cos \Omega' ;$$

il vient donc, par substitution,

$$d\Omega' = \frac{\sin \Omega'}{\operatorname{tang} i'} d\varepsilon + \frac{\sin i \cos \Delta}{\sin i'} d(\Omega - n)$$

qui est la seconde équation.

Pour trouver la troisième, on a

$$\sin \Delta \sin i = \sin \varepsilon \sin \Omega',$$

d'où, en différentiant,

$$d\Delta = d\varepsilon \frac{\sin \Omega'}{\sin i \cos \Delta} \left(\frac{\cos i' \cos \Omega' \sin \varepsilon + \cos \varepsilon \sin i'}{\sin i'} \right) + \frac{\sin \varepsilon \cos \Omega'}{\sin i'} d(\Omega - n),$$

mais

$$\cos i' \cos \Omega' \sin \varepsilon + \cos \varepsilon \sin i' = \sin i \cos \Delta,$$

car on a la relation

$$\operatorname{cotang} i' \sin \varepsilon + \cos \varepsilon \cos \Omega' = \sin \Omega' \operatorname{cotang}(\Omega - n)$$

qui devient, à cause de l'égalité

$$\frac{\sin i}{\sin i'} = \frac{\sin \Omega'}{\sin(\Omega - n)}$$

$$\cos i' \sin \varepsilon + \sin i' \cos \varepsilon \cos \Omega' = \sin i \cos(\Omega - n)$$

ou, en multipliant par $\cos \Omega'$,

$$\cos i' \sin \varepsilon \cos \Omega' + \sin i' \cos \varepsilon \cos^2 \Omega' = \sin i \cos \Omega' \cos(\Omega - n)$$

ou

$$\cos i' \sin \varepsilon \cos \Omega' + \sin i' \cos \varepsilon = \sin i \cos \Omega' \cos(\Omega - n) + \sin i' \cos \varepsilon \sin^2 \Omega'$$

et en remarquant que $\sin i \sin (\Omega - n) = \sin i' \sin \Omega'$, il vient

$$\cos i' \sin \varepsilon \cos \Omega' + \sin i' \cos \varepsilon = \sin i [\cos \Omega' \cos(\Omega - n) + \sin \Omega' \sin(\Omega - n) \cos \varepsilon]$$

c'est-à-dire,

$$\cos i' \cos \Omega' \sin \varepsilon + \sin i' \cos \varepsilon = \sin i \cos \Delta$$

On a donc enfin, en ayant égard à cette relation,

$$d\Delta = \frac{\sin \Omega'}{\sin i'} d\varepsilon + \frac{\sin \varepsilon \cos \Omega'}{\sin i'} d(\Omega - n)$$

qui est la troisième équation.

Note VII (art. 70).

On a, dans l'art. 62, § II,

$$[1] \qquad \tang (l - \lambda) = \frac{P}{Q} = \frac{R \cos B \sin (\lambda - L)}{r \cos \beta \left[1 - \frac{R \cos B \cos(\lambda - L)}{r \cos \beta}\right]}.$$

En posant

$$(l - \lambda) = f(R)$$

on a, d'après le théorème de Maclaurin,

$$(l - \lambda) = f(R)_0 + \left(\frac{df}{dR}\right)_0 R + \ldots \text{etc.}$$

de l'équation (1) on déduit

$$f(R)_0 = 0$$

et

$$\left[\frac{d(l - \lambda)}{dR}\right]_0 = \frac{\cos B \sin(\lambda - L)}{r \cos \beta},$$

d'où, en s'arrêtant à ce terme,

$$l - \lambda = \frac{R . \cos B \sin(\lambda - L)}{r \cos \beta}.$$

On a aussi, dans le même art. 62, § II,

$$\operatorname{tang} b = \frac{r' \operatorname{tang} \beta - R' \operatorname{tang} B}{\Delta'};$$

mais des deux premières relations données dans cet article on déduit, en faisant $N = \lambda$,

$$r' = \Delta' \cos(l - \lambda) + R' \cos(\lambda - L)$$
$$\Delta' = \frac{R' \sin(\lambda - L)}{\sin(l - \lambda)}.$$

Ces valeurs, substituées dans l'expression de tang b, donnent

$$\operatorname{tang} b = \frac{\operatorname{tang}\beta \sin(\lambda - L)\cos(l-\lambda) + \operatorname{tang}\beta\cos(\lambda - L)\sin(l-\lambda) - \operatorname{tang}B\sin(l-\lambda)}{\sin(\lambda - L)}.$$

Si l'on développe b suivant les puissances croissantes de R, en remarquant que $l - \lambda$ est une fonction de R qui devient nulle pour $R = 0$, on trouve

$$b_0 = \beta$$
$$\left(\frac{db}{dR}\right)_0 = \left[\frac{\operatorname{tang}\beta\cos(\lambda - L)}{\sin(\lambda - L)}\left(\frac{d(l-\lambda)}{dR}\right)_0 - \frac{\operatorname{tang}B}{\sin(\lambda - L)}\left(\frac{d(l-\lambda)}{dR}\right)_0\right]\cos^2\beta,$$

mais

$$\left(\frac{d.(l-\lambda)}{dR}\right)_0 = \frac{\cos B \sin(\lambda - L)}{r\cos\beta};$$

on a donc

$$\left(\frac{db}{dR}\right)_0 = \left(\frac{\operatorname{tang}\beta\cos(\lambda - L)\cos B}{r\cos\beta} - \frac{\operatorname{tang} B \cos B}{r\cos\beta}\right)\cos^2\beta,$$

d'où

$$b - \beta = \frac{R\cos B\cos\beta}{r}[\operatorname{tang}\beta\cos(\lambda - L) - \operatorname{tang} B].$$

On a aussi, dans le même art. 62, § II,

$$\frac{\Delta'}{r'} = \frac{Q}{\cos(l-\lambda)} = \frac{r' - R'\cos(\lambda - L)}{r'\cos(l-\lambda)},$$

d'où

$$(2) \qquad \Delta\cos b = \frac{r\cos\beta - R\cos B\cos(\lambda - L)}{\cos(l-\lambda)}.$$

Développons Δ suivant les puissances croissantes de R, et remarquons que pour $R=0$, on a $b=\beta$, $(l-\lambda)=0$, et par suite, $\Delta_0=r$.

En différentiant la relation (2), on trouve, après avoir fait $R=0$,

$$\left(\frac{d\Delta}{dR}\right)_0 \cos\beta - r\sin\beta\left(\frac{db}{dR}\right)_0 = -\cos B\cos(\lambda - L),$$

mais

$$\left(\frac{db}{dR_0}\right) = \frac{\cos B\cos\beta}{r}[\operatorname{tang}\beta\cos(\lambda - L) - \operatorname{tang} B];$$

on a donc,

$$\left(\frac{d\Delta}{dR}\right)_0 \cos\beta - \sin\beta\cos\beta\cos B[\operatorname{tang}\beta\cos(\lambda - L) - \operatorname{tang}B] = -\cos B\cos(\lambda - L)$$

d'où

$$\left(\frac{d\Delta}{dR}\right)_0 = \sin\beta\cos B\left[\left(\operatorname{tang}\beta - \frac{1}{\sin\beta\cos\beta}\right)\cos(\lambda - L) - \operatorname{tang}B\right],$$

mais

$$\operatorname{tang}\beta - \frac{1}{\sin\beta\cos\beta} = -\operatorname{cotang}\beta;$$

on a donc,

$$\left(\frac{d\Delta}{dR}\right)_0 = -\sin\beta\cos B[\operatorname{cotang}\beta\cos(\lambda - L) + \operatorname{tang}B],$$

d'où l'on déduit

$$\Delta - r = -R\cos B\sin\beta[\operatorname{cotang}\beta\cos(\lambda - L) + \operatorname{tang}B).$$

Note VIII (art. 72).

Soient menés par le lieu vrai A de l'observateur (fig. 4 des notes) et par le centre de la Terre des plans parallèles au plan de l'écliptique.

Soit K le point fictif, S♈, t♈, A♈, des parallèles à la ligne des équinoxes menées par le Soleil, la projection du centre de la Terre sur le plan de l'écliptique et le lieu vrai A.

Menons une droite arbitraire SH faisant l'angle N avec la ligne des équinoxes. Joignons Ka, Sa (a étant la projection sur l'écliptique du point A), joignons aussi ST et SA.

On peut considérer aS comme la résultante des deux lignes SK et Ka; en projetant ce système sur la ligne SH on aura

$$aS.\cos aSH = R'\cos(L'-N) + \delta\cos\beta\cos(\lambda-N).$$

En considérant aS comme la résultante des deux lignes St et at, on aura, en projetant ce système sur la ligne SH,

$$aS\cos aSH = R\cos B\cos(L-N) + \pi\cos b\cos(l-N),$$

d'où

$$R'\cos(L'-N) + \delta\cos\beta\cos(\lambda-N) = R\cos B\cos(L-N) + \pi\cos b\cos(l-N).$$

Si l'on fait les mêmes projections sur une perpendiculaire à SH, on aura

$$R'\sin(L'-N) + \delta\cos\beta\sin(\lambda-N) = R\cos B\sin(L-N) + \pi\cos b\sin(l-N).$$

On trouve enfin, en menant Ti parallèle à ta,

$$Aa = Ai + ia,$$

d'où

$$\delta\sin\beta = \pi\sin b + R\sin B.$$

Note IX (art. 90 et 100).

Gauss a donné dans le *Berliner Astronomische Jahrbuch* de 1814, une autre méthode pour calculer ξ et ζ.

On a, dans l'art. 90,

$$\xi = x - \frac{5}{6} + \frac{10}{9X} = \frac{xX - \frac{5}{6}X + \frac{10}{9}}{X}.$$

Si l'on substitue, dans le numérateur de cette fraction, à la place de X la série

$$X = \frac{4}{3} + \frac{4.6}{3.5}x + \frac{4.6.8}{3.5.7}x^2 + \frac{4.6.8.10}{3.5.7.9}x^3 + \ldots \text{etc.},$$

on obtient

$$xX - \frac{5}{6}X + \frac{10}{9} = \frac{8}{105}x^2\left(1 + \frac{2.8}{9}x + \frac{3.8.10}{9.11}x^2 + \frac{4.8.10.12}{9.11.13}x^3 + \text{etc.},\right.$$

ou, en posant

$$A = 1 + \frac{2.8}{9}x + \frac{3.8.10}{9.11}x^2 + \ldots \text{ etc.},$$

on a

$$xX - \frac{5}{6}X + \frac{10}{9} = \frac{8}{105}Ax^2,$$

d'où

$$X = \frac{\frac{4}{3}\left(1 - \frac{12}{175}Ax^2\right)}{1 - \frac{6}{5}x}.$$

Substituant cette valeur dans l'expression ξ, il vient

$$\xi = \frac{\frac{2}{35}Ax^2\left(1 - \frac{6}{5}x\right)}{1 - \frac{12}{175}Ax^2}.$$

formule à l'aide de laquelle on peut toujours trouver facilement ξ avec exactitude.

Pour avoir ζ de l'art. 100, il suffit de substituer z à la place de x dans les formules précédentes.

A sera déterminé d'une manière plus convenable par la formule

$$A = (1 - x)^{-\frac{3}{2}}\left(1 + \frac{1.5}{2.9}x + \frac{1.3.5.7}{2.4.9.11}x^2 + \ldots \text{ etc.}\right).$$

Note X (art. 95).

Pour arriver à la relation [25], nous déduirons d'abord de la relation [3] (art. 88),

$$e = \frac{p\cos g - \cos f\sqrt{rr'}}{\cos F\sqrt{rr'}}.$$

La relation

$$\frac{1}{r} + \frac{1}{r'} = \frac{2}{p} + \frac{2e}{p}\cos f\cos F$$

devient, en mettant à la place de e cette valeur,

$$\frac{1}{r}+\frac{1}{r'}=\frac{2}{p}+\frac{2\left(p\cos g-\cos f\sqrt{rr'}\right)\cos f}{p\sqrt{rr'}}$$

ou

$$p\frac{\sqrt{rr'}(r'+r)}{rr'}=2\sqrt{rr'}\sin^2 f+2p\cos g\cos f$$

on en déduit

$$(m)\qquad \frac{2rr'}{p}=\frac{(r+r')-2\cos g\cos f\sqrt{rr'}}{\sin^2 f}.$$

Mais, des relations

$$\begin{cases}\frac{1}{r}-\frac{1}{r'}=\frac{2e}{p}\sin f\sin \mathrm{F}\\ \frac{1}{r}+\frac{1}{r'}=\frac{2}{p}+\frac{2e}{p}\cos f\cos \mathrm{F},\end{cases}$$

on déduit aussi,

$$\operatorname{tang} f\operatorname{tang}\mathrm{F}=\frac{r'-r}{(r+r')-\frac{2rr'}{p}}$$

ou, à cause de la relation (m),

$$\operatorname{tang} f\operatorname{tang}\mathrm{F}=\frac{r'-r}{(r+r')-\frac{(r+r')-2\cos g\cos f\sqrt{rr'}}{\sin^2 f}}$$

$$=\frac{(r'-r)\sin^2 f}{2\cos g\cos f\sqrt{rr'}-(r'+r)\cos^2 f},$$

d'où enfin,

$$\operatorname{tang}\mathrm{F}=\frac{(r'-r)\sin f}{2\cos g\sqrt{rr'}-(r'+r)\cos f}.$$

Note XI (art. 99).

Pour démontrer la relation

$$Z=\frac{(1+2z)\sqrt{z+z^2}-\log\left(\sqrt{1+z}+\sqrt{z}\right)}{2(z+z^2)^{\frac{3}{2}}},$$

nous avons d'abord, entre z et c, la relation

$$\sqrt{c}-\frac{1}{\sqrt{c}}=2\sqrt{z},$$

d'où

$$\sqrt{c}=\sqrt{z}+\sqrt{z+1}.$$

On peut aussi mettre la relation entre Z et c (art. 99), sous la forme

$$Z=\frac{c^2-\frac{1}{c^2}-8\log\sqrt{c}}{\frac{1}{4}\left(c-\frac{1}{c}\right)^3}=\frac{c^2-\frac{1}{c^2}-8\log(\sqrt{z}+\sqrt{1+z})}{\frac{1}{4}\left(c-\frac{1}{c}\right)^3};$$

on a ensuite,

$$c-\frac{1}{c}=\left(\sqrt{c}+\frac{1}{\sqrt{c}}\right)\left(\sqrt{c}-\frac{1}{\sqrt{c}}\right)=\left(\sqrt{c}+\frac{1}{\sqrt{c}}\right)2\sqrt{z},$$

mais

$$\sqrt{c}+\frac{1}{\sqrt{c}}=\left(\sqrt{z}+\sqrt{z+1}+\frac{1}{\sqrt{z}+\sqrt{z+1}}\right),$$

il vient donc, en substituant et réduisant,

$$c-\frac{1}{c}=\frac{2z+2+2\sqrt{z}\sqrt{z+1}}{\sqrt{z}+\sqrt{z+1}}2\sqrt{z}=\frac{2\left[(z+1)+\sqrt{z}\sqrt{z+1}\right]}{\sqrt{z}+\sqrt{z+1}}2\sqrt{z}$$
$$=2\sqrt{(z+1)}2\sqrt{z}=4(z^2+z)^{\frac{1}{2}},$$

on a par suite,

$$\frac{1}{4}\left(c-\frac{1}{c}\right)^3=16(z^2+z)^{\frac{3}{2}};$$

on a aussi,

$$\left(c^2-\frac{1}{c^2}\right)=\left(c-\frac{1}{c}\right)\left(c+\frac{1}{c}\right)$$
$$=4(z^2+z)^{\frac{1}{2}}\left[(\sqrt{z}+\sqrt{z+1})^2+\frac{1}{(\sqrt{z}+\sqrt{z+1})^2}\right]$$
$$=4(z^2+z)^{\frac{1}{2}}\left\{\frac{\left[(2z+1)+2\sqrt{z}\sqrt{z+1}\right]^2+1}{(\sqrt{z}+\sqrt{z+1})^2}\right\}$$
$$=\frac{8z^2+8z+2+4(2z+1)\sqrt{z}\sqrt{z+1}}{2z+1+2\sqrt{z}\sqrt{z+1}}4(z^2+z)^{\frac{1}{2}}$$
$$=2(2z+1)4(z^2+z)^{\frac{1}{2}}$$

ou

$$c^2 - \frac{1}{c^2} = 8(2z+1)\sqrt{z^2+z}.$$

Enfin, en substituant dans Z les valeurs trouvées, et en divisant par 8 haut et bas, on trouve la relation donnée par Gauss.

Note XII (art. 102).

L'équation en Y, art. 101, est

$$Y^3 + Y^2 - HY + \frac{1}{9}H = 0.$$

On voit d'abord que puisque H est positif, le produit des trois racines est négatif; donc dans le cas où les racines sont réelles, l'équation doit en avoir deux *positives* et une *négative*.

En cherchant la valeur de H qui rend les deux racines positives égales entre elles, on trouve

$$H = \frac{1+\sqrt{5}}{6}$$

et l'on obtient bien alors, en égalant à zéro le plus grand commun diviseur de l'équation proposée et de sa dérivée, pour valeur de ces racines égales,

$$\frac{1}{6}\sqrt{5} - \frac{1}{6}.$$

Note XIII (art. 112).

Pour démontrer le théorème énoncé par Gauss dans cet article, considérons une sphère. Soient A, A' A'' (fig. (5) des notes) trois lieux portés sur cette sphère dont nous supposons le rayon égal à 1; ces lieux étant placés d'après leurs coordonnées *héliocentriques* ou *géocentriques*. Appelons α, α', α'', β, β', β'' les longitudes et les latitudes de ces trois points.

La pyramide SAA'A'' est égale au prisme tronqué AA'A''aa'a'', augmenté de la pyramide SAA''a''a et diminué des deux pyramides SAA'a'a, SA'A''a''a'.

La valeur du prisme tronqué

$$AA'A''a''a'a = \frac{1}{3}\,\text{surf}\,aa'a''(Aa + A'a' + A''a'')$$
$$= \frac{1}{3}\,\text{surf}\,aa'a''(\sin\beta + \sin\beta' + \sin\beta''),$$

mais

$$\text{surf}\,aa'a'' = \text{triangle}\,Saa' + \text{triangle}\,Sa'a'' - \text{triangle}\,aSa'';$$

or on a

$$\text{triangle}\,Saa' = \frac{Sa}{2}\,.\,a'K,$$

$a'K$ étant la hauteur du triangle;
si l'on mène $D'n$ perpendiculaire à SD, on aura

$$a'K = D'n\,.\,Sa' = \sin(\alpha' - \alpha)\cos\beta',$$

et par suite

$$\text{triangle}\,Saa' = \frac{\cos\beta}{2}\cos\beta'\sin(\alpha' - \alpha);$$

on aura donc, par analogie,

$$\text{surf}\,aa'a'' = \frac{\cos\beta\cos\beta'}{2}\sin(\alpha' - \alpha) + \frac{\cos\beta'\cos\beta''}{2}\sin(\alpha'' - \alpha')$$
$$- \frac{\cos\beta\cos\beta''}{2}\sin(\alpha'' - \alpha);$$

donc

$$\text{prisme tronqué} = \frac{1}{6}\,[\cos\beta\cos\beta'\sin(\alpha' - \alpha) + \cos\beta'\cos\beta''\sin(\alpha'' - \alpha')$$
$$- \cos\beta\cos\beta''\sin(\alpha'' - \alpha)](\sin\beta + \sin\beta' + \sin\beta'').$$

La pyramide $SAA''a''a = \text{trapèze}\,aAA''a'' \times \frac{1}{3}\,SI = \left(\frac{Aa + A''a''}{2}\right)\frac{aa''\,.\,SI}{3}$;

mais $aa''\,.\,SI$ est la surface du triangle

$$aSa'' = \frac{\cos\beta\cos\beta''}{2}\sin(\alpha'' - \alpha);$$

on a donc,

$$\text{Pyramide}\,SAA''a''a = \frac{1}{6}(\sin\beta + \sin\beta'')\cos\beta\cos\beta''\sin(\alpha'' - \alpha),$$

et par analogie,

$$\text{Pyramide } SAaA'a' = \frac{1}{6}(\sin\beta + \sin\beta')\cos\beta\cos\beta'\sin(\alpha' - \alpha)$$

$$\text{Pyramide } SA'A''a''a' = \frac{1}{6}(\sin\beta' + \sin\beta'')\cos\beta'\cos\beta''\sin(\alpha'' - \alpha').$$

En effectuant les produits et en faisant la somme algébrique indiquée, on obtiendra pour volume de la pyramide SAA'A'',

$$\sin\beta\cos\beta'\cos\beta''\sin(\alpha'' - \alpha') - \sin\beta'\cos\beta\cos\beta''\sin(\alpha'' - \alpha) + \sin\beta''\cos\beta\cos\beta'\sin(\alpha' - \alpha),$$

c'est-à-dire,

$$\cos\beta\cos\beta'\cos\beta''[\text{tang}\beta\sin(\alpha'' - \alpha') + \text{tang}\beta'\sin(\alpha - \alpha'') + \text{tang}\beta''\sin(\alpha' - \alpha)]$$

ou égal à

$$\cos\beta\cos\beta'\cos\beta''(0.1.2),$$

ce qui démontre le théorème.

Note XIV (art. 140 et 142).

L'équation de Gauss

$$cQ\sin\omega\sin^4 z = \sin(z - \omega - \sigma),$$

en posant

$$cQ\sin\omega = Q',$$

et

$$\omega + \sigma = \omega'$$

devient

$$(1)\qquad Q'\sin^4 z = \sin(z - \omega').$$

Nous considérerons Q' comme positif. Si dans une application numérique cette quantité était négative, on prendrait au lieu de ω, qui est donné par une tangente, ω ± 180.

Si l'on développe l'équation (1) de manière qu'elle ne contienne plus que des termes en sin z, on trouve

$$(2)\qquad Q'^2\sin^8 z - 2Q'\cos\omega'\sin^5 z + \sin^2 z - \sin^2\omega' = 0,$$

équation du huitième degré.

L'angle z représente l'angle à l'astre, c'est-à-dire un angle plus petit que 180°, donc sin z doit toujours être *positif*.

Si cos ω' est positif, l'équation (2) contient *trois variations*, donc cette équation n'a pas plus de *trois* racines positives; si cos ω' est négatif l'équation ne contient plus qu'*une variation*, donc elle a au plus *une racine* positive; le dernier terme de l'équation étant essentiellement négatif, il est évident qu'elle a toujours *au moins une racine positive*, c'est celle qui répond à la solution relative à la Terre.

Comme lorsqu'on calcule l'orbite d'une planète observée, il doit évidemment y avoir une valeur de sin z autre que celle relative à la Terre, on en conclut que dans la pratique (si les observations sont aussi exactes qu'elles peuvent l'être) on doit toujours avoir

$$\cos\omega' \text{ positif,}$$

c'est-à-dire, $\omega + \sigma$ toujours compris entre $\pm 90°$. Nous trouverons tout à l'heure des limites plus resserrées.

Si l'on change z en $-z$ dans l'équation (2), on voit que lorsque cos ω' est positif, l'équation transformée n'a qu'une variation; donc dans ce cas, qui est le seul que nous considérons, la proposée ne peut pas avoir plus d'une racine négative; dans le cas où cos ω' est négatif, la transformée a trois *variations*, donc la proposée ne peut pas avoir plus de trois racines négatives. Ainsi, dans tous les cas, il ne peut pas y avoir plus de quatre racines réelles, et comme il y en a toujours au moins une, celle de la Terre, et que les racines imaginaires sont conjuguées deux à deux, c'est-à-dire sont en nombre pair, il est bien évident que l'équation (2) admet deux ou quatre racines réelles dont nous ne devons considérer que les racines positives.

La solution de l'équation de Gauss a donné lieu à plusieurs travaux que nous n'entreprendrons pas de développer ici complétement. Le but que tous les savants se sont proposé à ce sujet, a été d'obtenir graphiquement une première détermination de la valeur de z, sur laquelle on put baser ensuite, les essais à l'aide desquels on arrive à une détermination exacte de la racine cherchée.

Déjà, en 1827, M. Binet avait donné une élégante solution graphique de l'équation à laquelle l'a conduit sa méthode relative à la « *Détermination des orbites des planètes et des comètes.* » Cette équation, qui contient comme inconnue la distance ρ de la planète à la Terre, se ramène facilement à l'équation de Gauss par un changement d'inconnue, c'est-à-dire en substituant à ρ l'angle à la planète z, qui est l'inconnue de Gauss, à l'aide des relations qui existent entre ces deux quantités.

En 1848, M. Encke présenta aussi *à l'Académie des sciences de Berlin* une note sur la solution graphique de l'équation

$$m \sin^4 z = \sin(z - q).$$

Dans cette note, le savant astronome discutait les solutions qui peuvent se présenter, et le moyen de les déterminer. Son moyen graphique consiste à déterminer les points d'intersection des deux courbes

$$y = m \sin^4 z \quad \text{et} \quad y = \sin(z - q).$$

Après avoir déterminé les limites m' et m'', entre lesquelles m doit tomber, et aussi la limite supérieure de q, pour que, étant donnée une équation

$$m \sin^4 z = \sin(z - q),$$

une valeur réelle de z soit possible, M. Encke donne les conditions d'après lesquelles on peut trouver une orbite différente de celle de la Terre, satisfaisant à trois observations complètes d'une planète. Une table fut aussi construite, donnant pour l'argument q, de degré en degré, les racines correspondantes des limites m' et m'', disposées suivant leur ordre de grandeur. Les racines exactes de l'équation proposée doivent tomber entre ces racines limites.

Il me paraît inutile de parler d'un grand nombre d'autres solutions graphiques résolvant le problème plus ou moins facilement, en employant, soit une ligne courbe et une ligne droite, soit une ligne courbe et un cercle.

Nous allons simplement donner, avec quelque développement, l'élégante solution insérée par M. Yvon Villarceau dans les *Annales de l'Observatoire impérial*, tome III.

Reprenons l'équation

$$(1) \qquad Q' \sin^4 z = \sin(z - \omega').$$

En prenant les logarithmes népériens des deux membres, nous obtenons

$$(2) \qquad \log Q' - \log \sin(z - \omega') = -4 \log \sin z.$$

Désignons par ν la longueur d'une ligne quelconque; nous pouvons poser

$$x = \nu z, \quad \Omega = \nu \omega', \quad Q'' = \nu \log Q'.$$

Introduisant ces relations dans l'équation (2), après l'avoir multipliée par ν, elle devient

$$(3)\qquad Q'' - \nu \log \sin \frac{(x-\Omega)}{\nu} = -4\nu \log \sin \frac{x}{\nu}.$$

Pour résoudre cette équation il suffit de construire les deux courbes ayant pour équations

$$(4)\qquad y = Q'' - \nu \log \sin \frac{(x-\Omega)}{\nu},$$

$$(5)\qquad y = -4\nu \log \sin \frac{x}{\nu}.$$

La construction de ces deux courbes peut se ramener à celle de la courbe

$$(6)\qquad y = -\nu \log \sin \frac{x}{\nu}, \quad \text{ou} \quad \frac{y}{\nu} = -\log \sin \frac{x}{\nu},$$

puisque la courbe (4) n'est autre chose que la courbe (6) dans laquelle on a pris pour nouvelle origine le point dont les deux coordonnées sont $y = Q''$ et $x = \Omega$; la courbe (5) peut se déduire de la courbe (6) en quadruplant les ordonnées.

La première chose à faire est donc de construire la courbe

$$y = -\nu \log \sin \frac{x}{\nu}.$$

Si nous prenons ν égal au module des tables, c'est-à-dire

$$\nu = 0{,}43429448,$$

nous aurons, en désignant par l les logarithmes vulgaires,

$$(7)\qquad y = -l.\sin \frac{x}{\nu},$$

et de plus

$$Q'' = l.Q'.$$

Pour construire l'équation (7), portons sur l'axe des x, *fig.* (6), une longueur égale à celle qui correspond à $z = 180°$; en la désignant par a, on aura

$$\frac{a}{\nu} = \pi;$$

d'où

$$a = \pi\nu = 1{,}364376.$$

Ainsi, la longueur qui sur l'axe des x représente les 180° développés, est égale à 1,364376 unités de longueur.

Nous pouvons diviser cette ligne en 180 parties égales représentant les degrés développés; mais aux points de divisions nous inscrirons le nombre de degrés correspondants; de cette manière, l'axe des x nous indiquera tout de suite les nombres de degrés de l'arc z.

Si aux extrémités de la ligne $OX = a$ on élève des perpendiculaires, ces deux droites seront évidemment asymptotes à la courbe qui sera tangente à l'axe des x au point $x = \frac{a}{2}$ qui correspond à $z = 90°$.

On peut évidemment prendre l'unité de longueur arbitrairement; nous l'avons prise de telle sorte que

$$OX = a = 0^{m},09.$$

De cette manière, chaque demi-millimètre nous représente un degré, et il a été facile de diviser OX en 180 parties égales.

D'après la longueur adoptée pour a, on a évidemment, pour unité de longueur,

$$\text{unité} = \frac{0^{m},09}{1{,}364376} = 0^{m},066.$$

Nous avons porté cette unité sur l'axe des y, en considérant négativement les longueurs comptées au-dessus de l'axe des x, et nous avons divisé chaque intervalle en dix parties égales.

Pour avoir maintenant les points de la courbe correspondant aux abscisses notées 2°, 4°, 6°, 8°, 10°, 20°, 30°,... etc., nous avons déterminé, au moyen des tables de Callet, les nombres correspondants à $l.\sin 2°$, $l.\sin 10°$,... etc.

En multipliant les nombres trouvés par l'unité $0^{m},066$ on aura chaque ordonnée exprimée en millimètres, ce qui sera plus commode, si l'on se sert d'un double décimètre.

En joignant tous les points ainsi obtenus, par un trait continu, nous avons enfin la courbe (M).

Pour construire la courbe (N), (*fig.* 7), dont l'équation est

$$y = -4\,l.\sin\frac{x}{\nu},$$

nous prendrons les mêmes abscisses que dans la courbe (M), et pour avoir les ordonnées correspondantes, il suffira de multiplier par h tous les nombres que nous avons obtenus pour valeurs des ordonnées de la courbe (M).

Dans la pratique, on calquera sur une feuille de papier transparent la courbe (M), et c'est en la portant sur la courbe (N) de manière que l'origine se trouve aux points dont l'ordonnée est Q'' et l'abscisse ω', et aussi que les axes des coordonnées des deux courbes soient parallèles, que l'on obtient les points d'intersection des deux courbes. Les *abscisses* de ces points d'intersection donnent les *trois racines positives* de l'équation

$$Q' \sin^4 z = \sin(z - \omega'),$$

les seules dont nous ayons à nous occuper.

Les deux courbes ayant chacune une seule branche, on voit bien qu'il ne peut y avoir plus de trois points d'intersection.

Lorsque ces courbes ne se coupent qu'en un point, c'est la solution relative à la Terre, il n'y a pas à s'en occuper.

Cherchons les relations qui doivent exister entre $l.\, Q'$ et ω' pour que deux des racines de l'équation proposée deviennent égales entre elles. Cette relation entre $l.\, Q'$ et ω' donnera un *lieu géométrique* dont la surface comprise entre les deux branches et s'étendant le long de l'axe des y, contiendra tous les points du plan qui pourront seuls convenir à la position de l'origine de la courbe (M) transportée sur la courbe (N).

Pour que l'équation (2) ait des racines égales, il faut que la même valeur de z satisfasse à cette équation et à sa dérivée

$$(8) \qquad \text{cotang}(z - \omega') = 4 \,\text{cotang}\, z.$$

Pour obtenir le lieu qui, dans le cas des racines égales, existerait entre $\log Q'$ et ω', il faudrait éliminer z entre les équations (2) et (8).

Cette élimination nous conduirait à une équation trop compliquée ; aussi allons-nous la construire par points, après avoir discuté sa forme.

Nous remarquerons d'abord que pour $\omega' = 0$, il faut, d'après l'équation (8), que $z = 0$, et d'après l'équation (2), que $l.\, Q' = \infty$, ce qui indique que l'axe des y est asymptote à la courbe. Pour $z = 90°$, on a $\omega' = 0$ et $l.\, Q' = 0$, c'est-à-dire que la courbe passe par l'origine.

Nous remarquons en outre que l'équation (8) ne change pas quand on change à la fois z en $180 - z$ et ω' en $-\omega'$; la quantité $l.Q'$ reste la même. Par conséquent, à la même valeur de $l.Q'$ correspondent deux valeurs de ω' égales et de signes contraires, c'est-à-dire que la courbe que nous voulons construire est symétrique par rapport à l'axe des y.

Nous pouvons voir tout de suite que la courbe est limitée suivant l'axe des x, car si nous cherchons la valeur de z qui rend ω' maximum, nous trouvons, en différentiant l'équation (8),

$$\frac{d\omega'}{dz} = \left(1 - \frac{4\sin^2(z - \omega')}{\sin^2 z}\right). \tag{9}$$

Comme nous savons que la courbe n'a pas de minimum, puisqu'elle passe par l'origine, nous allons égaler à zéro le second membre de l'équation (9); nous trouvons ainsi

$$\sin z = 2\sin(z - \omega'). \tag{10}$$

En multipliant cette équation par l'équation

$$4\cot\mathrm{ang}\, z = \cot\mathrm{ang}(z - \omega'),$$

nous trouvons

$$\cos z = \frac{1}{2}\cos(z - \omega'). \tag{11}$$

Éliminons $(z - \omega')$ entre (10) et (11) nous trouvons

$$\sin z = \sqrt{\frac{4}{5}},$$

d'où l'on déduit

$$z = 63^\circ\, 26'\, 5'',82.$$

En substituant cette valeur dans l'équation (10), on trouve

$$\omega' = \pm\, 36^\circ\, 52'\, 11'',64.$$

Ainsi, le lieu géométrique qui représente la relation devant exister entre ω' et $l.Q'$ pour que deux des racines soient égales, est compris dans un rectangle ayant pour axe l'axe des y, et dont les côtés latéraux passent par les points de l'axe des x qui correspondent a $\pm\, 36^\circ\, 52'\, 11'',64$.

Si nous substituons dans l'équation (2) les logarithmes sinus relatifs aux angles que nous venons de trouver, nous obtenons, en employant les logarithmes vulgaires,

$$l.Q' = 0{,}155665.$$

Ainsi en prenant $OB = -0{,}155665$ (fig. 7), nous aurons en menant par ce point une parallèle à l'axe des x une ligne que le *lieu géométrique* ne devra pas dépasser ; les points n et n', dont les coordonnées sont respectivement,

$$\omega' = +36°\,52'\,11'',64, \qquad \omega' = -36°\,52'\,11'',64,$$
$$l.Q' = \quad 0{,}155665, \qquad l.Q' = \quad 0{,}155665$$

sont donc deux points de la courbe cherchée. Cette courbe ne pouvant passer ni à droite de An ni à gauche de $A'n'$, ni au-dessous de nn', il est clair que les points n et n' sont des points de rebroussement.

Si nous différentions l'équation (2), il vient

$$d.\log Q' = \text{cotang}\,(z-\omega')\,(dz - d\omega') - 4\,\text{cotang}\,z\,dz\,;$$

mais l'équation (8), différentiée, donne aussi

$$dz - d\omega' = \frac{4\sin^2(z-\omega')}{\sin^2 z}\,dz,$$

en substituant cette valeur dans l'équation ci-dessus, nous avons

$$d.\log Q' = 4\,\text{cotang}\,z\left(\frac{\text{cotang}\,(z-\omega')}{\text{cotang}\,z}\,\frac{\sin^2(z-\omega')}{\sin^2 z} - 1\right)dz,$$

ou, en ayant égard à la relation (8),

$$d.\log Q' = 4\,\text{cotang}\,z\left(\frac{4.\sin^2(z-\omega')}{\sin^2 z} - 1\right)dz.$$

Mais nous avons déjà trouvé

$$d\omega' = \left(1 - \frac{4\sin^2(z-\omega')}{\sin^2 z}\right)dz,$$

on déduit de ces deux relations,

$$(12) \qquad \frac{d.\log Q'}{d\omega'} = -4\,\text{cotang}\,z.$$

Nous savons maintenant, que pour le point o on a $z=90°$, il vient, en introduisant cette valeur,

$$\frac{d.\log Q'}{d\omega'}=0,$$

c'est-à-dire, qu'à l'origine, l'axe des x est tangent à la courbe.

Nous pouvons maintenant construire la courbe par points au moyen des deux équations

$$\operatorname{cotang}(z-\omega')=4\operatorname{cotang} z,$$
$$\log Q'=\log\sin(z-\omega')-4\log\sin z.$$

Pour cela nous ferons varier z de 0° à 90° ou de 180° à 90° dans la première équation, ce qui nous donnera les valeurs de ω'; puis les valeurs de ω' et de z correspondantes, introduites dans la seconde équation, donneront les valeurs correspondantes de log Q', ou plutôt de l.Q'.

C'est ainsi que nous avons construit par points la courbe *npqq'p'n'* (fig. 7).

Nous savons maintenant que si l'on transporte la courbe (M) sur la courbe (N), en plaçant l'origine de la première au point indiqué par l. Q' et ω', l'équation de Gauss aura deux de ses racines positives égales, lorsque la position de l'origine se trouvera en un point quelconque de la courbe *pnn'p'*; les deux courbes (M) et (N) seront alors tangentes.

Si l'origine de la courbe (M) se trouve en dehors de la courbe *pnn'p'* par rapport à l'axe des y de la courbe (N), il n'y aura plus qu'un point d'intersection, c'est-à-dire, que l'équation de Gauss n'aura qu'*une* racine positive, ce sera celle relative à la Terre. Dans ce cas, les données du problème seront insuffisantes pour trouver l'orbite, et il faudra se procurer des observations *plus exactes*.

D'après tout ce que nous venons de dire, voici comment on devra agir pour résoudre l'équation (1), c'est-à-dire pour trouver la valeur de z qui convient au problème.

Au moyen de l. Q' et de ω', on déterminera sur le plan de la courbe (N) les *coordonnées de l'origine de la courbe* (M). Ce point devra *se trouver dans l'intérieur de la courbe qpnn'p'q'*; s'il se trouve en dehors, les observations ne sont pas suffisamment précises, il faudra en choisir d'autres.

Ayant placé, en ce point, l'origine de la courbe (M) tracée sur un papier transparent, on déterminera ses points d'intersection avec la courbe (N). Les abscisses de ces points donneront, d'une manière approchée, les trois racines positives de l'équation (1).

Comme nous savons que z doit être plus petit que l'angle $180° - P''S''$, on devra ne considérer, parmi ces trois racines, que celle qui remplit cette condition.

Si deux des points avaient pour abscisses des quantités moindres que $180° - P''S''$, on déterminerait, à l'aide de tâtonnements appliqués à l'équation (1), et en partant de ces deux valeurs approchées, leur exacte valeur satisfaisant avec précision à cette équation.

A l'aide de ces deux valeurs de z, on trouverait, par suite, deux orbites, et en comparant les positions fournies par chacune de ces orbites avec celles obtenues par des observations postérieures, on verrait laquelle des deux convient le mieux.

MÉTHODE D'OLBERS

Pour la détermination des éléments paraboliques d'une Comète au moyen de trois observations complètes.

Soient A, B, C (fig. 8), les trois positions d'une comète aux époques T, T', T'', temps moyen de Paris; soient aussi a, b, c les trois positions correspondantes de la Terre, et S le centre du Soleil.

Posons $T' - T = t'$ et $T'' - T' = t''$.

Les aires décrites par les rayons vecteurs étant proportionnelles aux temps employés à les décrire, on aura

$$\frac{t'}{t''} = \frac{\text{sect. ASB}}{\text{sect. BSC}} = \frac{\text{sect}\,asb}{\text{sect}\,bsc}.$$

Si l'intervalle des observations n'est pas considérable, on pourra remplacer les rapports des secteurs par ceux des triangles correspondants

$$\frac{\text{ASD}}{\text{DSC}}, \quad \frac{asd}{dsc},$$

ou, comme ces triangles ont même hauteur, il viendra

$$\frac{t'}{t''} = \frac{\text{AD}}{\text{DC}} = \frac{ad}{dc}.$$

Projetons maintenant les points a, d, c, A, D, C sur un plan *perpendiculaire* au rayon vecteur Sb de la Terre à sa position moyenne, et supposons que ce plan occupe, *parallèlement à lui-même*, trois positions, de manière à passer successivement par les points A, B et C.

Soit S (fig. 9), le lieu du Soleil, a, d, c les trois points a, d, c de la figure (8), a_1, d_1, c_1 leurs projections orthogonales sur le plan perpendiculaire au rayon dS et passant par le point A de l'espace; ce point étant à lui-même sa projection est représenté en A_1, sur la figure (9) ; les points D_1 et C_1 sont les projections orthogonales des points D et C sur notre plan de projection, dont xy représente l'intersection avec l'écliptique. Remarquons immédiatement que dans le mouvement du plan de projection parallèlement à lui-même, la position des points A_1, D_1, C_1, a_1 d_1, s_1, c_1 sur ce plan ne change pas.

Abaissons les perpendiculaires $A_1A'_1$, $D_1D'_1$, C_1C_1' sur le plan de l'écliptique.

Désignons par β, β', β'' les trois latitudes géocentriques de la comète;

α, α', α'' ses trois longitudes géocentriques;

Θ, Θ', Θ'', les trois longitudes géocentriques du Soleil;

ρ, ρ', ρ'' les trois distances accourcies de la comète à la Terre.

Le triangle rectiligne rectangle formé dans l'espace par les trois points A_1, A'_1 et a, donne

$$A_1A'_1 = \rho \operatorname{tang} \beta.$$

Le triangle $A'_1 a_1 a$ donne aussi,

$$A'_1a_1 = \rho \sin A'_1aa_1 = \rho \sin(\Upsilon aa_1 - \Upsilon aA'_1) = \rho \sin(\Upsilon dS - \Upsilon aA'_1),$$

ou enfin,

$$A'_1a_1 = \rho \sin(\Theta' - \alpha).$$

Le triangle $A_1a_1A'_1$ donne, en désignant l'angle $A_1a_1A'_1$ par b,

$$\operatorname{tang} b = \frac{A_1A'_1}{A'_1a_1} = \frac{\rho \operatorname{tang} \beta}{\rho \sin(\Theta' - \alpha)} = \frac{\operatorname{tang} \beta}{\sin(\Theta' - \alpha)}.$$

Si nous supposons actuellement que le plan de projection se transporte au point D, nous déduirons, par des triangles analogues et en désignant par b' l'angle $D_1d_1D'_1$,

$$\operatorname{tang} b' = \frac{\operatorname{tang} \beta'}{\sin(\Theta' - \alpha')},$$

et enfin, si nous supposons que le plan de projection se transporte parallèlement à lui-même en C, nous obtiendrons, en désignant par b'' l'angle $C_1c_1A'_1$,

$$\operatorname{tang} b'' = \frac{\operatorname{tang} \beta''}{\sin(\Theta' - \alpha'')}.$$

Posons actuellement,

$$a_1A_1 = \delta \quad \text{et} \quad c_1C_1 = \delta'' = N\delta.$$

Nous avons, dans le triangle A'_1a_1a, en supposant le plan de projection en A,

$$A'_1a_1 = \rho \sin(\Theta' - \alpha)$$

et, dans le triangle $A_1A_1'a_1$,

$$A'_1a_1 = \delta \cos b;$$

on en déduit

$$\rho = \frac{\delta \cos b}{\sin(\Theta' - \alpha)}.$$

En supposant le plan de projection en C, nous obtiendrons, par de triangles analogues,

$$\rho'' = \frac{N\delta \cos b''}{\sin(\Theta' - \alpha'')} = M\rho.$$

Les triangles D_1C_1o et d_1c_1o donnent

$$C_1o = \frac{D_1C_1 \sin D_1}{\sin(b'' - b')}, \qquad c_1o = \frac{d_1c_1 \sin d_1}{\sin(b'' - b')}$$

on en déduit

$$C_1c_1 = \frac{1}{\sin(b'' - b')}(D_1C_1 \sin D_1 + d_1c_1 \sin d_1).$$

Des deux triangles A_1MD_1 et a_1Md_1, on obtient de même

$$A_1a_1 = \frac{1}{\sin(b' - b)}(A_1D_1 \sin D_1 + a_1d_1 \sin d_1)$$

on a par suite,

$$\frac{\delta''}{\delta} = N = \frac{\sin(b' - b)}{\sin(b'' - b')} \frac{(D_1C_1 \sin D_1 + d_1c_1 \sin d_1)}{(A_1D_1 \sin D_1 + a_1d_1 \sin d_1)};$$

mais on a évidemment,

$$\frac{D_1C_1}{A_1D_1} = \frac{DC}{AD}, \quad \text{et} \quad \frac{d_1c_1}{a_1d_1} = \frac{dc}{ad},$$

et comme on a déjà

$$\frac{DC}{AD} = \frac{dc}{ad} = \frac{t''}{t'}$$

il vient alors,

$$\frac{D_1C_1}{A_1D_1} = \frac{d_1c_1}{a_1d_1}$$

d'où

$$\frac{D_1C_1 \sin D_1 + d_1c_1 \sin d_1}{A_1D_1 \sin D_1 + a_1d_1 \sin d_1} = \frac{t''}{t'}$$

et par suite,

$$N = \frac{t'' \sin(b' - b)}{t' \sin(b'' - b')};$$

on obtient alors, pour ρ'',

$$\rho'' = \frac{t''}{t'} \cdot \frac{\sin(b' - b)}{\sin(b'' - b')} \cdot \frac{\delta \cos b''}{\sin(\theta' - \alpha'')}$$

d'où

$$M = \frac{\rho''}{\rho} = \frac{t''}{t'} \cdot \frac{\sin(b' - b) \sin(\theta' - \alpha)}{\sin(b'' - b') \sin(\theta' - \alpha'')} \cdot \frac{\cos b''}{\cos b}.$$

Transformons maintenant cette expression pour faire disparaître b'' et b.

En multipliant et divisant par $\cos b'$ nous avons

$$M = \frac{t''}{t'} \cdot \frac{\sin(b' - b)}{\sin(b'' - b')} \cdot \frac{\sin(\Theta' - \alpha)}{\sin(\Theta' - \alpha'')} \cdot \frac{\cos b'' . \cos b'}{\cos b \cos b'}$$

$$= \frac{t''}{t'} \left(\frac{\operatorname{tang} b' \sin(\Theta' - \alpha) - \operatorname{tang} b \sin(\Theta' - \alpha)}{\operatorname{tang} b'' \sin(\Theta' - \alpha'') - \operatorname{tang} b' \sin(\Theta' - \alpha'')} \right);$$

en substituant à $\operatorname{tang} b''$, $\operatorname{tang} b'$, $\operatorname{tang} b$ les valeurs trouvées plus haut, et en posant

[1] $$m = \frac{\operatorname{tang} \beta'}{\sin(\Theta' - \alpha')}$$

il vient

[2] $$M = \frac{t''}{t'} \left(\frac{m \sin(\Theta' - \alpha) - \operatorname{tang} \beta}{\operatorname{tang} \beta'' - m \sin(\Theta' - \alpha'')} \right).$$

Désignons maintenant par R, R' et R'' les trois rayons vecteurs de la Terre correspondant aux observations.

Soient A (fig. 10), la première position de la comète dans l'espace, S et T les positions du Soleil et de la Terre correspondantes. Projetons A en A' sur l'écliptique, et joignons AT, A'T, AS et A'S.

Le triangle AST donne, en désignant le rayon vecteur AS par r,

$$r^2 = AT^2 + R^2 - 2R . AT \cos ATS,$$

mais, en imaginant une sphère en T et le petit triangle sphérique rectangle $aa's$, on a

$$\cos ATS = \cos \beta \cos(\theta - \alpha),$$

et comme on a aussi

$$AT = \frac{\rho}{\cos \beta},$$

il vient

$$(3)\qquad r^2 = R^2 + \rho^2 \sec^2\beta - 2R\rho\cos(\theta - \alpha).$$

Pour les autres positions de la comète on aura aussi, par analogie,

$$r'^2 = R'^2 + \rho'^2 \sec^2\beta' - 2R'\rho'\cos(\theta' - \alpha')$$
$$(4)\qquad r''^2 = R''^2 + \rho''^2 \sec^2\beta'' - 2R''\rho''\cos(\theta'' - \alpha'').$$

Soient actuellement, SX', SY', SZ' (fig. 11), trois axes de coordonnées rectangulaires passant par le Soleil; imaginons aussi par la Terre T, trois axes parallèles, prenons l'écliptique pour plan des XY et la ligne des équinoxes pour axe des X.

Si A représente le premier lieu de la comète dans l'espace, nous aurons, en nommant x, y, z ses trois coordonnées,

$$x = ed = Td - Te, \quad y = ki = Ti - Tk, \quad z = AA';$$

d'où

$$x = \rho\cos\alpha - R\cos\Theta, \quad y = \rho\sin\alpha - R\sin\Theta, \quad z = \rho\,\text{tang}\,\beta.$$

Si C (fig. 11), représente le troisième lieu de la comète, on aura aussi,

$$x'' = \rho''\cos\alpha'' - R''\cos\Theta'', \quad y'' = \rho''\sin\alpha'' - R''\sin\Theta'', \quad z'' = \rho''\,\text{tang}\,\beta''.$$

En désignant la corde AC par K'', on aura

$$K''^2 = (x'' - x)^2 + (y'' - y)^2 + (z'' - z)^2,$$

ou

$$K''^2 = r''^2 + r^2 - 2xx'' - 2yy'' - 2zz'',$$

en mettant à la place de x, y, z, x'', y'', z'' les valeurs que nous venons de trouver, et en remplaçant ρ'' par $M\rho$, il vient

$$(5)\quad K''^2 = r''^2 + r^2 - 2RR''\cos(\theta'' - \theta) + 2\rho R''\cos(\theta'' - \alpha) + 2\rho MR\cos(\theta - \alpha'')$$
$$- 2M\rho^2\cos(\alpha'' - \alpha) - 2M\rho^2\,\text{tang}\,\beta\,\text{tang}\,\beta''.$$

Nous avons trouvé dans la note III, en nous appuyant sur l'art. 18, la relation

$$t = 27^{\text{jours}},403895.\ q^{\frac{3}{2}}\left(\text{tang}^3\frac{1}{2}v + 3\,\text{tang}\,\frac{1}{2}v\right),$$

dans laquelle q est la distance périhélie et v l'anomalie vraie.

Pour les deux époques T et T'' des observations extrêmes de la comète, on aura donc, en appelant θ l'époque du passage du périhélie, et en représentant par C la quantité 27',403895,

$$T-\theta=q^{\frac{3}{2}}C\left(\text{tang}^3\frac{1}{2}v+3\,\text{tang}\frac{1}{2}v\right)$$

$$T''-\theta=q^{\frac{3}{2}}C\left(\text{tang}^3\frac{1}{2}v''+3\,\text{tang}\frac{1}{2}v''\right),$$

d'où

$$T''-T=q^{\frac{3}{2}}C\left[\text{tang}^3\frac{1}{2}v''-\text{tang}^3\frac{1}{2}v+3\left(\text{tang}\frac{1}{2}v''-\text{tang}\frac{1}{2}v\right)\right]$$

$$=q^{\frac{3}{2}}C\left(\text{tang}\frac{1}{2}v''-\text{tang}\frac{1}{2}v\right)\left(3+\frac{\text{tang}^3\frac{1}{2}v''-\text{tang}^3\frac{1}{2}v}{\text{tang}\frac{1}{2}v''-\text{tang}\frac{1}{2}v}\right)$$

ou

$$T''-T=q^{\frac{3}{2}}C\frac{\sin\frac{1}{2}(v''-v)}{\cos\frac{1}{2}v''\cos\frac{1}{2}v}\left(1+\text{tg}^2\frac{1}{2}v''+1+\text{tg}^2\frac{1}{2}v+1+\text{tg}\frac{1}{2}v\,\text{tg}\frac{1}{2}v''\right)$$

$$=q^{\frac{3}{2}}C\frac{\sin\frac{1}{2}(v''-v)}{\cos\frac{1}{2}v''\cos\frac{1}{2}v}\left(\frac{1}{\cos^2\frac{1}{2}v''}+\frac{1}{\cos^2\frac{1}{2}v}+\frac{\cos\frac{1}{2}(v''-v)}{\cos\frac{1}{2}v''\cos\frac{1}{2}v}\right)$$

ou enfin,

$$T''-T=q^{\frac{3}{2}}C\frac{\sin\frac{1}{2}(v''-v)}{\cos\frac{1}{2}v\cos^3\frac{1}{2}v''}+q^{\frac{3}{2}}C\frac{\sin\frac{1}{2}(v''-v)}{\cos^3\frac{1}{2}v\cos\frac{1}{2}v''}$$

$$+q^{\frac{3}{2}}C\frac{\sin\frac{1}{2}(v''-v)\cos\frac{1}{2}(v''-v)}{\cos^2\frac{1}{2}v''\cos^2\frac{1}{2}v}.$$

Mais on sait qu'on a les relations

[β'']
$$r=\frac{q}{\cos^2\frac{1}{2}v},\qquad r''=\frac{q}{\cos^2\frac{1}{2}v''};$$

il vient alors, en ayant égard à ces expressions,

$$
\begin{aligned}
\mathrm{T}''-\mathrm{T}=&\frac{r^{\frac{1}{2}}r''^{\frac{3}{2}}\,\mathrm{C}\sin\frac{1}{2}(v''-v)}{q^{\frac{1}{2}}}+\frac{r''^{\frac{1}{2}}r^{\frac{3}{2}}\,\mathrm{C}\sin\frac{1}{2}(v''-v)}{q^{\frac{1}{2}}}\\
&+\frac{rr''\,\mathrm{C}\sin\frac{1}{2}(v''-v)\cos\frac{1}{2}(v''-v)}{q^{\frac{1}{2}}}.
\end{aligned}
$$

Les relations (β) donnent aussi,

$$
\begin{aligned}
q&=(rr'')^{\frac{1}{2}}\cos\frac{1}{2}v\cos\frac{1}{2}v''\\
&=\frac{1}{2}(rr'')^{\frac{1}{2}}\left(\cos\frac{1}{2}(v''-v)+\cos\frac{1}{2}(v''+v)\right)\\
&=\frac{1}{2}(rr'')^{\frac{1}{2}}\left(\cos\frac{1}{2}(v''-v)+\frac{\cos^2\frac{1}{4}(v+v'')-\sin^2\frac{1}{4}(v+v'')}{\cos^2\frac{1}{2}(v+v'')+\sin^2\frac{1}{4}(v+v'')}\right)\\
&=\frac{1}{2}(rr'')^{\frac{1}{2}}\left(\cos^{\frac{1}{2}}(v'-v)+\frac{1-\operatorname{tang}^2\frac{1}{4}(v+v'')}{1+\operatorname{tang}^2\frac{1}{4}(v''+v)}\right).
\end{aligned}
$$

Ces mêmes relations (β) donnent encore

$$
\frac{\cos\frac{1}{2}v}{\cos\frac{1}{2}v''}=\frac{r''^{\frac{1}{2}}}{r^{\frac{1}{2}}}
$$

d'où

$$
\begin{aligned}
\frac{r''^{\frac{1}{2}}+r^{\frac{1}{2}}}{r''^{\frac{1}{2}}-r^{\frac{1}{2}}}&=\frac{\cos\frac{1}{2}v+\cos\frac{1}{2}v''}{\cos\frac{1}{2}v-\cos\frac{1}{2}v''}=\frac{\cos\frac{1}{4}(v+v'')\cos\frac{1}{4}(v''-v)}{\sin\frac{1}{4}(v+v'')\sin\frac{1}{4}(v''-v)}\\
&=\operatorname{cotang}\frac{1}{4}(v''+v)\operatorname{cotang}\frac{1}{4}(v''-v);
\end{aligned}
$$

de là, en posant

$$
\operatorname{tang} z=\left(\frac{r}{r''}\right)^{\frac{1}{2}},
$$

on déduit l'équation

$$
\operatorname{tang}\frac{1}{4}(v''+v)=\operatorname{tang}(45^\circ-z)\operatorname{cotang}\frac{1}{4}(v''-v).
$$

Cette relation est appelée *relation de* NICOLIC, son inventeur.

En introduisant cette expression dans la valeur de q, nous avons

$$q=\frac{1}{2}(rr'')^{\frac{1}{2}}\left(\cos\frac{1}{2}(v''-v)+\frac{1-\mathrm{tang}^2(45-z)\mathrm{cotang}^2\frac{1}{4}(v''-v)}{1+\mathrm{tang}^2(45-z)\mathrm{cotang}^2\frac{1}{4}(v''-v)}\right),$$

en réduisant au même dénominateur dans la parenthèse et en substituant $2\cos^2\frac{1}{4}(v''-v)-1$ à $\cos\frac{1}{2}(v''-v)$, il vient

$$q=\frac{1}{2}(rr'')^{\frac{1}{2}}\left(\frac{2\cos^2\frac{1}{4}(v''-v)-2\mathrm{tang}^2(45-z)\mathrm{cotang}^2\frac{1}{4}(v''-v)\sin^2\frac{1}{4}(v''-v)}{1+\mathrm{tang}^2(45-z)\mathrm{cotang}^2\frac{1}{4}(v''-v)}\right)$$

ou

$$q=(rr'')^{\frac{1}{2}}\sin^2\frac{1}{4}(v''-v)\cos^2\frac{1}{4}(v''-v)\left[\frac{1-\mathrm{tang}^2(45-z)}{\sin^2\frac{1}{4}(v''-v)+\mathrm{tang}^2(45-z)\cos^2\frac{1}{4}(v''-v)}\right].$$

Mais on a

$$\mathrm{tang}^2(45-z)=\frac{\left(r''^{\frac{1}{2}}-r^{\frac{1}{2}}\right)^2}{\left(r''^{\frac{1}{2}}+r^{\frac{1}{2}}\right)^2}$$

Il vient donc en substituant cette valeur

$$q=(rr'')^{\frac{1}{2}}\sin^2\frac{1}{4}(v''-v)\cos^2\frac{1}{4}(v''-v)\left[\frac{\left(r''^{\frac{1}{2}}+r^{\frac{1}{2}}\right)^2-\left(r''^{\frac{1}{2}}-r^{\frac{1}{2}}\right)^2}{\left(r''^{\frac{1}{2}}+r^{\frac{1}{2}}\right)^2\sin^2\frac{1}{4}(v''-v)+\left(r''^{\frac{1}{2}}-r^{\frac{1}{2}}\right)^2\cos^2\frac{1}{4}(v''-v)}\right]$$

ou, en développant les carrés dans la parenthèse et réduisant,

$$q=\frac{rr''\sin^2\frac{1}{2}(v''-v)}{r''+r-2(rr'')^{\frac{1}{2}}\left(\cos^2\frac{1}{4}(v''-v)-\sin^2\frac{1}{4}(v''-v)\right)}$$

$$=\frac{rr''\sin^2\frac{1}{2}(v''-v)}{r''+r-2(rr'')^{\frac{1}{2}}\cos\frac{1}{2}(v''-v)}$$

d'où l'on obtient

$$q^{\frac{1}{2}}=\frac{(rr'')^{\frac{1}{2}}\sin\frac{1}{2}(v''-v)}{\left(r''+r-2(rr'')^{\frac{1}{2}}\cos\frac{1}{2}(v''-v)\right)^{\frac{1}{2}}},$$

Si nous portons cette valeur de $q^{\frac{1}{2}}$ dans $T''-T$, nous aurons

$$T''-T=C\left(r''+r-2(rr'')^{\frac{1}{2}}\cos\frac{1}{2}(v''-v)\right)^{\frac{1}{2}}\left(r''+r+(rr'')^{\frac{1}{2}}\cos\frac{1}{2}(v''-v)\right)$$

$$=C(r''+r)^{\frac{3}{2}}\left(1+\frac{(rr'')^{\frac{1}{2}}\cos\frac{1}{2}(v''-v)}{(r+r'')}\right)\left(1-\frac{2(rr'')^{\frac{1}{2}}\cos\frac{1}{2}(v''-v)}{(r+r'')}\right)^{\frac{1}{2}}$$

$$=C(r''+r)^{\frac{3}{2}}\left(1+\frac{\left(\frac{r}{r''}\right)^{\frac{1}{2}}\cos\frac{1}{2}(v''-v)}{1+\frac{r}{r''}}\right)\left(1-\frac{2\left(\frac{r}{r''}\right)^{\frac{1}{2}}\cos\frac{1}{2}(v''-v)}{1+\frac{r}{r''}}\right)^{\frac{1}{2}}$$

ou, en mettant $\tang^2 z$ à la place de $\frac{r}{r''}$, et réduisant,

$$T''-T=C(r''+r)^{\frac{3}{2}}\left(1+\sin z\cos z\cos\frac{1}{2}(v''-v)\right)\left(1-2\sin z\cos z\cos\frac{1}{2}(v''-v)\right)^{\frac{1}{2}}$$

Posons

$$2\sin z\cos z\cos\frac{1}{2}(v''-v)=\sin x$$

et remarquons que

$$(1-\sin x)^{\frac{1}{2}}=\cos\frac{1}{2}x-\sin\frac{1}{2}x$$

et

$$\left(1+\frac{1}{2}\sin x\right)=1+\sin\frac{1}{2}x\cos\frac{1}{2}x$$

on aura, toutes réductions faites,

$$T''-T=C(r+r'')^{\frac{3}{2}}\left(\cos^3\frac{1}{2}x-\sin^3\frac{1}{2}x\right)$$

ou

$$T''-T=C\left[\left(\frac{(r+r'')+(r+r'')\cos x}{2}\right)^{\frac{3}{2}}-\left(\frac{(r+r'')-(r+r'')\cos x}{2}\right)^{\frac{3}{2}}\right].$$

Mais nous avons aussi, relativement à la corde K'',

$$K''^2 = r^2 + r''^2 - 2rr'' \cos(v''-v),$$

ou

$$K''^2 = (r+r'')^2 \left(1 - \frac{4rr''\cos^2 \frac{1}{2}(v''-v)}{(r+r'')^2}\right).$$

Des deux relations

$$\sin x = 2 \sin z \cos z \cos \frac{1}{2}(v''-v)$$

et

$$\operatorname{tang} z = \left(\frac{r}{r''}\right)^{\frac{1}{2}},$$

nous déduisons aussi,

$$\sin x = \frac{2(rr'')^{\frac{1}{2}} \cos \frac{1}{2}(v''-v)}{(r+r'')};$$

on a donc

$$K''^2 = (r+r'')^2(1-\sin^2 x) = (r+r'')^2\cos^2 x,$$

et par suite, on obtient enfin la relation suivante, démontrée d'une autre manière par Gauss, dans l'art. 108,

$$(6) \qquad T''-T = C\left[\left(\frac{r+r''+K''}{2}\right)^{\frac{3}{2}} - \left(\frac{r+r''+K''}{2}\right)^{\frac{3}{2}}\right].$$

Cette formule, connue sous le nom de relation de *Lambert*, complète les équations à l'aide desquelles nous allons chercher la distance ρ de la comète à la Terre, au moment de la première observation.

Récapitulons d'abord les six relations que nous venons de trouver. Nous avons

$$(1) \qquad m = \frac{\operatorname{tang}\beta'}{\sin(\theta'-\alpha')};$$

$$(2) \qquad M = \frac{t''}{t'} \cdot \frac{m\sin(\theta'-\alpha) - \operatorname{tang}\beta}{\operatorname{tang}\beta' - m\sin(\theta'-\alpha'')};$$

$$(3) \qquad r^2 = R^2 - 2R\cos(\theta-\alpha)\rho + \sec^2\beta.\rho^2;$$

$$(4) \qquad r''^2 = R''^2 - 2MR''\cos(\theta''-\alpha'')\rho + \sec^2\beta''.M^2\rho^2;$$

$$(5) \qquad K''^2 = r^2 + r''^2 - 2RR''\cos(\theta''-\theta) + 2R''\cos(\theta''-\alpha)\rho$$
$$+ 2MR\cos(\theta-\alpha'')\rho - 2M\cos(\alpha''-\alpha)\rho^2 - 2M\operatorname{tang}\beta\operatorname{tang}\beta''\rho^2;$$

$$\text{(6)} \qquad T''-T=C\left[\left(\frac{r+r''+K''}{2}\right)^{\frac{3}{2}}-\left(\frac{r+r''-K''}{2}\right)^{\frac{3}{2}}\right].$$

On commence par déterminer les coefficients m et M, puis les coefficients numériques des équations (3), (4) et (5). On obtient ainsi les trois équations en ρ :

$$\text{(3)}' \qquad r^2 = A + B\rho + D\rho^2$$

$$\text{(4)}' \qquad r''^2 = A' + B'\rho + D'\rho^2$$

$$\text{(5)}' \qquad K''^2 = A'' + B''\rho + D''\rho^2.$$

On fait alors différentes hypothèses sur ρ, en commençant d'abord par la valeur $\rho = 1$; pour chaque hypothèse on obtient, à l'aide des équations (3)', (4)', (5)', les valeurs correspondantes de r, r'', K'' que l'on substitue dans le second membre de l'équation (6).

Si l'on arrive à une identité, c'est-à-dire si le second membre de cette équation est juste égal à l'intervalle de temps écoulé entre les observations extrêmes, on a trouvé la vraie valeur de ρ; dans le cas contraire on fait varier cette valeur de ρ de deux dixièmes en deux dixièmes, jusqu'à ce que l'on trouve deux seconds membres comprenant entre eux la valeur T'' — T; par une simple proportion on peut ensuite déterminer une valeur de ρ satisfaisant assez approximativement l'équation (6). On essaye deux valeurs de ρ prises en dessus et en dessous de cette valeur déterminée, et l'on resserre les hypothèses; une nouvelle proportion établie entre les variations de ρ et les variations de l'intervalle calculé, permet enfin de trouver une valeur de ρ suffisamment exacte, et à l'aide de laquelle on a r et r'' avec assez de précision.

Une fois les valeurs de r, r'' et ρ déterminées ainsi que nous venons de le dire, on procède à la recherche des *éléments paraboliques de la comète.*

Cette détermination se fait de la manière suivante :

I. *Détermination des latitudes et longitudes héliocentriques correspondantes des observations extrêmes.*

En représentant par λ la latitude héliocentrique de la comète à l'instant de la première observation, on aura, d'après la fig. (10),

$$\text{(7)} \qquad \sin\lambda = \frac{\rho \tang\beta}{r}.$$

et, par analogie,

$$(8)\qquad \sin\lambda'' = \frac{M\rho\,\text{tang}\,\beta''}{r''}.$$

Le triangle A'ST donne ensuite, en appelant ε l'angle au Soleil A'ST,

$$\frac{\sin\varepsilon}{\rho} = \frac{\sin(\theta-\alpha)}{A'S} = \frac{\sin(\theta-\alpha)}{r\cos\lambda},$$

d'où

$$(9)\qquad \sin\varepsilon = \frac{\rho\sin(\theta-\alpha)}{r\cos\lambda};$$

on obtient de même

$$(10)\qquad \sin\varepsilon'' = \frac{M\rho\sin(\theta''-\alpha'')}{r''\cos\lambda''},$$

et ensuite,

longitude héliocentrique, $L = \theta + 180 - \varepsilon$,
id. $L'' = \theta'' + 180 - \varepsilon''$.

II. *Détermination de la longitude du nœud et de l'inclinaison de l'orbite.*

En appelant I l'inclinaison de l'orbite et ☊ la longitude du nœud, on sait qu'on a les relations

$$\text{tang}\,\lambda = \text{tang}\,I\sin(L-☊),$$
$$\text{tang}\,\lambda'' = \text{tang}\,I\sin(L''-☊);$$

d'où l'on déduit, en posant $L''-L = dL$,

$$(11)\qquad \text{tang}\left(L+\frac{dL}{2}-☊\right) = \frac{\text{tang}\frac{1}{2}dL.\sin(\lambda''+\lambda)}{\sin(\lambda''-\lambda)},$$

et ensuite,

$$(12)\qquad \text{tang}\,I = \frac{\text{tang}\,\lambda}{\sin(L-☊)} = \frac{\text{tang}\,\lambda''}{\sin(L''-☊)}.$$

III. *Détermination des arguments de la latitude*, u *et* u'', *ainsi que des anomalies vraies* v *et* v''.

On sait que l'on a

$$(13)\qquad \text{tang}\,u = \frac{\text{tang}(L-☊)}{\cos I},\qquad \text{tang}\,u'' = \frac{\text{tang}(L''-☊)}{\cos I},$$

on en déduit

$$u'' - u = v'' - v.$$

Si l'on applique les relations de NICOLIC,

$$(14)\quad \operatorname{tang} z = \left(\frac{r}{r''}\right)^{\frac{1}{4}},\quad \operatorname{tang}\frac{1}{4}(v+v'') = \operatorname{tang}(45^\circ - z)\operatorname{cotang}\frac{1}{4}(v''-v),$$

on obtiendra facilement v et v''.

IV. *Détermination de la longitude du périhélie dans l'orbite, de la distance périhélie et de l'époque du passage de la comète à son périhélie.*

On a évidemment

$$u + \Omega = L_0 \quad \text{longitude de la comète dans l'orbite,}$$
$$u'' + \Omega = L''_0 \quad \textit{id.}$$

et par suite,

Longitude du perihélie dans l'orbite $\pi = L_0 - v = L''_0 - v''$.

La *distance périhélie* s'obtiendra par la relation

$$(15)\qquad q = r\cos^2\frac{1}{2}v = r''\cos^2\frac{1}{2}v''.$$

Enfin, l'*époque du passage* de la comète à son périhélie se déterminera en cherchant d'abord la valeur de t qui correspond à la relation

$$(16)\qquad t = C.\,q^{\frac{3}{2}}\left(\operatorname{tang}^3\frac{1}{2}v + 3\operatorname{tang}\frac{1}{3}v\right);$$

on aura ensuite

Époque du passage $\theta = T - t$.

On pourra, pour cette détermination, se servir de la table de BARKER ou d'une autre.

Formules de corrections des éléments obtenus par la méthode d'Olbers.

La valeur de M a été obtenue en supposant que l'on pouvait écrire

$$\frac{AD}{DC}=\frac{ad}{dc}=\frac{t'}{t''};$$

cette hypothèse peut ne pas être exacte, et il s'agit de corriger cette valeur de M en se servant des éléments approchés que l'on a ainsi obtenus.

Au moyen de ces éléments déterminons les anomalies v, v', v'' qui correspondent aux trois époques considérées. Nous avons ensuite, fig. (8),

$$\frac{AD}{AS}=\frac{\sin ASB}{\sin ADS} \quad \text{ou} \quad \frac{AD}{r}=\frac{\sin(v'-v)}{\sin D},$$

$$\frac{DC}{CS}=\frac{\sin BSC}{\sin CDS} \quad \text{ou} \quad \frac{DC}{r''}=\frac{\sin(v''-v')}{\sin D};$$

on en déduit

$$\frac{DC}{AD}=\frac{r''\sin(v''-v')}{r\sin(v'-v)}.$$

Nous déduisons aussi par analogie,

$$\frac{dc}{ad}=\frac{R''\sin(\theta''-\theta')}{R\sin(\theta'-\theta)}.$$

Si nous projetons, ainsi que nous l'avons déjà fait, les points a, d, c, A, D, C, sur un plan perpendiculaire au rayon bS, nous aurons, fig. (9), en nommant δ'' la distance $C_1 c_1$,

$$\delta''=C_1 o+oc_1;$$

mais du triangle $D_1 C_1 o$, nous avons

$$C_1 o=\frac{D_1 C_1 \sin D_1}{\sin o},$$

et du triangle $A_1 D_1 M$,

$$\sin D_1=\frac{\sin M.A_1 M}{A_1 D_1};$$

il vient donc,

$$C_1o = \frac{D_1C_1}{A_1D_1} \cdot \frac{\sin M}{\sin o} \cdot A_1M.$$

Nous déduisons aussi des triangles oc_1s_1 et s_1Ma_1

$$c_1o = \frac{d_1c_1}{d_1a_1} \cdot \frac{\sin M}{\sin o} \cdot a_1M,$$

on obtient donc

$$\delta'' = \frac{\sin M}{\sin o}\left(\frac{C_1D_1}{A_1D_1} A_1M + \frac{c_1d_1}{d_1a_1} a_1M\right).$$

Mais l'angle $M = b' - b$
et l'angle $o = b'' - b'$,
de plus $A_1M = \delta - a_1M$; nous avons donc, en représentant a_1M par k

$$\delta'' = \frac{\sin(b'-b)}{\sin(b''-b')}\left(\frac{C_1D_1}{A_1D_1}(\delta - k) + \frac{c_1d_1}{a_1d_1} k\right).$$

Mais nous pouvons évidemment remplacer les rapports

$$\frac{C_1D_1}{A_1D_1} \quad \text{et} \quad \frac{c_1d_1}{a_1d_1} \quad \text{par} \quad \frac{CD}{AD} \quad \text{et} \quad \frac{cd}{ad};$$

on a donc, d'après cela,

$$\delta'' = \frac{\sin(b'-b)}{\sin(b''-b')}\left(\frac{CD}{AD}(\delta - k) + \frac{cd}{ad} k\right)$$

ou

$$\delta'' = \frac{\sin b'-b)}{\sin(b''-b')}\left(\frac{r''\sin(v''-v')}{r\sin(v'-v)}\right)\delta + k\left(\frac{R''\sin(\Theta''-\Theta')}{R\sin(\Theta'-\Theta)} - \frac{r''\sin(v''-v')}{r\sin(v'-v)}\right);$$

Mais nous avons les relations

$$\delta \cos b = \rho \sin(\Theta' - \alpha),$$
$$\delta''\cos b'' = \rho''\sin(\Theta' - \alpha''),$$

il vient donc, en introduisant ces relations dans l'équation précédente,

$$(1) \quad \frac{\rho''\sin(\Theta'-\alpha'')}{\cos b''} = \frac{\sin(b'-b)}{\sin(b''-b')}\left(\frac{r''\sin(v''-v).\rho\sin(\Theta'-\alpha)}{r\sin(v'-v,\cos b} + k.U\right),$$

en posant

$$U = \frac{R''\sin(\Theta''-\Theta')}{R\sin(\Theta'-\Theta)} - \frac{r''\sin(v''-v')}{r\sin(v'-v)}.$$

Remarquons maintenant, qu'on a aussi

$$k = a_1 M = \frac{a_1 d_1 \sin b'}{\sin(b'-b)} = \frac{R \sin(\theta'-\theta)\sin b'}{\sin(b'-b)},$$

il vient alors, en introduisant cette valeur dans l'équation (1),

$$\rho'' = \frac{\cos b''.\sin(b'-b)}{\sin(\theta'-\alpha'')\sin(b''-b')}\left(\frac{r''\sin(v''-v)\rho\sin(\theta'-\alpha)}{r\sin(v'-v)\cos b} + \frac{R\sin(\theta'-\theta)\sin b'}{\sin(b'-b)}.U\right),$$

équation que nous pouvons mettre sous la forme

$$\rho'' = \frac{t''}{t'}\cdot\frac{\cos b''}{\cos b}\cdot\frac{\sin b'-b)}{\sin(b''-b')}\cdot\frac{\sin(\theta'-\alpha)}{\sin(\theta'-\alpha'')}\left(\frac{r''\sin(v''-v)}{r\sin(v'-v)}\rho\cdot\frac{t'}{t''}\right.$$
$$\left.+\frac{t'}{t''}\cdot\frac{R\sin(\theta'-\theta)\sin b'\cos b}{\sin(\theta'-\alpha)\sin(b'-b)}U\right).$$

En la divisant par ρ nous avons,

$$M' = \frac{t''}{t'}\cdot\frac{\cos b''}{\cos b}\cdot\frac{\sin(b'-b)}{\sin(b''-b')}\cdot\frac{\sin(\theta'-\alpha)}{\sin(\theta'-\alpha'')}\left(\frac{r''\sin(v''-v)}{r\sin(v'-v)}\cdot\frac{t'}{t''}\right.$$
$$\left.+\frac{t'}{t''}\cdot\frac{R\sin(\theta'-\theta)\sin b'\cos b}{\rho\sin(\theta'-\alpha)\sin(b'-b)}U\right).$$

Mais nous avions pris pour M la valeur

$$M = \frac{t''}{t'}\cdot\frac{\cos b''}{\cos b}\cdot\frac{\sin(b'-b)}{\sin(b''-b')}\cdot\frac{\sin(\theta'-\alpha)}{\sin(\theta'-\alpha'')},$$

on a donc,

$$\frac{M'}{M} = \frac{r''\sin(v''-v)}{r\sin(v'-v)}\cdot\frac{t'}{t''} + \frac{R\sin(\theta'-\theta).\sin b'\cos b\,U}{\sin(\theta'-\alpha)\sin(b'-b)}\cdot\frac{t'}{t''.\rho},$$

ou, en remarquant que

$$\frac{\sin(b'-b)}{\cos b'\cos b} = \operatorname{tang} b' - \operatorname{tang} b, \quad \text{et} \quad \operatorname{tang} b \sin(\theta'-\alpha) = \operatorname{tang}\beta,$$

il vient enfin,

$$\frac{M'}{M} = \frac{r''\sin(v''-v)}{r\sin(v'-v)}\cdot\frac{t'}{t''} + \frac{R\sin(\theta'-\theta).\operatorname{tang} b'.U}{\operatorname{tang} b'\sin(\theta'-\alpha) - \operatorname{tang}\beta}\cdot\frac{t'}{t''.\rho}.$$

Pour calculer ce rapport $\frac{M'}{M} = H$, on se servira des valeurs r, r'' et ρ trouvées d'après les éléments fournis par la méthode donnée précédemment.

Une fois la valeur de H obtenue, on multipliera, dans les équations fondamentales qui donnent r'' et K'', les coefficients qui contiennent M par H et ceux qui contiennent M^2 par H^2; on aura ainsi les équations en r'' et K'' corrigées, et l'on pourra procéder de nouveau à la détermination des éléments de l'orbite.

Pour donner une application de la méthode d'Olbers, nous allons calculer l'orbite approchée de la comète de Juin 1860; nous emploierons, dans ce but, trois observations obtenues par M. Yvon Villarceau à l'Observatoire impérial.

Ces observations nous ont donné les coordonnées écliptiques suivantes, qui sont corrigées de la nutation seulement :

ÉPOQUES EN TEMPS MOYEN de Paris.	LONGITUDES.	LATITUDES.
T = 22,40322 Juin.	α = 96° 59′ 38″	β = 18° 55′ 46″,8
T′ = 23,40972 *id.*	α' = 98 43 54,5	β' = 19 11 12 5
T″ = 27,38868 *id.*	α'' = 106 53 49,9	β'' = 18 56 1 7

Pour ces trois époques, calculons au moyen de la connaissance des temps, les longitudes géocentriques du Soleil et les logarithmes des rayons vecteurs. Nous trouvons, en corrigeant de la nutation et de l'aberration :

$$\begin{aligned} \Theta &= 91^\circ\,35'\,2'',7 & \log R &= 0,0071444, \\ \Theta' &= 92\;32\;38\;,4 & \log R' &= 0,0071603, \\ \Theta'' &= 96\;20\;16\;,4 & \log R'' &= 0,0072023. \end{aligned}$$

Nous avons aussi

$$\begin{aligned} T' - T &= t' = 1^j,00650 \\ T'' - T' &= t'' = 3,97896 \\ T'' - T &= \quad 4,98546 \end{aligned} \qquad \text{d'où} \quad \frac{t''}{t'} = 3,95326.$$

Calcul de (1). . . . . . . $m = \dfrac{\text{tang}\,\beta'}{\sin(\Theta' - \alpha')}$.

$$\begin{aligned} \Theta' &= 92^\circ 32' 38'',4 \\ \alpha' &= 98\;43\;54\;,5 \\ \Theta' - \alpha' &= -\;6\;11\;16\;,1 & \text{c}^t\log\sin\ldots\; & 0,967430 \\ \beta' &= 19\;11\;12\;,5 & \log\text{tang}\ldots\; & \bar{1},541553 \\ & & \log m\ldots\ldots\; & 0,508983 \end{aligned}$$

m est négatif.

Calcul de (2)....... $M = \frac{t''}{t'} \cdot \frac{(m \sin(\theta' - \alpha) - \text{tang}\,\beta)}{\text{tang}\,\beta'' - m \sin(\theta' - \alpha'')}$.

$\theta' = \ \ 92°32'38'',4$
$\alpha = \ \ 96\ 59\ 38\ ,0$

$\theta' - \alpha = -\ \ 4\ 26\ 59\ ,6$ log sin .... $\bar{2},889790$
log m...... 0,508983

log....... $\bar{1},398773$
$m \sin(\theta' - \alpha) = 0,25048$....... = 0,25048
log tang $\beta = \bar{1},535237$ tang β = 0,34295

$m \sin(\theta' - \alpha) - \text{tang}\,\beta = -\ 0,09247$

$\theta' = \ \ 92°32'38\ ,4$
$\alpha'' = \ 106\ 53\ 49\ ,9$

$\theta' - \alpha'' = -\ 14\ 21\ 11\ ,5$ log sin..... $\bar{1},394274$
log m...... 0,508983

log....... $\bar{1},903257$
$m \sin(\theta' - \alpha'')$............... = 0,80031
log tang $\beta'' = \bar{1},535340$ tang β'' = 0,343036

tang $\beta'' - m \sin(\theta' - \alpha'') = -\ 0,457274$

0,09247 log....... $\bar{2},996001$
0,457274 c' log....... 0,339824
$\frac{t''}{t'} = 3,95326$ log....... 0,596956

log M = $\bar{1},902781$

Détermination des valeurs numériques des coefficients de l'équation

(3) $$r^2 = R^2 - 2R \cos(\theta - \alpha)\rho + \text{séc}^2\beta \cdot \rho^2$$

log $R^2 = 0,0142888$ $R^2 = 1,03345$
$\theta = \ \ 91°35'\ 2'',7$ log 2 0,301030
$\alpha = \ \ 96\ 59\ 38\ ,0$ log R. 0,0071444

$\theta - \alpha = -\ \ 5\ 24\ 35\ ,3$ log cos....... $\bar{1},9980609$

log......... 0,3062353
$2R\cos(\theta - \alpha) = 2,02411$

log séc$^2\beta = 0,048294$, d'où séc$^2\beta = 1,11762$.

L'équation (3) devient donc

$$(3)' \qquad r^2 = 1{,}03345 - 2{,}02411 \,.\, \rho + 1{,}11762 \,.\, \rho^2.$$

Détermination des valeurs numériques des coefficients de l'équation

$$(4) \qquad r''^2 = 2R''^2 - 2MR''\cos(\theta'' - \alpha'')\rho + M^2\text{séc}^2\beta''.\rho^2$$

$\log R''^2 =$	0,0144046	$R''^2 =$	1,03372
$\theta'' =$	96°20′16″,4	log 2........	0,301030
$\alpha'' =$	106 53 49 ,9	log R″.......	0,0072023
$\theta'' - \alpha'' = -$	10 33 33 ,5	log cos......	$\bar{1}$,9925828
		log M........	$\bar{1}$,9027810
		log	0,2035961
		$2MR''\cos(\theta'' - \alpha'') =$	1,59807

log séc²β″...	0,0483150
log M².....	$\bar{1}$,8055620
log	$\bar{1}$,8538770

d'où $M^2\text{séc}^2\beta'' = 0{,}71429.$

L'équation (4) devient alors

$$(4)' \qquad r''^2 = 1{,}03372 - 1{,}59807 \,.\, \rho + 0{,}71429\rho^2.$$

Détermination des valeurs numériques des coefficients de l'équation

$$(5)\ K''^2 = r^2 + r''^2 - 2RR''\cos(\theta'' - \theta) + [2R''\cos(\theta'' - \alpha) + 2MR\cos(\theta - \alpha'')]\rho$$
$$- (2M\cos(\alpha'' - \alpha) + 2M\tang\beta\tang\beta'')\rho^2.$$

		log 2........	0,3010300	
$\theta'' =$	96°20′16″,4	log R........	0,0071444	
$\theta =$	91 35 2 ,7	log R″.......	0,0072023	
$\theta'' - \theta =$	4 45 13 ,7	log cos......	$\bar{1}$,9985035	
		log.........	0,3138802	$2RR''\cos(\theta'' - \theta) = 2{,}06006$
$\theta'' =$	96°20′16″,0	log 2........	0,301030	
$\alpha =$	96 59 38 ,0	log R″.......	0,0072023	
$\theta'' - \alpha =$	0 39 21 ,6	log cos......	$\bar{1}$,9999715	
		log.........	0,3082038	$2R''\cos(\theta'' - \alpha) = 2{,}03331$

$\theta' =$	$91°35'\ 2'',7$	log. 2.	0,301030	
$\alpha'' =$	$106\ 53\ 49\ ,9$	log R.	0,0071444	
$\theta' - \alpha'' = -$	$15°18'47'',2$	log cos.	$\bar{1}$,9843000	
		log M.	$\bar{1}$,9027810	
		log.	0,1952554	$2MR\cos(\theta - \alpha'') = 1,56767$
$\alpha'' =$	$106°53'49'',9$	log 2.	0,301030	
$\alpha =$	$96\ 59\ 38\ ,0$	log M	$\bar{1}$,9027810	
$\alpha'' - \alpha =$	$9\ 54\ 11\ ,9$	log cos.	$\bar{1}$,9934795	
		log.	0,1972905	$2M\cos(\alpha'' - \alpha) = 1,57503$
$\beta =$	$18°55'46'',8$	log tang β.	$\bar{1}$,535237	
$\beta'' =$	$18\ 56\ \ 1\ ,7$	log tang β''. . . .	$\bar{1}$,535340	
		log 2.	0,301030	
		log M.	$\bar{1}$,902781	
		log.	$\bar{1}$,274388	$2M\tan\beta\tan\beta'' = 0,18810$

on a par suite,

$$r^2 = 1,03345 - 2,02411\,.\,\rho + 1,11762\,.\,\rho^2$$
$$r''^2 = 1,03372 - 1,59807\,.\,\rho + 0,71429\,.\,\rho^2$$

$$\begin{array}{rl|l} r^2 + r''^2 = & 2,06717 - 3,62218 & \rho + 1,8319[illegible]\,\rho^2 \\ & -\ 2,06006 + 2,03331 & -\ 1,5750[illegible] \\ & +\ 1,56767 & -\ 0,188[illegible] \end{array}$$

d'où $\quad K''^2 = 0,00711 - 0,02120\,.\,\rho + 0,06878$ [illegible] (5)'

Les équations (3)', (4)' et (5)' sont les équations à l'aide desquelles, en faisant sur ρ différentes hypothèses, nous allons essayer de satisfaire à la relation

$$T'' - T = 4,98546 = C\left[\left(\frac{r + r'' + K''}{2}\right)^{\frac{3}{2}} - \left(\frac{r + r'' - K''}{2}\right)^{\frac{3}{2}}\right].$$

Si nous faisons d'abord $\rho = 1$, nous trouvons

$$\begin{array}{rl} r^2 = & 1,03345 \\ & +\ 1,11762 \\ & -\ 2,02411 \\ \hline r^2 = & 0,12696 \qquad \log = \bar{1},103668 \end{array}$$

$$r = 0,35631 \qquad \tfrac{1}{2}\log = \bar{1},551834$$
$$r''^2 = 1,03372$$
$$+\ 0,71429$$
$$-\ 1,59807$$
$$r'^2 = 1,14994 \qquad \log = \bar{1},175918$$
$$r' = 0,38722 \qquad \tfrac{1}{2}\log = \bar{1},587959$$
$$r = 0,35631$$
$$r + r' = 0,74353$$
$$\tfrac{1}{2}(r + r') = 0,37176$$
$$K''^2 = 0,00711$$
$$+\ 0,06878$$
$$-\ 0,02120$$
$$K''^2 = 0,05469 \qquad \log = \bar{2},737908$$
$$K'' = 0,23385 \qquad \tfrac{1}{2}\log = \bar{1},368954$$
$$\tfrac{1}{2}K'' = 0,11692$$
$$\frac{r + r' + K''}{2} = 0,48868$$
$$\frac{r + r' - K''}{2} = 0,25484$$

$$C = 27',40385 \ \log = 1,4378116 \qquad \log = 1,4378116$$
$$0,48868 \ \log = \bar{1},6890240 \qquad 0,25484 \ \log = \bar{1},4062670$$
$$\tfrac{3}{2}\log = \bar{1},8445120 \qquad \tfrac{3}{2}\log = \bar{1},7031335$$
$$\log 1^{\text{er}}\ \text{terme} = 0,9713476 \qquad \log 2^{\text{e}}\ \text{terme} = 0,5472121$$
$$1^{\text{er}}\ \text{terme} = 9,3615$$
$$2^{\text{e}}\ \text{terme} = 3,5254$$

d'où $$T'' - T = 5',8361$$

En faisant $\rho = 1$, nous trouvons donc pour $T'' - T$ une valeur trop forte.

En essayant $\rho = 0,800$, en suivant la même marche, sauf que nous avons, dans chaque équation, à calculer par logarithmes les expressions de la forme

$$B\rho \quad \text{et} \quad D\rho^2,$$

nous trouvons $T'' - T = 4',8570$, valeur trop petite. Puisque ρ est compris entre 1 et 0,800, nous essayerons $\rho = 0,850$, nous trouvons $T'' - T = 5,05631$.

La véritable valeur de ρ est donc comprise entre 0,800 et 0,850.

Nous pouvons en obtenir une valeur approchée par une simple proportion.

On a

$$\rho = 0,800 + x,$$

x étant déterminé par la relation

$$x = \frac{0,05 \times 0^{j},12846}{0,19931} = 0,0322;$$

d'où

$$\rho = 0,8322.$$

Nous allons essayer successivement, $\rho = 0,830$ et $\rho = 0,835$.

Pour $\rho = 0,830$, nous trouvons $T' - T = 4^{j},97501$
Pour $\rho = 0,835$, *id.* $T' - T = 4,99446$;

la véritable valeur est $T' - T = 4,98546$.

A l'aide d'une proportion nous trouvons enfin

$$\rho = 0,83268.$$

Pour obtenir les valeurs de r et r'' correspondantes, nous corrigeons celles obtenues dans l'avant-dernière hypothèse; c'est-à-dire que

pour $\rho = 0,830$ nous avons trouvé $r = 0,35124$,
pour $\rho = 0,835$ *id.* $r = 0,35007$,

on en déduit, par une simple proportion, que

pour $\rho = 0,83268$ on doit avoir $r = 0,35061$.

On trouve de la même manière, que $r'' = 0,44531$.

Ainsi les valeurs à l'aide desquelles nous pouvons calculer les éléments approchés de la comète sont

$$\rho = 0,83268$$
$$r = 0,35061$$
$$r'' = 0,44531.$$

Détermination des latitudes et longitudes héliocentriques correspondantes des observations extrêmes, de la longitude du nœud et de l'inclinaison.

$$\sin\lambda = \frac{\rho \operatorname{tang}\beta}{r}, \quad \sin\lambda'' = \frac{M\rho \operatorname{tang}\beta''}{r''}.$$

$\rho = 0,83268$	$\log = \bar{1},920478$		$\log = \bar{1},920478$
$r = 0,35061$	$c^t \log = 0,455176$		$\log M = \bar{1},902781$
$\beta = 18°55'46'',8$	$\log\operatorname{tang} = \bar{1},535237$	$r'' = 0,44531$	$\log = 0,351337$
	$\log\sin\lambda = \bar{1},910891$	$\beta'' = 18°56'1'',7$	$\log\operatorname{tang} = \bar{1},535340$
			$\log\sin\lambda'' = \bar{1},709936$
d'où	$\lambda = 54°32'16'',0$		$\lambda'' = 30°50'58'',0$

Appliquons maintenant les formules

$$\sin\varepsilon = \frac{\rho\sin(\theta - \alpha)}{r\cos\lambda}, \quad \sin\varepsilon'' = \frac{M\rho\sin(\theta'' - \alpha'')}{r''\cos\lambda''}.$$

$$\operatorname{tang}\left(L + \frac{dL}{2} - \Omega\right) = \frac{\operatorname{tang}\frac{dL}{2}\sin(\lambda'' + \lambda)}{\sin(\lambda'' - \lambda)}, \text{ et } \operatorname{tang} I = \frac{\operatorname{tang}\lambda}{\sin(L - \Omega)},$$

nous avons

$$\theta - \alpha = 5°24'35'',3 \text{ et } (\theta'' - \alpha'') = 10°33'33'',5.$$

$c^t \log r$	$0,455176$
$\log\rho$	$\bar{1},920478$
$\log\sin(\theta - \alpha)$	$\bar{2},974414$
$c^t \log\cos\lambda$	$0,236449$
$\log\sin\varepsilon$	$\bar{1},586517$
$\varepsilon =$	$22°42'\ 7'',0$
$\theta + 180° =$	$271\ 35\ \ 2\ ,7$
$L =$	$248\ 52\ 55\ ,7$
$L'' =$	$257\ 43\ 50\ ,4$
$L'' - L =$	$8\ 50\ 54\ ,7$
$\frac{dL}{2} =$	$4\ 25\ 27\ ,3$
$L + \frac{dL}{2} =$	$253\ 18\ 23\ ,0$
$\lambda'' =$	$30\ 50\ 58\ ,0$
$\lambda =$	$54\ 32\ 16\ ,0$

$c^t \log r''$	$0,351337$
$\log\rho$	$\bar{1},920478$
$\log M$	$\bar{1},902781$
$\log\sin(\theta'' - \alpha'')$	$\bar{1},263052$
$c^t \log\cos\lambda''$	$0,066250$
$\log\sin\varepsilon''$	$\bar{1},503898$
$\varepsilon'' =$	$18°36'26''$
$\theta'' + 180° =$	$276\ 20\ 16\ ,4$
$L'' =$	$257\ 43\ 50\ ,4$

$$\lambda''+\lambda = 85\ 23\ 14\ ,0 \qquad \log\sin\ldots \quad \bar{1},998591$$
$$\lambda-\lambda'' = 23\ 41\ 18\ ,0 \qquad c^t\log\sin\ldots \quad 0,396032$$
$$\frac{dL}{2} = 4\ 25\ 27\ ,3 \qquad \log\text{tang}\ldots \quad \bar{2},888543$$

$$\log\text{tang}\left(L+\frac{dL}{2}-\Omega\right) \quad \bar{1},283206$$

$$\left(L+\frac{dL}{2}-\Omega\right) = 169^\circ\ 8'\ 2'',0$$

$$L+\frac{dL}{2} = 253\ 18\ 23\ ,0$$

$$\text{Longitude du nœud } \Omega = 84\ 10\ 21\ ,0 \qquad \log\text{tang}\lambda. \quad 0,147337$$
$$L = 248\ 52\ 55\ ,7$$

$$L-\Omega = 164\ 42\ 34\ ,7 \qquad c^t\log\sin\ldots \quad 0,578872$$
$$\log\text{tang}\,I. \quad 0,726209$$

Inclinaison de l'orbite $I = 79^\circ 21' 41''$

Détermination des arguments de la latitude pour les deux positions extrêmes.

$$\text{tang}\,u = \frac{\text{tang}\,(L-\Omega)}{\cos I}, \quad \text{tang}\,u'' = \frac{\text{tang}\,(L''-\Omega)}{\cos I}.$$

$$L = 248^\circ 52' 55'',7$$
$$\Omega = 84\ 10\ 21\ ,0$$

$$L-\Omega = 164\ 42\ 34\ ,7 \qquad \log\text{tang}\ldots \quad \bar{1},436858$$
$$I = 79\ 21\ 41\ ,0 \qquad c^t\log\cos. \quad 0,733736$$

$$\log\text{tang}\,u. \quad 0,170594$$
$$u = 124^\circ\ 1'58''$$
$$u'' = 148\ 31\ 7$$

$$u''-u = v''-v = 24\ 29\ ,9$$

$$L'' = 257^\circ 43' 50'',4$$
$$\Omega = 84\ 10\ 21$$

$$L''-\Omega = 173\ 33\ 29\ ,4 \qquad \log\text{tang}. \quad \bar{1},053265$$
$$c^t\log\cos. \quad 0,733736$$

$$\log\text{tang}\,u''. \quad \bar{1},787001$$
$$u'' = \bar{1}48^\circ 31' 7''$$

Détermination des anomalies vraies.

$$\operatorname{tang} z = \left(\frac{r}{r''}\right)^{\frac{1}{2}}, \quad \operatorname{tang} \frac{1}{4}(v''+v) = \operatorname{tang}(45^\circ - z) \operatorname{cotang} \frac{1}{4}(v''-v).$$

$\log r$......	$\bar{1},544824$	$\frac{v''-v}{4} = 6^\circ 7' 17'',2$	c'log tang..	0,969612
c'log r''.....	0,351337			
2 log tang z...	$\bar{1},896161$		log tang (45 — z).	$\bar{2},775995$
log tang z...	$\bar{1},948080$		log tang $\frac{v''+v}{4}$....	$\bar{1},745607$
$z =$	41° 35' 00		$\frac{v''+v}{4} =$	29° 6' 14'',0
	45		$\frac{v''+v}{2} =$	58 12 28
$45^\circ - z =$	3 25 00		$\frac{v''-v}{2} =$	12 14 34'',4
			$v'' =$	70 27 02 ,4
			$v =$	45 57 53 ,6

Détermination de la longitude du périhélie dans l'orbite.

☊ =	84° 10' 21'',0	☊ =	84° 10' 21'',0
u =	124 1 58 ,0	u'' =	148 31 7 ,0
☊ + u =	208 12 19 ,0	☊ + u'' =	232 41 28 ,0
v =	45 47 53 ,6	v'' =	70 27 2 ,4
π =	162 14 25 ,4	π =	162 14 25 ,6

Calcul de la distance périhélie.

On a

$$\frac{1}{2}v = 22^\circ 58' 56''.8, \quad \frac{1}{2}v'' = 35^\circ 13' 31''.2, \quad q = r\cos^2\frac{1}{2}v = r''\cos^2\frac{1}{2}v''.$$

$\log r$.........	$\bar{1},544824$	$\log r''$........	$\bar{1},648663$
2 log cos $\frac{1}{2}v$....	$\bar{1},928162$	2 log cos $\frac{1}{2}v''$....	$\bar{1},824328$
$\log q$........	$\bar{1},472986$	$\log q =$	$\bar{1},472991$

d'où

Distance périhélie q = 0,29715.

Calcul de l'époque du passage au périhélie.

En cherchant au moyen de la formule

$$t = Cq^{\frac{3}{2}}\left(\text{tang}^3 \frac{1}{2} v + 3 \,\text{tang} \frac{1}{2} v\right)$$

la valeur de t qui correspond à $v = 45° 57' 53'', 6$, nous trouvons

$$t = 5{,}9859\,;$$

on a aussi

Époque de v. . . . . $= 22{,}40322$

d'où Époque du passage. . . $= 16{,}41732$ Juin.

Les éléments approchés de l'orbite parabolique de la comète de Juin 1860 sont donc :

Époque du passage au périhélie	T =	le 16,4173 Juin.
Distance du périhélie	q =	0,29715
Longitude du périhélie	π =	162° 14′ 25″
Longitude du nœud	☊ =	84 10 21
Inclinaison de l'orbite	I =	79 21 41
		Mouvement *direct*.

Ces éléments sont suffisamment approchés, d'après leur comparaison avec ceux qui ont été publiés, pour qu'il soit inutile d'employer les formules de corrections que nous avons données.

Les latitudes et longitudes géocentriques dont nous nous sommes servi n'ont pas été corrigées de l'*aberration*, ni de la *parallaxe;* on pourrait actuellement faire ces corrections et recommencer le calcul; mais pour une orbite parabolique on peut se contenter de l'approximation que nous avons obtenue. En calculant, à l'aide de ces éléments, le lieu moyen de la comète, on trouve un accord très-suffisant avec la position observée.

Fig. (1).

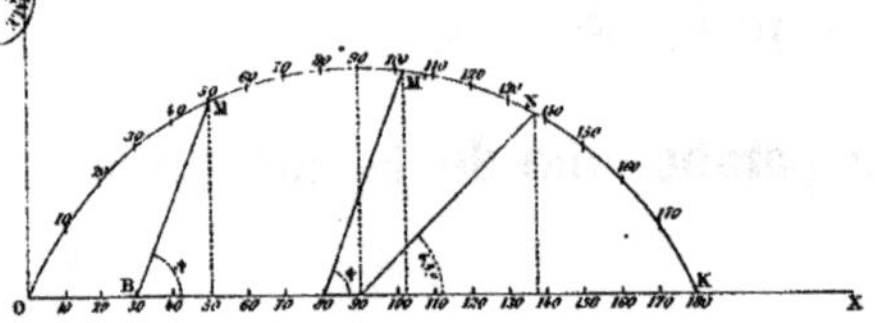

Fig. (2).

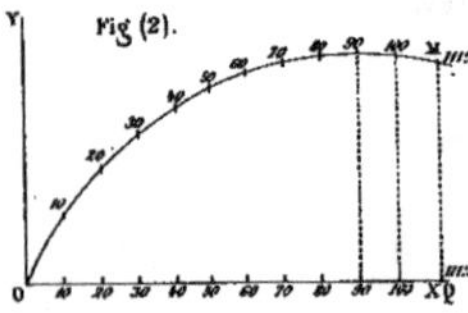

Fig. (3).

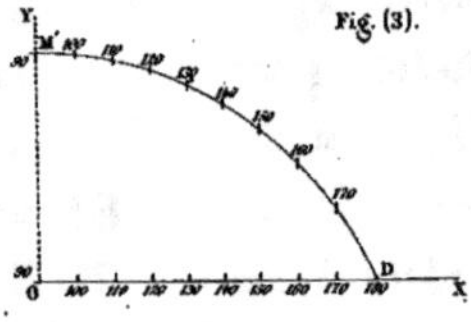

Fig. (4).

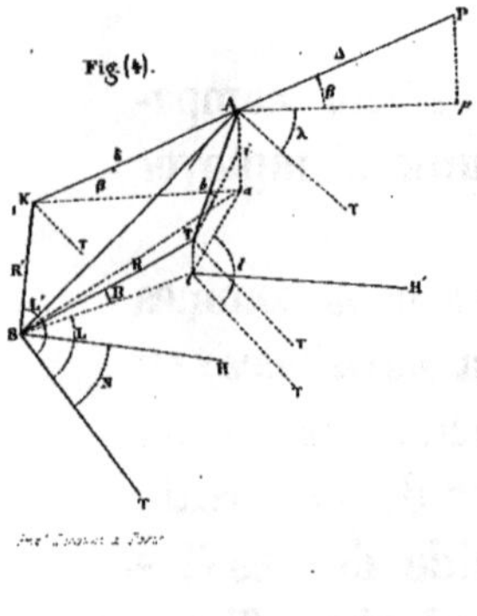

Fig. (5).

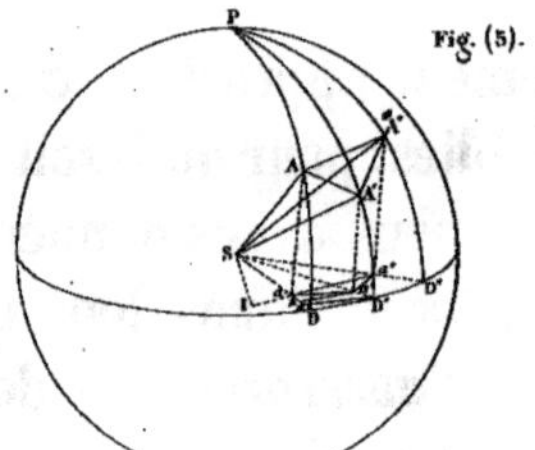

Courbe (M).

Fig. (6).

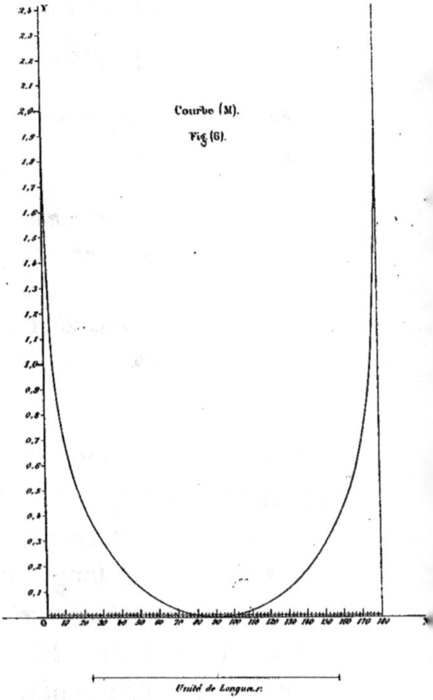

Courbe (N).

Fig. (7).

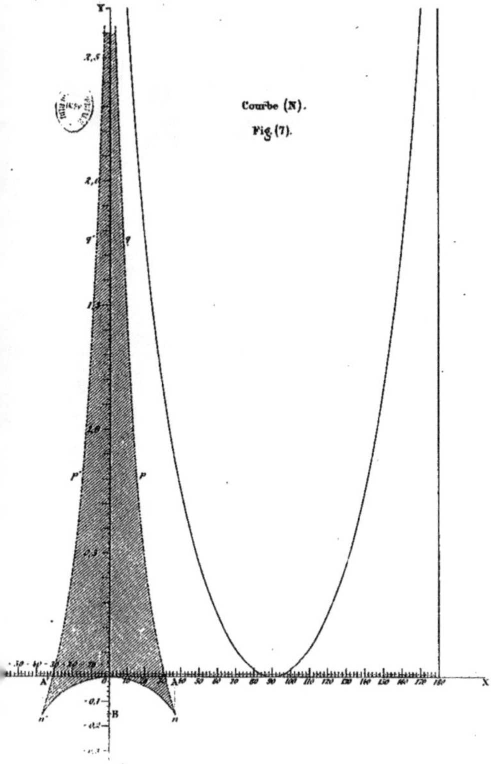

Fig. (8).

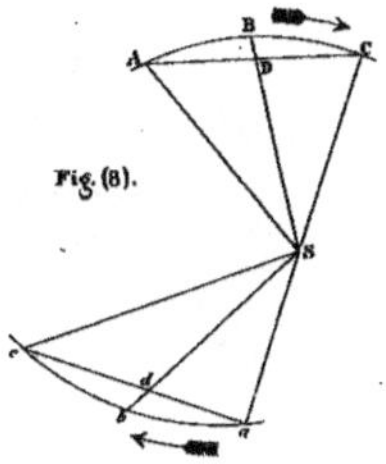

Fig. (9).

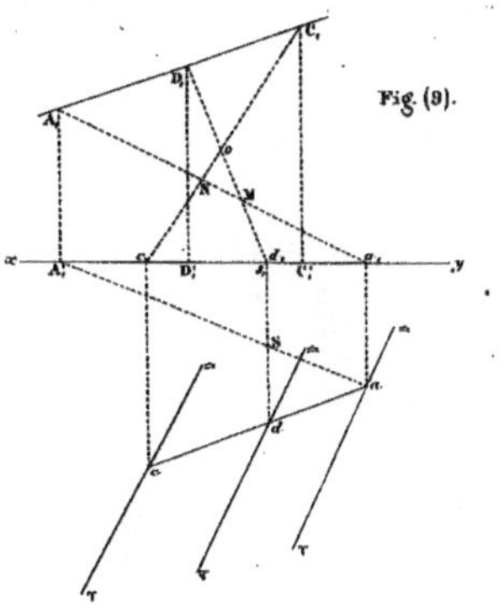

Fig. (10).

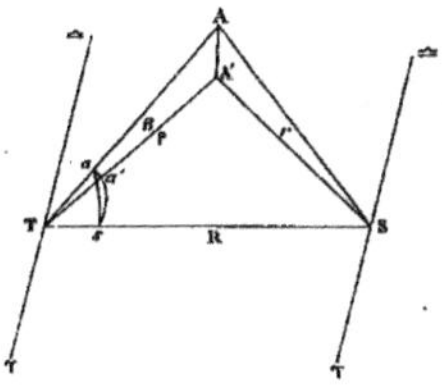

Fig. (11).

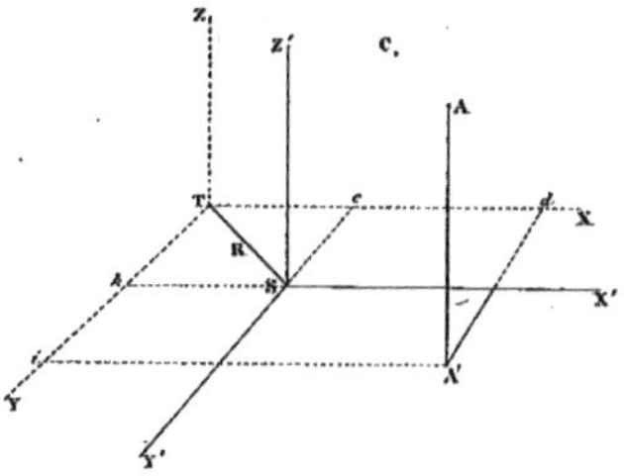

www.ingramcontent.com/pod-product-compliance
Lightning Source LLC
Chambersburg PA
CBHW061104220326
41599CB00024B/3912
9782012772489